BIM应用系列教程

安装工程BIM造价应用

朱溢镕　吕春兰　温艳芳　主编

化学工业出版社
·北京·

本书是以BIM技术为基础的安装工程项目BIM造价应用实操教程，以《通用安装工程工程量计算规范》（GB 50856—2013）、《建设工程工程量清单计价规范》（GB 50500—2013）和《北京市建设工程计价依据—预算定额》（2012）为依据进行案例编制的。本书按结构分为BIM应用概述、BIM造价应用两部分。BIM应用概述部分系统介绍BIM的由来及发展趋势、BIM技术在多领域多模块的应用，同时重点剖析安装工程造价的BIM应用流程及BIM造价应用模式等。BIM造价应用部分主要按照目前安装工程BIM造价业务场景展开，依托于《BIM算量一图一练 安装工程》（朱溢镕等主编）案例工程，围绕精讲专用宿舍楼工程案例对其给排水、电气、消防、采暖、通风五大专业工程基于BIM计量计价操作讲解，结合业务知识，通过阶段化任务驱动模式展开案例操作学习，借助信息化工具可完成实操学习成果评测；围绕员工宿舍楼工程实训案例，通过其五大专业工程实训任务书，可展开基于安装工程BIM造价应用项目实践，通过讲练结合模式，使读者掌握安装工程BIM造价应用专项操作技能。

本书开发了大量配套的视频微课资源，可通过扫描书中二维码获取。

本书主要针对建筑类相关专业安装工程识图、安装工程计量与计价及安装工程BIM造价软件应用等课程学习使用，可作为高等院校工程管理、造价管理、房地产经营管理、审计、公共事业管理、资产评估等专业的教材，同时也可作为建设单位、施工单位、设计及监理单位工程造价人员学习的参考资料。

图书在版编目（CIP）数据

安装工程BIM造价应用/朱溢镕，吕春兰，温艳芳主编. —北京：化学工业出版社，2019.3（2023.8重印）
ISBN 978-7-122-33816-7

Ⅰ.①安… Ⅱ.①朱…②吕…③温… Ⅲ.①建筑安装-工程造价 Ⅳ.①TU723.3

中国版本图书馆CIP数据核字（2019）第019825号

责任编辑：李仙华　吕佳丽　　文字编辑：向　东
责任校对：宋　玮　　装帧设计：张　辉

出版发行：化学工业出版社（北京市东城区青年湖南街13号　邮政编码100011）
印　　装：三河市延风印装有限公司
787mm×1092mm　1/16　印张20¼　字数544千字　2023年8月北京第1版第8次印刷

购书咨询：010-64518888　售后服务：010-64518899
网　　址：http://www.cip.com.cn
凡购买本书，如有缺损质量问题，本社销售中心负责调换。

定　　价：49.80元

编审委员会名单

编写人员名单

主　编　朱溢镕　广联达科技股份有限公司
　　　　吕春兰　广联达科技股份有限公司
　　　　温艳芳　山西工程职业技术学院
副主编　柳书田　北京财贸职业学院
　　　　李东锋　广东工程职业技术学院
　　　　马文晶　广联达科技股份有限公司
　　　　刘师雨　广联达科技股份有限公司
参　编　杜兴亮　河南财政税务高等专科学校
　　　　高海虎　鹤壁职业技术学院
　　　　樊　磊　河南化工职业学院
　　　　林　深　黄河科技学院
　　　　马维尼　河南经贸职业学院
　　　　樊松丽　河南职业技术学院
　　　　陈偲勤　郑州航空工业管理学院
　　　　李东浩　郑州铁路职业技术学院
　　　　陈连姝　河南建筑职业技术学院
　　　　张晓丽　宁夏建设职业技术学院
　　　　刘丽君　广西城市建设学校
　　　　杨　宾　重庆大学
　　　　苗月季　浙江水利水电学院
　　　　代端明　广西建设职业技术学院
　　　　蒲红娟　郑州商业技师学院
　　　　王　领　河南财政金融学院
　　　　郭庆阳　山西建筑职业技术学院
　　　　崔淑艳　防灾科技学院
　　　　刘晓勤　湖州职业技术学院
　　　　王　浩　重庆大学城市科技学院
　　　　张朝伟　天津海运职业学院
　　　　付　颖　江西南昌职业技术学院
　　　　茹慧芳　黄河科技学院
　　　　孙鹏翔　广联达科技股份有限公司
　　　　罗淑静　广联达科技股份有限公司

前言

FOREWORD

随着土建类专业人才培养模式转变及教学方法改革，高校的人才培养需求逐步向技能型人才培养转变。本书围绕全国高等教育建筑工程造价及工程管理专业教育标准和培养方案及主干课程教学大纲的基本要求，在集成以往教材建设方面的宝贵经验基础上，确定了本书的编写思路。

本书基于“教、学、做一体化，任务驱动导向，学生实践为中心”的设计思维，符合现代化职业能力迁移理念。教材通过一个典型、完整的案例工程项目进行设计，以工程项目任务为导向依托于案例工程节点任务，展开基于案例任务单元的任务说明—任务分析—任务实施—结果拓展四个维度进行业务实操实例精讲。同时根据课程设计，配套完整的实训案例，读者可根据教材中设计的实训案例任务流程引导要求，在精讲学习的基础上独立完成练习案例的实训。该书将信息化学习手段融入传统的理论教学之中，将4D微课、AR&VR技术与教材专业知识有机结合以提升教学效率，降低讲学难度；内容设计以项目化案例为主导，以任务驱动教学模式，以团队分工协作落地实施，采取一图一练的讲练形式进行贯穿，理论与实训相结合，有效解决课堂教学与实训环节的脱节问题，从而达到提升技能应用型人才的培养目标。

本书是以BIM技术（GQI2018-P5）为基础的安装工程项目BIM造价应用实操教程，以《通用安装工程工程量计算规范》（GB 50856—2013）、《建设工程工程量清单计价规范》（GB 50500—2013）和《北京市建设工程计价依据—预算定额》（2012）为依据进行案例编制的。本书按结构分为BIM应用概述、BIM造价应用两部分。BIM应用概述部分系统介绍BIM的由来及发展趋势、BIM技术在多领域多模块的应用，同时重点剖析安装工程造价的BIM应用流程及BIM造价应用模式等。BIM造价应用部分主要按照目前安装工程BIM造价业务场景展开，依托于《BIM算量一图一练 安装工程》（朱溢镕等主编）案例工程，围绕精讲专用宿舍楼工程案例对其给排水、电气、消防、采暖、通风五大专业工程基于BIM计量计价操作讲解，结合业务知识，通过阶段化任务驱动模式展开案例操作学习，借助信息化工具可完成实操学习成果评测；围绕员工宿舍楼工程实训案例，通过其五大专业工程实训任务书，可展开基于安装工程BIM造价应用项目实践，通过讲练结合模式，使读者掌握安装工程BIM造价应用专项操作技能。

本书为“BIM应用系列教程”中的一个分册，BIM造价应用系列教程由《BIM算量一图一练　安装工程》《BIM算量一图一练》《建筑工程计量与计价》《BIM造价应用》《安装工程计量与计价》《安装工程BIM造价应用》等组成。本书主要针对建筑类相关专业安装工程识图、安装工程计量与计价及安装工程BIM造价软件应用等课程学习使用，可作为高等院校工程管理、造价管理、房地产经营管理、审计、公共事业管理、资产评估等专业的教材，同时也可作为建设单位、施工单位、设计及监理单位工程造价人员学习的参考资料。

本书开发了大量配套的视频微课资源，可通过扫描书中二维码获取。更多的视频资源可

登录网址 www. cipedu. com. cn 下载。

本书提供配套的授课PPT、案例图纸及参考答案等电子授课资料包，读者可扫码加入BIM项目应用实践群【QQ群号：296680092（该群为实名制，入群读者申请以“姓名+单位”命名）】，读者可以在群内获得相关资源下载链接，我们也希望搭建该平台为广大读者就BIM技术落地应用、BIM系列教程优化改革创新、BIM高校教学深入落地应用等展开交流合作。

编委会为方便广大读者及BIM爱好者学习，特组织行业名师、企业专家和高校教授一起联手打造了基于BIM应用系列教程案例的配套BIM应用操作视频精讲网课，读者可以登录百度传课网络平台“建才网校”课堂免费学习（百度“建才网校”即可找到）。

由于编者水平有限，书中难免有不足之处，恳请广大读者批评指正，以便及时修订与完善。

编　者

2019年2月

目录
CONTENTS

情景一　BIM 应用概述

情景二　BIM 造价应用

视频目录

续表

情景一　BIM 应用概述

第一章 BIM概述

有记载的最早关于 BIM 概念的名词是“建筑描述系统”（building description system），由 Chuck Eastman 发表于 1975 年。1999 年，Chuck Eastman 将“建筑描述系统”发展为“建筑产品模型”（building product model），认为建筑产品模型在概念、设计、施工到拆除的建筑全生命周期过程中，提供建筑产品丰富、整合的信息。2002 年，Autodesk 收购三维建模软件公司 Revit Technology，首次将“building information modeling”的首字母连起来使用，成为了今天众所周知的“BIM”，BIM 技术开始在建筑行业广泛应用。值得一提的是，类似于 BIM 的理念同期在制造业也被提出，在 20 世纪 90 年代已实现，推动了制造业的科技进步和生产力提高，塑造了制造业强有力的竞争力。

第一节 BIM 的定义

在我国国家标准《建筑信息模型应用统一标准》（GB/T 51212—2016）中，将 BIM 定义如下：建筑信息模型 buiding information modeling 或 buiding information model（BIM），是指在建设工程及设施全生命期内，对其物理和功能特性进行数字化表达，并依此设计、施工、运维的过程和结果的总称，简称模型。

BIM 是一种多维（三维空间、四维时间、五维成本、N 维更多应用）模型信息集成技术，可以使建设项目的所有参与方（包括政府主管部门、业主、设计、施工、监理、造价、运营管理、项目用户等）在项目从概念产生到完全拆除的整个生命周期内都能够在模型中操作信息和在信息中操作模型，从而从根本上改变从业人员单纯依靠符号文字形式图纸进行项目建设和运维管理的工作方式，实现在建设项目全生命周期内提高工作效率和质量以及减少错误和风险的目标。

BIM 技术的定义包含了四个方面的内容：

（1）BIM 是一个建筑设施物理和功能特性的数字表达，是工程项目设施实体和功能特性的完整描述。它基于三维几何数据模型，集成了建筑设施其他相关物理信息、功能要求和性能要求等参数化信息，并通过开放式标准实现信息的互用。

（2）BIM 是一个共享的知识资源，实现建筑全生命周期信息共享。基于这个共享的数字模型，工程的规划、设计、施工、运维各个阶段的相关人员都能从中获取他们所需的数据，这些数据是连续、即时、可靠、全面（或完整）、一致的，为该建筑从概念到拆除的全生命周期中所有工作和决策提供可靠依据。

（3）BIM是一种应用于设计、建造、运维的数字化管理方法和协同工作过程。这种方法支持建筑工程的集成管理环境，可以使建筑工程在其整个进程中显著提高效率和大量减少风险。

（4）BIM也是一种信息化技术，它的应用需要信息化软件支撑。在项目的不同阶段，不同利益相关方通过BIM软件在BIM模型中提取、应用、更新相关信息，并将修改后的信息赋予BIM模型，支持和反映各自职责的协同作业，以提高设计、建造和运维的效率和水平。

第二节　BIM的发展状况

BIM作为对包括工程建设行业在内的多个行业的工作流程、工作方法的一次重大思索和变革，其雏形最早可追溯到20世纪70年代。如前文所述，查克伊士曼博士（Chuck Eastman Ph. D.）在1975年提出了BIM的概念；20世纪70年代末至80年代初，英国也在进行类似BIM的研究与开发工作，当时，欧洲习惯把它称为“产品信息模型”（product information model），而美国通常称之为“建筑产品模型”（building product model）。

1986年，罗伯特·艾什（Robert Aish）发表的一篇论文中，第一次使用“building information modeling”一词，他在这篇论文中描述了今天我们所知的BIM论点和实施的相关技术，并在该论文中应用RUCAPS建筑模型系统分析了一个案例来表达了他的概念。

21世纪前的BIM研究由于受到计算机硬件与软件水平的限制，BIM仅能作为学术研究的对象，很难在工程实际应用中发挥作用。21世纪以后，计算机软硬件水平的迅速发展以及对建筑生命周期的深入理解，推动了BIM技术的不断前进。自2002年，BIM这一方法和理念被提出并推广之后，BIM技术变革风潮便在全球范围内席卷开来。

一、BIM在国外的发展状况

（1）BIM在美国的发展现状

美国是较早启动建筑业信息化研究的国家，发展至今，BIM研究与应用都走在世界前列。美国BIM应用趋势见图1-1。美国BIM应用点见图1-2。

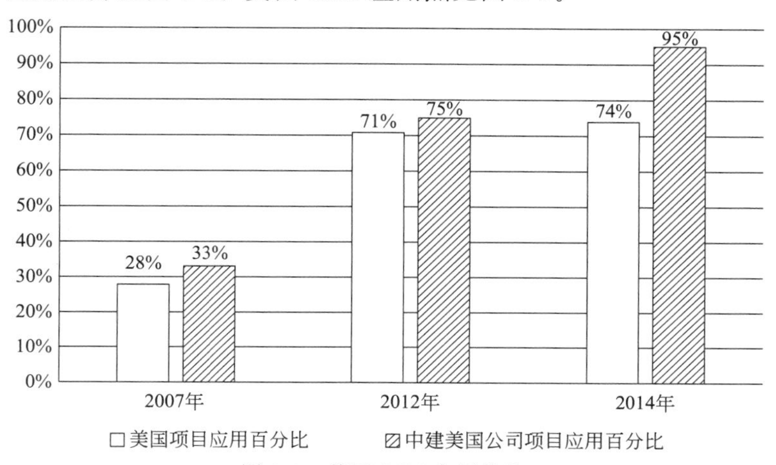

图1-1　美国BIM应用趋势

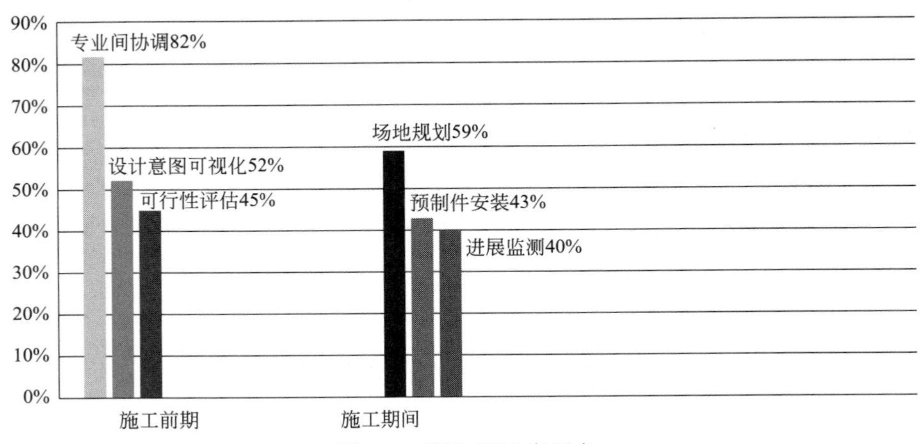

图 1-2　美国 BIM 应用点

目前，美国大多建筑项目已经开始应用 BIM，BIM 的应用点种类繁多，而且存在各种 BIM 协会，也出台了各种 BIM 标准。美国政府自 2003 年起，实行国家级 3D-4D-BIM 计划；自 2007 年起，规定所有重要项目通过 BIM 进行空间规划。

（2）BIM 在英国的发展现状

与大多数国家不同，英国政府要求强制使用 BIM。2011 年 5 月，英国内阁办公室发布了政府建设战略（Government Construction Strategy）文件，明确要求：到 2016 年，政府要求全面协同 3D・BIM，并将全部文件以信息化管理。

政府要求强制使用 BIM 的文件得到了英国建筑业 BIM 标准委员会［AEC（UK）BIM Standard Committee］的支持。迄今为止，英国建筑业 BIM 标准委员会已发布了英国建筑业 BIM 标准［AEC（UK）BIM Standard］、适用于 Revit 的英国建筑业 BIM 标准［AEC（UK）BIM Standardfor Revit］、适用于 Bentley 的英国建筑业 BIM 标准［AEC（UK）BIM Standard for Bentley Product］，并还在制定适用于 ArchiACD、Vectorworks 的 BIM 标准，这些标准的制定为英国的 AEC 企业从 CAD 过渡到 BIM 提供切实可行的方案和程序。

（3）BIM 在新加坡的发展现状

在 BIM 这一术语引进之前，新加坡当局就注意到信息技术对建筑业的重要作用。早在 1982 年，"建筑管理署"（Buildingand Construction Authority，BCA）就有了人工智能规划审批（artificial intelligence plan checking）的想法，2000～2004 年，发展建筑与房地产网络（construction and real estate network，CORENET）项目，用于电子规划的自动审批和在线提交，是世界首创的自动化审批系统。2011 年，BCA 发布了新加坡 BIM 发展路线规划（BCA's building information modelling roadmap），规划明确推动整个建筑业在 2015 年前广泛使用 BIM 技术。为了实现这一目标，BCA 分析了面临的挑战，并制定了相关策略（图 1-3）。

图 1-3　新加坡 BIM 发展策略图

在创造需求方面，新加坡政府部门带头在所有新建项目中明确提出 BIM 需求。2011 年，BCA 与一些政府部门合作确立了示范项目。BCA 强制要求提交建筑 BIM 模型（2013 年起）、结构与机电 BIM 模型（2014 年起），并且最终在 2015 年前实现所有建筑面积大于 $5000m^2$ 的项目都必须提交 BIM 模型的目标。

在建立BIM能力与产量方面，BCA鼓励新加坡的大学开设BIM的课程，为毕业学生组织密集的BIM培训课程，为行业专业人士建立了BIM专业学位。

（4）BIM在北欧国家的发展现状

北欧国家如挪威、丹麦、瑞典和芬兰，是一些主要的建筑业信息技术的软件厂商所在地，因此，这些国家是全球最先一批采用基于模型的设计的国家，也一直在推动建筑信息技术的互用性和开放标准。北欧国家冬天漫长多雪，这使得建筑的预制化非常重要，这也促进了包含丰富数据、基于模型的BIM技术的发展，并导致了这些国家及早地进行了BIM的部署。

北欧四国政府并未强制要求全部使用BIM，由于当地气候的要求以及先进建筑信息技术软件的推动，BIM技术的发展主要是企业的自觉行为。如2007年，Senate Properties发布了一份建筑设计的BIM要求（Senate Properties'BIM Requirements for Architectural Design，2007），自2007年10月1日起，Senate Properties的项目仅强制要求建筑设计部分使用BIM，其他设计部分可根据项目情况自行决定是否采用BIM技术，但目标将是全面使用BIM。该报告还提出，在设计招标将有强制的BIM要求，这些BIM要求将成为项目合同的一部分，具有法律约束力；建议在项目协作时，建模任务需创建通用的视图，需要准确的定义；需要提交最终BIM模型，且建筑结构与模型内部的碰撞需要进行存档；建模流程分为四个阶段，即spatial group BIM、spatial BIM、preliminary building element BIM和building element BIM。

（5）BIM在日本的发展现状

在日本，有2009年是日本的BIM元年之说。大量的日本设计公司、施工企业开始应用BIM，而日本国土交通省也在2010年3月表示，已选择一项政府建设项目作为试点，探索BIM在设计可视化、信息整合方面的价值及实施流程。2010年，日经BP社2010年调研了517位设计院、施工企业及相关建筑行业从业人士，了解他们对于BIM的认知度与应用情况。结果显示，BIM的知晓度从2007年的30%提升至2010年的76%。2008年的调研显示，采用BIM的最主要原因是BIM绝佳的展示效果，而2010年人们采用BIM主要用于提升工作效率，仅有7%的业主要求施工企业应用BIM，这也表明日本企业应用BIM更多的是企业的自身选择与需求。日本33%的施工企业已经应用BIM，在这些企业当中近90%是在2009年之前开始实施的。

日本BIM相关软件厂商认识到，BIM需要多个软件来互相配合，这是数据集成的基本前提，因此多家日本BIM软件商在IAI日本分会的支持下，以福井计算机株式会社为主导，成本了日本国国产解决方案软件联盟。此外，日本建筑学会于2012年7月发布了日本BIM指南，从BIM团队建设、BIM数据处理、BIM设计流程、应用BIM进行预算和模拟等方面为日本的设计院和施工企业应用BIM提供了指导。

（6）BIM在韩国的发展现状

韩国在运用BIM技术上十分领先，多个政府部门都致力制定BIM的标准。2010年4月，韩国公共采购服务中心（Public Procurement Service，PPS）发布了BIM路线图（图1-4），内容包括：2010年，在1～2个大型工程项目应用BIM；2011年，在3～4个大型工程项目应用BIM；2012～2015年，超过50亿韩元大型工程项目都采用4D·BIM技术（3D+成本管理）；2016年前，全部公共工程应用BIM技术。2010年12月，PPS发布了《设施管理BIM应用指南》，针对设计、施工图设计、施工等阶段中的BIM应用进行指导，并于2012年4月对其进行了更新。

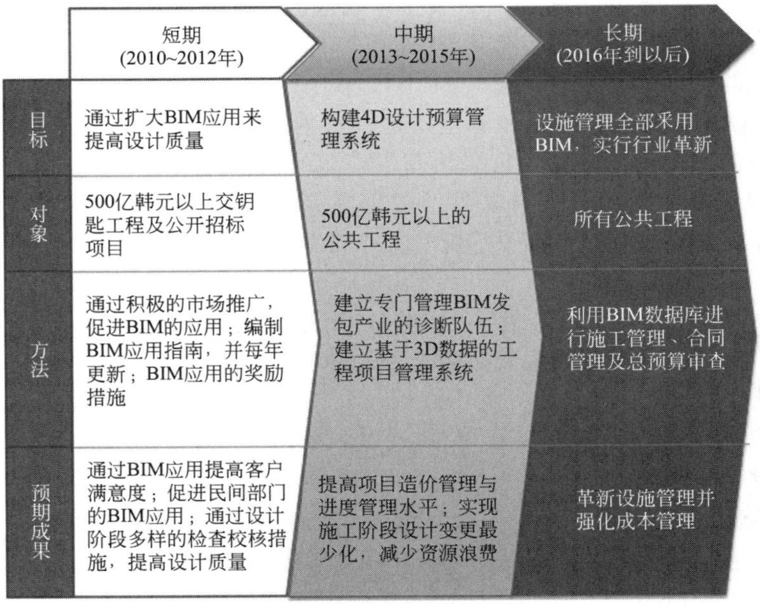

	短期 (2010~2012年)	中期 (2013~2015年)	长期 (2016年到以后)
目标	通过扩大BIM应用来提高设计质量	构建4D设计预算管理系统	设施管理全部采用BIM，实行行业革新
对象	500亿韩元以上交钥匙工程及公开招标项目	500亿韩元以上的公共工程	所有公共工程
方法	通过积极的市场推广，促进BIM的应用；编制BIM应用指南，并每年更新；BIM应用的奖励措施	建立专门管理BIM发包产业的诊断队伍；建立基于3D数据的工程项目管理系统	利用BIM数据库进行施工管理、合同管理及总预算审查
预期成果	通过BIM应用提高客户满意度；促进民间部门的BIM应用；通过设计阶段多样的检查校核措施，提高设计质量	提高项目造价管理与进度管理水平；实现施工阶段设计变更最少化，减少资源浪费	革新设施管理并强化成本管理

图 1-4　BIM 路线图

2010 年 1 月，韩国国土交通海洋部发布了《建筑领域 BIM 应用指南》，该指南为开发商、建筑师和工程师在申请四大行政部门、16 个都市以及 6 个公共机构的项目时，提供采用 BIM 技术时必须注意的方法及要素的指导。指南应该能在公共项目中系统地实施 BIM，同时也为企业建立实用的 BIM 实施标准。

综上，BIM 技术在国外的发展情况见表 1-1。

表 1-1　BIM 技术在国外的发展情况

国家	BIM 应用现状
英国	政府明确要求 2016 年前企业实现 3D-BIM 的全面协同
美国	政府自 2003 年起，实行国家级 3D-4D-BIM 计划；自 2007 年起，规定所有重要项目通过 BIM 进行空间规划
韩国	政府计划于 2016 年前实现全部公共工程的 BIM 应用
新加坡	政府成立 BIM 基金；计划于 2015 年前，超八成建筑业企业广泛应用 BIM
北欧国家	已经孕育 Tekla、Solibri 等主要的建筑业信息技术软件厂商
日本	建筑信息技术软件产业成立国家级国产解决方案软件联盟

二、BIM 在国内的发展状况

（1）BIM 在香港

香港的 BIM 发展也主要靠行业自身的推动。早在 2009 年，香港便成立了香港 BIM 学会。2010 年，香港的 BIM 技术应用已经完成从概念到实用的转变，处于全面推广的最初阶段。香港房屋署自 2006 年起，已率先试用建筑信息模型；为了成功地推行 BIM，自行订立 BIM 标准、用户指南、组建资料库等设计指引和参考。这些资料有效地为模型建立、管理档案，以及用户之间的沟通创造了良好的环境。2009 年 11 月，香港房屋署发布了 BIM 应用标准。香港房屋署提出，在 2014～2015 年 BIM 将覆盖香港房屋署的所有项目。

（2）BIM在台湾

在科研方面，2007年台湾大学与Autodesk签订了产学合作协议，重点研究建筑信息模型（BIM）及动态工程模型设计。2009年，台湾大学土木工程系成立了工程信息仿真与管理研究中心，促进了BIM相关技术与应用的经验交流、成果分享、人才培训与产学研合作。2011年11月，BIM中心与淡江大学工程法律研究发展中心合作，出版了《工程项目应用建筑信息模型之契约模板》一书，并特别提供合同范本与说明，补充了现有合同内容在应用BIM上的不足。高雄应用科技大学土木系也于2011年成立了工程资讯整合与模拟（BIM）研究中心。此外，台湾交通大学、台湾科技大学等对BIM进行了广泛的研究，推动了台湾对于BIM的认知与应用。

（3）BIM在大陆

近年来BIM在大陆建筑业形成一股热潮，除了前期软件厂商的大声呼吁外，政府相关部门、各行业协会与专家、设计单位、施工企业、科研院校等也开始重视并推广BIM。2010年与2011年，中国房地产业协会商业地产专业委员会、中国建筑业协会工程建设质量管理分会、中国建筑学会工程管理研究分会、中国土木工程学会计算机应用分会组织并发布了《中国商业地产BIM应用研究报告2010》和《中国工程建设BIM应用研究报告2011》，一定程度上反映了BIM在大陆工程建设行业的发展现状（图1-5）。根据两届的报告，关于BIM的知晓程度从2010年的60%提升至2011年的87%。2011年，共有39%的单位表示已经使用了BIM相关软件，而其中以设计单位居多。

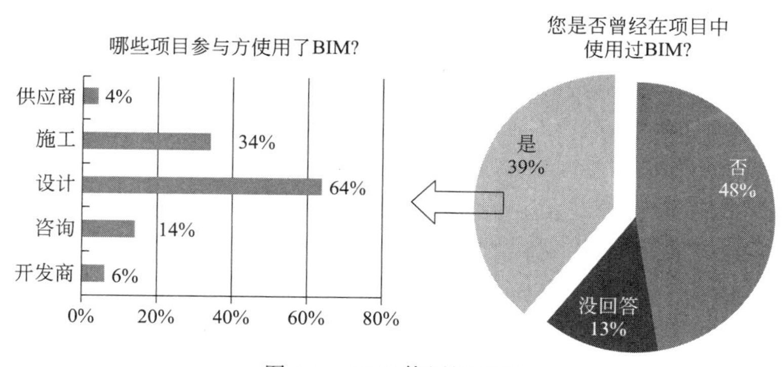

图1-5　BIM使用调查图

2011年5月，住建部发布的《2011～2015建筑业信息化发展纲要》中，明确指出：在施工阶段开展BIM技术的研究与应用，推进BIM技术从设计阶段向施工阶段的应用延伸，降低信息在传递过程中的衰减；研究基于BIM技术的4D项目管理信息系统在大型复杂工程施工过程中的应用，实现对建筑工程有效的可视化管理等。加快建筑信息化建设及促进建筑业技术进步和管理水平提升的指导思想，达到普及BIM技术概念和应用的目标，使BIM技术初步应用到工程项目中去，并通过住建部和各行业协会的引导作用来保障BIM技术的推广。

2012年1月，住建部《关于印发2012年工程建设标准规范制订修订计划的通知》宣告了大陆BIM标准制定工作的正式启动，其中包含五项BIM相关标准：《建筑工程信息模型应用统一标准》《建筑工程信息模型存储标准》《建筑工程设计信息模型交付标准》《建筑工程设计信息模型分类和编码标准》《制造工业工程设计信息模型应用标准》。其中，《建筑工程信息模型应用统一标准》的编制采取“千人千标准”的模式，邀请行业内相关软件厂商、设计院、施工单位、科研院所等近百家单位参与标准研究项目、课题、子课题的研究。至此，工程建设行业的 BIM 热度日益高涨。

2013 年 8 月，住建部发布了《关于征求关于推荐 BIM 技术在建筑领域应用的指导意见（征求意见稿）意见的函》，首次提出了工程项目全生命期质量安全和工作效率的思想，并要求确保工程建设安全、优质、经济、环保，确立了近期（至 2016 年）和中长期（至 2020 年）的目标，明确指出：2016 年以前政府投资的 2 万平方米以上大型公共建筑以及申报绿色建筑项目的设计、施工采用 BIM 技术；截止到 2020 年，完善 BIM 技术应用标准、实施指南，形成 BIM 技术应用标准和政策体系。

2014 年度，《关于推进建筑业发展和改革的若干意见》再次强调了 BIM 技术工程设计、施工和运行维护等全过程应用的重要性。各地方政府关于 BIM 的讨论与关注更加活跃，上海、北京、广东、山东、陕西等各地区相继出台了各类具体的政策推动和指导 BIM 的应用与发展。

2015 年 6 月，住建部《关于推进建筑信息模型应用的指导意见》中，明确发展目标：到 2020 年末，建筑行业甲级勘察、设计单位以及特级、一级房屋建筑工程施工企业应掌握并实现 BIM 与企业管理系统和其他信息技术的一体化集成应用。并首次引入全寿命期集成应用 BIM 的项目比率，要求以国有资金投资为主的大中型建筑、申报绿色建筑的公共建筑和绿色生态示范小区的比率达到 90%，该项目标在后期成为地方政策的参照目标；保障措施方面添加了市场化应用 BIM 费用标准，搭建公共建筑构件资源数据中心及服务平台以及 BIM 应用水平考核评价机制，使得 BIM 技术的应用更加规范化，做到有据可依，不再是空泛的技术推广。

2016 年，住建部发布了“十三五”纲要——《2016～2020 年建筑业信息化发展纲要》，相比于“十二五”纲要，引入了“互联网＋”概念，以 BIM 技术与建筑业发展深度融合，塑造建筑业新业态为指导思想，实现企业信息化、行业监管与服务信息化、专项信息技术应用及信息化标准体系的建立，达到基于“互联网＋”的建筑业信息化水平升级。

总的来说，国家政策是一个逐步深化、细化的过程，从普及概念到工程项目全过程的深度应用再到相关标准体系的建立完善，由点到面，逐渐完成 BIM 技术应用的推广工作，硬性要求应用比率以及和其他信息技术的一体化集成应用，同时开始上升到管理层面，开发集成、协同工作系统及云平台，提出 BIM 的深层次应用价值，如与绿色建筑、装配式及物联网的结合，BIM＋时代到来，使 BIM 技术得以深入到建筑业的各个方面。

第三节　BIM 的应用价值

一、BIM 在项目规划阶段的应用

是否能够帮助业主把握好产品和市场之间的关系是项目规划阶段至关重要的一点，BIM 则恰好能够为项目各方在项目策划阶段做出使市场收益最大化的工作。同时，在规划阶段，BIM 技术对建设项目在技术和经济上的可行性论证提供了帮助，提高了论证结果的准确性和可靠性。在项目规划阶段，业主需要确定出建设项目方案是否既具有技术与经济可行性，又能满足类型、质量、功能等要求。但是，只有花费大量的时间、金钱与精力，才能得到可靠性高的论证结果。BIM 技术可以为广大业主提供概要模型，针对建设项目方案进行分析、

模拟，从而为整个项目的建设降低成本、缩短工期并提高质量。

二、BIM在设计阶段的应用

与传统CAD时代相比，在建设项目设计阶段存在的诸如图纸冗繁、错误率高、变更频繁、协作沟通困难等缺点都将被BIM所解决，BIM所带来的价值优势是巨大的。

在项目的设计阶段，让建筑设计从二维真正走向三维的正是BIM技术，对于建筑设计方法而言这不得不说是一次重大变革。通过BIM技术的使用，建筑师们不再困惑于如何用传统的二维图纸表达复杂的三维形态这一难题，深刻地对复杂三维形态的可实施性进行了拓展。而BIM的重要特性之一——可视化，使得设计师对于自己的设计思想既能够做到“所见即所得”，又能够让业主捅破技术壁垒的“窗户纸”，随时了解到自己的投资可以收获什么样的成果，并可实时进行优化。

三、BIM在施工阶段的应用

正是由于BIM模型将反映完整的项目设计情况，因此BIM模型中构件模型可以与施工现场中的真实构件一一对应。我们可以通过BIM模型发现项目在施工现场中出现的错、漏、碰、缺的设计失误，从而达到提高设计质量，减少施工现场的变更，最终缩短工期、降低项目成本的预期目标。

对于传统CAD时代存在于建设项目施工阶段的图纸可施工性低、施工质量不能保证、工期进度拖延、工作效率低等劣势，BIM技术针对这些缺陷体现出了巨大的价值优势：施工前改正设计错误与漏洞；4D施工模拟、优化施工方案；使精益化施工成为可能。

在项目的施工阶段，施工单位通过对BIM建模和进度计划的数据集成，实现了BIM在时间维度基础上的4D应用。正因为BIM技术4D应用的实施，施工单位既能按天、周、月看到项目的施工进度，又可以根据现场实时状况进行实时调整，在对不同的施工方案进行优劣对比分析后得到最优的施工方案，同时也可以对项目的重难点部分按时、分，甚至精确到秒进行可建性模拟，例如对土建工程的施工顺序、材料的运输堆放安排、建筑机械的行进路线和操作空间、设备管线的安装顺序等施工安装方案的优化。

四、BIM在运维阶段的应用

BIM在建筑工程项目的运维阶段也起到非常重要的作用。建设项目中所有系统的信息对于业主实时掌握建筑物的使用情况，及时有效地对建筑物进行维修、管理起着至关重要的作用。那么是否有能够将建设项目中所有系统的信息提供给业主的平台呢？BIM的参数模型给出了明确的答案。在BIM参数模型中，项目施工阶段做出的修改将全部实时更新并形成最终的BIM竣工模型，该竣工模型将作为各种设备管理的数据库，为系统的维护提供依据。

建筑物的结构设施（如墙、楼板、屋顶等）和设备设施（如设备、管道等）在建筑物使用寿命期间，都需要不断得到维护。BIM模型则恰恰可以充分发挥数据记录和空间定位的优势，通过结合运营维护管理系统，制订合理的维护计划，依次分配专人做专项维护工作，从而使建筑物在使用过程中出现突发状况的概率大为降低。

第四节　BIM 的发展趋势

随着 BIM 的发展和完善，BIM 的应用还将不断扩展，BIM 将永久性地改变项目设计、施工和运维管理方式。随着传统低效的方法逐渐退出历史舞台，目前许多工作岗位、任务和职责将成为过时的东西。报酬应当体现价值创造，而当前采用的研究规模、酬劳、风险以及项目交付的模型应加以改变，才能适应新的情况。在这些变革中，可能将发生的包括：

（1）市场的优胜劣汰将产生一批已经掌握 BIM 并能够有效提供整合解决方案的公司，它们基于以往的成功经验来参与竞争，赢得新的工程。这将包括设计师、施工企业、材料制造商、供应商、预制件制造商以及专业顾问。

（2）专业的认证将有助于把真正有资格的 BIM 从业人员从那些对 BIM 一知半解的人当中区分开来。教育机构将把协作建模融入其核心课程，以满足社会对 BIM 人才的需求。同时，企业内部和外部的培训项目也将进一步普及。

（3）尽管当前 BIM 应用主要集中在建筑行业，具备创新意识的公司正将其应用于土木工程的项目中。同时，随着人们对它带给各类项目的益处逐渐得到广泛认可，其应用范围将继续快速扩展。

（4）业主将期待更早地了解成本、进度计划以及质量。这将促进生产商、供应商、预制件制造商和专业承包商尽早使用 BIM 技术。

（5）新的承包方式将出现，以支持一体化项目交付（基于相互尊重和信任、互惠互利、协同决策以及有限争议解决方案的原则）。

（6）BIM 应用将有力地促进建筑工业化发展。建模将使得更大和更复杂的建筑项目预制件成为可能。更低的劳动力成本、更安全的工作环境、减少原材料需求以及坚持一贯的质量，这些将为该趋势的发展带来强大的推动力，使其具备经济性、充足的劳力以及可持续性激励。项目重心将由劳动密集型向技术密集型转移，生产商将采用灵活的生产流程，提升产品订制化水平。

（7）随着更加完备的建筑信息模型融入现有业务，一种全新内置式高性能数据仪在不久即可用于建筑系统及产品。这将形成一个对设计方案和产品选择产生直接影响的反馈机制。通过监测建筑物的性能与可持续目标是否相符，以促进帮助绿色设计及绿色建筑全寿命期的实现。

课后习题

单项选择题

1. 下列对 BIM 的含义理解不正确的是（　　）。

A. BIM 是以三维数字技术为基础，集成了建筑工程项目各种相关信息的工程数据模型，是对工程项目设施实体与功能特性的数字化表达

B. BIM 是一个完善的信息模型，能够连接建筑项目生命期不同阶段的数据、过程和资源，是对工程对象的完整描述，提供可自动计算、查询、组合拆分的实时工程数据，可被建设项目各参与方普遍使用

C. BIM 具有单一工程数据源，可解决分布式、异构工程数据之间的一致性和全局共享问题，支持建设项目生命期中动态的工程信息创建、管理和共享，是项目实时的共享数据

平台

D. BIM技术是一种仅限于三维的模型信息集成技术，可以使各参与方在项目从概念产生到完全拆除的整个生命周期内都能够在模型中操作信息和在信息中操作模型

2. 下列属于BIM技术在业主方的应用优势的是（　　）。

A. 实现可视化设计、协同设计、性能化设计、工程量统计和管线综合

B. 实现规划方案预演、场地分析、建筑性能预测和成本估算

C. 实现施工进度模拟、数字化建造、物料跟踪、可视化管理和施工配合

D. 实现虚拟现实和漫游、资产、空间等管理、建筑系统分析和灾害应急模拟

3. 下列哪个国家强制要求在建筑领域使用BIM技术（　　）。

A. 美国　　B. 英国　　C. 日本　　D. 韩国

4. 下列关于国内外BIM发展状态说法不正确的是（　　）。

A. 美国是较早启动建筑业信息化研究的国家，发展至今，BIM研究与应用都走在世界前列

B. 与大多数国家相比，新加坡政府要求强制使用BIM

C. 北欧国家包括挪威、丹麦、瑞典和芬兰，是一些主要的建筑业信息技术的软件厂商所在地，如Tekla和Solibri，而且对发源于邻近匈牙利的ArchiCAD的应用率也很高

D. 近来BIM在国内建筑业形成一股热潮，除了前期软件厂商的大声呼吁外，政府相关单位、各行业协会与专家、设计单位、施工企业、科研院校等也开始重视并推广BIM

5. 建筑工程信息模型的信息应包含几何信息和（　　）。

A. 非几何信息　　B. 属性信息　　C. 空间信息　　D. 时间信息

第二章 安装工程BIM造价应用概述

第一节 工程造价现状分析

一、工程造价咨询发展现状

根据 2017 年工程造价发展报告统计，全国甲乙级工程造价咨询企业 7800 家左右，总计营业收入 1400 亿，从业人数 50 万人左右，人均单产不足 28 万，全国前 100 强造价咨询企业收入总和占比不到全行业的 10%，行业集中度非常低，大部分企业属于中小企业，同质化竞争非常严重，企业在组织方式和人力资源管理方面还比较落后，从人均单产看造价行业远低于会计和律师行业，仍属于劳动密集型行业。

从造价业务方面看，无论是清单编制、计量、计价、驻场跟踪审计还是结算审核，为满足业主方时限要求，其工作必须要大量的人力投入。由于造价咨询企业大部分属于中小企业，很多企业没有专业的人力资源管理部门或岗位，大部分企业常年人力资源严重不足，出现招人难、人员流动性大、高素质人才匮乏等问题，一直困扰着企业发展。

最近几年建筑业政策频出，行业变革层出不穷，EPC、PPP、BIM、全过程咨询、国际化、兼并重组等给造价咨询企业带来了前所未有的机遇，同时也面临更多挑战，原来的律所、培训机构、软件企业、平台型企业等纷纷涉足咨询产业，互联网、大数据、人工智能等新技术、新模式、新服务更是给传统咨询业带来颠覆式的挑战。

二、工程造价咨询面临的技术变革

互联网、大数据、BIM、人工智能等新技术的涌现，将对传统造价工作带来颠覆式的影响。我国现有计量计价体系各省、市不统一，消耗量水平和人材机价格也偏离市场实际水平，工程造价人员工作严重依赖定额和图纸，就像带着救生圈游泳，面临与国际接轨适应“一带一路”国际工程咨询服务惯例，我国的定额计价体系将面临调整以适应市场和新技术的变化。

（1）产业变革　2017 年住建部 19 号文指出将试行全过程工程咨询服务，咨询服务产业将由过去的分段式服务逐步走向综合服务，咨询企业将围绕项目全生命周期向前后延展，造价管理向前分化为投资管控，向后分化为成本管理，造价咨询服务逐步由专业性服务转变为以项目为核心的综合性顾问服务。

（2）服务变革　造价管理按服务类型可以划分为计量型、控制型、管理型、价值型，目前大部分咨询企业更多从事的是计量型即计量、计价工作，有一部分企业在从事控制型审计工作，极少企业真正为雇主提供管理型服务，也就是造价全过程服务。随着咨询价值回归，重计量等业务面临退伍，管理型咨询和价值型咨询将更有市场。

（3）组织变革　大部分咨询企业属于中小型企业，目前还处于小作坊式组织方式管理方式，随着项目体量越来越大、复杂性提高，对组织效率和协作的要求越来越高，例如：碧桂园要求设计人员必须做到通宵出图，地产企业要求造价咨询企业 30 天必须出清单等。另外，80 后、90 后逐步成为工作主力，他们更追求自我价值实现，更加追求工作和生活的平衡，更加追求自由。传统的办公室、坐班打卡已经不能禁锢年轻一代人的思想，所以出现 soho 一族、斜杠青年等代名词，他们会选择更加灵活的工作方式。

第二节　工程造价 BIM 应用概述

综上所述，结合工程造价咨询企业本身的特点及建筑市场发展趋势，我们有理由相信：打造 BIM 模式下的全过程造价咨询及项目管理业务，将是未来几年造价咨询企业的一个重要发展方向。

针对全过程造价应用的主要业务梳理了一个业务全景图和成本管理图，如图 2-1、图 2-2 所示。

<table>
<tr><th rowspan="2">业务领域</th><th rowspan="2">决策阶段</th><th colspan="3">设计阶段</th><th rowspan="2">交易阶段</th><th colspan="2">施工阶段</th></tr>
<tr><th>方案设计</th><th>初设/扩初</th><th>施工图设计</th><th>工程施工</th><th>竣工交付</th></tr>
<tr><td rowspan="5">造价咨询</td><td>投资估算</td><td>方案估算</td><td>设计概算</td><td>施工图预算</td><td>工程量清单与控制价</td><td>变更
洽商
认价
价差
索赔
计量支付</td><td>结算</td></tr>
<tr><td colspan="4">目标成本测算</td><td></td><td></td><td></td></tr>
<tr><td></td><td colspan="3">合约规划</td><td>招标管理</td><td></td><td></td></tr>
<tr><td colspan="3">方案比选</td><td colspan="3">资金计划</td><td></td></tr>
<tr><td colspan="3"></td><td colspan="2">深化设计</td><td></td><td></td></tr>
<tr><td>项目管理</td><td colspan="5">工程项目行政审批管理</td><td>进度管理
质量管理
安全管理</td><td></td></tr>
</table>

图 2-1　全过程造价应用业务全景图

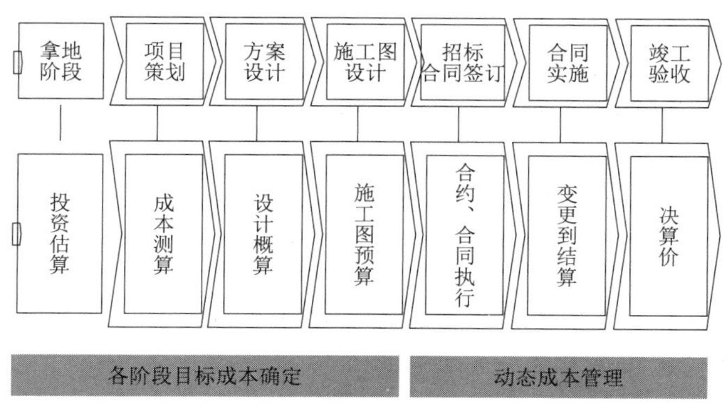

图 2-2　工程项目过程中的成本管理图

一、投资估算、方案估算、目标成本测算

对于国家投资项目，一般采用工程费用、其他费用、预备费的结构编制估算，而房地产企业一般采用成本科目方式来进行目标成本的测算，但两者本质上都是采用指标法来进行编制，因此我们放在一起进行分析。

其中，估算的编制主要关注以下几点：

（1）量的确定　根据不同的专业，一般采用建筑面积、绿化面积、道路长度等，对于分项工程，也可以工程量指标来确定工程量，如基坑工程、梁、板、柱等。

（2）单价的确定　一般采用专业或分项工程的造价指标来计算，但这里重要的不是价，而是这个价格对应的特征信息、价格、交付标准等（表 2-1、表 2-2）。

（3）估算的深度　简单的估算一般到专业或单位工程，但为了保证估算的精度，目前大都估算到分部分项层级。同时，考虑到主要材料、设备价格对造价指标的影响比较大，也会把主要材料拆分出来单独估算，提高估算的准确度，如表 2-3 所示。

二、方案比选

价值工程是进行方案比选的主要工具，亦充分体现了造价管理的职能。所谓的“价值”即以最优的资源配置有效地实现项目利益相关者（特别是关键利益相关者）的需求，可直观地用公式表示为：价值＝功能/成本。价值工程是以造价为基础，调动各项目利益相关者（包括建设单位设计部、工程部、市场营销部及物业使用管理部等）参与的各类比选方案，经过比较及选择，最终达到项目价值最大化，使项目真正做到“物有所值”。

（1）提高价值的途径有五种，罗列如下：

第一种，成本降低，功能不变。

第二种，成本不变，提高功能。

第三种，成本显著降低，功能稍有降低。

第四种，成本稍有增加，功能显著提高。

第五种，成本降低且功能提高。

（2）价值工程原则上可以涉及各个专业工程，一般而言，重点集中在以下几个方面：

① 建筑层高、建筑平面布局的合理性研究。

② 结构选型（包括围护方案比选、结构形式比选等）。

③ 幕墙选型。

④ 空调方案比选。

⑤ 电梯方案比选等。

为了便于理解，通过以下案例，简述价值工程的实践。

实例：某项目办公楼垂直升降梯的价值工程

工程概况：办公楼地上 19 层，建造面积为 30000m^2。

方案一：分高低区，3 部低区电梯（2.5m/s，1600kg），3 部高区电梯（3m/s，1600kg）。

方案二：不分高低区，6 部电梯（3m/s，1600kg）。

价值工程：

第一，从成本上分析，方案一的造价为人民币 7200000 元，方案二的造价为人民币 8400000 元，方案二比方案一的建造成本增加约 15％。

表 2-1

工程名称	项目特征（规格、型号、材质等）	单位	数量	重量 / t		单价 / 元				合价 / 万元				备注
				单重	总重	建筑费	设备费	动产类甲供料	安装费	建筑费	设备费	动产类甲供料	安装费	
土建、建筑、外立面、精装修										30903.30				
土方及基坑维护工程										2349.50			211.10	
基坑维护工程	地下埋深 13m，含支撑、维护	m	664			21000				1394.40				
土方工程	土方开挖、短驳及外运	m^3	258693			35				905.42				
回填土方		m^3	33120			15				49.68				
桩基工程										949.23			85.29	
工程桩	PHC 管桩 400（80），32m 长	m	48960			175				856.80				
预制方桩	300×300，桩长 26m	m^3	585			1580				92.43				
结构工程										17711.21			2554.10	
地下室底板	钢筋混凝土 C30、C40	m^3	23065			1680				3874.89				钢筋主材价 2011 年 2 月信息价 5134 元 /t
地下室结构柱	混凝土 C40	m^3	2262			2186				494.46				钢筋按 220kg/m^3
地下连续墙	墙厚 400mm，总长度 664m，钢筋含量 170	m^3	2800			1871				523.88				
地下室结构梁、板、墙	混凝土 C30	m^3	30800			2060				6344.80				
地上混凝土结构工程	框架混凝土结构	m^3	29612			2186				6473.18			1071.46	混凝土按 0.5m^3/m^2，钢筋按 220kg/m^3
地上影院钢结构	钢结构	t	671			11000				737.72				150kg/m^2
建筑工程										2311.03			207.64	
地面找平	20 厚水泥砂浆	m^2	111300			30				333.90				
细石混凝土找平 100 厚	C25	m^2	2465			115				28.35				设备房
细石混凝土找平 50 厚	C25	m^2	23518			68				159.92				设备房、地下车库
环氧地坪	2mm	m^2	24082			50				120.41				地下车库
设备基础	C30	m^3	35			1200				4.22				
底板防水	APP 防水卷材	m^2	22016			60				132.10				天棚、墙面、柱面
地下室顶板防水层	APP 防水卷材	m^2	7889			60				47.33				
地下室顶板保温层	40 厚岩棉板	m^2	7889			30				23.67				
地下室顶板细石混凝土面层	C25，50mm	m^2	7889			75				59.17				
地下室顶板细石混凝土保护层	C25，15mm	m^2	7889			140				110.45				
地下室排水沟	铸铁盖板，350 宽	m^2	285			385				10.97				
卫生间防水涂料		m^2	1452			35				5.08				
防霉涂料		m^2	71724			30				215.17				地下室顶棚及墙面
天棚涂料		m^2	1890			32				6.05				办公用房

表 2-2

具体部位	部位	天棚	楼地面	墙面	门窗	外墙	屋面	栏杆	水	强电	弱电	暖通	燃气
花园洋房	房间 / 厅	腻子面层	瓜米石地坪（底层做空心板、架空板防潮处理）	腻子面层	1. 主入户门为普通子母防盗门（钢质），其余采用普通铝合金门窗(户内门不做)。 2. 除厨、卫等房间普通玻璃外，其余全部采用双层中空玻璃，并达到相关规范对降噪的要求（户内门窗不做）	1. 主要材料为: 文化石、面砖、质感涂料、普通涂料、金属百叶。 2. 设置外墙保温系统，同时保温系统要与建筑洞口、转折处等合理交接	刚性屋面，局部金属波纹瓦，设置屋面保温系统（防雷配置）	一步阳台铸铁栏杆刷亚光仿木涂料；主要阳台、露台处玻璃栏板 + 金属扶手	1. 由市政供水。 2. 户外设表，每户计量。冷热水接至厨房和厕浴间各用水点，管道暗敷；厕浴间排水支管接至卫生器具，厨房排水支管接至存水弯后；地漏安装到位。 3. 热水器配置标准：住宅（二卫一厨）配置（容积 110L、热负荷 30MJ/h），住宅（三卫一厨）配置（容积 160L、热负荷 30MJ/h），住宅（四卫一厨）配置（容积…）	1. 每户设置机械式电表，出户计量。 2. 一户一表。①套内面积小于 $120m^2$ 户型，电表 10（40）A；②套内面积 121 ~ $150m^2$ 户型，电表 15（60）A；③套内面积 151 ~ $180m^2$ 户型，三相电表 10（40）A；④套内面积 181 ~ $220m^2$ 或跃层，三相电表 15（60）A。每户一个配电箱，管线设计到位，施工做到配电箱，预留穿墙、穿梁套管	1. 各户设弱电箱，每户设置两对电话线、一个宽带数据口入户，电视信号线入户。 2. 户内设彩色可视对讲门机；红外探测器跃层设置 2 个、平层设置 1 个；室内主卧室预留应急按钮接口 1 个，应急按钮交房时交给业主自己安装在合适位置；燃气探测器线路预留到厨房，配燃气探测器 1 个。 3. 设置监控系统、车管系统、电子巡更系统等	1. 花园洋房预留空调室外机位置，结合建筑考虑隐蔽。 2. 厨房和不开窗卫生间设成品子母烟道加止回阀。 3. 电梯轿箱配置单冷空调。 4. 厨房设置空调位	1. 每户设置一智能燃气表，磁卡计量。 2. 用气点预留至厨房，燃气连通至热水器位置
	厨房	结构面层	水泥砂浆保护层，不设地漏，局部防水	水泥砂浆面层，局部防水处理。烟道周围泛水 300 高									
	卫生间	结构面层	水泥砂浆保护层，满做防水	水泥砂浆面层，局部防水处理。浴缸处泛水 600 高，其余泛水 300 高									
	阳台	涂料	瓜米石地坪，局部做防水	同外墙（内凹部分用同色普通漆，以不影响外立面为准）									
	装饰性花池（仅作为立面装饰，不种花）		根据设计	同外墙									
	露台		瓜米石地坪，满做防水，设置保温系统（露台下为房间的情况）	同外墙（内凹部分用同色普通漆，以不影响外立面为准）									
	屋顶平台		C20 细石混凝土面层，满做防水处理，设置	同外墙									

表 2-3

费项	成本项目	估算基础	单位	工程量			单价/元	合价/万元
01-05	建安及装修工程费	61815.72		原工程量	系数	最终工程量		10123
01-05-01	建筑工程	61815.72						8752
01-05-01-01	地基与基础工程	61815.72						703
(1)	地基处理费	61815.72						
(2)	基础工程费	61815.72	m^2	61815.72	1.15	71088.08	15.00	107
(3)	三材	61815.72						596
	钢材	61815.72	t	618.16	1.17	723.32	5500.00	398
	水泥	61815.72	t	494.53	1.17	578.66	380.00	22
	混凝土	61815.72	m^3	4945.26	1.15	5687.05	310.00	176
01-05-01-02	主体结构及粗装修	61815.72						6823
(1)	主体土建工程费	61815.72	m^2	61815.72	1.15	71088.08	420.00	2986
	三材	61815.72						2949
	钢材	61815.72	t	2905.34	1.17	3399.61	5500.00	1870
	水泥	61815.72	t	4945.26	1.17	5786.57	380.00	220
	混凝土	61815.72	m^3	24108.13	1.15	27724.35	310.00	859
(2)	防水工程费	61815.72	m^2	61815.72	1.15	71088.08	16.36	116
(3)	外保温工程费	61815.72	m^2					
(4)	外墙装饰	61815.72	m^2	43271.00				—
(5)	甲供材料	61815.72	m^2					413
	外墙面砖	61815.72	m^2	34616.80	1.15	39809.32	30.00	119
	外墙涂料	61815.72	m^2	4327.10	1.15	4976.17	40.00	20
	外墙石材	61815.72	m^2	4327.10	1.15	4976.17	100.00	50
	保温材料费	61815.72	m^2	43271.00	1.15	49761.65	45.00	224
(6)	辅材涨价	61815.72	m^2	61815.73	0.03	1854.47	1159.40	215
(7)	设计变更	61815.72	m^2	61815.73	0.02	1236.31	1159.40	143

第二，从功能上分析，方案二较方案一大大方便了租户，可以凸显该项目高于当地市场上其他办公楼产品的优势，相对于同类型的办公产品而言，去化率和租金水平都较预期有所提高。

第三，综合考虑后，方案二的成本稍有增加，但功能显著提高，因此方案二的价值更高。

上述案例充分说明，所谓价值工程追求的是价值最大化，是“价格”与“品质”的完美平衡，而并非价格最低。市场上有时会有一种误区，认为费用越省越好，这才是成功的价值工程，其实不然。一味以牺牲品质而换来的低价，恰恰是对项目的伤害，实际上与价值工程真正的内涵背道而驰了。

做好不同方案比选的估算是非常困难的，需要兼顾经理、销售部、设计等不同方的诉求，因此能够把估算有理有据地说清楚就非常必要了。如图 2-3 所示。

在目前这个阶段，基本上用不上模型，主要依赖各类造价指标、工程量指标，因此建立

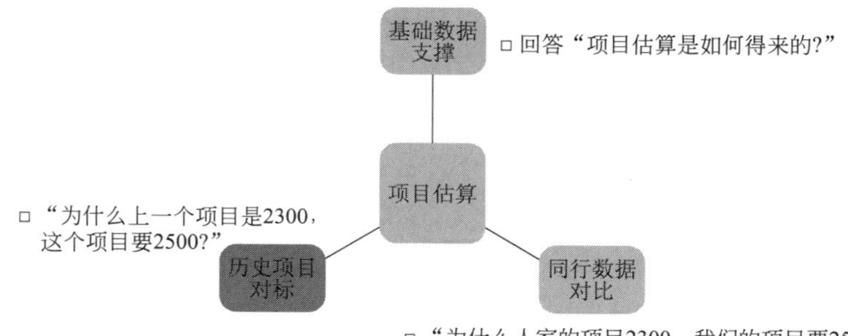

图 2-3 阐述项目估算

一套完善的指标收集、加工及查询的管理系统是非常必要的，这是进行快速估算的必经之路。

三、设计概算、施工图预算、工程量清单及控制价

这三部分的造价的编制都有成熟的概算定额、预算定额、工程量清单规范来支撑，关键就是工程量的计算。只要把项目 BIM 模型建立起来，就可以自动计算出对应的工程量，这也是采用 BIM 技术最直接的价值。因此，设计模型能够被重复利用，更好地指导造价和施工是非常关键的。

（1）基于 BIM 造价应用图谱（图 2-4）

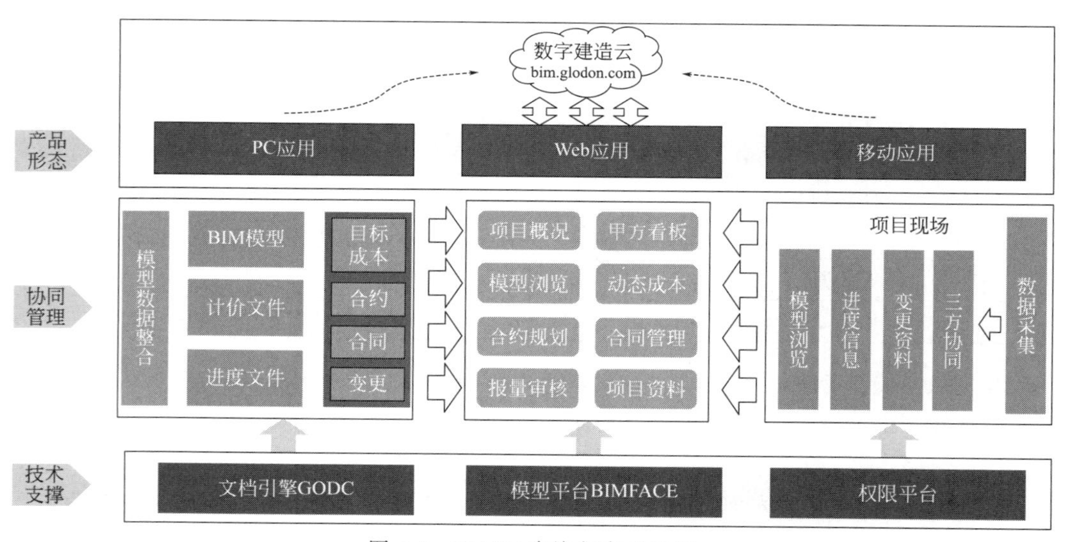

图 2-4 BIM5d 咨询版产品架构

（2）安装工程 BIM 造价应用流程图谱（图 2-5）

四、合约规划

合约规划是造价控制一个非常关键的环节，前期的估算、概算或者目标成本测算都是依据费用结构来进行测算的，而后期的执行阶段关键需要采用合同体系来支撑，因此，做好合约规划是进行招标及施工工作的必要准备。

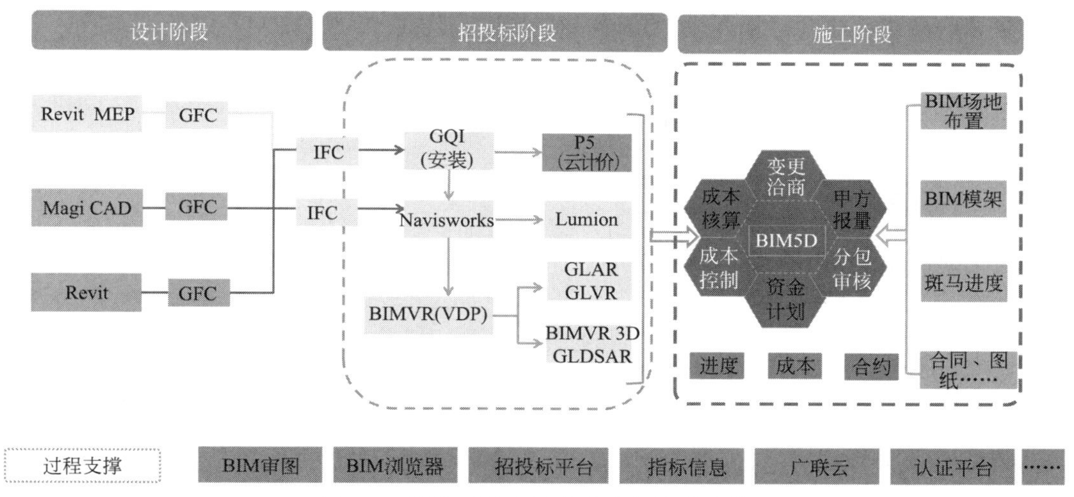

图 2-5　安装工程 BIM 造价应用流程图谱

合约规划主要关注如下几点：

（1）合约结构划分

这部分主要是结合项目、合作方等情况，确定项目的组织管理模型，确定总承包的管理范围，哪些合约由业主管理，哪些合约由总承包商来管理，这就是常说的独立承包、独立供应（甲供），甲方指定分包单位，甲方指定供应单位（甲定乙供），乙方指定分包单位，乙方指定供应单位等。

（2）明确合约范围及相互之间的界面

一个项目的合约达到上百个是非常普遍的情况，因此确定好各个合约的范围及工作界面是非常重要的，是保证项目正常施工的一个关键因素。工作界面要把总包和分包的界面、总分包之间的照管配合内容、总承包商须免费提供内容以及协调内容等约定清楚，实例如表 2-4 所列。

表 2-4

序号	项目	分包单位	工作划分
1	脚手架	幕墙、总包	总包负责建筑物外脚手架的搭设；结构完成后移交幕墙公司使用，移交后安全等方面的维护由幕墙公司负责
2	预埋件	幕墙、总包	幕墙公司负责提供埋件，总包公司负责安装，幕墙公司需派人现场指导，并复核位置等相关事宜；经幕墙公司确认后浇筑混凝土，后续施工中如需变更由幕墙公司负责
3	接地	幕墙、机电	安装公司负责提供接点，幕墙单位负责幕墙自身的防雷接地等工作
4	女儿墙防雷	幕墙、机电	安装公司负责所有避雷的材料采购和安装
5	外墙百叶	幕墙、机电	所有百叶由幕墙公司负责安装，安装公司负责与相关设备连接的避雷安装
6	穿墙空洞及封闭	幕墙、机电	幕墙公司需配合机电单位预留或开空洞的工作，封闭及防水亦由幕墙公司负责，但预留套管由机电单位负责
7	外墙门窗	幕墙、土建、装修	土建预留、幕墙复核、所有外墙门窗及配件均由幕墙公司负责，内窗台由装修单位负责，幕墙公司配合
8	桩头凿除	桩基、土建	土建单位负责桩头的凿除，并配合桩的测试单位工作

（3）明确合约控制目标

由于前期概算或成本控制目标都是按照费用口径来编制的，因此要把编制的目标转换或拆分到各个合约中，方便后期各个合约的目标控制。

由于目前大家普遍使用 excel 来进行编制，所以在编制合约控制目标时，经常出现成本科目拆分不全、合约控制目标超出成本科目目标的情况，因此采用必要的工具进行编制，是提高工作效率的一个重要途径。

五、招标管理

招标管理主要是针对合约规划，进行各个合约的招标工作。

招标管理主要关注如下几点：

(1) 各个合约的招标方式，以及此合约各个主要招标阶段的计划完成时间；

(2) 及时记录各个合约的招标状态及完成进度，以及各个阶段的成果文件；

(3) 对于关键进度上的合约招标，在出现进度问题时要及时预警。

具体实例见图 2-6。

六、变更、洽商、认价、价差、索赔管理

变更、洽商、认价、价差、索赔是进行合同成本控制的主要环节，是合同变动成本的重要组成部分。

(1) 进行管理时主要关注以下几点：

① 做好台账管理；

② 做好依据资料及证据的收集；

③ 证据及资料是进行计价的重要依据，尤其是隐蔽性工程的变更，尤其要及时收集；

④ 及时进行成本核算；

⑤ 按月进行动态成本分析，做好各类成本变动因素的统计分析。

全过程造价控制理论的一个重要思想就是目标和实际成本的实时对比分析，通过对比发现问题，分析偏差原因并制订纠偏措施，从而达到造价控制的目标。

(2) 动态成本的确定规则：

① 没有签订合同时，以“合约控制目标”为准；

② 签订合同后，以“合同净值（合同签订金额扣除甲供、暂估、预留金等的金额）”为准；如果进行重计量，就取“重计量的合同净值”；

③ 发生变更、洽商后，以“合同净值＋变更审定金额＋签证审定金额＋价差调整金额＋索赔审定金额”为准；

④ 结算后，以“结算金额”为准。

因此，手工进行动态成本统计是非常烦琐的事情。

七、计量支付管理

计量支付是进行进度款支付的重要依据。进度款计量支付主要包含如下内容。

(1) 当期工程量的核对。

(2) 当期报量工程费用的计算：依据统计的工程量及合同预算的综合单价，计算分部分项工程费，在此基础上计算分摊的措施费用，并计算规费、税金等费用。

(3) 扣除预留金、当期罚款及奖励等费用。

(4) 项目计量支付信息统计：统计本期审定支付金额、实际支付金额、累计支付金额、支付比例等信息。

一、土建招标计划

编号	项目名称	技术标牵头部门	合同　类别	合同承办部门	招标模式	提供封样	投标资格预审阶段(设计负责发图和封样/承办部门负责办入团)				标书准备阶段(技术牵头部门负责技术标书，预算部负责会审和发标)				技术标评定队段(技术牵头部门负责技术标书，预算部负责会审和发标)				商务标评定阶段(预算部负责定标)			定标阶段(合同文本及线上发起)		合同阶段(承办部门)	预付款时间	供货周期/d	进场时间	项目部负责人
	工作流程						资质审核	设计图纸及封样	厂家考察	确定投标单位	技术标	商务标	标书会审	正式发标	发标答疑现场踏勘	回标	回标质疑	技术标评定	商务澄清咨询	二次回标	汇总审批	定标组定标	中标通知/合同发起	合同汇签			预留预埋开始时间	
工作时限/d							5	5	6	6	10	6	6	2	2	20	3	3	6	5	3	7	3	20	10			
1	土方、降水及护坡工程	项目部	承包合同	项目部	招标																							
2	总承包工程	项目部	甲指甲付分包	项目部	招标			09.7.30			08.8.15	08.8.25	08.8.22	09.8.28(同时踏勘现场)	09.9.8	09.9.16	09.9.23	09.9.27	09.10.10	09.10.13		09.10.15						
3	外门窗及幕墙工程	项目部	甲指甲付分包	采购部	招标			10.5.31			10.6.4	10.6.17	10.6.18	10.6.21		10.7.05		10.7.27	10.8.4			10.8.10						
	沉降观测工程	项目部	甲指甲付分包	项目部	招标			10.4.15			10.4.22	10.4.27		10.4.30		10.5.11		10.5.17	10.5.24			10.5.30						
	劲性钢柱梁	项目部	甲指甲付分包	项目部	招标								10.3.12	10.3.25		10.4.12		10.4.19	10.4.23			10.4.30						
	防火门、防火隔断工程																											
	防火卷帘门工程										有几种招标阶段																	
	车库耐磨地面、防滑工程										工作天数																	

图 2-6　招标管理实例

目前大家常见的处理流程是通过算量软件计算工程量，再导入计价软件，并手工匹配合同预算文件的综合单价后，计算报量的工程费用，最后把工程费用录入计量支付 excel 表格中，并扣除预备费、增加当期罚款及奖励等费用后得出当期支付金额。这种流程需要涉及 3 个软件，效率非常低，因此在 BIM 模式下应该可以更快捷的方式：

① 通过 BIM 模型和进度计划自动得出当期和模型对应的清单项工程量及合同预算综合单价；

② 手工增加本期没有关联模型的清单项；

③ 启动计价软件，依据合同预算计价文件自动导入本期工程量清单，计算措施费用及规费、税金后保存计价文件，BIM 平台自动返回计算的工程费用；

④ 扣除预备费，增加当期罚款及奖励等费用。

这样过程更加自动化，减少了手动操作的环节，必然会提高计量支付的效率。

八、结算管理

在全过程造价咨询模式下，结算会更加便捷，只用把合同预算增加变更、签证、价格调整审定的金额，就自动得出结算金额。

通过以上分析，打造 BIM 模式下的全过程 BIM 造价应用，可以从以下两点来进行：

(1) 加强项目管理业务在 BIM 技术下的应用。项目管理业务最能从 BIM 技术中获得直接的价值，因此项目管理业务是应用 BIM 技术的排头兵，会对咨询企业的 BIM 技术应用起到促进作用。

(2) 利用 BIM 平台，建立全过程造价咨询统一平台，为全过程造价咨询业务的进一步扩大打下信息化基础。

九、BIM 造价应用路径

(1) 目前造价咨询过程中的成果文件，数字化程序很低，如目标成本测算、合约规划、变更台账、进度审核、动态成本等，目前主要采用 excel 进行维护及管理，效率低下，标准不统一，而造价咨询平台通过把这些业务信息化，可有效解决这些问题。如图 2-7、图 2-8 所示。

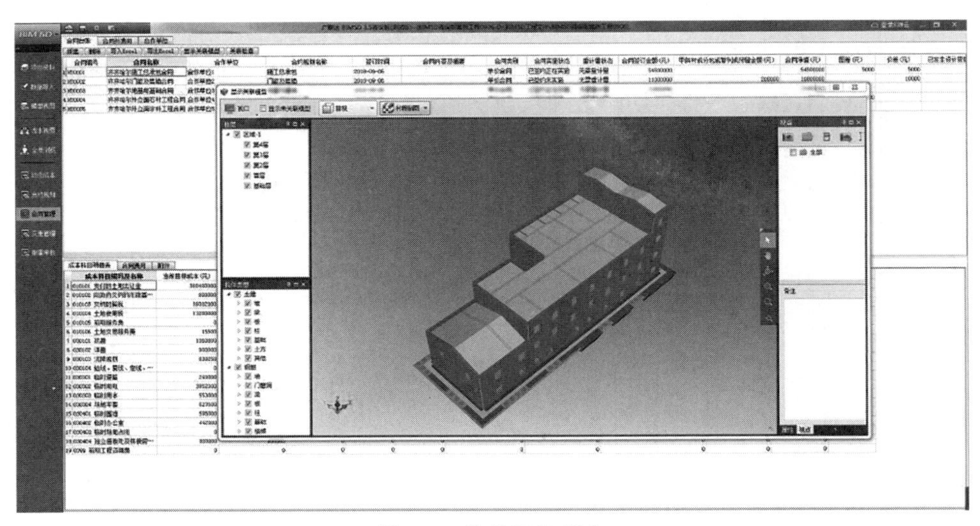

图 2-7 造价咨询平台

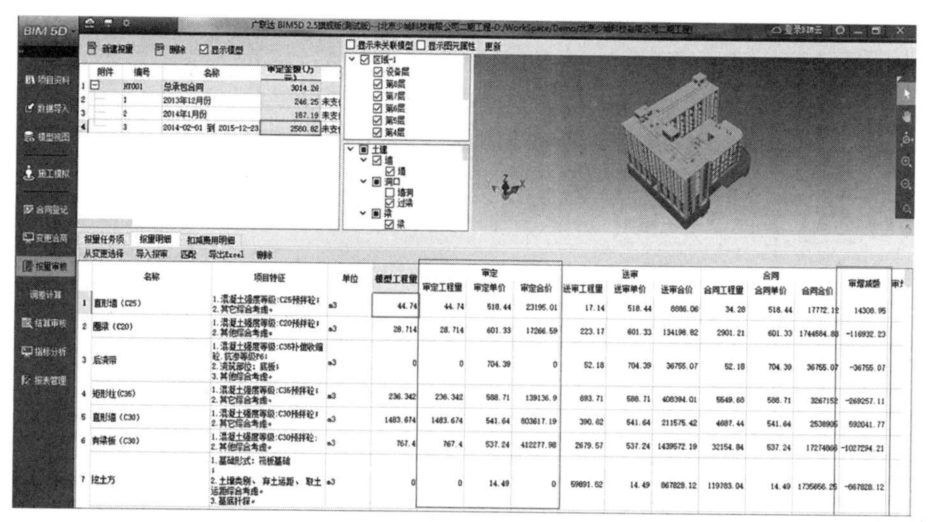

图 2-8　造价咨询平台

(2) 项目咨询过程中需要统计的各类台账、动态成本台账等信息需要专人去归集及手工统计，而这部分工作造价咨询平台可以自动完成，而且有利于咨询企业对全过程项目的统一管理。如图 2-9、图 2-10 所示。

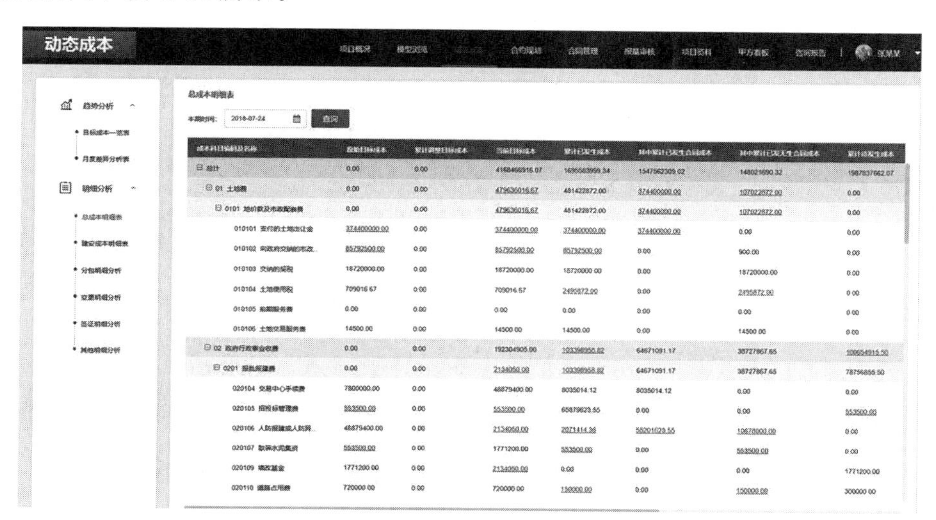

图 2-9　动态成本

(3) 咨询过程中输出的咨询报告主要以文字和表格展现为主，不够直观，不方便业主更好地了解项目情况。造价咨询平台可以通过网页的方式为业主提供的单独的看板来自动展现这些信息，并支持自动生成 PDP 或 PPT 文件，方式多样且直观，既减少造价人员不必要的工作，又利于咨询业务的开展。如图 2-11、图 2-12 所示。

(4) 造价咨询平台也可以实现流程的自定义，过程留痕，并可自由展现三维模型，有利于项目管理过程中的多方协同。如图 2-13、图 2-14 所示。

(5) 可以实现手机端自由收集项目现场的图片、影像等资料，提高收集效率。如图 2-15、图 2-16所示。

动态成本

总成本明细表

本期时间：2018-07-24　查询

成本科目编码及名称	原始目标成本	累计调整目标成本	当前目标成本	累计已发生成本	其中累计已发生合同成本	其中累计已发生非合同成本	累计待发生成本
总计	0.00	0.00	4168466916.07	1695583999.34	1547562309.02	148021690.32	1987837662.07
01 土地费	0.00	0.00	479636016.67	481422872.00	374400000.00	107022872.00	0.00
0101 地价款及市政配套费	0.00	0.00	479636016.67	481422872.00	374400000.00	107022872.00	0.00
010101 支付的土地出让金	374400000.00	0.00	374400000.00	374400000.00	374400000.00	0.00	0.00
010102 向政府交纳的市政...	85792500.00	0.00	85792500.00	85792500.00	0.00	900.00	0.00
010103 交纳的契税	18720000.00	0.00	18720000.00	18720000.00	0.00	18720000.00	0.00
010104 土地使用税	709016.67	0.00	709016.67	2495872.00	0.00	2495872.00	0.00
010105 前期服务费	0.00	0.00	0.00	0.00	0.00	0.00	0.00
010106 土地交易服务费	14500.00	0.00	14500.00	14500.00	0.00	14500.00	0.00
02 政府行政事业收费	0.00	0.00	192304905.00	103398958.82	64671091.17	38727867.65	100654915.50
0201 报批报建费	0.00	0.00	2134050.00	103398958.82	64671091.17	38727867.65	78756855.50
020104 交易中心手续费	7800000.00	0.00	48879400.00	8035014.12	8035014.12	0.00	0.00
020105 招投标管理费	553500.00	0.00	553500.00	65879623.55	0.00	0.00	553500.00
020106 人防报建或人防异...	48879400.00	0.00	2134050.00	2071414.36	55201623.55	10678000.00	0.00
020107 散装水泥基金	553500.00	0.00	1771200.00	553500.00	0.00	553500.00	0.00
020109 墙改基金	1771200.00	0.00	2134050.00	0.00	0.00	0.00	1771200.00
020110 道路占用费	720000.00	0.00	720000.00	150000.00	0.00	150000.00	300000.00

图 2-10　动态成本

图 2-11　信息展示

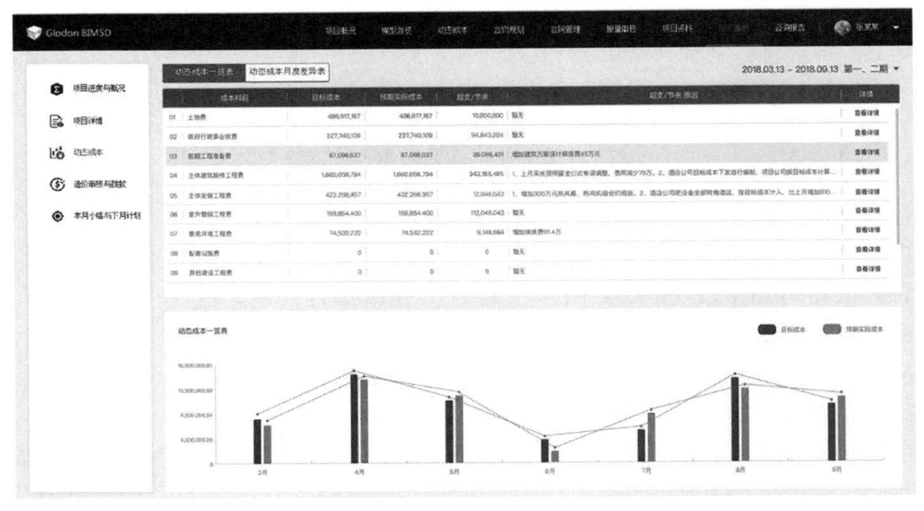

图 2-12　信息展示

图 2-13　流程管理

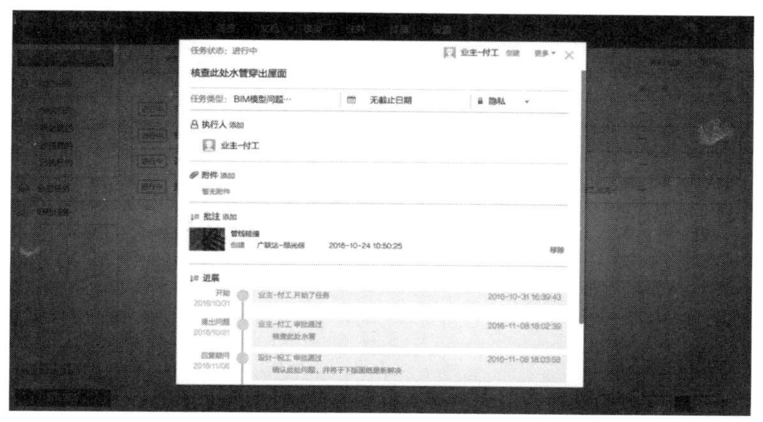

图 2-14　流程管理

图 2-15　手机端自由收集项目资料

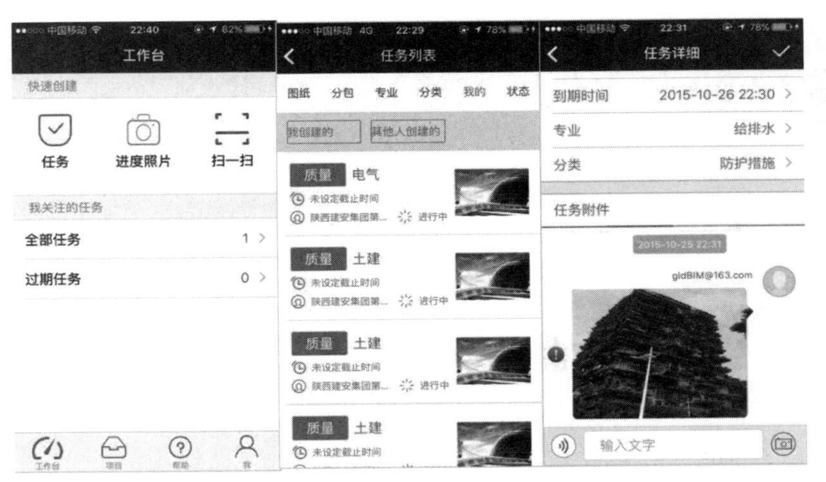

图 2-16 手机端自由收集项目资料

情景二　BIM 造价应用

第三章 BIM安装算量软件原理介绍

第一节 BIM 安装算量软件介绍及原理

一、BIM 安装算量 GQI2017 软件介绍

BIM 安装算量广联达 GQI2017 是面向民用建筑工程安装五大专业（给排水、采暖、通风空调、电气、消防专业）的一款工程量计算软件。通过对 CAD 图纸（或其他格式）的智能化识别，快速形成安装造价模型并计算工程量。软件通过智能的识别方式、可视的三维显示、专业的计算规则、灵活的工程量统计、计价的无缝导入，全面解决工程造价人员在招投标、过程提量、结算对量等阶段工程量计算问题。

GQI2017 支持快速算量的文件格式有：

① CAD 图纸（AutoCAD2015 及以下版本）；

② 天正 CAD，支持 T7 以下版本；

③ Revit 模型（GQI2017 新增该应用）；

④ Magicad 模型；

⑤ PDF（CAD 导出的 PDF 文件）；

⑥ 图片（.jpg/.bmp/.jpeg）。

二、BIM 安装算量 GQI2017 工作原理

BIM 安装算量软件快速从 CAD 图纸上拾取 CAD 信息，转化为算量软件的构件图元，并根据各图元之间的关系，自动生成附属图元及附属信息（如识别管线后会自动生成管件、计算支架数量、刷油面积等），然后依据内置的计算规则输出计算结果。

BIM 安装算量软件算量的效率受图纸的规范化程度和对软件熟悉程度的影响。图纸的规范程度主要指各类构件是否严格按照图层进行区分，同一点式构件是否为同一图块，CAD 线表示的管线图元画法是否满足制图要求等。

第二节　BIM安装算量软件操作流程及要点

一、BIM安装算量GQI2017软件操作流程

1. 安装算量软件通用操作流程

安装算量软件通用操作流程为：新建工程—工程设置—楼层设置—添加图纸—分割图纸—图纸与楼层对应—定位图纸—绘图输入（识别构件）—表格输入—汇总计算—报表打印。

2. 各专业不同构件类型的识别顺序

在软件中建模顺序与手工算量相同。一个专业首先按系统区分，一个系统一个系统地进行建模算量，然后一个系统里首先数个数，然后量长度。那么软件的建模顺序具体是什么呢？

它可以归类为：点式构件识别→线式构件识别→依附构件识别→零星构件识别。这样识别的优点在于，先识别出点式构件，再识别线式构件时，软件会按照点式构件与线式构件的标高差，自动生成连接二者间的立向管道。管道识别完毕，进行阀门法兰、管道附件这两种依附于管道上的构件的识别，阀门附件会依据依附的管道管径，自动生成管径，否则没有管道，阀门附件无法生成。最后，按照图纸说明，补足套管零星构件的计量。

（1）各专业不同构件类型图元形式见表3-1。

表3-1

专业	构件类型	点式构件	线式构件	依附构件	零星构件
给排水	卫生器具	√			
给排水、采暖、消防	设备	√			
给排水、采暖、消防	管道		√		
给排水、采暖、消防	阀门法兰			√	
给排水、采暖、消防	管道附件			√	
给排水、采暖、消防	通头管件			√	
给排水、采暖、消防	零星构件				√
采暖燃气	供暖器具	√			
采暖燃气	燃气器具	√			
消防	消火栓	√			
消防	喷头	√			
通风空调	通风管道		√		
通风空调	风管部件			√	
通风空调	空调水管		√		
通风空调	水管部件			√	
电气	照明灯具	√			
电气	开关插座	√			
电气	电气设备	√			
电气	配电箱柜	√			

续表

专业	构件类型	点式构件	线式构件	依附构件	零星构件
电气	电线导管		√		
电气	电缆导管		√		
电气	综合管线		√		
电气	桥架通头			√	
电气	母线		√		
电气	防雷接地				

（2）实例工程专用宿舍楼各专业各系统的识别顺序见表3-2。

表3-2

专业	系统	识别顺序
给排水专业	给水系统	给水干管→阀门→管道附件
	排水系统	排水干管→卫生间(管道→器具→阀门→管道附件)→套管(零星构件)→设置标准间
消防专业	消火栓系统	消火栓→管道→阀门→管道附件→套管→通头管件→管道刷漆
	喷淋系统	喷头→管道→阀门→管道附件→套管→通头管件→管道刷漆
	火灾自动报警系统	消防器具(感烟探测器、报警电话、手动报警按钮、扬声器、声光报警器、模块)→箱柜(区域报警控制器、端子箱)→管线
采暖专业	采暖系统(地暖)	设备(分集水器)→管道→阀门→管道附件→套管
	采暖系统(散热器)	供暖器具→管道→阀门→管道附件→套管
通风空调专业	通风系统	通风设备(风机盘管、新风机、排烟风机)→通风管道(分系统)→风管通头→风管部件(风口、风阀)→风管穿墙套管
	空调水系统	空调水管→水管部件→套管
电气专业	照明系统	配电箱柜→点式图元(灯具、开关)→桥架→配管配线→接线盒
	动力系统	配电箱柜→点式图元(插座、开关、风机盘管)→桥架→配管配线
	防雷接地系统	避雷网→引下线→接地线→等电位端子箱

注：给排水专业排水系统建议先识别管道，后识别卫生器具，按给排水安装图集规定，连接卫生器具的立管管径、高度，在后期批量生成。

二、BIM安装算量GQI2017软件基本操作

BIM安装算量广联达GQI2017软件主要通过快速提取CAD信息建立模型的方式计算工程量，所以掌握软件的建模方式是学习软件算量的基础。下面概括介绍安装算量软件建模时常用的基础方法。

（1）建模时，滚轮的四种用法

第一种：鼠标位置不变，向上推动滚轮，放大CAD图。

第二种：鼠标位置不变，向下推动滚轮，缩小CAD图。

第三种：双击滚轮，回到全屏状态。

第四种：按住滚轮，移动鼠标，进行CAD图的拖动平移。

（2）选择图元时，选择的方法

① 点选：当鼠标处在选择状态时，在绘图区域内鼠标移动到图元上方，左键点击进行选择。

② 框选：当鼠标处在选择状态时，在绘图区域内拉框进行选择。

框选分为两种：

第一种：左框（正框），单击图中任一点，向右方拉一个方框选择，拖动框为实线，只有完全包含在框内的图元才被选中，如图 3-1 所示。

第二种：右框（反框），单击图中任一点，向左方拉一个方框选择，拖动框为虚线，框内及与拖动框相交的图元均被选中，如图 3-2 所示。

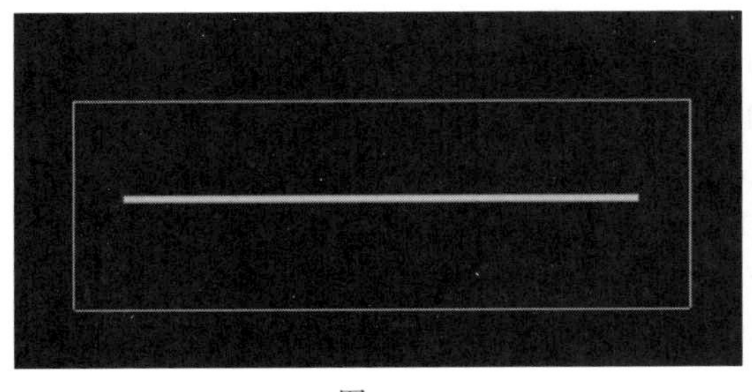

图 3-1

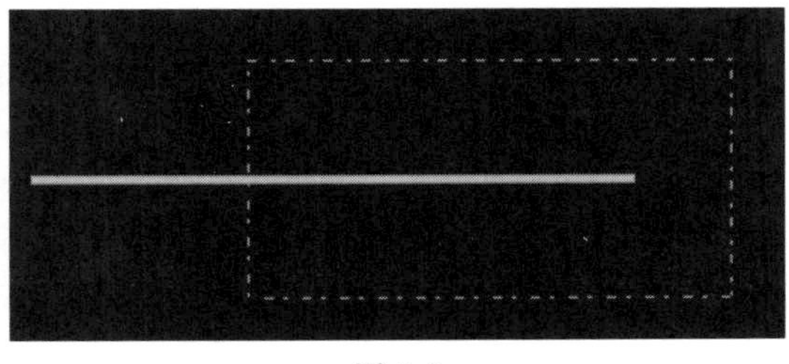

图 3-2

（3）建模时，光标有不同的状态，分别代表不同的含义

第一种：绘图状态“田”字形，表示光标捕捉到了交点，可以绘制，如图 3-3 所示。

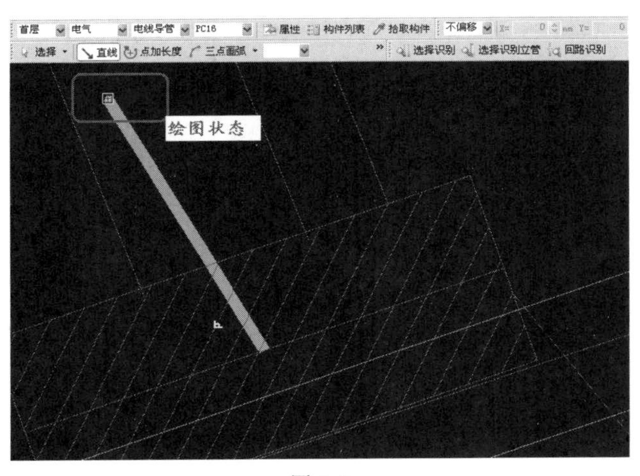

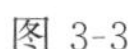

图 3-3

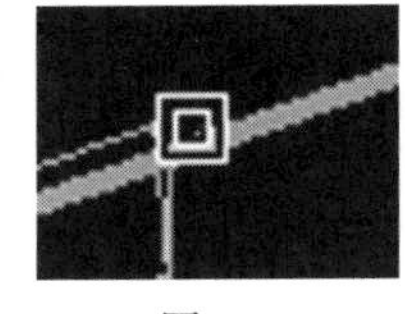

图 3-4

图 3-5

第二种：选择状态“回”字形，表示捕捉到图元，可以点击左键选择，如图 3-4 所示。

第三种：空闲状态“十”字形，如图 3-5 所示，表示没有捕捉到图元或交点时，光标显示的状态。

（4）公有属性和私有属性的区别

公有属性：也称公共属性，指构件属性中用蓝色字体表示的属性，是全局属性（任何时候修改，所有的同名构件都会自动进行刷新）。

私有属性：指构件属性中用黑色字体表示的属性（只针对当前选中的构件图元修改有效，而在定义界面修改属性对已经画过的构件无效），如图 3-6 所示。

（5）软件中的快捷键

F1：打开“帮助”文件。

F2：控制“构件列表”显示与隐藏。

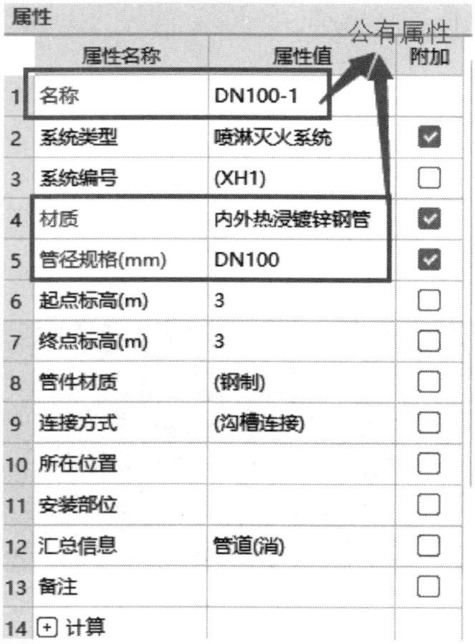

属性

公有属性

	属性名称	属性值	附加
1	名称	DN100-1	
2	系统类型	喷淋灭火系统	☑
3	系统编号	(XH1)	☐
4	材质	内外热浸镀锌钢管	☑
5	管径规格(mm)	DN100	☑
6	起点标高(m)	3	☐
7	终点标高(m)	3	☐
8	管件材质	(钢制)	☐
9	连接方式	(沟槽连接)	☐
10	所在位置		☐
11	安装部位		☐
12	汇总信息	管道(消)	☐
13	备注		☐
14	⊞ 计算		

图 3-6

F3：打开“批量选择构件图元”对话框。

F4：恢复默认界面。

F5：启动“合法性检查”功能。

F6：启动“显示 CAD 图元”功能。

F7：启动“CAD 图层显示”功能。

F8：打开“楼层图元显示设置”对话框。

F9：打开“汇总计算”对话框。

F11：打开“多图元查看工程量”对话框。

“构件（字母）”：显示与隐藏构件，如管道（水）（G），点击“G”可以显示与隐藏水管。

Shift＋构件（字母）：显示与隐藏构件名称，如点击“Shift＋G”可以显示与隐藏水管名称。

第四章

给排水工程BIM计量实例

本章内容介绍专用宿舍楼案例工程给排水工程，该给排水工程包括给水系统、排水系统两部分。

第一节　给排水工程综述

一、给排水工程图纸及业务分析

学习目标

学会分析图纸内容，提取算量关键信息。

学习要求

了解专业施工图的构成，具备一般施工图识图能力。

（一）图纸业务分析

配套图纸为《BIM算量一图一练 安装工程》专用宿舍楼案例工程，该工程为2层宿舍楼，每层层高3.6m，对于预算人员如何从图纸中读取“预算关键信息”及如何入手算量工作，下面针对这些问题，结合案例图纸从读图、列项等方面逐一进行图纸业务分析。

专用宿舍楼给排水工程施工图由给排水设计施工总说明（与消防工程共用）、给水系统图、排水系统图、给排水大样图、一层给排水平面图、二层给排水平面图、屋面给排水平面图组成。

（1）水施-01给排水设计施工总说明

1）包含的主要内容

① 设计依据；

② 管道材料：根据工程要求说明，给排水管道管件的材质及连接方式要求；

③ 水嘴、阀门等附件选用：对于该工程阀门等附件的类型要求、安装高度要求；

④ 管道敷设：管道施工安装要求及套管、阻水圈、预留洞口的安装要求；

⑤ 管道试压与冲洗：给排水管道试压与冲洗要求；

⑥ 管道防腐及绝热：施工中刷漆保温的材料、做法等要求；

⑦ 卫生器具：卫生器具的类型、安装方式；

⑧ 其他：注明标高要求及公称外径与公称直径的对应表；

⑨ 图例表：本工程用到的所有设备及管线在图纸中的表示方法。

2）计算工程量相关信息

① 注意给排水管道的材质及连接方式、管径要求，这些信息对计价套取清单和定额项有影响，会影响预算单价；

如本例中，1.1 本工程中给水干管与给水立管材质不同，分别为钢塑复合管，螺纹连接与无规共聚聚丙烯 PPR 管，热熔连接。

1.2 污水立管采用 UPVC 螺旋管污水横管 UPVC 排出管，热熔连接。

② 给水管阀门 $DN \leqslant 50$ 采用铜芯截止阀，其他采用闸阀，工作压力低于 1.0MPa，塑料地面清扫口；

③ 套管安装方式，比通过管道外径大 2 号，排水立管穿越楼板预留孔洞设置阻火圈，穿外墙和屋面板设柔性防水套管；

④ 管道冲洗消毒、通球试验。

（2）水施-02 给水系统图

1）各系统图标注各段立管管径、横支管管径及管道走向，并注意管径变径点；

2）读取入户管标高、水平管标高及立管管顶标高；

3）给水系统图与给排水大样图对比确认连接卫生器具各管管径，并清晰其标高位置。

（3）水施-03 排水系统图

1）读取排出管标高、管径、立管起点标高、终点标高及管径；

2）读取横支管管径、标高及管道走向并注意管径变径点；

3）读取立管末端通气帽装置安装位置及数量。

（4）水施-04/水施-05 一层二层给排水平面图

1）根据平面图读取给水入户管、其他水平管、立管位置，水平管根据标注的管径及标高计算其长度；

2）通过平面图读取立管数量，与系统图对照，计算各立管长度；

3）通过水平管道与墙、立管与楼板相交位置，读取套管及阻火圈、预留洞口数量及位置；

4）根据管道变径、分支、转弯位置，读取管件数量，根据其相接管道管径确定其管径组成。

（5）水施-06 屋面给排水平面图

根据屋面给排水平面图读取排水立管数量及位置。

（二）本章任务说明

本章各节任务实施均以案例图纸《BIM 算量一图一练 安装工程》（朱溢镕等主编）中专用宿舍楼案例工程给排水工程的首层构件展开讲解，其他楼层请读者在本章学习之后自行完成。

二、给排水工程——新建工程

学习目标

能够用 BIM 安装算量软件完成新建工程相关设置。

学习要求

了解工程图纸中哪些信息影响工程量的计算。

（一）任务说明

完成专用宿舍楼案例工程给排水工程图纸的新建工程的各项设置。

（二）任务分析

新建工程前，要先分析图纸的设计说明，如给排水专业工程对管道材料、管道敷设、管道防腐、冲洗试验等要求以及阀门管件等附件的选用等信息。

（三）任务实施

1. 新建工程

二维码 1

（1）双击桌面“广联达 BIM 安装计量 GQI 2017”图标，启动软件，进入新建界面。

（2）鼠标左键点击“新建”按钮，弹出新建向导窗口，输入工程名称“专用宿舍楼-给排水”，计算规则选择“工程量清单项目设置规则（2013）”，清单库选择“工程量清单项目计量规范（2013-北京）”，如图 4-1 所示。

注意：

1. 根据所在地区，选择相应的清单库及定额库，如不选择，则可以提取建模后图元工程量。

2. 工程专业选择全部，进入工程后，会显示所有专业的构件类型及功能，如选择一个专业，则只显示对应专业的构件类型及相应功能。

（3）点击“创建工程”，进入软件主窗体。

（4）执行保存工程（图 4-2），将工程保存到希望存储的路径文件夹中。

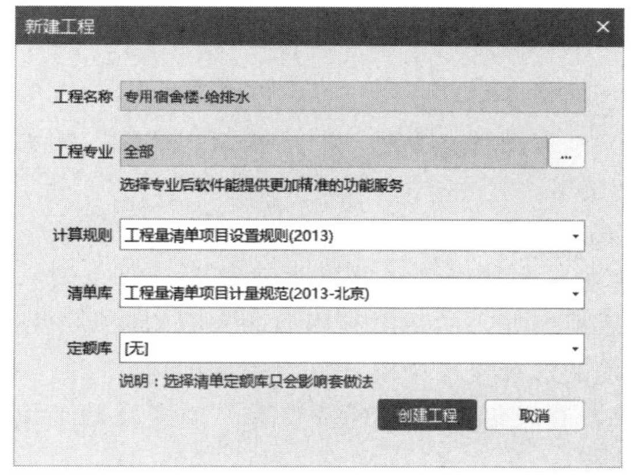

图 4-1

图 4-2

2. 楼层管理

建立楼层，层高按照水施-02 给水系统图中楼层高度建立，软件默认给出首层和基础层。本工程没有地下室，基础层的高度为 2.4m，在基础层的层高位置输入“2.4”。

（1）首层层高输入“3.6”；

（2）鼠标左键选择首层所在的行，单击“插入楼层”，添加第 2 层，第 2 层的层高输入“3.6”；

（3）单击“插入楼层”，建立屋顶层，层高的输入高度为 3.6m。

注意：

1. 基础层与首层楼层编码及其名称不能修改；

2. 建立楼层必须连续；

3. 需单独定义一个顶层。

二维码 2

总结拓展

1. 当建筑物有地下室时，基础层指的是最底层地下室以下的部分；当建筑物没有地下室时，可以把首层以下的部分定义为基础层。

2. 建立地下室层时，将光标放在基础层上，再点击“插入楼层”，这时就可插入第−1层。

思考与练习

1. 对照图纸新建工程，思考哪些参数会影响到后期的计算结果。

2. 对照图纸完成本工程的新建工程、建立楼层。

三、给排水工程——CAD 图纸管理

学习目标

1. 掌握 CAD 图纸添加、分割、定位以及与楼层对应的方法。

2. 掌握 CAD 图纸导入软件的操作流程。

3. 掌握“快速出量”与“BIM 建模”两种 CAD 图纸的处理方法。

学习要求

具备建筑基础识图技能，了解平面图、系统图、大样图、图例、设计说明各类图纸的对应关系。

(一) 任务说明

导入专用宿舍楼案例工程给排水工程图纸，并进行对应的楼层、定位操作。

(二) 任务分析

(1) 完成本任务需要使用【图纸管理】里的“添加图纸—分割—对应楼层—定位”相关功能。

(2) GQI2017 软件提供两种图纸建模算量方式，用户可根据需求进行选择：

① **平铺算量**——适用于对模型整体性不做要求（尤其设备、器具类只需要计算个数），后续无模型传递需求。操作方法为导入图纸，然后根据导入的图纸利用后面介绍的模型识别类功能，将不同类型的灯具、开关、插座等在当前的这个楼层中统计算量完成即可。

② **三维分层建模**——如果对模型显示有要求，并想借助模型进行查看、碰撞及精细化的管理，如导入到 BIM5D 中，则需要三维分层建模。

(三) 任务实施

下面讲解如何进行“三维分层建模”。

在实施添加图纸前，首先进行取消“楼层编号”前的勾选操作，将平铺建模改为三维分层建模。模式点击“图纸管理”页签，切到“图纸管理”显示页面，移动光标，点击“楼层编号”前对勾，取消该模式，如图 4-3 所示，切换为“分层”，如图 4-4 所示。下面以“分层”建模的方式进行讲解。

图 4-3

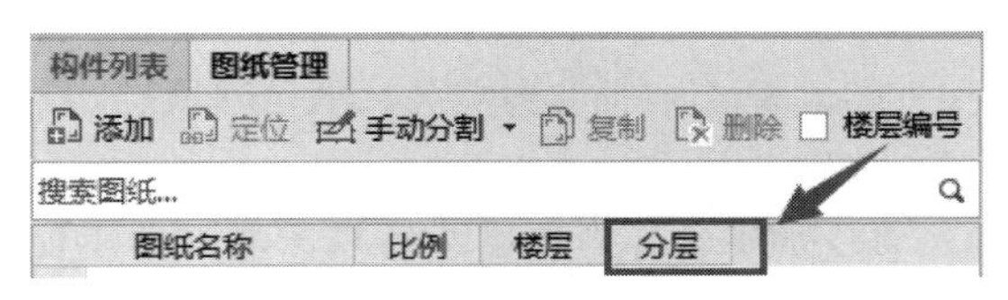

图 4-4

1. 添加图纸

点击“添加”按钮，打开“批量添加 CAD 图纸文件”对话框，如图 4-5 所示，找到要添加的图纸（如专用宿舍楼给排水），单击该图纸后点击“打开”按钮，即可导入 CAD 图，如图 4-6 所示。

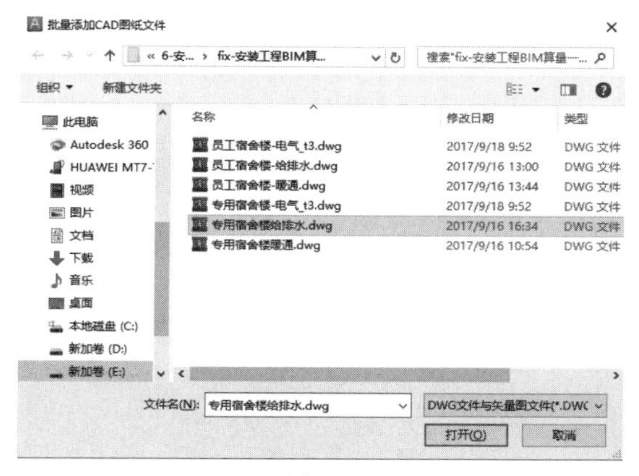

图 4-5

二维码 3

二维码 4

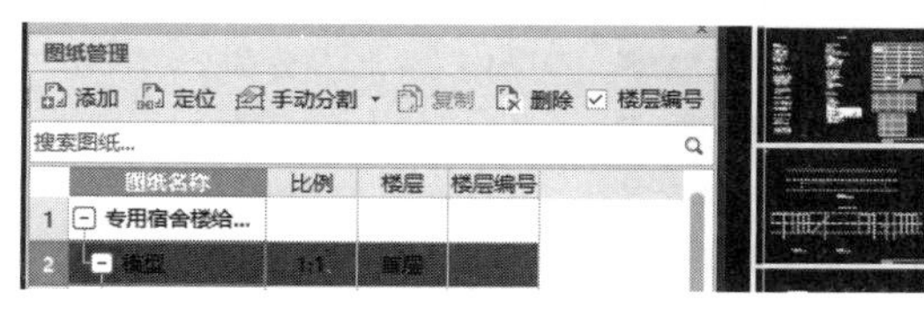

图 4-6

2. 图纸分割

GQI2017 提供的分割功能有两类：手动分割与自动分割。如图 4-7 所示。

点击“自动分割”，软件会根据 CAD 图纸边框及图纸名称的关键字样，智能将该图纸进行分割，在绘图区中以黄色边框区分是否成功自动分割，并在“图纸管理”窗体中，按检索到的每张图纸名称，分行呈现，如图 4-8 所示。

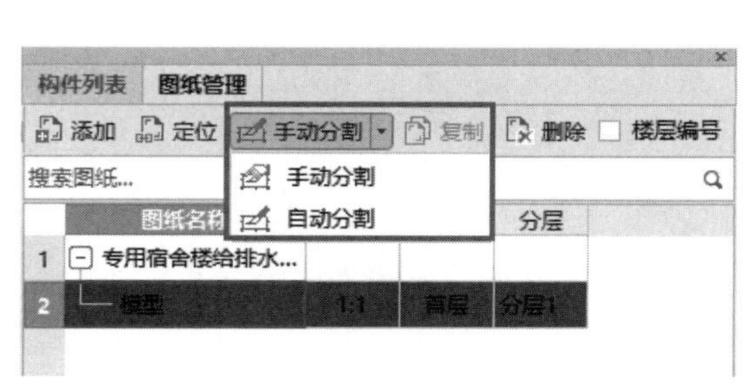

图 4-7

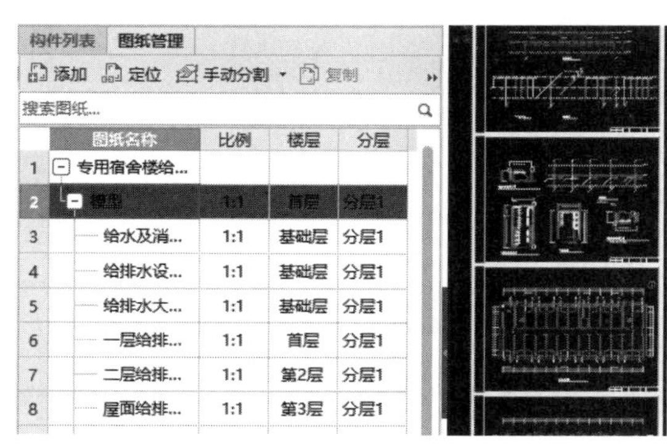

图 4-8

3. 图纸与楼层关系对应

软件将图纸进行分割后，下面将图纸对应到所属楼层。

（1）鼠标左键双击图纸名称对应的楼层列内容，出现下拉箭头，单击此下拉箭头，选择对应楼层，如图 4-9 所示。一层给排水平面图，选择对应“首层”。

（2）其他楼层按图纸名称选择对应楼层，系统图、设计说明、大样图无对应楼层的图纸可放到基础层，如图 4-10 所示。

（3）消防工程中消火栓系统与喷淋系统可采用分层的方法放置，一层喷淋平面图、二层喷淋平面图点击“分层”，切换到“分层 2”。

注意： 将同一层的喷淋平面图与给排水平面图放置在同一楼层，最好区分不同的图层，这样识别本层图元过程中，不会受到其他图纸图元影响。

4. **图纸定位**

各楼层分配图纸后，为了上下楼层完全对应形成最终的三维模型，需要给各楼层图纸指定一个公共交点，作为定位点。具体操作如下：

（1）双击“一层给排水平面图”，绘图区图纸切换为“一层给排水平面图”，此时图纸左下角有一个软件自动生成的 3000×3000 的轴网，该 1 轴与 A 轴交点处坐标为（0，0）。

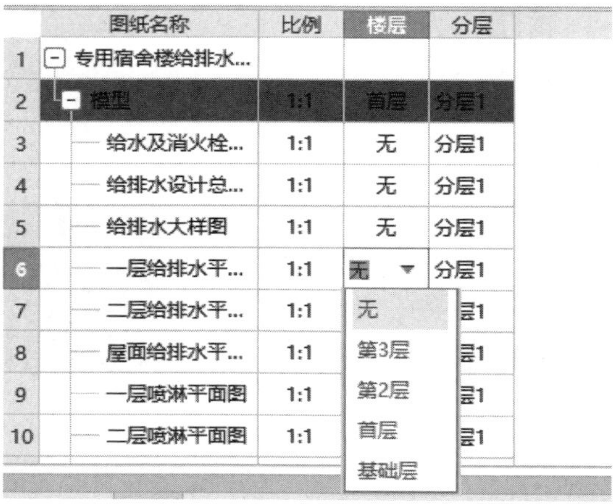

	图纸名称	比例	楼层	分层
1	⊟ 专用宿舍楼给排水...			
2	⊟ 模型	1:1	首层	分层1
3	给水及消火栓...	1:1	无	分层1
4	给排水设计总...	1:1	无	分层1
5	给排水大样图	1:1	无	分层1
6	一层给排水平...	1:1	无	分层1
7	二层给排水平...	1:1	无	层1
8	屋面给排水平...	1:1	第3层	层1
9	一层喷淋平面图	1:1	第2层	层1
10	二层喷淋平面图	1:1	首层	层1
			基础层	

图 4-9

	图纸名称	比例	楼层	分层
2	⊟ 模型	1:1	首层	分层1
3	给水及消火栓...	1:1	基础层	分层1
4	给排水设计总...	1:1	基础层	分层1
5	给排水大样图	1:1	基础层	分层1
6	一层给排水平...	1:1	首层	分层1
7	二层给排水平...	1:1	第2层	分层1
8	屋面给排水平...	1:1	第3层	分层1
9	一层喷淋平面图	1:1	首层	分层2
10	二层喷淋平面图	1:1	第2层	层1
11	喷淋系统图	1:1	基础层	分层1
				分层2

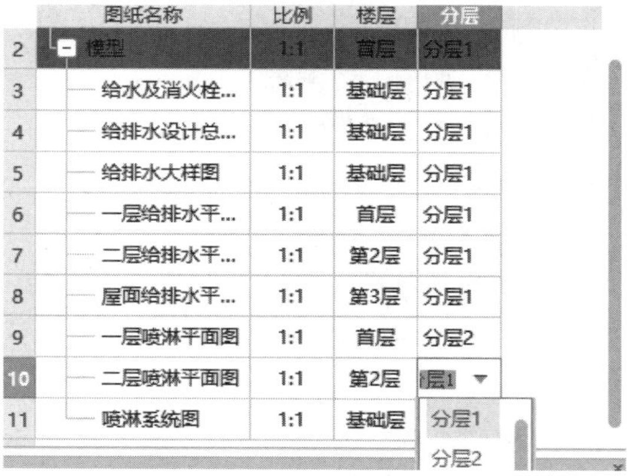

图 4-10

（2）点击“定位图纸”，该功能位置如图 4-11 所示，移动光标到案例图纸 1 轴与 A 轴相交处柱子的左下角，此时捕捉到该交点处，光标显示为“田”字形，点击左键确认，拖动选中图纸到轴网左下角处，如图 4-12 所示，点击鼠标左键。

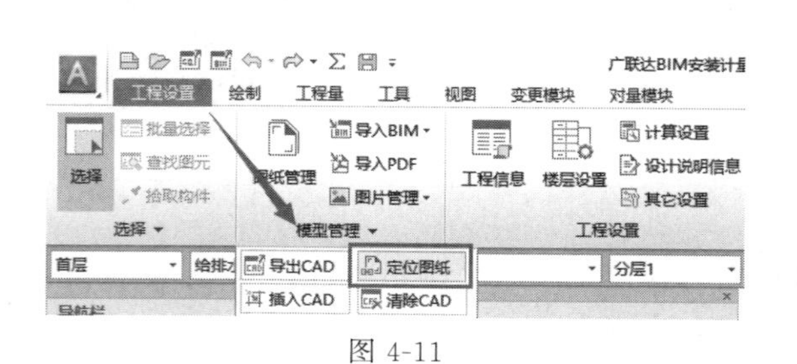

图 4-11

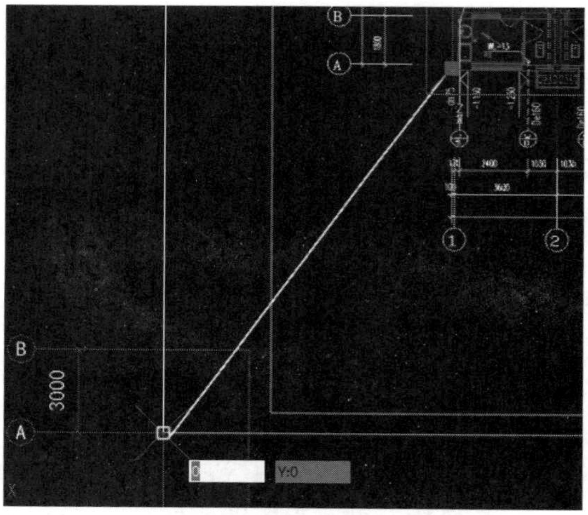

图 4-12

（3）首层图纸以 1 轴与 A 轴交点柱子左下角作为（0，0）点，本层图元识别完成后，切换到第 2 层，再次执行“定位图纸”，否则各楼层图元无法对应。

总结拓展

本部分主要介绍了 CAD 图纸的相关操作，包括添加图纸、图纸分割、图纸与楼层对应、定位图纸相关操作。

1. 图纸分割分为“手动分割”与“自动分割”，前面讲述的是自动分割方法，对于不满足软件自动分割条件的图纸，可以利用手动分割实现。

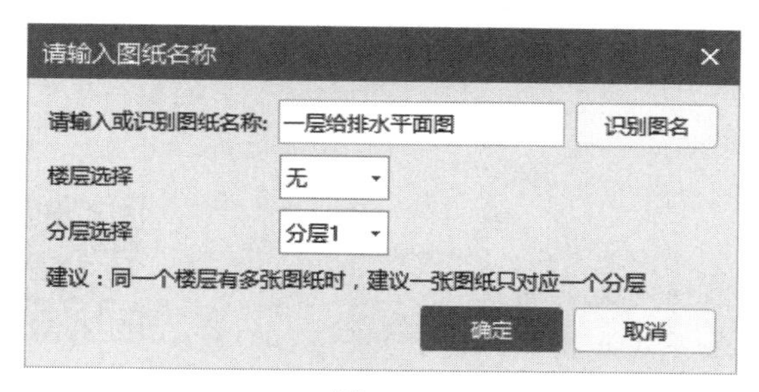

图 4-13

(1) 点击“手动分割”，移动光标到绘图区，鼠标左键拉框选择要拆分的 CAD 图，点击右键确认，弹出“请输入图纸名称”对话框，如图 4-13 所示。

(2) 检查该图纸名称正确性，如不正确可点击“识别图名”按钮，移动光标到图纸上拾取该图纸名称，点击右键确认拾取图纸名称操作完成。

(3) 输入楼层“首层”“分层 1”。

(4) 点击“确定”，分割完成的图纸如图 4-14 所示。

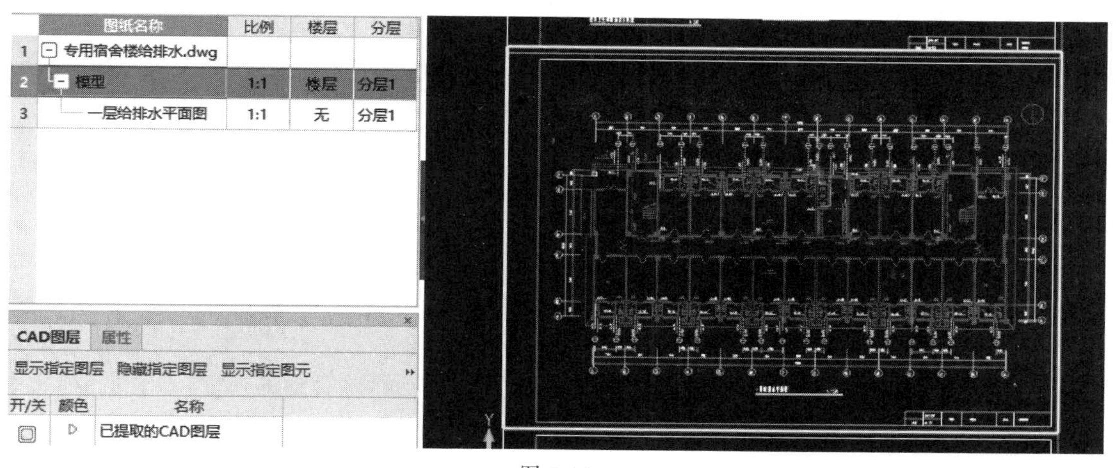

图 4-14

2. “图纸管理”中，软件默认的是“楼层编号”模式（勾选复选框时），该模式的作用是：在“楼层编号”添加图纸进行分割（利用“手动分割”或“自动分割”）后，可以实现将同楼层不同部分的图纸进行拼接显示。如将分割出的“一层给排水平面图”和“给排水大样图”都对应首层后，楼层编号按照“1.1”“1.2”的先后顺序，拼接排布得到首层完整算量图纸。

思考与练习

1. 请思考一下导入 CAD 图纸的方法及导入后对 CAD 图纸还需要进行哪些操作。
2. GQI2017 提供了哪几种图纸算量方式，分别如何操作？
3. 图纸分割的作用是什么？如何操作？
4. 分割好的图纸与楼层如何对应？作用是什么？
5. 图纸分层的作用是什么？如何操作？
6. 图纸定位的作用是什么？如何操作？
7. 请练习将图纸导入后分割、对应、定位。

二维码 5

第二节 给排水系统建模算量

二维码 6

二维码 7

一、给排水干管建模

学习目标

1. 能够应用造价软件熟练定义管道构件并准确定义其属性。
2. 熟练掌握给排水立管与水平管的识别方法并建立模型。
3. 了解管道的清单计算规则。

学习要求

1. 掌握管道在图纸前、后、左、右、上、下的表示方式。
2. 通过平面图与系统图对照，快速读懂管道布置情况。
3. 具备相应的手工计算知识。

（一）任务说明

完成“水施-04 一层给排水平面图”给水管道模型建立与工程量计算。

（二）任务分析

1. 分析图纸

（1）计算一层给排水平面图给水管道工程量，首先要明确和其有关的图纸有哪些，在本工程中，需要查看水施-01、水施-02、水施-04。

（2）水施-01 设计说明信息中对管道材料明确了材质及连接方式，如图 4-15 所示，给水干管与立管及室内支管材料不同，因为其材质及连接方式会影响管道的清单项及项目特征描述，所以本工程中定义给水干管名称时需要与其他管道区分。

1. 给水干管采用钢塑复合管，丝接。给水立管及室内支管采用冷水用无规共聚聚丙烯 PP—R管，

管系列选用S5，热熔连接。

图 4-15

（3）水施-02 给水系统图中明确了管网的布置形式为上行下给式，各给水干管、立管管径及安装高度均有描述，有 18 根给水立管，JL-1、JL-3、JL-5 配水相同，JL-2、JL-4、JL-8 单独配水，其他立管配水相同，给水干管管径为 $DN75$，−1.15m 埋地进入室内。

（4）水施-04 一层给排水平面图确定给水管道、排水管道、消火栓管道的平面位置，本次先计算给水管道，所以先关注给水管的平面位置。由于本工程给水系统管网形式为上行下给式，因此给水管道的水平管部分在二层敷设，一层只注明给水入户管位置及各立管的位置。

（5）通过水施-02、水施-04 对比可知，平面图还有给水立管 JL-6/7，这两根立管的信息在哪里进行标注呢，通过查看水施-02 说明可知，该类立管与 JL-1 相同，如图 4-16 所示。

说明：给水管横支管管径的大小以卫生间详图中的标注为准，

其他未展开的给水管系统均为宿舍卫生间给水系统，同JL—1系统一致。

给水系统图

图 4-16

2. **软件基本操作步骤**

完成给排水管道建模基本步骤分为建立水平管与立管两部分：

① 只显示要识别的给排水管道 CAD 图元，识别 CAD 管线，建立水平管构件，生成水平管图元；

② 识别系统图生成立管构件，智能识别生成立管图元。

二维码 8

3. **分析一层给水管道的识别方法**

软件中给水管道的立管与水平管采用两个功能分别识别，水平管的识别方法为“自动识别、选择识别”，立管的识别为“识别立管与生成立管”功能。下面以专用宿舍楼的给排水平面图为例，进行识别给水管道。

（三）任务实施

1. **识别给水管道水平管**

（1）在“绘图”选项卡，“CAD 图层”页签，单击“显示指定图层”功能按钮，移动光标在绘图区，左键单击 CAD 给水管道图层—标注图层—阀门图层，如图 4-17 所示。

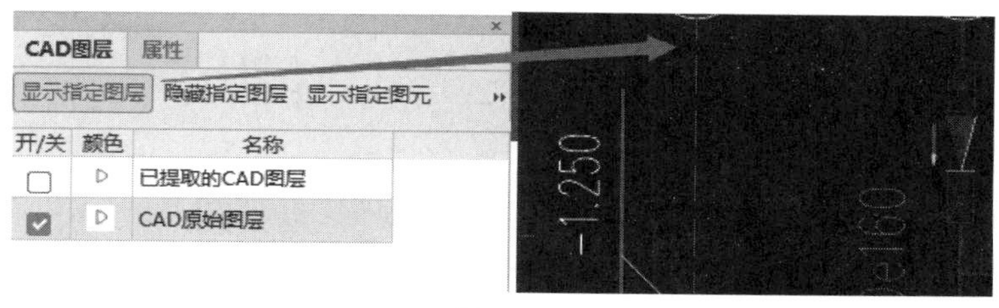

图 4-17

（2）点击右键，只显示选中 CAD 相同图层的图元，其他 CAD 线隐藏，这样可以便于管道的快速识别。

（3）导航栏选择“管道”构件类型点击功能“选择识别”，移动光标采用点式或拉框选择的方法，将绘图区除 JL4 的水平管线外所有表示管道的 CAD 线选中，如图 4-18 所示。

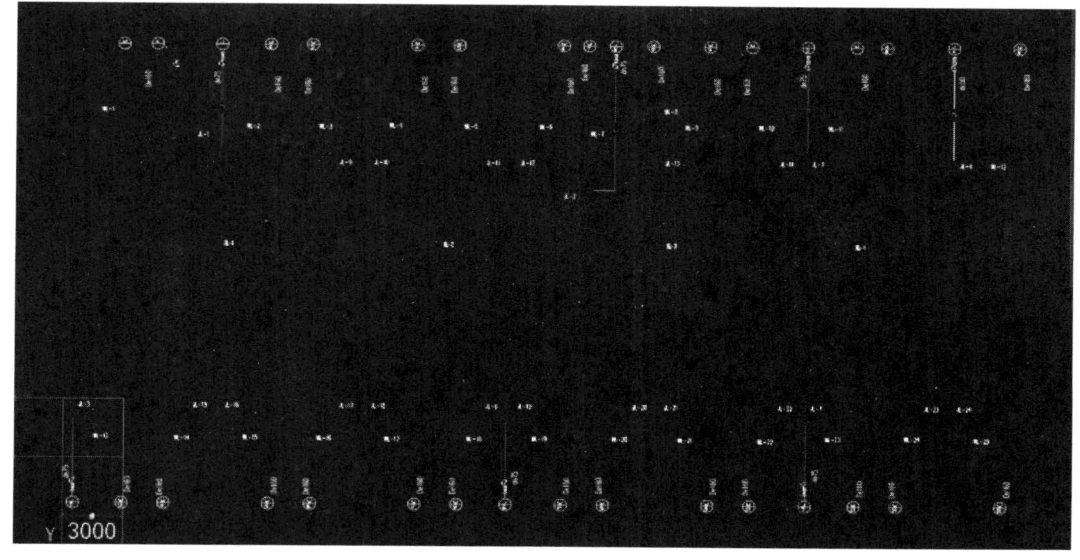

图 4-18

（4）点击右键确认，弹出“选择要识别成的构件”对话框，在此输入水平管属性，如图 4-19所示，点击确认，给水干管模型生成。

2. 识别给水立管

首先将 CAD 图层全部显示，便于查看立管位置，勾选“CAD 图层”下的“CAD 原始图层”，如图 4-20 所示，将 CAD 图层全部显示。

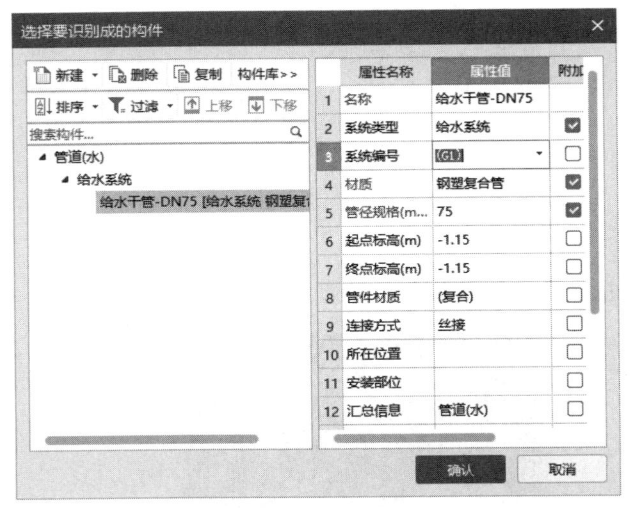

图 4-19

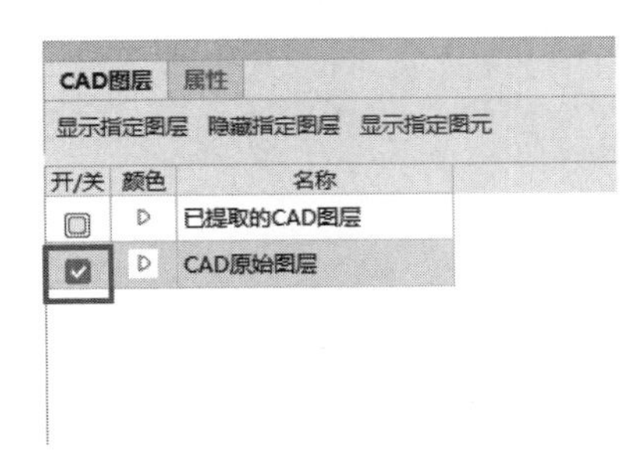

图 4-20

（1）双击“给水及消火栓系统图”图纸。单击“绘制”下的“系统图”功能按钮，弹出“识别系统图”对话框，如图 4-21 所示，在此将水施-02 给水系统图的信息输入到软件中。

（2）点击“提取系统图”功能按钮，按照状态栏提示进行操作，如图 4-22 所示。前面分析过本工程的给水立管 JL-1、JL-3、JL-5、JL-6、JL-7 配水相同，JL-2、JL-4、JL-8 单独配水，其他立管配水相同，所以下面的操作是从图上提取 JL-1、JL-2、JL-4、JL-8、JL-9 信息，其他立管复制即可。

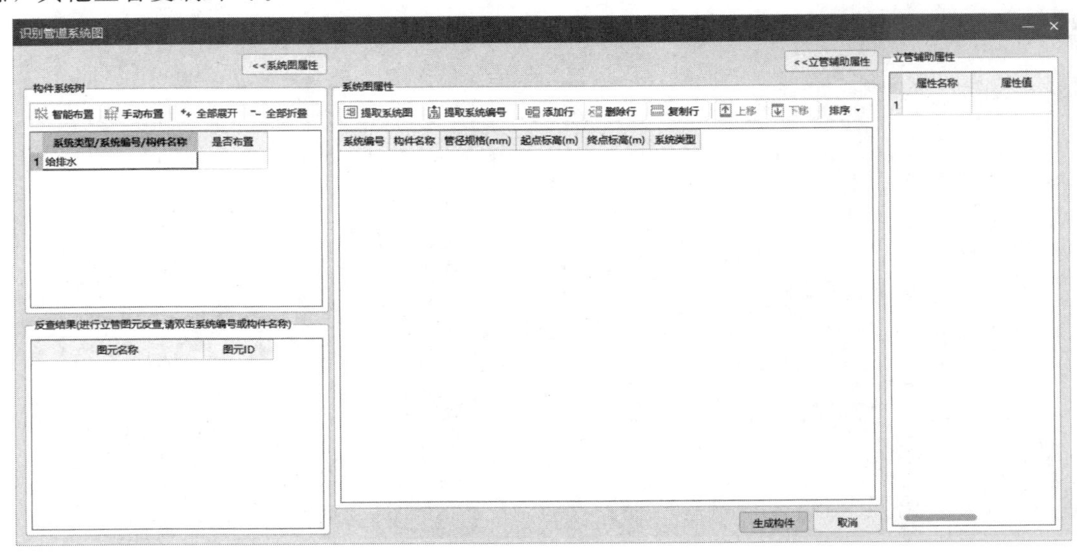

图 4-21

选择一根表示立管的竖直CAD线及一个代表系统编号的标识，右键确定该立管信息或者ESC退出，可确定多根立管后再次右键进行提取立管信息

图 4-22

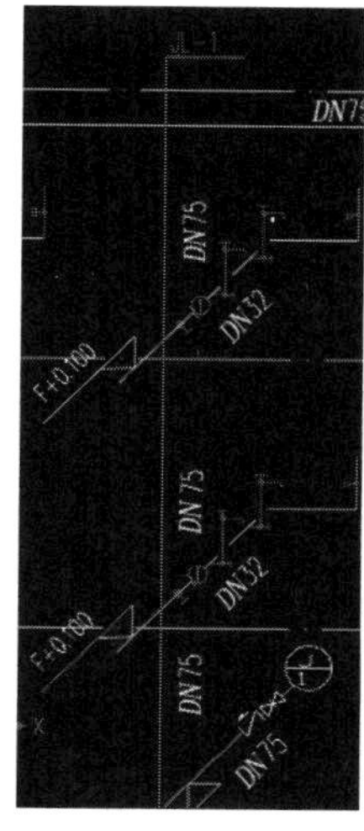

图 4-23

（3）在绘图区点选 JL-1 CAD 线及标记，如图 4-23 所示，然后点击右键，再次分别选中 JL-2 点击右键、JL-4 点击右键、JL-8 点击右键、JL-9 点击右键，再次点击右键，弹出对话框“识别管道系统图”，在此输入各给水立管的标高信息及管径、材质信息，如图 4-24 所示。

（4）将光标放在 JL-1，点击功能“复制行”，复制四个构件，此时重复构件呈现黄色。在“系统编号”列选中名称，将其修改为 JL-3、JL-5、JL-6、JL-7。

（5）其他给水立管采用同样的方式复制构件后，在“系统编号”列修改名称即可。

复制 JL-9 时，可在列头同时选中两行，再点击“复制行”功能，如图 4-25 所示。

（6）检查无误后，点击“生成构件”，如图 4-26 所示。

（7）检查绘图区“一层给排水平面图”CAD 图是否在绘图区，确认无误后，点击功能“智能布置”，弹出“布置结果”显示框，点击“确定”，在“构件系统树”显示给水立管的布置情况，如图 4-27所示。

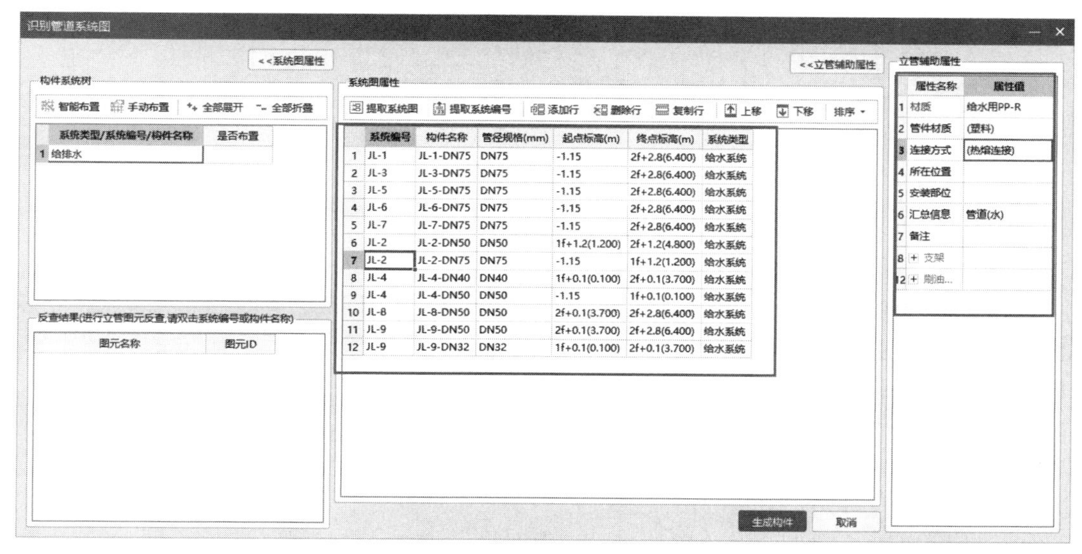

	系统编号	构件名称	管径规格(mm)	起点标高(m)	终点标高(m)	系统类型
1	JL-1	JL-1-DN75	DN75	-1.15	2f+2.8(6.400)	给水系统
2	JL-3	JL-3-DN75	DN75	-1.15	2f+2.8(6.400)	给水系统
3	JL-5	JL-5-DN75	DN75	-1.15	2f+2.8(6.400)	给水系统
4	JL-6	JL-6-DN75	DN75	-1.15	2f+2.8(6.400)	给水系统
5	JL-7	JL-7-DN75	DN75	-1.15	2f+2.8(6.400)	给水系统
6	JL-2	JL-2-DN50	DN50	1f+1.2(1.200)	2f+1.2(4.800)	给水系统
7	JL-2	JL-2-DN75	DN75	-1.15	1f+1.2(1.200)	给水系统
8	JL-4	JL-4-DN40	DN40	1f+0.1(0.100)	2f+0.1(3.700)	给水系统
9	JL-4	JL-4-DN50	DN50	-1.15	1f+0.1(0.100)	给水系统
10	JL-8	JL-8-DN50	DN50	2f+0.1(3.700)	2f+2.8(6.400)	给水系统
11	JL-9	JL-9-DN50	DN50	2f+0.1(3.700)	2f+2.8(6.400)	给水系统
12	JL-9	JL-9-DN32	DN32	1f+0.1(0.100)	2f+0.1(3.700)	给水系统

图 4-24

（8）双击第 4 行 JL-1-*DN*75，同时绘图区会显示该图元的位置，便于检查识别结果，如图 4-28 所示。

（9）给水立管建模完成。

“一层给排水平面图”排水系统的操作方法与给水系统相同，可重复上述步骤。

3. 调整入户管模型长度

按照 2013 清单规范计算规则要求入户管计算长度为外墙外 1.5m，按 CAD 图纸识别建模后，下面对管道进行修改：

系统图属性

提取系统图 提取系统编号 添加行 删除行 复制行 上移 下移 排序

	系统编号	构件名称	管径规格(mm)	起点标高(m)	终点标高(m)	系统类型
1	JL-1	JL-1-DN75	DN75	-1.15	2f+2.8(6.400)	给水系统
2	JL-3	JL-3-DN75	DN75	-1.15	2f+2.8(6.400)	给水系统
3	JL-5	JL-5-DN75	DN75	-1.15	2f+2.8(6.400)	给水系统
4	JL-6	JL-6-DN75	DN75	-1.15	2f+2.8(6.400)	给水系统
5	JL-7	JL-7-DN75	DN75	-1.15	2f+2.8(6.400)	给水系统
6	JL-2	JL-2-DN50	DN50	1f+1.2(1.200)	2f+1.2(4.800)	给水系统
7	JL-2	JL-2-DN75	DN75	-1.15	1f+1.2(1.200)	给水系统
8	JL-4	JL-4-DN40	DN40	1f+0.1(0.100)	2f+0.1(3.700)	给水系统
9	JL-4	JL-4-DN50	DN50	-1.15	1f+0.1(0.100)	给水系统
10	JL-8	JL-8-DN50	DN50	2f+0.1(3.700)	2f+2.8(6.400)	给水系统
11	JL-9	JL-9-DN50	DN50	2f+0.1(3.700)	2f+2.8(6.400)	给水系统
12	JL-9	JL-9-DN32	DN32	1f+0.1(0.100)	2f+0.1(3.700)	给水系统

图 4-25

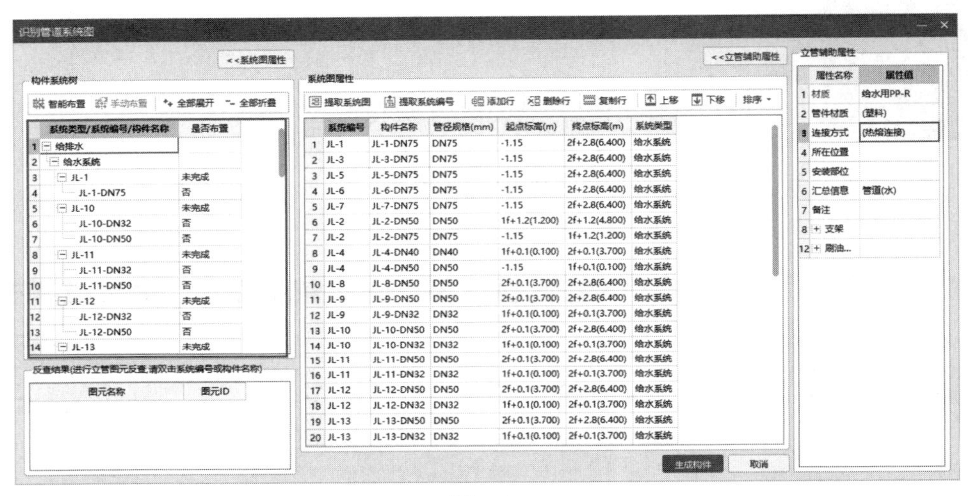

图 4-26

图 4-27

① 新建参照管道。选择一个管道构件，点击“直线”功能，移动光标到绘图区 1 轴外墙处一角点，同时点击 shift 键＋鼠标左键，弹出对话框，参照管道在外墙外 1.5m，在此输入“－1500”，如图 4-29 所示，点击“确定”确定管道第一点。采用相同的方式，确定管道第二点。

② 点击“通用编辑”—“修剪”功能，如图 4-30 所示，按操作提示选择参照管道。点击右键，选择需要剪切的管道图元，如图 4-31 所示。修剪完成后，将参照管道图元删除，一层给排水管道建模完成。

4. 工程量参考

汇总计算后，一层给排水管道工程量如表 4-1 所列，详细的工程量如表 4-2 所列。

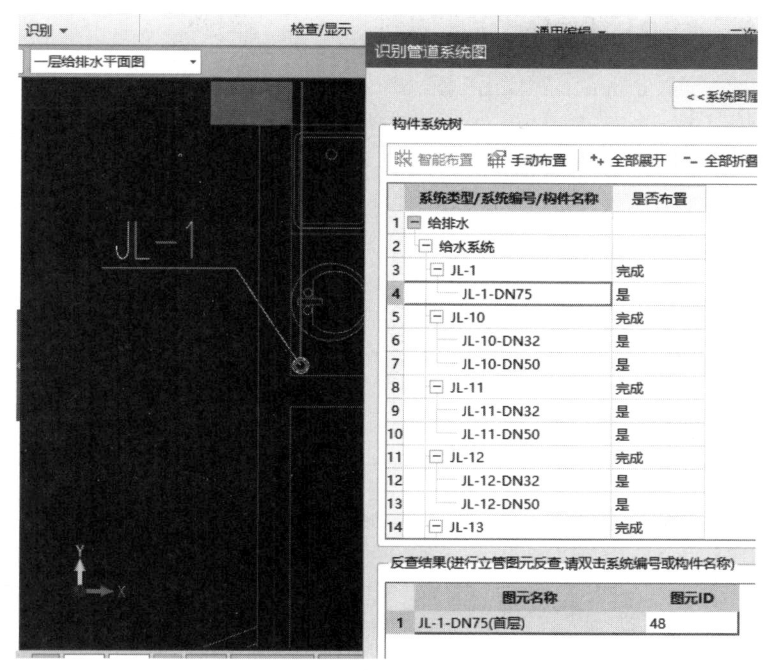

图 4-28

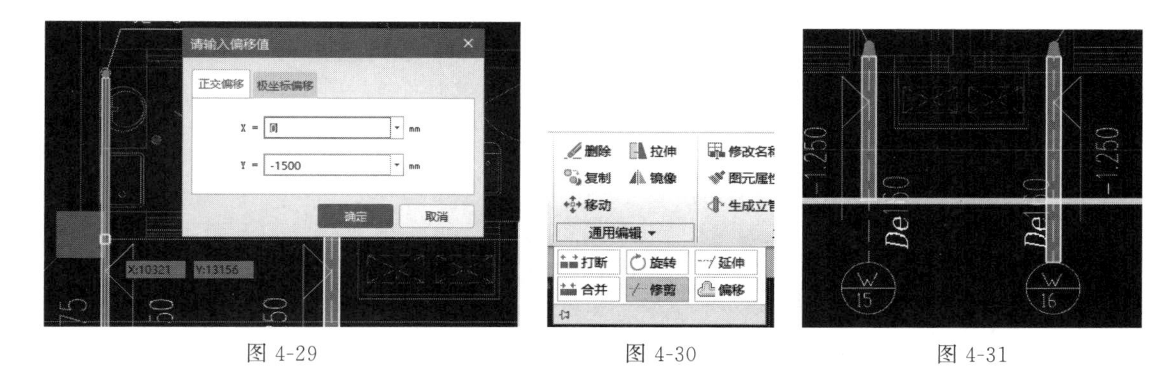

图 4-29　　图 4-30　　图 4-31

表 4-1　一层给排水管道工程量汇总表

工程名称：专用宿舍楼-给排水

项目名称	长度/m	内表面积/m^2	外表面积/m^2
管道			
给水系统			
给水用 PP-R-*DN*32	56.000	3.343	5.630
给水用 PP-R-*DN*40	3.500	0.262	0.440
给水用 PP-R-*DN*50	2.500	0.234	0.393
给水用 PP-R-*DN*75	19.200	3.511	4.524
污水系统			
给水用 PVC-U-*De*110	90.000	29.292	31.102

表 4-2 一层给排水管道详细工程量汇总表

项目名称	长度/m	内表面积/m²	外表面积/m²
管道			
给水系统			
给水用 PP-R-*DN*32			
JL-10-*DN*32	3.500	0.209	0.352
JL-11-*DN*32	3.500	0.209	0.352
JL-12-*DN*32	3.500	0.209	0.352
JL-13-*DN*32	3.500	0.209	0.352
JL-14-*DN*32	3.500	0.209	0.352
JL-15-*DN*32	3.500	0.209	0.352
JL-16-*DN*32	3.500	0.209	0.352
JL-17-*DN*32	3.500	0.209	0.352
JL-18-*DN*32	3.500	0.209	0.352
JL-19-*DN*32	3.500	0.209	0.352
JL-20-*DN*32	3.500	0.209	0.352
JL-21-*DN*32	3.500	0.209	0.352
JL-22-*DN*32	3.500	0.209	0.352
JL-23-*DN*32	3.500	0.209	0.352
JL-24-*DN*32	3.500	0.209	0.352
JL-9-*DN*32	3.500	0.209	0.352
给水用 PP-R-*DN*40			
JL-4-*DN*40	3.500	0.262	0.440
给水用 PP-R-*DN*50			
JL-2-*DN*50	2.400	0.225	0.377
JL-4-*DN*50	3.100	0.009	0.016
给水用 PP-R-*DN*75			
JL-1-*DN*75	10.800	1.975	2.545
JL-2-*DN*75	1.200	0.219	0.283
JL-3-*DN*75	3.600	0.658	0.848
JL-5-*DN*75	3.600	0.658	0.848
污水系统			
排水用 PVC-U-*De*110			
WL-10-*De*110	3.600	1.172	1.244
WL-11-*De*110	3.600	1.172	1.244
WL-12-*De*110	3.600	1.172	1.244
WL-13-*De*110	3.600	1.172	1.244
WL-14-*De*110	3.600	1.172	1.244
WL-15-*De*110	3.600	1.172	1.244

续表

项目名称	长度/m	内表面积/m^2	外表面积/m^2
WL-16-*De*110	3.600	1.172	1.244
WL-17-*De*110	3.600	1.172	1.244
WL-18-*De*110	3.600	1.172	1.244
WL-19-*De*110	3.600	1.172	1.244
WL-1-*De*110	3.600	1.172	1.244
WL-20-*De*110	3.600	1.172	1.244
WL-21-*De*110	3.600	1.172	1.244
WL-22-*De*110	3.600	1.172	1.244
WL-23-*De*110	3.600	1.172	1.244
WL-24-*De*110	3.600	1.172	1.244
WL-25-*De*110	3.600	1.172	1.244
WL-2-*De*110	3.600	1.172	1.244
WL-3-*De*110	3.600	1.172	1.244
WL-4-*De*110	3.600	1.172	1.244
WL-5-*De*110	3.600	1.172	1.244
WL-6-*De*110	3.600	1.172	1.244
WL-7-*De*110	3.600	1.172	1.244
WL-8-*De*110	3.600	1.172	1.244
WL-9-*De*110	3.600	1.172	1.244

总结拓展

本部分主要讲述了“水施-04 一层给排水平面图”给水干管与给水立管的识别方法及属性定义方法。

1. 识别 CAD 图时，可以利用显示所选图层、显示指定图元的方法，过滤其他 CAD 图元，快速建立模型。

2. 给水系统的管道采用 CAD 识别时，水平管可以采用选择识别与自动识别。自动识别适用于给水水平干管，不适用于入户管。给水立管可以采用智能布置的方法（软件根据系统图生成的构件，自动在平面图上进行 CAD 与构件对应）或者手动去布置。

3. 入户管外墙外 1.5m，采用设置参照管再修剪的方法进行调整。

4. 延伸水平管

识别完水平管、立管后，由于立管图例与实际立管管径相差较大，水平管与立管之间有一定的间距，这时可使用“延伸水平管”功能，使水平管延伸与立管相交。具体操作步骤为：

（1）触发“绘制”—“二次编辑”功能包中的“延伸水平管”功能；

（2）按鼠标左键点选需要延伸的构件图元，按右键弹出输入延伸长度窗口，如图 4-32 所示；

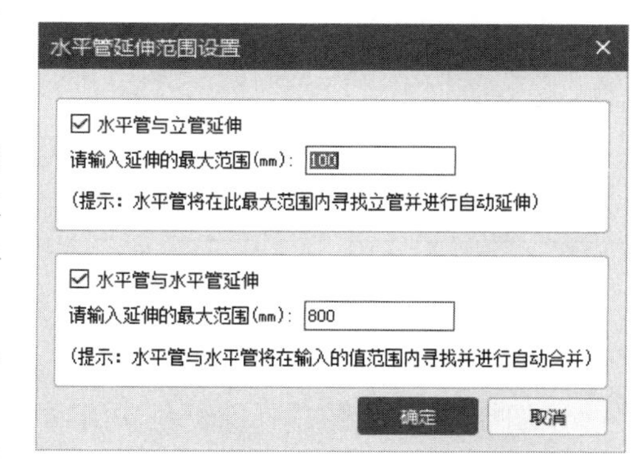

图 4-32

（3）输入完成后点击“确定”，软件即可将此水平管与立管连接上。同样的操作可以延伸水平管与水平管。

二维码 9

练习与思考

1. 新建管道构件时，构件的哪些属性影响工程量计算结果及套取清单定额？
2. 生成立管模型的方式有哪几种？如何操作？
3. 生成水平管如何操作？
4. 入户管长度的设置方法有哪些？

二维码 10

二、阀门附件建模

学习目标

1. 掌握阀门、附件计算规则。
2. 能够应用造价软件识别阀门、附件构件并建模，准确计算工程量。

学习要求

1. 掌握阀门附件图例表示方法。
2. 通过平面图与系统图对照，快速掌握阀门附件布置情况。

二维码 11

（一）任务说明

完成首层阀门附件的工程量计算。

（二）任务分析

1. 分析图纸

（1）在图纸中首先查看图纸水施-01，设计说明信息对阀门附件等明确了选用条件，如图 4-33 所示。阀门附件在工程量计算中按“个”数计算。阀门的安装位置对工程量计算没有影响，但它的安装位置与管道相关。一般情况下阀门的口径与管道管径相同。

三、管件、阀门等附件的选用：

1.生活给水管阀门$DN \leq 50$采用铜芯截止阀，其余部分采用闸阀，工作压力不低于1.0MPa

图 4-33

（2）查看水施-01 图例表中阀门、附件的平面与系统图表示方法，专用宿舍楼工程所用到的阀门图例如图 4-34 所示。

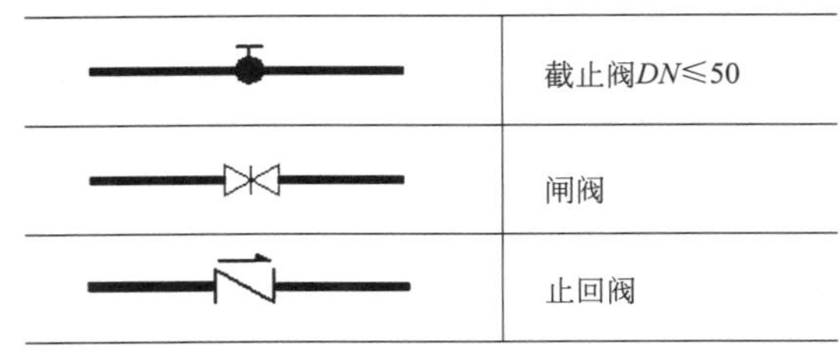

图 4-34

（3）对水施-02 与水施-04 进行平面图与系统图对比查看，确定阀门附件的平面与立面位置。

2. 软件基本操作步骤

切换到“阀门法兰”构件类型下，点击相应功能按钮，在 CAD 图上选择图例，输入构件属性，软件自动识别阀门，或者在表格输入中输入名称、属性、数量。

3. 分析阀门附件的识别方法

阀门附件为点式构件，在软件中有两种方式可以计算工程量结果：第一种是建模算量，采用“图例识别”功能识别建模，前提是阀门识别前必须有管道作为依附；第二种方式为

“表格输入”，适用于阀门集中且数量较少的情况。该案例工程专用宿舍楼给排水工程适合第二种表格输入算量。

（三）任务实施

1. 阀门构件属性定义及工程量输入

在“工程量”选项卡下，点击“表格输入”，绘图区界面下方显示“表格输入”编辑窗口，在导航栏的树状列表中，选择“阀门法兰”，单击“添加”功能按钮，此时“表格输入”编辑窗口增加一行，在此按“水施-04 一层给排水平面图”图纸要求，给水入户管安装闸阀与止回阀，在此按要求输入名称、管径、数量，如图 4-35 所示。

表格输入

添加 删除 复制 上移 下移 过滤 排序 页面设置 单元格设置 五金手册 提长度 提标识

	名称	类型	材质	规格型号(mm)	连接方式	所在位置	安装部位	系统类型	工程量表达式(单位：个)	工程量 数量[SL]	汇总信息	备注
1	止回阀	止回阀		DN75				给水系统	6	6.000	阀门法兰(水)	
2	闸阀	闸阀		DN75				给水系统	6	6.000	阀门法兰(水)	
3	止回阀	止回阀		DN50				给水系统	1	1.000	阀门法兰(水)	
4	闸阀	闸阀		DN50				给水系统	1	1.000	阀门法兰(水)	

图 4-35

2. 工程量参考

汇总计算后，查看“报表预览”—“系统汇总表设备”一层阀门附件工程量，如表 4-3 所列。

表 4-3

项目名称	工程量名称	单位	工程量
阀门			
给水系统			
闸阀-DN50	数量	个	1.000
闸阀-DN75	数量	个	6.000
止回阀-DN50	数量	个	1.000
止回阀-DN75	数量	个	6.000

总结拓展

本部分主要讲述了阀门的构件属性定义方法及工程量计算方法，阀门属于点式构件，它是管道的依附构件，标高位置、管径与所属管道相同。

1. 阀门附件的工程量计算，如阀门数量多、分散，且在平面图上有表示，这时可采用“图例识别”的方法识别建模。给排水专业中阀门数量少且集中，大都在入户处及卫生间处，可采用表格输入的方式直接计算工程量。

2. 表格输入默认内容与构件类型对应，如构件列表已有构件，可直接复制构件列表中的构件到表格输入中。

练习与思考

1. 定义阀门的属性时，哪些属性会影响套取清单定额？

2. 阀门的识别方法是什么?

3. 在表格输入中如何定义构件及工程量?

三、卫生间卫生器具及管道建模

学习目标

1. 了解卫生器具的类型及计算规则。

2. 能够应用造价软件准确计算卫生器具工程量。

学习要求

1. 通过阅读图纸掌握卫生器具的敷设部位及施工要求。

2. 通过阅读图纸掌握卫生间管道的敷设部位及施工要求。

(一) 任务说明

通过建立卫生间卫生器具及管道模型计算水施-03 卫生间大样图工程量。

(二) 任务分析

1. 分析图纸

(1) 专用宿舍楼案例工程给排水工程卫生器具都在大样图呈现，查看水施-03 给排水大样图，该图纸包括公共卫生间、开水间、小卫生间等四个大样图，大样图明确了管线的走向和各类卫生器具的布置位置。

(2) 通过查看水施-03 给排水大样图及水施-01 材料表，可知本工程卫生器具包括的类型有：立式洗脸盆、挂式洗脸盆、盥洗池、蹲式大便器、淋浴器、地漏、电开水器、水龙头。

(3) 通过查看水施-03 给排水样图与水施-04 一层给排水平面图可知，本工程中小卫生间（一）共计有 17 个，小卫生间（二）有 26 个，公共卫生间有 2 个，开水间 1 间。

(4) 本案例工程中，水施-03 给排水大样图已注明：连接卫生器具的给水小横支管均为 *DN*20 管径，污水横支管均为 *De*50 管径，如图 4-36 所示。所以本工程中连接各卫生器具的给水立支管均为 *DN*20，排水立支管管径为连接大便器 *De*110、小便器 *De*50、洗脸盆 *De*50、地漏 *De*50。

说明：连接卫生器具的给水小横支管均为*DN*20管径，污水小横支管均为*De*50管径。

图 4-36

(5) 卫生间大样图图纸是 1∶50，与其他图纸比例不同，导入软件后，首先检查图纸比例是否正确，然后再进行识别模型。

(6) 接下来通过识别不同类型的卫生器具及管道，快速建立模型并计算工程量。

2. 软件基本操作步骤

识别卫生间的给排水支管后，再识别卫生器具；连接卫生器具的立支管在表格输入进行算量；识别卫生器阀门附件，生成套管；卫生间所有点式、线式构件识别完成后，设置标准间。

3. 分析识别方法

(1) 卫生器具为点式构件，采用“图例识别”功能识别图例建模。

(2) 给排水支管为线式构件，可采用“自动识别”功能识别 CAD 线建模。

(三) 任务实施

1. 检查图纸比例并设置

(1) 在图纸管理页签，双击“给排水大样图”，绘图区显示该大样图。点击页签“工具”—“测量两点间距离”功能，在绘图区大样图选择其中一段有轴距标识的轴网，单击鼠标左键选择其中一点，再点击另一端，如图 4-37 所示，点击右键确认，在弹出的对话框内显示此段距离，该长度与轴距长度不同，下面要进行调整图纸比例。

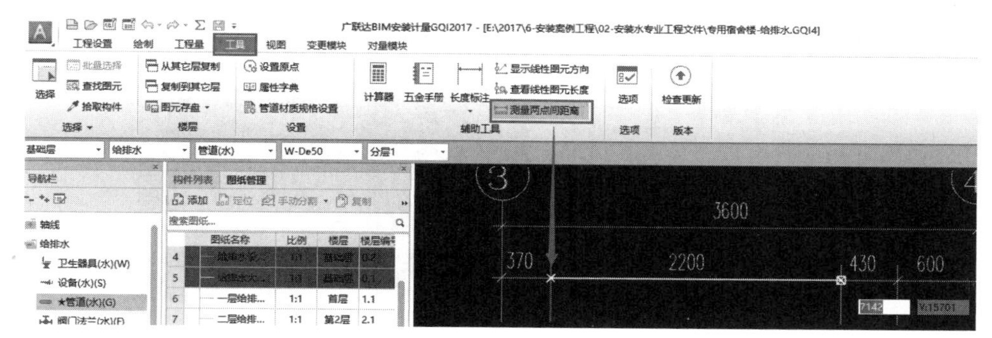

图 4-37

（2）在“绘制”选项卡下，单击“CAD 编辑”—“设置比例”功能，移动光标在绘图区，拉框选择需要调整比例的 CAD 图纸，本工程选中“给排水大样图”，点击右键，确认选择范围。

（3）选择一段轴距，单击鼠标左键选择其中一点，再点击另一端，在弹出的对话框内显示此段距离，在此输入图纸实际距离“2200”，如图 4-38 所示，点击确定。图纸比例设置完成。

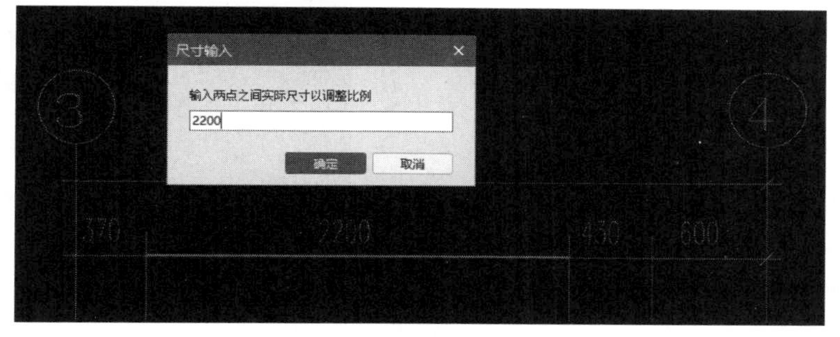

图 4-38

二维码 12

2. 识别卫生间给水横支管

卫生间布置的给水及排水横管，可采用“自动识别”的方法，下面以小卫生间给排水大样图（一）给水管道为例讲解。排水管道及其他大样图管道的识别建模，与以下操作方法相同。

（1）给水横支管自动识别——路径检查

① 在“绘制”选项卡下，导航栏的树状列表中，选择“给排水”—“管道”，单击“自动识别”功能按钮，此时“构件列表”显示管道，如图 4-39 所示。

② 在绘图区中，将光标移到给水管道图例上，光标变为回字形时左键单击选择管道图例，并选择一个管径标注 $DN32$，此时管道与管径标注 $DN32$ 为选中状态蓝色，此时，可放大或缩小绘图区图纸，检查此路径上的管线选择情况，确认无误后右键单击确认，弹出如图 4-40 所示管道构件信息对话框。

③ 双击对话框中“反查”—“路径 2”，单元格右侧出现[…]，点击该按钮，“管道构件信息”对话框隐藏，高亮度绿色显示 $DN32$ 的路径，根据此路径检查 $DN32$ 的选择路径是否正确，如图 4-41 所示，经检查无误，点击右键确认。

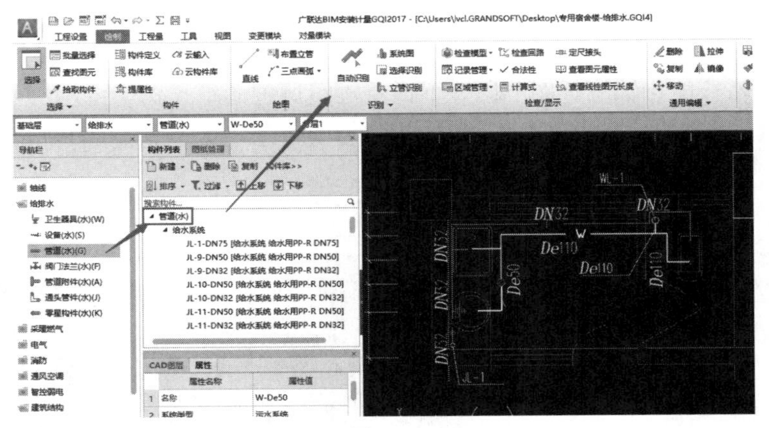

图 4-39

二维码 13

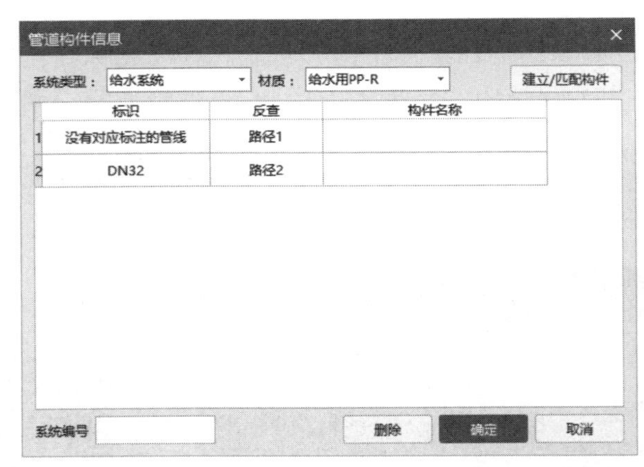

图 4-40

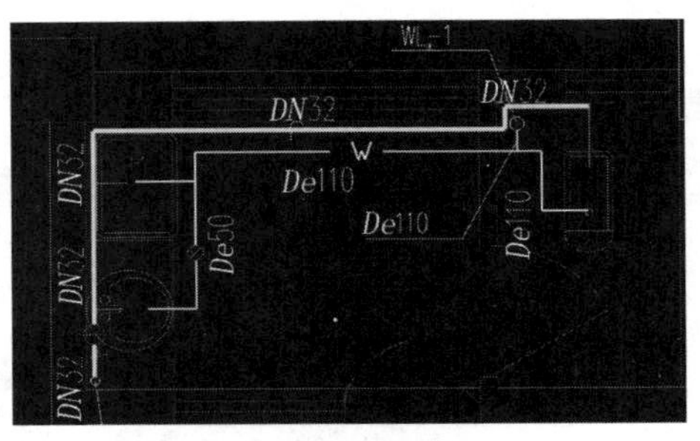

图 4-41

（2）给水横管构件属性定义及水平管模型生成

① 双击“构件名称”列，右侧出现三点按钮，点击该按钮，弹出“选择要识别成的构件”对话框，点击“新建”新建管道，按图纸要求输入管道构件信息，信息输入后如图 4-42 所示，点击“确认”。

② 双击“反查”—“路径 1”，单元格右侧出现[...]，“没有对应标注的管线”为连接卫生器具的横支管，如图 4-43 所示。本大样图已说明连接卫生器具的给水小横支管均为 *DN*20 管径，确认路径识别无误后，点击右键确认。

③ 双击构件名称列，点击[...]，在弹出的“选择要识别成的构件”对话框中，新建构件 *DN*20 完成，如图 4-44 所示。点击“确定”按钮，进行管道图元识别，识别后管道图元模型如图 4-45所示。

同样，采用“自动识别”功能生成卫生间排水管道模块。

3. 识别卫生器具模型

各类卫生器具计算工程量时都是数数量，识别方式采用“图例识别”的方式：

（1）在“绘图”选项卡下，导航栏的树状列表中，选择“卫生器具”，单击“图例识别”功能按钮，此时“构件列表”会显示“卫生器具”，“图例识别”功能按钮为选中状态，如图 4-46所示。

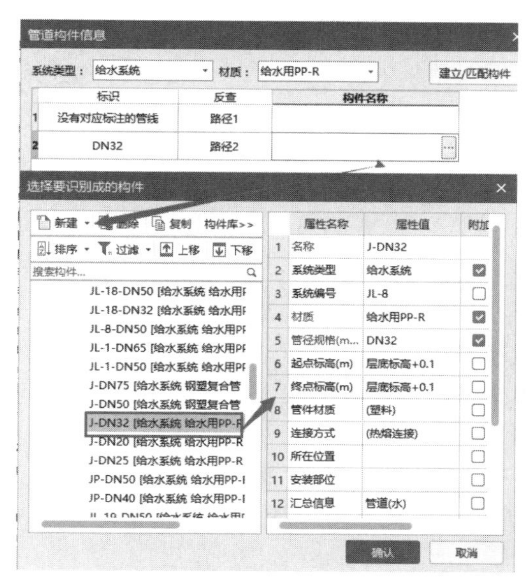

图 4-42

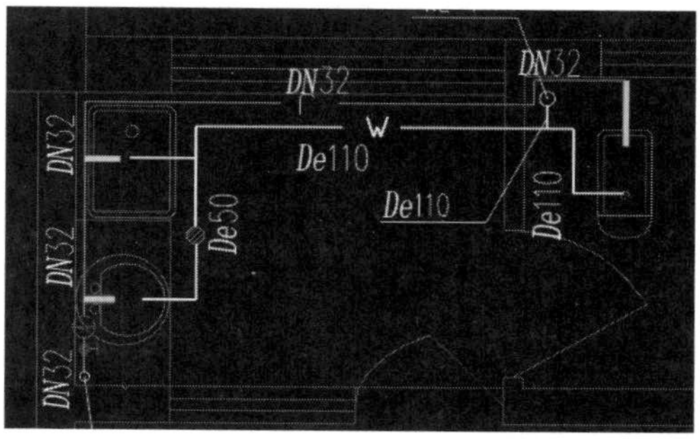

图 4-43

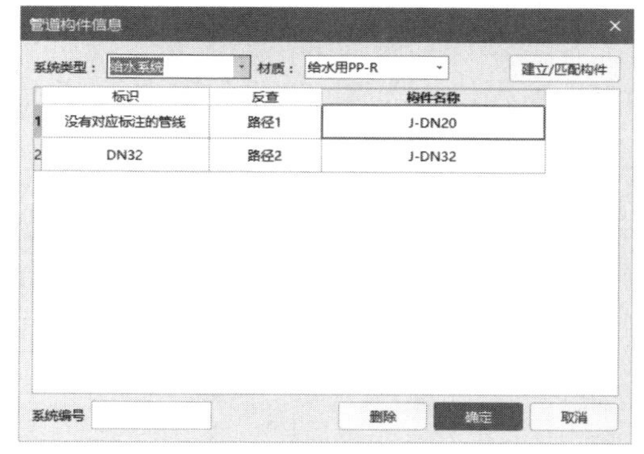

图 4-44

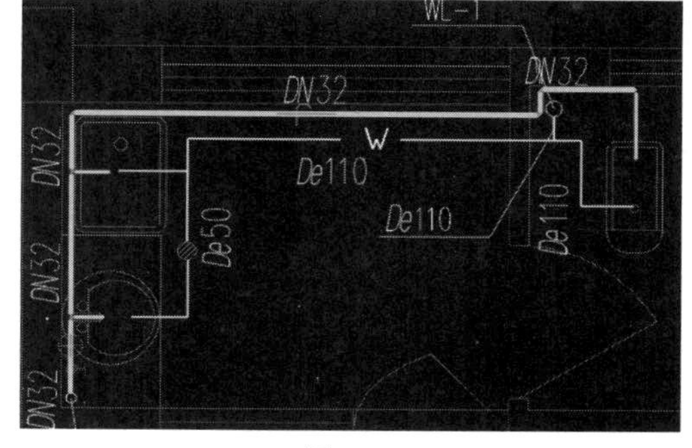

图 4-45

图 4-46

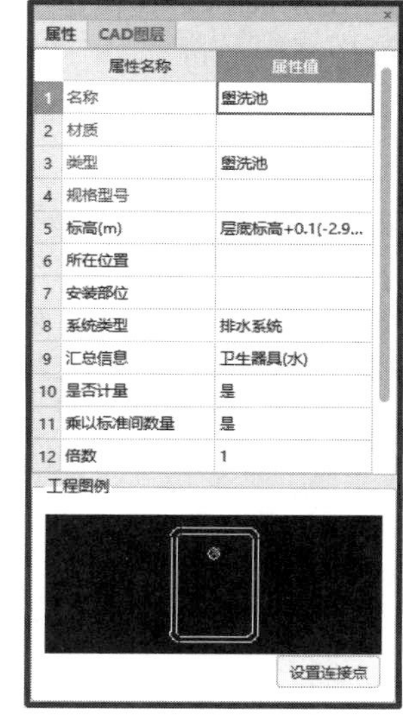

图 4-47

二维码 14

（2）在绘图区中，将光标移到盥洗池图例上，光标变为回字形时左键单击选择，右键单击确认，弹出“选择要识别成的构件”对话框。

（3）单击“新建”，选择“新建卫生器具”新建 WSQJ-1，右侧显示属性项与属性值，按照专用宿舍楼给排水工程设计要求填入和更改默认属性值。填入的属性值如图 4-47 所示。

（4）点击“确定”按钮，软件进行图元识别。

其他卫生器具同样采用“图例识别”的功能生成图元。

4. 计算连接卫生器具的立支管

将所有卫生间的给水、排水管道、卫生器具模型生成后，下面计算立支管工程量。

（1）立支管的计算在不同地区定额规则计算方法不同，现按其中一种固定值估算的方法计算：给水立支管 0.2m，排水立支管 0.6m。

（2）小卫生间（一）共计 17 个，洗脸盆 1 个，大便器 1 个，盥洗池 1 个，地漏 1 个，则给水立支管 *DN*20 长度为 0.2×3×17m，排水立支管长度 *De*110 为 0.6×17m、*De*50 为 0.6×3×17m。

（3）点击页签“工程量”—“表格输入”，点击“添加”，在构件列表处，选择 J-*DN*20 构件名称，复制粘贴到表格输入名称列，输入长度工程量 0.2×3×17m，*De*110 、*De*50 采用同样方式输入工程量。

（4）其他卫生间立支管操作与上述相同，请自行输入，输入后的结果如图 4-48 所示。

表格输入

添加 删除 复制 上移 下移 过滤 排序 页面设置 单元格设置 五金手册 提长度 提标识 从其它层复制 导出数据

	名称	系统类型	系统编号	材质	管径规格(mm)	管件材质	连接方式	所在位置	安装部位	工程量表达式(单位：m)	工程量	汇总信息
											管道长度(m) [CD]	
1	J-DN20	给水系统	JL-8	给水用PP-R	DN20	塑料	热熔连接			0.2*3*17{1号卫生间}+0.2*3*26{2号卫生间}+0.2*16*2{公共}+0.2*8{开水间}	33.800	管道(水)
2	W-De110	污水系统	W-1	排水用PVC-U	De110	塑料	热熔连接			0.6*17{1号卫生间}+0.6*26{2号卫生间}+0.6*4*2{公共}	30.600	管道(水)
3	W-De50	污水系统	W-1	排水用PVC-U	De50	塑料	热熔连接			0.6*3*17{1号卫生间}+0.6*3*26{2号卫生间}+0.6*12*2{公共}+0.6*8{开水间}	96.600	管道(水)

二维码 15

图 4-48

5. 识别阀门附件模型

卫生间阀门可采用“图例识别”功能，识别建模，操作方式与识别卫生器具相同，在此不一一赘述，请参见“识别卫生器具”。

6. 工程量参考

给排水工程卫生间管道（不含表格输入的立支管工程量）工程量见表 4-4，卫生器具工程量如图 4-49 所示。

表 4-4 卫生间管道工程量

分类条件			工程量		
备注	系统类型	管径规格	长度/m	内表面积/m^2	外表面积/m^2
1 号卫生间	给水系统	*DN*20	0.713	0.036	0.045
		*DN*32	4.442	0.265	0.447
	污水系统	*De*110	2.932	0.954	1.013
		*De*50	1.399	0.202	0.220
2 号卫生间	给水系统	*DN*20	0.761	0.038	0.048
		*DN*32	4.468	0.267	0.449

续表

分类条件			工程量		
备注	系统类型	管径规格	长度/m	内表面积/m²	外表面积/m²
2号卫生间	污水系统	*De*110	2.872	0.935	0.993
		*De*50	1.357	0.196	0.213
公共卫生间	给水系统	*DN*20	3.462	0.174	0.218
		*DN*25	1.311	0.068	0.103
		*DN*32	2.801	0.167	0.282
		*DN*40	8.804	0.658	1.106
		*DN*50	3.296	0.309	0.518
	污水系统	*De*110	9.433	3.070	3.260
		*De*50	6.977	1.008	1.096
		*De*75	4.765	1.054	1.123
开水间	给水系统	*DN*20	1.657	0.083	0.104
		*DN*25	2.135	0.111	0.168
		*DN*32	7.358	0.439	0.740
	污水系统	*De*50	9.959	1.439	1.564
		*De*75	0.697	0.154	0.164

总结拓展

本部分主要讲述了卫生间卫生器具及管道的构件属性定义方式及识别方法。

查看分类汇总工程量

构件类型　给排水　卫生器具(水)

	分类条件	工程量
	名称	数量(组)
1	地漏	9.000
2	电开水器	1.000
3	蹲式大便器	6.000
4	盥洗池	3.000
5	立式洗脸盆	12.000
6	淋浴器	3.000
7	水龙头	3.000
8	台式洗脸盆	2.000
9	总计	39.000

图 4-49

1. 卫生器具的识别方法为“图例识别”，给水横管与排水横管的识别方法为“自动识别”，关键属性是系统类型、材质、标高、连接方式，这些属性需要按照图纸要求输入到软件中。

2. 连接卫生器具的立支管可以在表格输入中直接输入工程量，可以先识别卫生器具后识别给排水横支管，由软件自动判断生成立支管。

3. 识别 CAD 图纸建立模型之前，首先需要检查图纸比例，避免识别后的模型工程量计算有误。

4. 阀门附件与管道是依附关系，阀门附件依附管道存在，所以识别阀门前必须有管道图元，否则无法生成。

练习与思考

1. 如何调整 CAD 图比例？

2. 卫生器具的识别方式是什么？

3. 卫生间给排水横支管采用哪种方式快速建模？管道构件的哪些属性影响工程量计算结果及套取清单定额？

4. 连接卫生器具的立支管在软件中如何生成？

5. 阀门如何快速建模并计算工程量？

四、套管建模

学习目标

1. 了解套管的类型及计算规则。

2. 能够应用造价软件准确计算套管工程量。

学习要求

通过阅读图纸掌握套管的敷设部位及施工要求。

（一）任务说明

完成专用宿舍楼案例工程给排水工程全部楼层套管的工程量计算。

（二）任务分析

1. 分析图纸

（1）在图纸中首先查看图纸水施-01，设计说明信息明确了套管的安装位置及不同位置套管的类型，给水管道穿过楼板和墙壁，应设置钢套管，所有管道穿外墙处和屋面板处设柔性防水套管，如图4-50、图4-51所示。

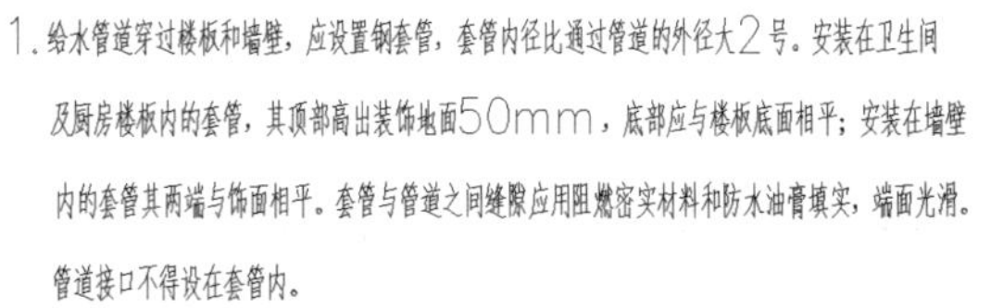

1. 给水管道穿过楼板和墙壁，应设置钢套管，套管内径比通过管道的外径大2号。安装在卫生间及厨房楼板内的套管，其顶部高出装饰地面50mm，底部应与楼板底面相平；安装在墙壁内的套管其两端与饰面相平。套管与管道之间缝隙应用阻燃密实材料和防水油膏填实，端面光滑。管道接口不得设在套管内。

图 4-50

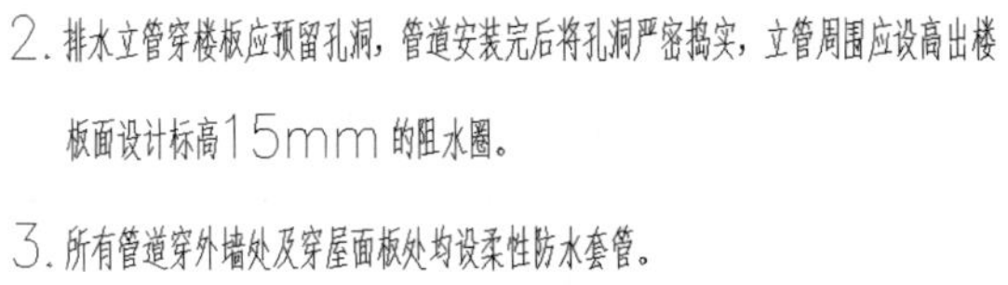

2. 排水立管穿楼板应预留孔洞，管道安装完后将孔洞严密捣实，立管周围应设高出楼板面设计标高15mm的阻水圈。

3. 所有管道穿外墙处及穿屋面板处均设柔性防水套管。

图 4-51

（2）套管主要使用在管道与墙或楼板相交处，通常情况下套管主要有以下三种作用：

① 立管管道损坏时，方便维修换管；

② 当防水施工有缺陷时，有套管好补救；

③ 解决管道的膨胀、伸缩拉伸等变形、移位问题。

（3）套管在平面图上一般都没有图示，需要根据管道与墙、板相交关系，自己判断。

2. 软件基本操作步骤

识别各楼层墙、板构件，生成墙、板图元，之后软件根据墙、板与管道的相交关系，自动生成套管。

3. 分析套管识别方法

（1）根据套管的作用可知，套管主要用在管道与墙或楼板的相交处，所以软件对于套管模型的生成方式提供了两种：第一种手动判断位置绘制模型；第二种，软件根据管道与墙或楼板的关系自动生成。在本工程中讲解的方法为自动生成套管的方式。

（2）本案例工程管道前面已经生成，只需要识别生成墙和板，然后点击“生成套管”功能，软件会根据管道与墙或楼板的相交关系，自动生成整楼所有的套管。

（三）任务实施

在生成套管前，先识别墙和板，生成墙模型和板模型。

1. 识别墙、板，生成墙、板模型

（1）首先进行墙的识别。在“绘制”选项卡下，导航栏的树状列表中，选择“建筑结构”—“墙”，单击“自动识别”功能按钮，此时“构件列表”会显示墙，“自动识别”功能按钮为选中状态，如图4-52所示。

（2）在绘图区移动鼠标至 CAD 墙线处，当光标变为“回字形”时，点击左键选择墙的两条 CAD 线，点击右键弹出选择楼层的对话框，在此选择需要生成墙图元的楼层，如选择所有楼层则在所有楼层都会生成墙图元。

（3）点击“确定”生成墙图元，依此方法将楼层中不同厚度的墙识别生成模型。

（4）点击“选择”，在选择状态下，将“首层”墙图元选中，查看属性编辑框，在此修改墙的起点底标高与终点底标高为－1.5m，原因为入户管道的标高为－1.15m，必须保证墙与管道相交，所以修改墙的底标高为－1.15m 下。

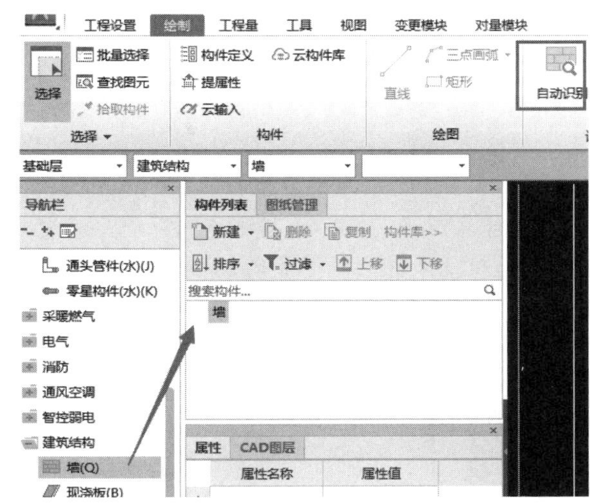

图 4-52

二维码 16

（5）采用“直线”或“矩形”画法绘制首层、二层的板图元。

2. 生成套管

（1）在“绘制”选项卡下，导航栏的树状列表中，选择“给排水”—“零星构件”，单击“生成套管”功能按钮，此时软件判断管道与墙的相交关系，生成套管，如图 4-53 所示。

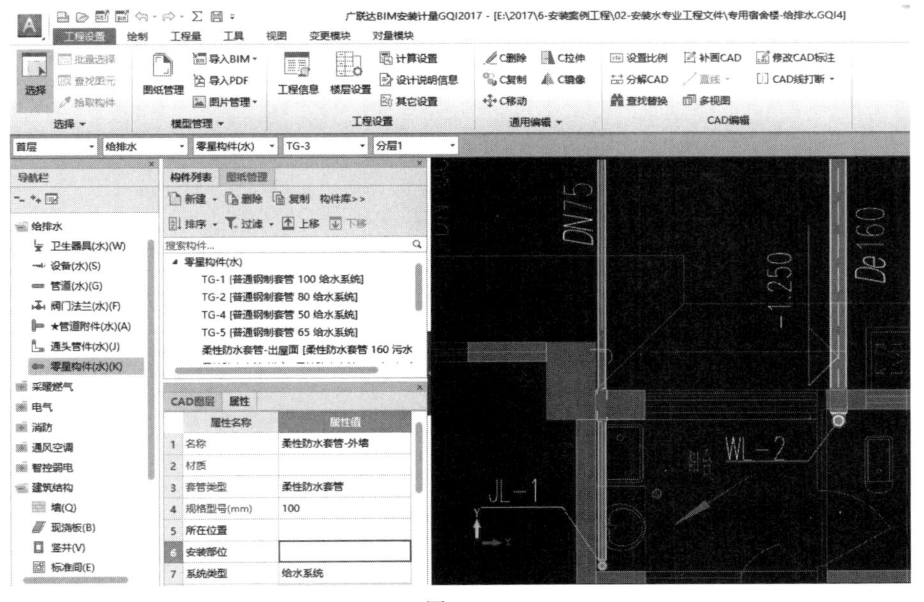

图 4-53

二维码 17

二维码 18

（2）根据图纸要求，将穿过外墙的套管修改为柔性防水套管。

3. 工程量参考

给排水工程套管工程量参考如图 4-54 所示。

总结拓展

1. 生成套管模型有两种方法：一种是新建构件后，点式布置；另一种是自动生成。自动生成套管的前提条件是：管道、墙、板图元已生成且相交，这时在软件中点击功能可生成套管。

2. 在外墙的某些位置预留套管但没有管道，这时在绘图区捕捉到墙图元后直接点式布置生成模型。

3. 根据当地定额规则要求，如套管定额分类按所属管道管径区分，这时可将“工程设置”—“计算设置”—“给排水专业”—“套管规格型号设置”调整为“等于管道规格型号的管径”，软件默认生成套管的规格型号是按照大于管道2个规格型号生成的，在“工程设置”—“计算设置”里可调整生成原则，如图4-55所示。

二维码19

	分类条件				工程量
	系统类型	名称	套管类型	规格型号	数量(个)
1	给水系统	TG-1	普通钢制套管	DN100	22.000
2		TG-2-50	普通钢制套管	DN80	9.000
3		TG-4-32	普通钢制套管	DN50	53.000
4		TG-5-40	普通钢制套管	DN65	5.000
5		柔性防水套管-50	柔性防水套管	DN80	1.000
6		柔性防水套管-75	柔性防水套管	DN100	6.000
7	污水系统	柔性防水套管-出屋面	柔性防水套管	DN160	25.000
8		柔性防水套管-进户	柔性防水套管	DN160	25.000
9		阻水圈	阻水圈	DN110	50.000
10	总计				196.000

图4-54

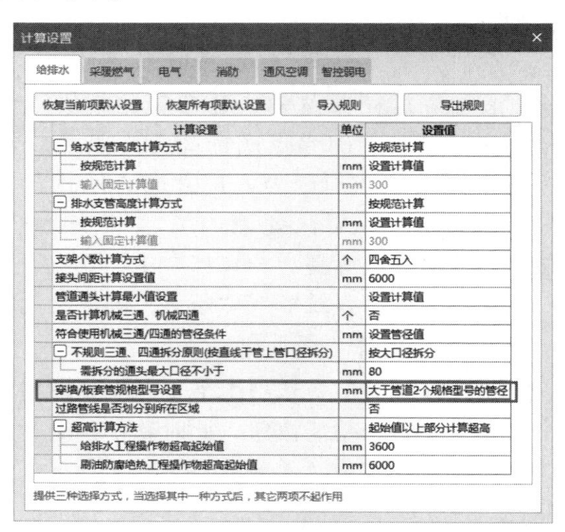

计算设置	单位	设置值
给水支管高度计算方式		按规范计算
按规范计算	mm	设置计算值
输入固定计算值	mm	300
排水支管高度计算方式		按规范计算
按规范计算	mm	设置计算值
输入固定计算值	mm	300
支架个数计算方式	个	四舍五入
接头间距计算设置值	mm	6000
管道通头计算最小值设置		设置计算值
是否计算机械三通、机械四通	个	否
符合使用机械三通/四通的管径条件	mm	设置管径值
不规则三通、四通拆分原则(按直线干管上管口径拆分)		按大口径拆分
需拆分的通头最大口径不小于	mm	80
穿墙/板套管规格型号设置	mm	大于管道2个规格型号的管径
过路管线是否划分到所在区域		否
超高计算方法		起始值以上部分计算超高
给排水工程操作物超高起始值	mm	3600
刷油防腐绝热工程操作物超高起始值	mm	6000

图4-55

练习与思考

1. 套管模型的生成方式有几种，分别如何生成？
2. 如何设置生成套管规格型号是大2号还是与管道相同？
3. 完成套管的工程量计算。

五、设置标准卫生间

学习目标

能够应用造价软件熟练定义标准卫生间。

（一）任务说明

完成专用宿舍楼案例工程给排水工程所有卫生间工程量计算。

（二）任务分析

将小卫生间（一）、小卫生间（二）、公共卫生间、开水间的管道、卫生器具、阀门、套管分别识别生成建模后，即可输出各类卫生间的工程量结果，通过前面的图纸分析可知，本工程中各类卫生间在整个工程中有若干个相同的卫生间，这种情况在软件中如何设置来快速计算工程量，下面介绍具体方法。

（三）任务实施

利用“设置标准间”的方法，快速计算工程量，具体实施步骤如下。

1. 首先建立“标准间”构件

（1）在“绘制”选项卡下，导航栏的树状列表中，选择“建筑结构”—“标准间”，“构件列表”会显示标准间，点击“新建”按钮，新建标准间，如图 4-56 所示。

（2）选择“新建标准间”，下方显示属性项与属性值，按照图纸要求填入标准间名称与数量，如图 4-57 所示。

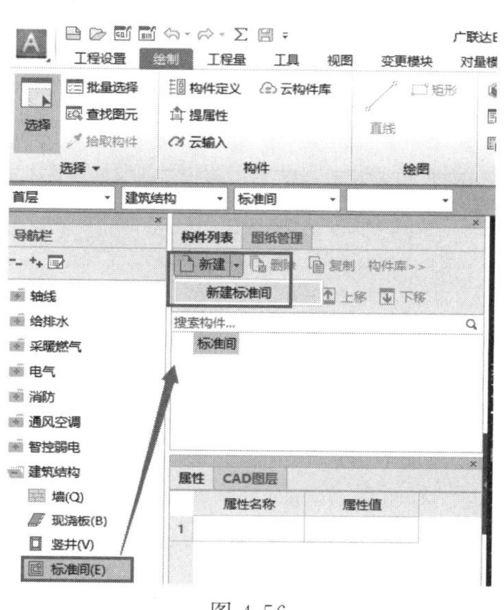

图 4-56

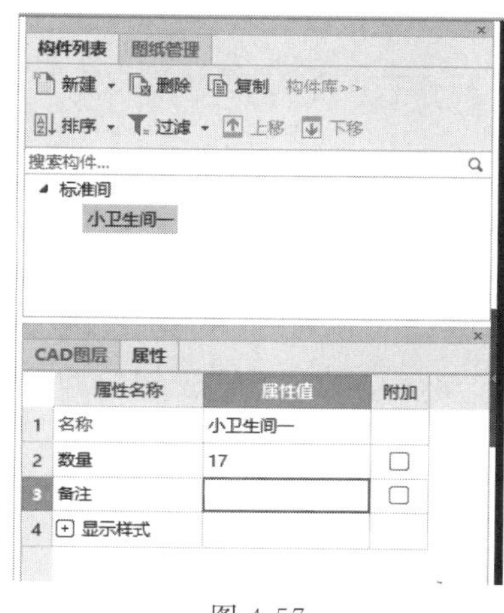

图 4-57

（3）在“绘图区”选择“矩形”画法，在绘图区拉框选择小卫生间（一）区域，如图 4-58所示，点右键确认，小卫生间（一）标准间生成。采用同样的方法，可生成小卫生间（二）标准间、公共卫生间标准间。

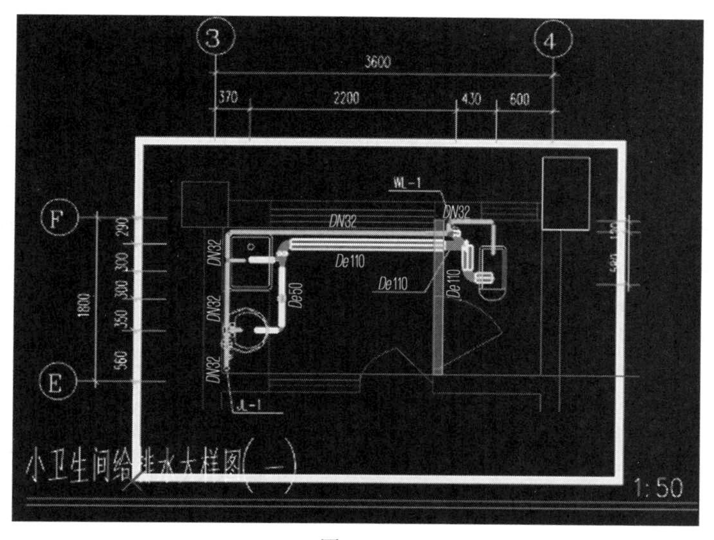

图 4-58

2. 工程量参考

给排水工程卫生间设置标准间后工程量（管道不包括立支管）参考见图 4-59、表 4-5。

表 4-5

分类条件			工程量	
标准间	系统类型	管径规格	长度/m	支架数量/个
公共卫生间	给水系统	DN20	6.925	8.000
		DN25	2.621	4.000
		DN32	5.603	8.000
		DN40	17.607	20.000
		DN50	6.592	6.000
	污水系统	De110	18.866	16.000
		De50	13.954	22.000
		De75	9.530	14.000
开水间	给水系统	DN20	1.657	0.000
		DN25	2.135	3.000
		DN32	7.358	10.000
	污水系统	De50	9.959	17.000
		De75	0.697	1.000
小卫生间二	给水系统	DN20	19.788	26.000
		DN32	116.177	156.000
	污水系统	De110	74.676	52.000
		De50	35.281	104.000
小卫生间一	给水系统	DN20	12.124	17.000
		DN32	75.507	85.000
	污水系统	De110	49.839	34.000
		De50	23.789	68.000

总结拓展

1. 本工程卫生间采用大样图的形式绘制，所以计算一个卫生间里的卫生器具和管道后，可以采用将该工程量乘以数量的方式计算全部工程量，在软件里采用设置标准间数量的方式计算。

2. 设置标准间后，再次修改卫生间内其他图元，如卫生器具或管道，需要重新设置标准间。

查看分类汇总工程量

构件类型 给排水 卫生器具(水)

	分类条件	工程量
	名称	数量(组)
1	地漏	53.000
2	电开水器	1.000
3	蹲式大便器	51.000
4	盥洗池	45.000
5	立式洗脸盆	20.000
6	淋浴器	6.000
7	水龙头	3.000
8	台式洗脸盆	43.000
9	总计	222.000

图 4-59

练习与思考

1. 什么时候需要设置标准间？

2. 设置标准间后注意事项是什么？

3. 卫生间大样图在软件中如何计算工程量？

第三节　套清单做法

学习目标

1. 熟练掌握算量软件中套清单做法的基本操作流程。
2. 根据实际工程图纸，套取清单。

二维码 20

二维码 21

学习要求

1. 掌握软件套清单做法的作用及操作步骤。
2. 根据工程图纸进行套做法，熟练掌握各命令按钮的操作及作用。

根据专用宿舍楼案例工程给排水工程图纸建立模型或采用“表格输入”计算工程量后，下面进行套取清单做法。

二维码 22

（一）任务说明

结合给排水工程，完成给排水专业工程量的清单套取。

（二）任务分析

（1）套清单做法，首先需要确认建立工程时，是否已选择“清单库”；在哪里查看设置情况；如建立工程时没有选择“清单库”，在软件中如何调整。

（2）套清单做法前，必须有“汇总计算”工程量结果。

（3）根据任务，结合实际案例，套取清单做法。

（三）任务实施

1. 设置清单库

点击“工程设置”—“工程信息”，在“工程信息”对话框内，查看是否已选择清单库，本工程实例以“工程量清单项目计量规范（2013-北京）”为例进行讲解，如建立工程时没有选择，在此点击重新选择即可，如图 4-60 所示。

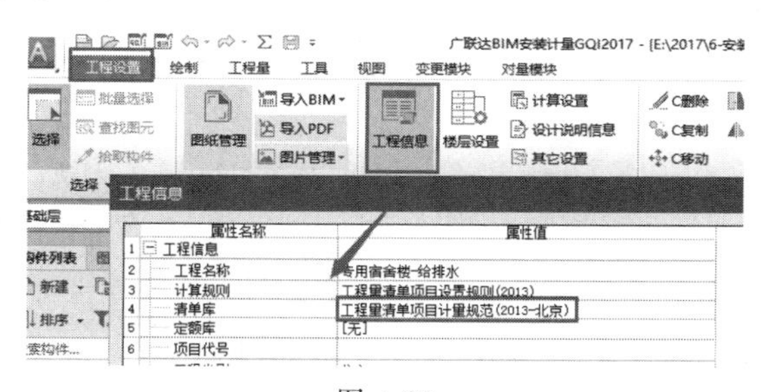

图 4-60

2. 套清单做法

切换到“工程量”页签，点击“套做法”功能按钮，弹出集中套做法编辑页面，在此进行套做法。具体操作如下：

① 点击“自动套用清单”功能，软件会根据内置的清单库与图元工程量进行自动匹配。

② 点击“匹配项目特征”，软件根据图元属性与内置的清单项进行匹配。

③ 部分没有自动匹配清单的图元工程量，点击“选择清单”进行逐行添加，添加的清单，双击“项目特征”单元格，出现三点按钮后，点击一下，进入“项目特征”编辑窗体中，进行编辑项目特征。

3. 汇总计算

套清单做法完成后，点击“汇总计算”按钮，汇总后就可进入报表进行查询及导出了。

二维码 23

4. 套清单做法参考

给排水工程套清单做法后部分内容如表 4-6 所列。

表 4-6

	编码	类别	名称	项目特征	表达式	单位	工程量
◆	地漏 *De*50					个	53.000
	031004014001	项	给、排水附(配)件	1. 名称:地漏 2. 型号、规格:*De*50 3. 材质:UPVC	SL	个/组	53.000
◆	UPVC 螺旋管 *De*110 热熔连接 安装部位〈空〉					m	261.250
	031001006011	项	塑料管	1. 安装部位:室内 2. 介质:污水 3. 材质、规格:UPVC 螺旋管 *De*110 4. 连接形式:热熔连接 5. 阻水圈设计要求:高 15mm 阻水圈共计 50 个 6. 压力试验及吹、洗设计要求:灌水与通球试验	CD+CGCD	m	261.250
◆	钢塑复合管 *DN*50 螺纹连接 安装部位〈空〉					m	25.977
	031001007001	项	复合管	1. 安装部位:室内 2. 介质:饮用水 3. 材质、规格:*DN*50 4. 连接形式:螺纹连接 5. 压力试验及吹、洗设计要求:水压试验、水冲洗和消毒冲洗	CD+CGCD	m	25.977
◆	钢塑复合管 *DN*65 螺纹连接 安装部位〈空〉					m	28.822
	031001007002	项	复合管	1. 安装部位:室内 2. 介质:饮用水 3. 材质、规格:*DN*65 4. 连接形式:螺纹连接 5. 压力试验及吹、洗设计要求:水压试验、水冲洗和消毒冲洗	CD+CGCD	m	28.822
◆	钢塑复合管 *DN*75 螺纹连接 安装部位〈空〉					m	37.657
	031001007003	项	复合管	1. 安装部位:室内 2. 介质:饮用水 3. 材质、规格:*DN*75 4. 连接形式:螺纹连接 5. 压力试验及吹、洗设计要求:水压试验、水冲洗和消毒冲洗	CD+CGCD	m	37.657
◆	给水用 PP-R *DN*20 热熔连接 安装部位〈空〉					m	74.295
	031001006001	项	塑料管	1. 材质、规格:给水用 PP-R *DN*20 2. 连接形式:热熔连接 3. 压力试验及吹、洗设计要求:水压试验、水冲洗和消毒冲洗	CD+CGCD	m	74.295
◆	给水用 PP-R *DN*25 热熔连接 安装部位〈空〉					m	4.756
	031001006002	项	塑料管	1. 材质、规格:给水用 PP-R *DN*25 2. 连接形式:热熔连接 3. 压力试验及吹、洗设计要求:水压试验、水冲洗和消毒冲洗	CD+CGCD	m	4.756

续表

	编码	类别	名称	项目特征	表达式	单位	工程量
◆	给水用 PP-R DN32 热熔连接 安装部位〈空〉					m	262.244
	031001006003	项	塑料管	1. 材质、规格:给水用 PP-R DN32 2. 连接形式:热熔连接 3. 压力试验及吹、洗设计要求:水压试验、水冲洗和消毒冲洗	CD+CGCD	m	262.244
◆	给水用 PP-R DN40 热熔连接 安装部位〈空〉					m	21.207
	031001006004	项	塑料管	1. 材质、规格:给水用 PP-R DN40 2. 连接形式:热熔连接 3. 压力试验及吹、洗设计要求:水压试验、水冲洗和消毒冲洗	CD+CGCD	m	21.207
◆	给水用 PP-R DN50 热熔连接 安装部位〈空〉					m	57.342
	031001006005	项	塑料管	1. 材质、规格:给水用 PP-R DN50 2. 连接形式:热熔连接 3. 压力试验及吹、洗设计要求:水压试验、水冲洗和消毒冲洗	CD+CGCD	m	57.342
◆	给水用 PP-R DN75 热熔连接 安装部位〈空〉					m	40.100
	031001006006	项	塑料管	1. 材质、规格:给水用 PP-R DN75 2. 连接形式:热熔连接 3. 压力试验及吹、洗设计要求:水压试验、水冲洗和消毒冲洗	CD+CGCD	m	40.100
◆	挤出成型 UPVC De160 热熔连接 安装部位〈空〉					m	47.976
	031001006007	项	塑料管	1. 材质、规格:挤出成型 UPVC 排水螺旋管 De160 2. 连接形式:热熔连接 3. 压力试验及吹、洗设计要求:水冲洗、灌水与通球试验	CD+CGCD	m	47.976

总结拓展

1. “属性分类设置”。套清单做法之前，可以对图元汇总量确认一下，软件默认提供的提量分组条件，是否满足需求，如果需要调整，可以点击“属性分类设置”功能按钮进行个性化配置。

2. 套清单做法软件提供三种方法：第一种，自动套用清单，软件根据图元属性与自动内置的清单库自动匹配；第二种，选择清单，从清单库里选择需要套取的清单项，双击确定；第三种，添加清单，直接输入清单号及相关内容。

3. 当光标停在某一行工程量时，右侧会有其工程量构件内容的显示，双击该显示区域，会定位到绘图区该工程量图元所在位置。

练习与思考

1. 套清单做法在软件中有几种做法?

2. 项目特征的输入方法是什么?

3. 如何调整图元工程量分组?

4. 工程量结果是否可以反查到绘图区? 如何实现?

第四节　文件报表设置及工程量输出

学习目标

1. 理解软件中报表设置和导出的作用及意义。
2. 熟练掌握算量软件中报表设置和导出的基本操作流程。
3. 根据实际工程图纸，计算出工程量，并根据实际将需要用到的工程量报表导出到Excel。

学习要求

1. 掌握软件报表的作用及操作步骤。
2. 根据工程图纸，进行报表设置及导出，熟练掌握各命令按钮的操作及作用。

一、报表格式设置

（一）基础知识

报表设置的作用：通过调整报表样式，输出满足各种提量需求的报表。

报表导出作用：提交通用格式 Excel 格式作业文件，输出工程量结果。

（二）任务说明

结合专用宿舍楼案例工程给排水工程，完成给排水专业工程量的报表设置及报表导出。

（三）任务分析

（1）输出工程量结果文件，首先需要确认需要输出哪些工程量、哪些报表，然后与软件对照，选择实际需要的报表及设置工程量输出格式。

（2）根据任务，结合实际案例，选择需要的报表导出到 Excel 表格中。

二维码 24

（四）任务实施

1. 报表预览

点击“工程量”—“报表预览”，进入报表预览界面，本界面显示两类工程量：一类是构件图元工程量；一类是清单汇总表。构件图元工程量报表按绘图界面的专业类型，显示各专业报表，各个专业输出的报表有工程量汇总表、系统汇总表、工程量明细表三类报表，选择其中一类报表，查看管道或设备工程量，如图 4-61 所示。

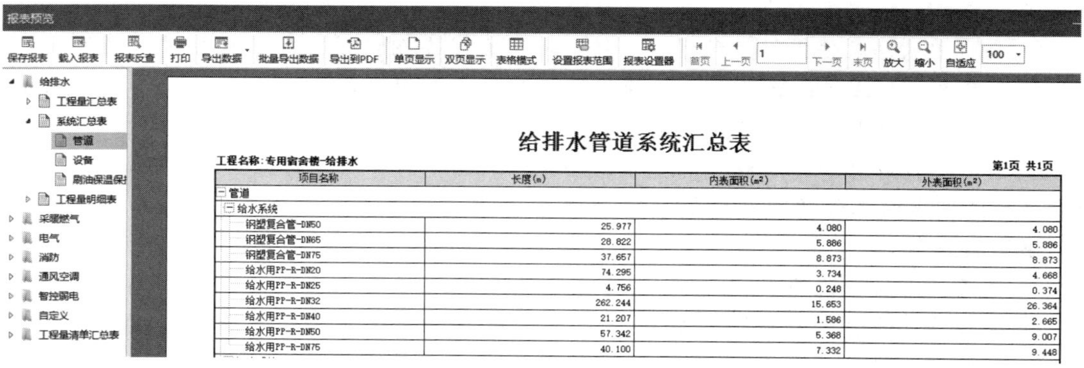
报表预览
保存报表
载入报表
报表反查
打印
导出数据
批量导出数据
导出到PDF
单页显示
双页显示
表格模式
设置报表范围
报表设置器
首页
上一页
1
下一页
末页
放大
缩小
自适应
100
给排水
工程量汇总表
系统汇总表
管道
设备
工程量明细表
采暖燃气
电气
消防
通风空调
智控弱电
自定义
工程量清单汇总表
给排水管道系统汇总表
工程名称：专用宿舍楼-给排水
第1页 共1页
项目名称
长度(m)
内表面积(m²)
外表面积(m²)
管道
给水系统
钢塑复合管-DN50 25.977 4.080 4.080
钢塑复合管-DN65 28.822 5.886 5.886
钢塑复合管-DN75 37.657 8.873 8.873
给水用PP-R-DN20 74.295 3.734 4.668
给水用PP-R-DN25 4.756 0.248 0.374
给水用PP-R-DN32 262.244 15.653 26.364
给水用PP-R-DN40 21.207 1.586 2.665
给水用PP-R-DN50 57.342 5.368 9.007
给水用PP-R-DN75 40.100 7.332 9.448

图 4-61

2. **报表设置**

查看报表显示内容，如果希望在系统类型的基础上，按楼层输出各类管道工程量，这时可进行报表设置调整，具体操作如下：点击“报表设置器”功能，弹出“报表设置器”对话框，在“分类条件”—“属性”处勾选“楼层”，将光标移至“分类条件”—“级别”，选择“楼层”属性将要放置的位置——“二级”—“系统类型”下，勾选“系统类型”，如图 4-62 所示；点击“移入”，楼层属性移到“级别”列，如图 4-63 所示；点击“确认”按钮，工程量报表如表 4-7 所列。

表 4-7　**给排水管道系统汇总表**

项目名称	工程量名称	单位	工程量
—管道			
—给水系统-基础层			
钢塑复合管-DN50	长度	m	4.164
钢塑复合管-DN75	长度	m	23.592
给水用 PP-R-DN20	长度	m	74.295
给水用 PP-R-DN25	长度	m	4.756
给水用 PP-R-DN32	长度	m	204.644
给水用 PP-R-DN40	长度	m	17.607
给水用 PP-R-DN50	长度	m	7.742
给水用 PP-R-DN75	长度	m	6.900
—给水系统-首层			
给水用 PP-R-DN32	长度	m	56.000
给水用 PP-R-DN40	长度	m	3.500
给水用 PP-R-DN50	长度	m	2.500
给水用 PP-R-DN75	长度	m	19.200

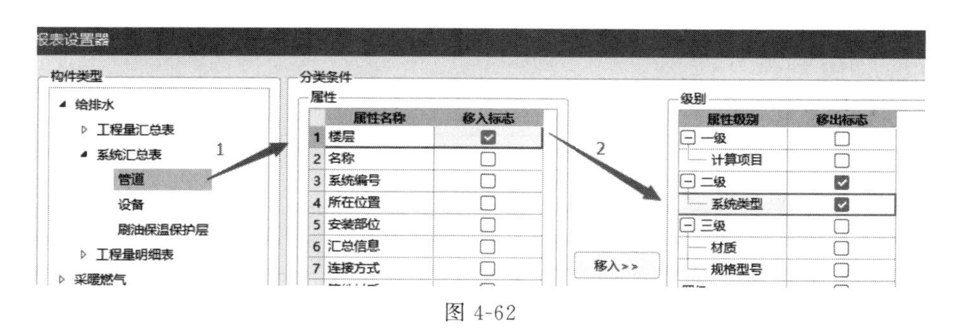

图 4-62

3. **报表导出**

点击“导出数据”按钮，在下拉框中选择导出 Excel，如图 4-64 所示。

本案例图纸管道工程量导出结果如图 4-65 所示。

二、案例工程结果报表

给排水专业全部工程量计算结果及清单汇总表见表 4-8～表 4-10。

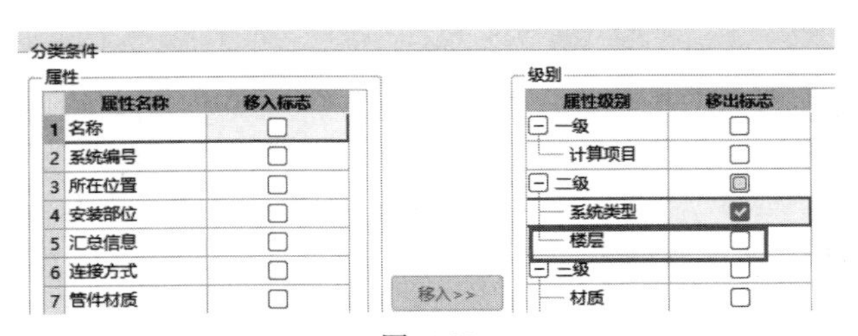

图 4-63

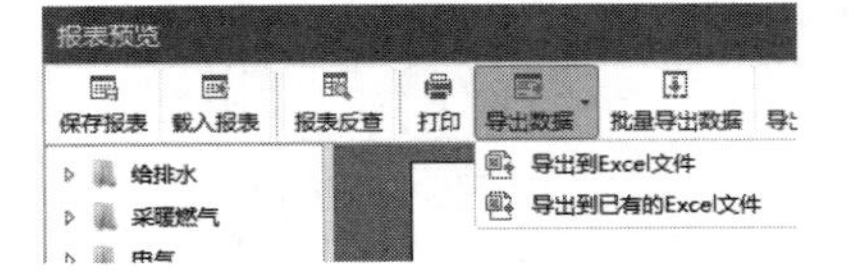

图 4-64

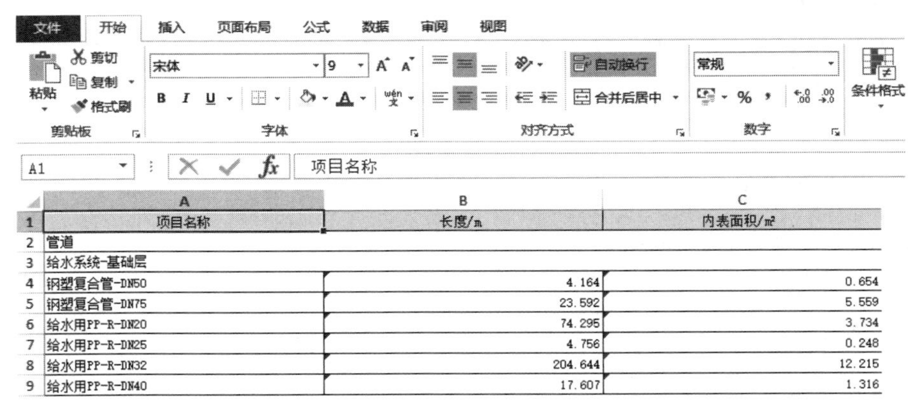

图 4-65

二维码 25

表 4-8　给排水管道系统汇总表

项目名称	长度	单位
管道		
给水系统		
钢塑复合管-*DN*50	25.977	m
钢塑复合管-*DN*65	28.822	m
钢塑复合管-*DN*75	37.657	m
给水用 PP-R-*DN*20	74.295	m
给水用 PP-R-*DN*25	4.756	m
给水用 PP-R-*DN*32	262.244	m
给水用 PP-R-*DN*40	21.207	m
给水用 PP-R-*DN*50	57.342	m
给水用 PP-R-*DN*75	40.100	m
污水系统		
挤出成型 UPVC-*De*160	47.976	m
排水用 PVC-U-*De*110	435.230	m
排水用 PVC-U-*De*50	179.583	m
排水用 PVC-U-*De*75	10.227	m

表 4-9　给排水点式设备系统汇总表

项目名称	单位	工程量
阀门		
给水系统		
截止阀-*DN*32	个	43.000
截止阀-1-*DN*50	个	2.000
水表-*DN*32	个	43.000
闸阀-*DN*50	个	1.000
闸阀-*DN*75	个	6.000
止回阀-*DN*50	个	1.000
止回阀-*DN*75	个	6.000
管道附件		
排水系统		
通气帽-*De*110	个	25.000
套管		
给水系统		
TG-1-*DN*100	个	22.000
TG-2-50-*DN*80	个	9.000
TG-4-32-*DN*50	个	53.000
TG-5-40-*DN*65	个	5.000
柔性防水套管-50-*DN*80	个	1.000
柔性防水套管-75-*DN*100	个	6.000
污水系统		
柔性防水套管-出屋面-*DN*160	个	25.000
柔性防水套管-进户-*DN*160	个	25.000
阻水圈-*DN*110	个	50.000
卫生器具		
排水系统		
地漏-*De*50	个	53.000
电开水器-〈空〉	个	1.000
蹲式大便器-〈空〉	个	51.000
盥洗池-〈空〉	个	45.000
立式洗脸盆-〈空〉	个	20.000
淋浴器-〈空〉	个	6.000
水龙头-*DN*25	个	3.000
台式洗脸盆-〈空〉	个	43.000
支架		
给水系统		
支架-〈空〉	个	454.000

续表

项目名称	单位	工程量
污水系统		
支架-〈空〉	个	478.000

表 4-10 工程量清单汇总表

工程名称：专用宿舍楼-给排水　　　　专业：给排水

序号	编码	项目名称	项目特征	单位	工程量
1	031004014001	地漏	1. 名称：UPVC 地漏 2. 型号、规格：*De*50	个/组	53.000
2	031004018001	饮水器	1. 型号、规格：DAY-T814，容积 50L，功能 9kW 2. 名称：电开水器	套	1.000
3	031004006001	大便器	1. 材质：陶瓷 2. 规格、类型：蹲式 3. 组装形式：脚踏式	组	51.000
4	031004008001	盥洗池	1. 材质：陶瓷 2. 附件名称、数量：感应式冲洗阀	组	45.000
5	031004003001	洗脸盆	1. 材质：陶瓷 2. 规格、类型：立式 3. 组装形式：冷水	组	20.000
6	031004010001	淋浴器	1. 材质、规格：不锈钢 2. 组装形式：成品淋浴器，单管	套	6.000
7	031004014002	给、排水附(配)件-水龙头	1. 材质：陶瓷片密封水嘴 2. 型号、规格：*DN*25	个/组	3.000
8	031004003002	洗脸盆	1. 材质：陶瓷 2. 规格、类型：台式 3. 组装形式：冷水	组	43.000
9	031001006011	塑料管	1. 安装部位：室内 2. 介质：污水 3. 材质、规格：UPVC 螺旋管 *De*110 4. 连接形式：热熔连接 5. 阻水圈设计要求：高 15mm 阻水圈共计 50 个 6. 压力试验及吹、洗设计要求：灌水与通球试验	m	261.250
10	031001007001	复合管	1. 安装部位：室内 2. 介质：给水 3. 材质、规格：钢塑复合管 *DN*50 4. 连接形式：螺纹连接 5. 压力试验及吹、洗设计要求：水压试验、水冲洗和消毒冲洗	m	25.977
11	031001007002	复合管	1. 安装部位：室内 2. 介质：给水 3. 材质、规格：钢塑复合管 *DN*65 4. 连接形式：螺纹连接 5. 压力试验及吹、洗设计要求：水压试验、水冲洗和消毒冲洗	m	28.822

续表

序号	编码	项目名称	项目特征	单位	工程量
12	031001007003	复合管	1. 安装部位:室内 2. 介质:给水 3. 材质、规格:钢塑复合管 *DN*75 4. 连接形式:螺纹连接 5. 压力试验及吹、洗设计要求:水压试验、水冲洗和消毒冲洗	m	37.657
13	031001006001	塑料管	1. 安装部位:室内 2. 介质:给水 3. 材质、规格:冷水用 PP-R *DN*20 4. 连接形式:热熔连接 5. 压力试验及吹、洗设计要求:水压试验、水冲洗和消毒冲洗	m	74.295
14	031001006002	塑料管	1. 安装部位:室内 2. 介质:给水 3. 材质、规格:冷水用 PP-R *DN*25 4. 连接形式:热熔连接 5. 压力试验及吹、洗设计要求:水压试验、水冲洗和消毒冲洗	m	4.756
15	031001006003	塑料管	1. 安装部位:室内 2. 介质:给水 3. 材质、规格:冷水用 PP-R *DN*32 4. 连接形式:热熔连接 5. 压力试验及吹、洗设计要求:水压试验、水冲洗和消毒冲洗	m	262.244
16	031001006004	塑料管	1. 安装部位:室内 2. 介质:给水 3. 材质、规格:冷水用 PP-R *DN*40 4. 连接形式:热熔连接 5. 压力试验及吹、洗设计要求:水压试验、水冲洗和消毒冲洗	m	21.207
17	031001006005	塑料管	1. 安装部位:室内 2. 介质:给水 3. 材质、规格:冷水用 PP-R *DN*50 4. 连接形式:热熔连接 5. 压力试验及吹、洗设计要求:水压试验、水冲洗和消毒冲洗	m	57.342
18	031001006006	塑料管	1. 安装部位:室内 2. 介质:给水 3. 材质、规格:冷水用 PP-R *DN*75 4. 连接形式:热熔连接 5. 压力试验及吹、洗设计要求:水压试验、水冲洗和消毒冲洗	m	40.100
19	031001006007	塑料管	1. 安装部位:室内 2. 介质:污水 3. 材质、规格:挤出成型 UPVC *De*160 4. 连接形式:热熔连接 5. 压力试验及吹、洗设计要求:水冲洗、灌水与通球试验	m	47.976
20	031001006008	塑料管	1. 安装部位:室内 2. 介质:污水 3. 材质、规格:挤出成型 PVC-U *De*110 4. 连接形式:热熔连接 5. 压力试验及吹、洗设计要求:水冲洗、灌水与通球试验	m	173.980

续表

序号	编码	项目名称	项目特征	单位	工程量
21	031001006009	塑料管	1. 安装部位:室内 2. 介质:污水 3. 材质、规格:挤出成型 PVC-U *De*50 4. 连接形式:热熔连接 5. 压力试验及吹、洗设计要求:水冲洗、灌水与通球试验	m	179.583
22	031001006010	塑料管	1. 安装部位:室内 2. 介质:污水 3. 材质、规格:挤出成型 PVC-U *De*75 4. 连接形式:热熔连接 5. 压力试验及吹、洗设计要求:水冲洗、灌水与通球试验	m	10.227
23	031002001001	管道支架	1. 材质:沿墙安装单管托架,图集号:03S402,P51 页 2. 管架形式:非保温管架	kg	813.280
24	031003001002	螺纹阀门	1. 名称:截止阀 2. 材质:铜芯 3. 规格、压力等级:*DN*32	个	43.000
25	031003001001	螺纹阀门	1. 名称:截止阀 2. 材质:铜芯 3. 规格、压力等级:*DN*50	个	2.000
26	031003013001	水表	1. 型号、规格:*DN*32 2. 连接形式:螺纹连接	组/个	43.000
27	031003001003	螺纹阀门	1. 类型:闸阀 2. 规格、压力等级:*DN*50 3. 连接形式:螺纹连接	个	1.000
28	031003002001	螺纹法兰阀门	1. 类型:闸阀 2. 规格、压力等级:*DN*75 3. 连接形式:法兰连接	个	6.000
29	031003001004	螺纹阀门	1. 类型:止回阀 2. 规格、压力等级:*DN*50 3. 连接形式:螺纹连接	个	1.000
30	031003002002	螺纹法兰阀门	1. 类型:止回阀 2. 规格、压力等级:*DN*75 3. 连接形式:法兰连接	个	6.000
31	031002003001	套管	1. 名称、类型:TG-1 普通钢制套管 2. 规格:*DN*100	个	22.000
32	031002003002	套管	1. 名称、类型:TG-2-50 普通钢制套管 2. 规格:*DN*80	个	9.000
33	031002003003	套管	1. 名称、类型:TG-4-32 普通钢制套管 2. 规格:*DN*50	个	53.000
34	031002003004	套管	1. 名称、类型:TG-5-40 普通钢制套管 2. 规格:*DN*65	个	5.000
35	031002003005	套管	1. 名称、类型:柔性防水套管-50 柔性防水套管 2. 规格:*DN*80	个	1.000

续表

序号	编码	项目名称	项目特征	单位	工程量
36	031002003006	套管	1. 名称、类型：柔性防水套管-75 柔性防水套管 2. 规格：*DN*100	个	6.000
37	031002003007	套管	1. 名称、类型：柔性防水套管-出屋面 柔性防水套管 2. 规格：*DN*160	个	25.000
38	031002003008	套管	1. 名称、类型：柔性防水套管-进户 柔性防水套管 2. 规格：*DN*160	个	25.000
39	031002003009	阻火圈	1. 名称、类型：阻火圈 2. 规格：*De*110	个	50.000

第五章

电气照明工程BIM计量实例

本章内容以专用宿舍楼案例工程电气工程为例介绍，该电气工程包括动力系统、照明系统、弱电系统、防雷接地系统四部分。

第一节 电气工程综述

一、电气工程图纸及业务分析

学习目标

学会分析图纸内容，提取算量关键信息。

学习要求

了解专业施工图的构成，具备一般施工图识图能力。

（一）图纸业务分析

配套图纸为《BIM 算量一图一练 安装工程》专用宿舍楼案例工程，该工程为 2 层宿舍楼，每层层高 3.6m，预算人员如何从图纸中读取“预算关键信息”及如何入手算量工作，下面针对这些问题，结合案例图纸从读图、列项等方面逐一进行图纸业务分析。

专用宿舍楼电气工程施工图由电气设计及施工总说明、配电箱系统图（一）、配电箱系统图（二）、一层照明平面图、二层照明平面图、一层动力平面图、二层动力平面图、三层动力平面图、防雷平面图、接地平面图组成。

（1）电气设计及施工总说明

① 包含的主要内容

a. 设计依据；

b. 设计范围；

c. 220/380 配电系统：关注供电电源来源、引入方式；

d. 设备安装：关注设备安装高度及安装方式；结合图例说明表一起查看各设备器具的图例示意、安装高度、规格型号等信息；

e. 导线选择及敷设：关注不同位置的导线选择、敷设方式等；

f. 建筑物防雷接地系统及安全措施：关注防雷系统施工方式；

g. 电气节能及环保措施；

h. 电话系统：关注电话系统设备的安装位置、导线选择、敷设方式等；

i. 网络布线系统：关注网络系统设备的安装位置、导线选择、敷设方式等；

j. 其他；

k. 图例说明表：各设备器具的图例示意、安装高度、规格型号等信息；建议对常用的图例所代表的设备可以记忆，方便后期快速高效地阅读图纸。

② 计算工程量相关信息　在对工程有整体认知后，重点关注配线信息和特殊位置的设备选型，以防影响后续工作量的计取和套价。

温馨提示：

实际施工或预算时，对于设计图纸标注不理解处，可以向设计者咨询，或在国家建筑标准设计网查找到对应的图集号，进行学习。

（2）配电箱系统图

① 了解系统基本组成，主要电气设备、元件之间的连接关系以及它们的规格、型号、参数等，掌握该系统的组成概况。

② 详细关注配电箱编号、尺寸、安装方式、进线回路编号、出线回路编号、导线型号、根数、截面、敷设方式、保护管型号等信息。

③ 线路标注格式：

a-b（c×d）e-f

- a　回路编号
- b　导线型号
- c　导线根数
- d　导线截面
- e　穿管材质及管径
- f　敷设部位

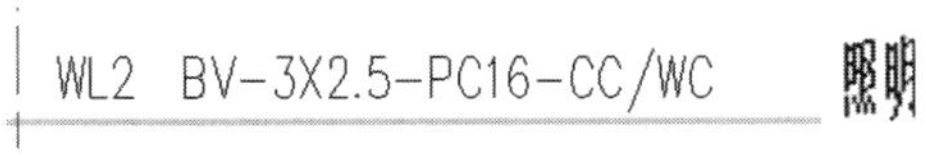

WL2　BV-3X2.5-PC16-CC/WC　照明

图 5-1

以系统图中的 1AL1 配电箱的 WL2 回路为例说明：WL2 照明回路，采用材质为铜芯聚氯乙烯绝缘导线，共穿 3 根，每根导线的截面积为 $2.5mm^2$，穿管材质为 PC 的管，管径为 16mm，沿墙、沿顶棚敷设，见图 5-1。

（3）各层动力/照明平面图

① 关注各电气设备的编号、规格、型号、数量、安装位置及线路的起始点、敷设部位、敷设方式和导线根数等。

② 为确保动力和照明系统管线工程量计算时的不重不漏，首先定位到建筑物进线位置，即找到进线箱，再以进线箱为线索，结合系统图上信息，顺藤摸瓜，找到如何引线到各分层配电箱，并最终由分层配电箱引线到末端用电设备，实现完整用电回路的模型建立及工程量计取。

③ 对于跨越楼层的线路，要关注平面图上的信息，如图 5-2 所示，首层 1AL1 配电箱位置处有管线向上引出。

相应地，图 5-3 中 2 层的 2AL1 配电箱位置处表示有管线从下层引入。

（4）防雷接地平面图

关注各防雷接地装置的安装位置，尤其注意是否存在坡屋面影响避雷网等工程量的计取，可以结合土建施工图进行查看。

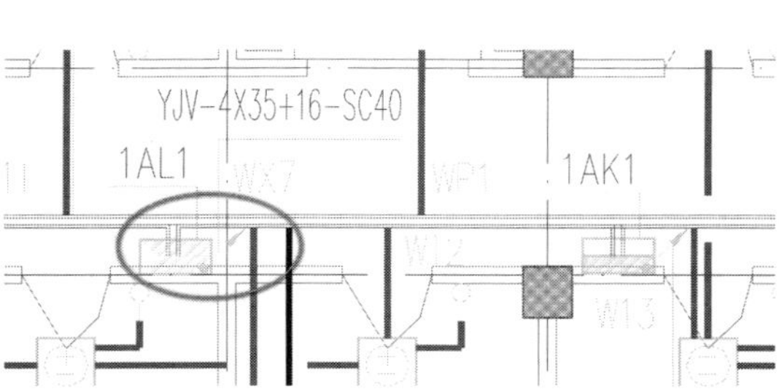

图 5-2

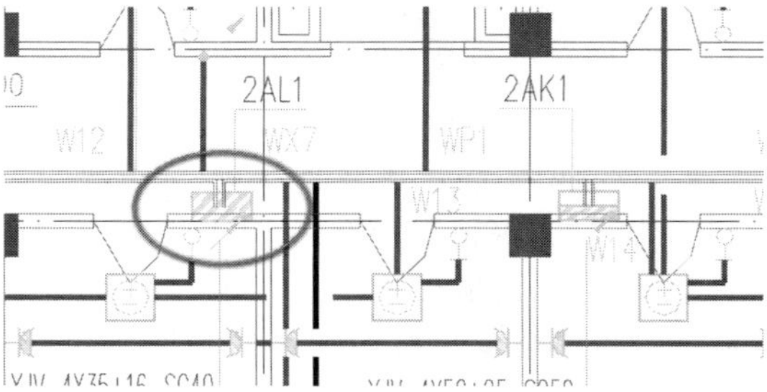

图 5-3

（二）本章任务说明

本章各节任务实施均以案例图纸《BIM 算量一图一练 安装工程》中专用宿舍楼案例工程电气工程的首层构件展开讲解，其他楼层的算量实施同首层方式，在本章学习之后，可类比自行完成。

二、电气工程——新建工程

学习目标

能够用 BIM 安装算量软件完成新建工程相关设置。

学习要求

了解工程图纸中哪些信息影响工程量的计算。

（一）任务说明

完成专用宿舍楼案例工程电气工程图纸新建工程的各项设置。

（二）任务分析

新建工程前，要先分析图纸，获取工程概况、施工范围等信息，并结合电气系统图或者建筑结构图，获得工程楼层及层高情况。

（三）任务实施

1. 新建工程

（1）双击桌面“广联达 BIM 安装计量 GQI2017”图标，打开软件，单击“新建”，弹出新建工程窗体（图 5-4）。

（2）根据需要对工程名称、工程专业等进行编辑。单击“创建工程”，进入软件的绘图区域。

（3）执行保存工程（图 5-5），将工程保存到希望存储的路径文件夹中。

说明：在新建工程时，如后期想借助软件自动套取清单，建议在新建工程时选择好所需的清单库。

2. 楼层管理

可以在导入图纸后再进行楼层设置；也可以先行设置好各楼层信息，再添加图纸。如图 5-6 所示，执行楼层设置，建立楼层，层高按照“配电箱系统图（二）”中竖向系统图的示意创建，软件默认给出首层和基础层。

（1）首层层高输入“3.6”；

（2）鼠标左键选择首层所在的行，单击“插入楼层”，添加第 2 层，第 2 层的层高输入“3.6”；

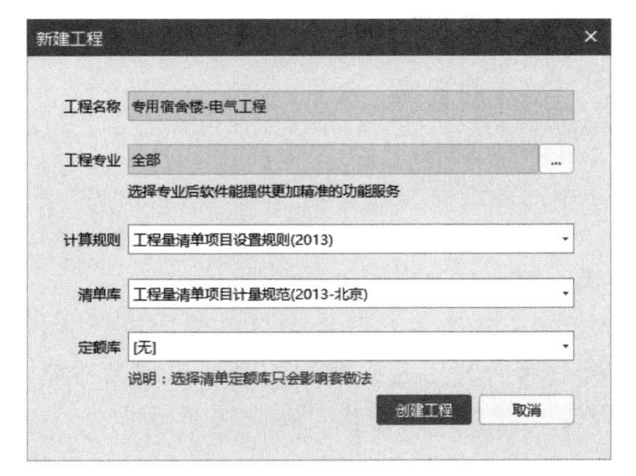

图 5-4

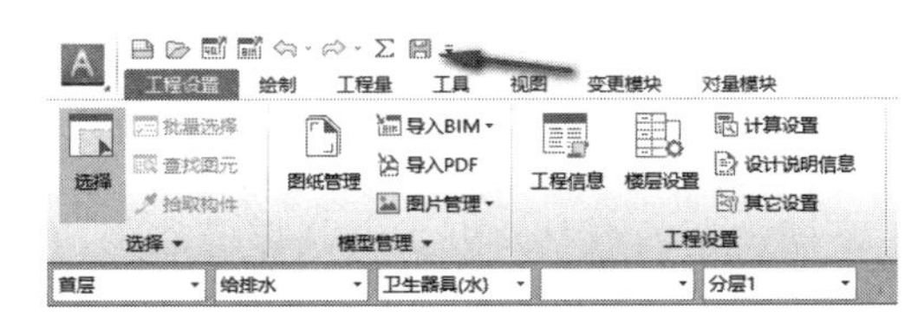

图 5-5

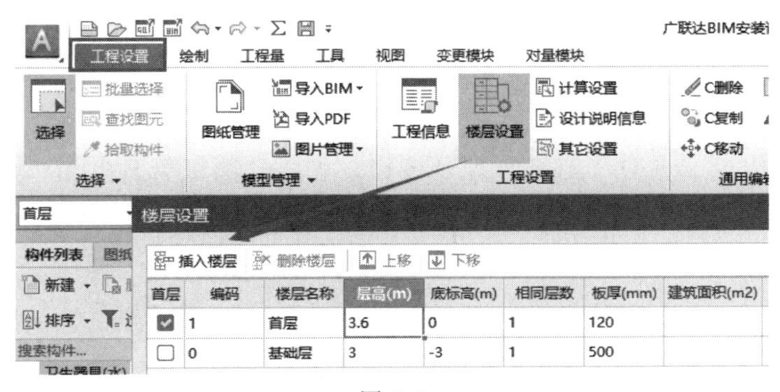

图 5-6

（3）单击“插入楼层”，建立屋顶层，层高按照实际输入。

总结拓展

1. 当建筑物有地下室时，基础层指的是最底层地下室以下的部分；当建筑物没有地下室时，可以把首层以下的部分定义为基础层。

2. 建立地下室层时，将光标放在基础层时，再点击“插入楼层”，这时就可插入第1层。

思考与练习

1. 对照图纸新建工程，思考哪些参数会影响到后期的计算结果。

2. 对照图纸完成本工程的新建工程、建立楼层。

三、电气工程——CAD 图纸管理

学习目标

1. 掌握 CAD 图纸添加、分割、定位以及与楼层对应的方法。

2. 掌握 CAD 图纸导入软件的操作流程。

3. 掌握“快速出量”与“BIM 建模”两种 CAD 图纸的处理方法。

学习要求

具备建筑基础识图技能，了解平面图、系统图、图例说明、设计说明等各类图纸的对应关系。

（一）任务说明

导入专用宿舍楼案例工程电气工程图纸，并进行对应的楼层、定位操作。

（二）任务分析

（1）完成本任务需要使用“图纸管理”里的“添加图纸”—“分割”—“对应楼层”—“定位”相关功能。

（2）GQI2017 软件提供两种图纸建模算量方式，用户可根据需求进行选择：

① **平铺算量**——适用于对模型整体性不做要求（尤其设备、器具类只需要计算个数），后续无模型全楼层显示需求。操作方法为导入图纸，然后利用后面介绍的模型识别类功能，将不同类型的灯具、开关、插座等在当前的这个楼层中统计算量完成，实现快速出量。

② **三维分层建模**——如果对模型显示有要求，并想借助模型进行查看、碰撞及精细化的管理，如导入到 BIM5D 中，则需要三维分层建模。

下面主要讲解如何“三维分层建模”。

（三）任务实施

1. 添加图纸

从图 5-7 所示位置，点击“图纸管理”按钮，先将“图纸管理”窗体调出，移动光标，点击“楼层编号”前对勾，取消该模式，切换为“分层”模式（图 5-8）。

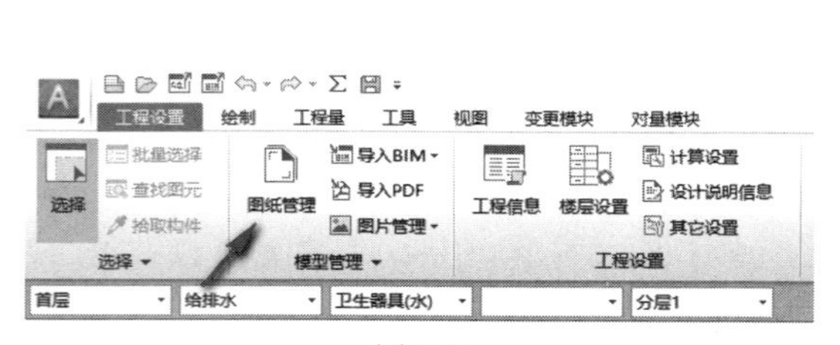

图 5-7

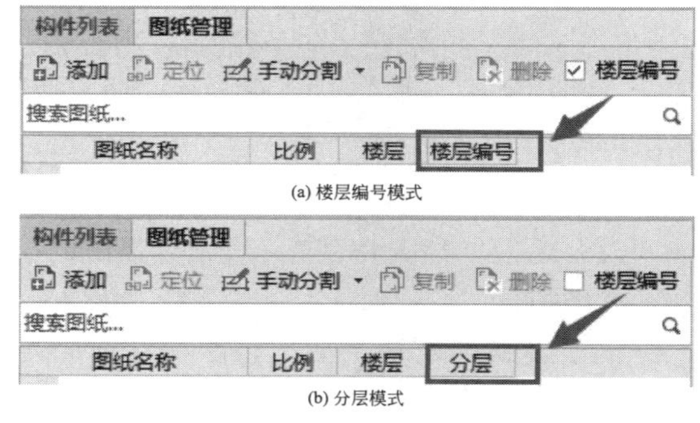

图 5-8

在该窗体中单击“添加”，在弹出的窗体中选择要添加的“专用宿舍楼-电气”图纸，单击打开，加载到软件中，如图 5-9 所示，软件会将 CAD 图纸文件中含有的图纸全部加载进来。

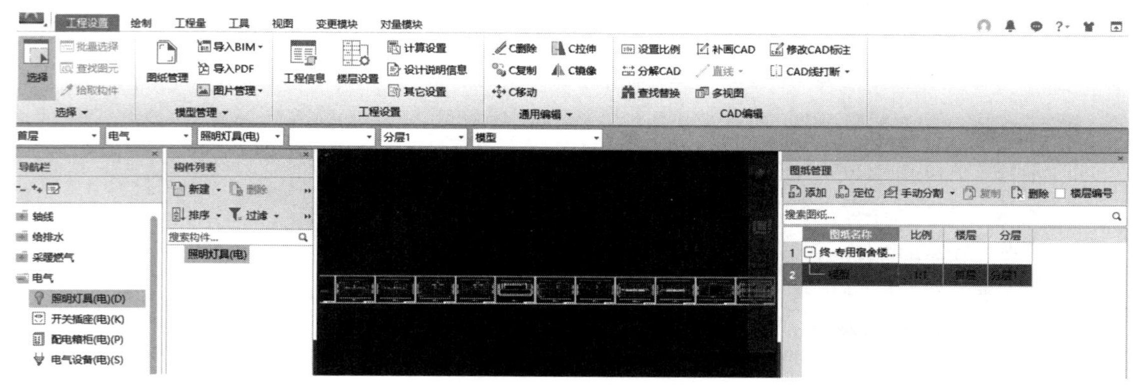

图 5-9

2. 分割图纸

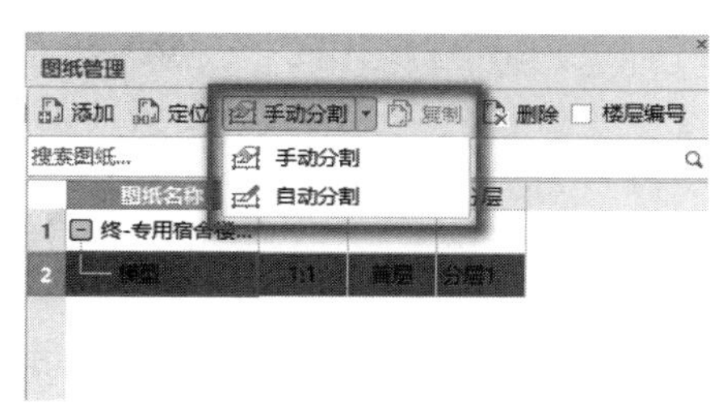

图 5-10

软件提供了自动分割和手动分割两种方式（图 5-10）。

执行自动分割，软件会根据 CAD 图纸边框及图纸名称的关键字样，智能将该完整图纸行分割，在绘图区中以黄色边框区分是否成功自动分割，并在“图纸管理”窗体中，以检索到的每张图纸的名称分行呈现。

3. 创建图纸与楼层对应关系

在前序新建工程部分，已经从图 5-11 获取了楼层和层高信息，并在“楼层设置”窗体中完成楼层设置。

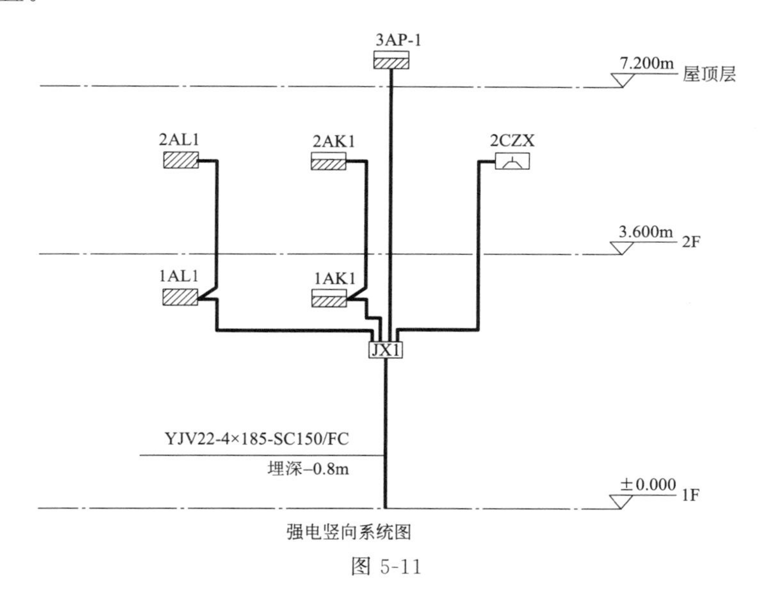

图 5-11

接下来，就可以将分割出的图纸对应到所属的楼层了。如图 5-12 所示，定位在“一层动力平面图”位置行，从右侧的下拉箭头中，选择“首层”和“分层 1”对应。相应地，“一层照明平面图”位置行，从右侧的下拉箭头中，选择“首层”和“分层 2”对应。其他图纸的楼层对应同理，建议同一系统、不同楼层的平面图划归在同一分层中，如动力系统都在“分层 1”，照明系统都在“分层 2”，方便后期多楼层三维分层查看模型。

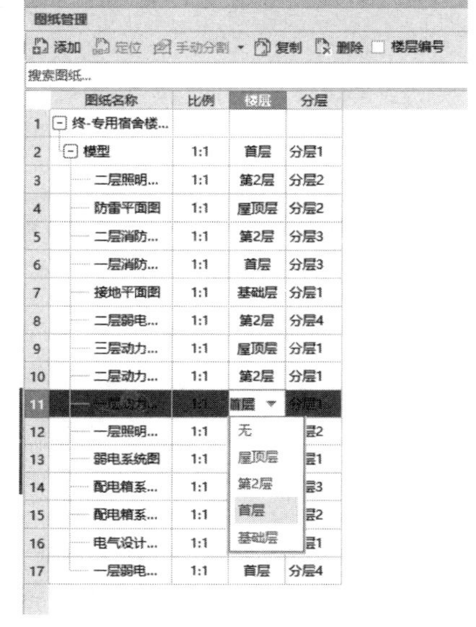

图 5-12

4. 定位图纸

工程中有贯穿多个楼层的立管，并希望最终的模型可以将立管上下楼层对应，需要给各楼层图纸指定一个公共交点，作为定位点。利用图纸管理处的“定位”功能，或者“定位图纸”即可实现。

以“定位”功能为例，在呈现完整图纸的情况下

(该例中图纸管理窗体的“模型”节点)，先对“一层照明平面图”执行定位，具体操作可以参考下方状态栏提示，如果要精准设置定位点，可以开启交点捕捉，获取图纸上的 1 轴和 A 轴交点，如图 5-13 所示。

为将多个楼层实现以定位点创建上下楼层关联关系，需要将其他楼层的平面图，相同 1 轴和 A 轴交点，也设置定位点。

“定位图纸”功能的使用方式，可以参见给排水工程部分，不再赘述（图 5-14)。

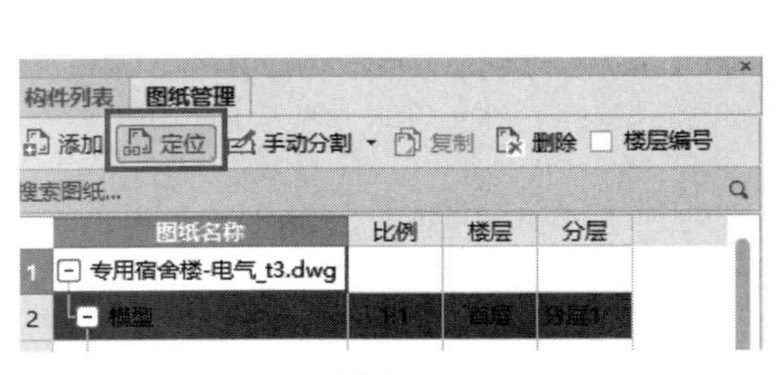

图 5-13

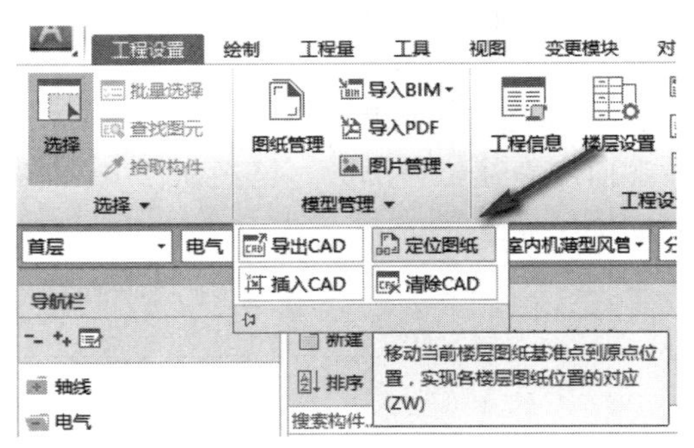

图 5-14

总结拓展

本部分主要介绍了 CAD 图纸的相关操作，包括添加图纸、图纸分割、图纸与楼层对应、定位图纸相关操作。

1. 图纸分割——“手动分割”

前面讲述的是自动分割方法，对于不满足软件自动分割条件的图纸，可以通过手动分割实现。

(1) 点击“手动分割”移动光标到绘图区，鼠标左键拉框选择要拆分的 CAD 图，点击右键确认，弹出“请输入图纸名称”对话框，如图 5-15 所示；

(2) 检查该图纸名称正确性，如不正确可点击“识别图名”按钮，移动光标到图纸上拾取该图纸名称，点击右键确认拾取图纸名称操作完成；

(3) 下拉选择楼层“首层”“分层 1”；

(4) 点击“确定”，分割完成。

2. 图纸管理——“楼层编号”模式

“图纸管理”中，软件默认的是“楼层编号”模式（勾选复选框时)，如图 5-16 所示。

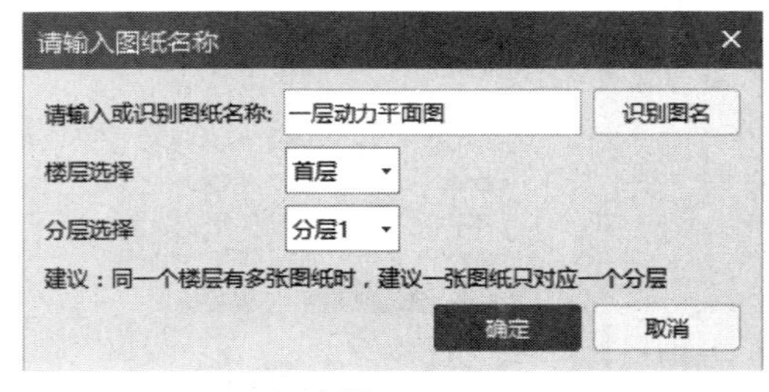

图 5-15

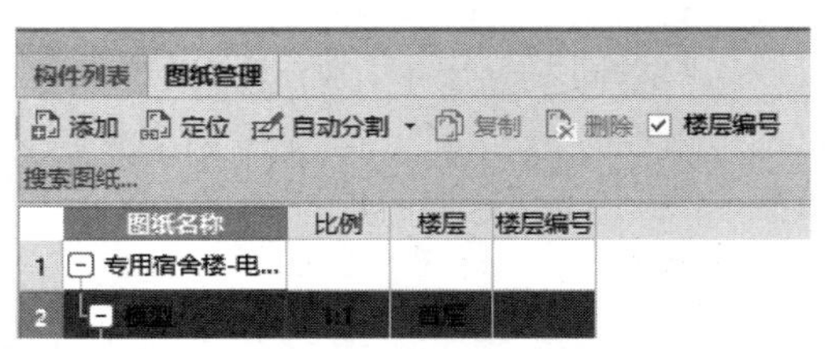

图 5-16

该模式下添加的图纸进行分割（利用“手动分割”或“自动分割”）后，可以实现将同楼层不同部分的图纸进行拼接显示，如图 5-17 所示，将分割出的“一层动力平面图”和

“一层照明平面图”都指定对应首层后，在“楼层编号”模式下，以楼层编号“1.1”“1.2”的先后顺序，拼接排布得到首层完整算量图纸。

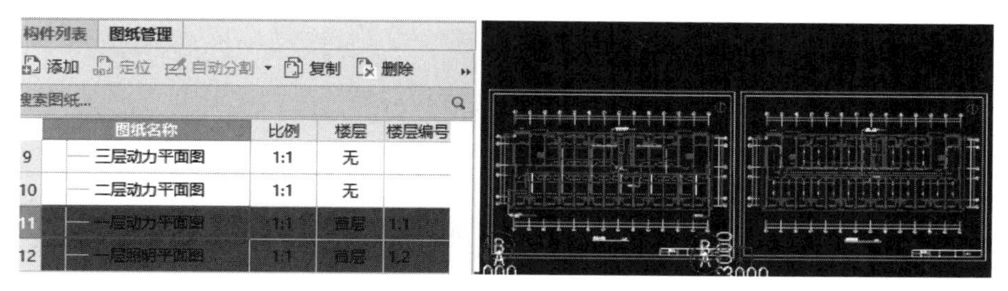

图 5-17

该模式与 GQI2015 借助图纸管理功能导入分配的图纸效果类似，且操作上更为便利，只需要双击首层分配到的任意子节点图纸，即完成了图纸的加载。

如果想使用 BIM 思路建模，即对于同楼层的多专业多部分图纸进行对齐并进行建模时，建议采用图纸管理的“分层”模式。最终的实现效果，即如图 5-18 所示。

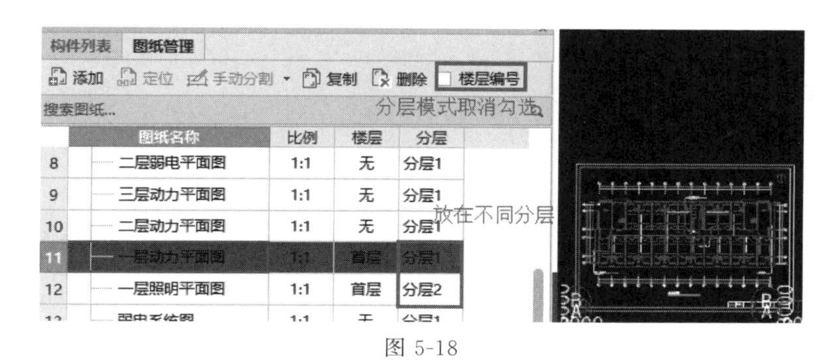

图 5-18

思考与练习

1. 请思考一下导入 CAD 图纸的方法及导入后对 CAD 图纸还需要进行哪些操作。
2. GQI2017 提供了哪几种图纸算量方式？分别如何操作？
3. 图纸分割的作用是什么？如何操作？
4. 分割好的图纸与楼层如何对应？作用是什么？
5. 图纸分层的作用是什么？如何操作？
6. 图纸定位的作用是什么？如何操作？
7. 请练习将图纸导入后分割、对应、定位。

第二节　动力系统建模算量

在图纸、工程信息设置这些准备工作完成后，正式进入电气专业的建模算量。

为了保证算量过程中，工程量不重不漏，需要先找到建筑物的进线电缆，从总配电箱（柜）处入手，平面图和系统图配合看，沿着路由方向，直到末端的用电设备。过程中将需要算量的地方，一一记下。

一、配电箱柜建模

学习目标

1. 掌握配电箱柜的计算规则。
2. 能够应用造价软件识别配电箱柜构件并建模，准确计算配电箱柜工程量。

学习要求

1. 掌握配电箱柜图例表示方法。
2. 通过平面图与系统图对照，快速读懂配电箱柜布置情况。

(一) 任务说明

完成首层配电箱柜的模型建立和工程量计算。

(二) 任务分析

1. 分析图纸

(1) 全局观察——设计说明信息

先从“电气设计总说明”图纸中，浏览与配电箱相关的信息，见图5-19，获得配电箱的安装方式及安装高度。

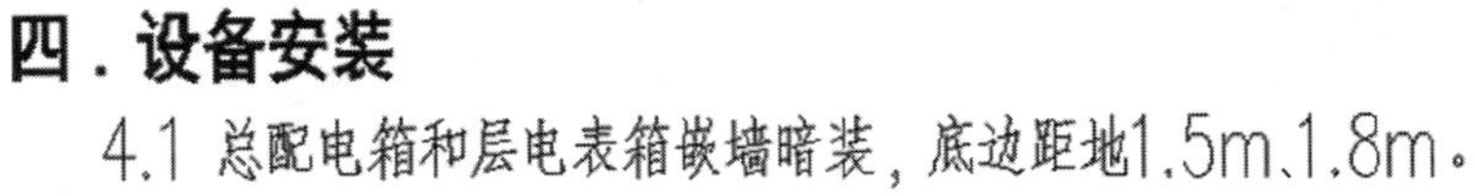

四.设备安装

4.1 总配电箱和层电表箱嵌墙暗装，底边距地1.5m、1.8m。

图 5-19

“电气设计总说明”图纸中的“图例说明”表格部分（表5-1）说明了各个图例表示哪类供电、用电设备（器具），如果遇到不熟悉的，可以返回到此处“图例说明”，进行查看。

表 5-1 图例说明

序号	符号	设备名称	型号规格	备注
1		配电箱	见系统图	距地 1.8m
2		动力箱	见系统图	距地 1.8m
3	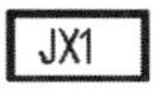 JX1	进线箱	见系统图	距地 1.5m
4		双管荧光灯	220V,2×36W	吸顶安装
5		吸顶灯	220V,36W	吸顶安装
6		暗装单极开关	甲方自选	距地 1.3m

(2) 关系建立——系统图

电气专业中，辅助进行关系梳理的、有举足轻重地位的，莫过于配电箱系统图了。在系统图中，可以清晰地看出供配电连接关系，如“配电箱系统图（二）”，见图5-20。

图5-21详细明确了JX1自身的箱体尺寸和安装高度——“箱体尺寸700×800×350（$w\times h\times d$），距地1.5m暗装”，及电源引入电缆的规格型号、各引出回路的电缆规格型号、敷设方式。

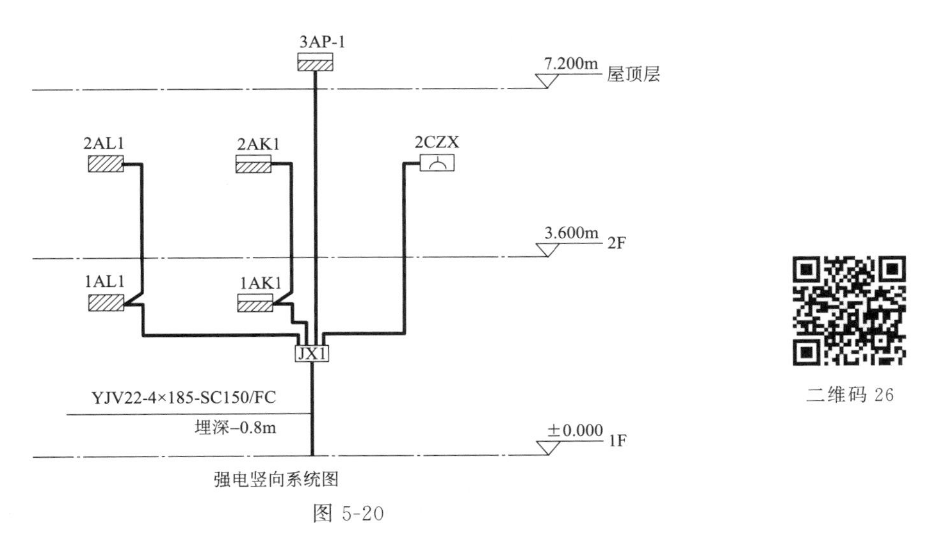

图 5-20

二维码 26

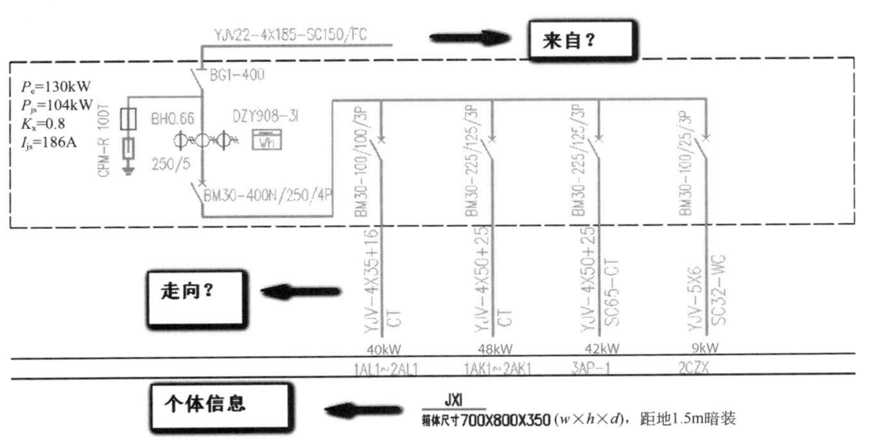

图 5-21

（3）**位置部署——平面图**

在平面图有箱柜、管道、灯具等设备的相对定位点，算量工作主要在平面图上进行，依据平面图建模，从而快速得到工程量。

2. 分析配电箱柜的识别方法

软件中，对于计数数量的设备器具图元提供了多种识别方式，有通用的，如图例识别、形识别、一键识别，也有配电箱独有的，如自动识别。

二维码 27

（三）任务实施

1. 配电箱柜构件属性定义

在“绘制”选项卡下，导航栏的树状列表中，选择“配电箱柜”，单击“图例识别”功能按钮，按照下方的状态栏提示信息，鼠标左键点选，或者拉框选择 JX1 图例，右键确认，弹出“选择要识别成的构件”窗体中，新建“配电箱柜”构件（图 5-22）。

很明显，软件默认的构件属性值与 JX1 的信息不符，需要按照系统图中 JX1 的属性值信息（详见图 5-21 及对应说明）进行调整，结果见图 5-23。

二维码 28

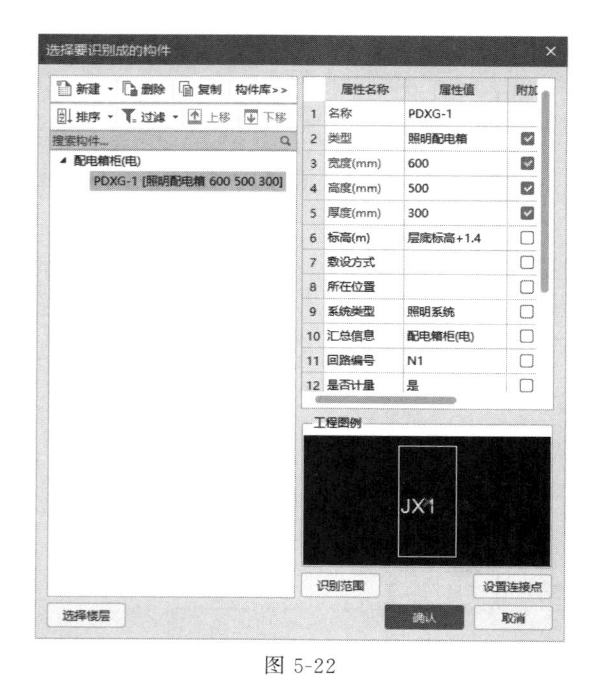

图 5-22

图 5-23

温馨小贴士：

① 属性值的调整非常重要，安装高度“标高”，不仅影响自身是否计取超高工程量，且同步会影响与配电箱相连的立管段长度。

② 在软件中，如果涉及点式设备、水平管线，以及二者之间相连立管时，建议先识别点式设备，这样在后面创建水平管线模型时，软件会同步判断设备与水平管线的标高差值，来自动生成立管。

③ 对于体式图元，如配电箱，高度值的正确填写也会影响到上方水平管与之相连立管的长度。

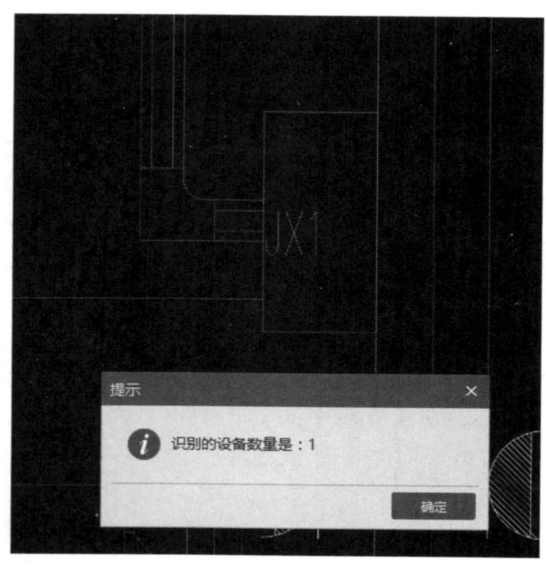

图 5-24

2. 生成模型

JX1 的属性值信息调整确认无误后，点击确认。软件会将图纸中满足条件的配电箱图例识别完成，生成模型，如图 5-24 所示。

3. 工程量参考

点击汇总计算功能按钮（快捷键 F9），勾选首层，执行计算。查看报表预览—工程量汇总表—设备，获取到一层配电箱工程量，如图 5-25所示。

总结拓展

本部分主要讲述了配电箱柜的图纸信息读取及软件中信息录入和模型的多种识别方式。

点式构件识别，采用“图例识别”功能，也可以使用“自动识别”功能。不同功能的识别方式各有特点，可以分别尝试使用。

1. 在平面图中快速定位 CAD 块图元。点

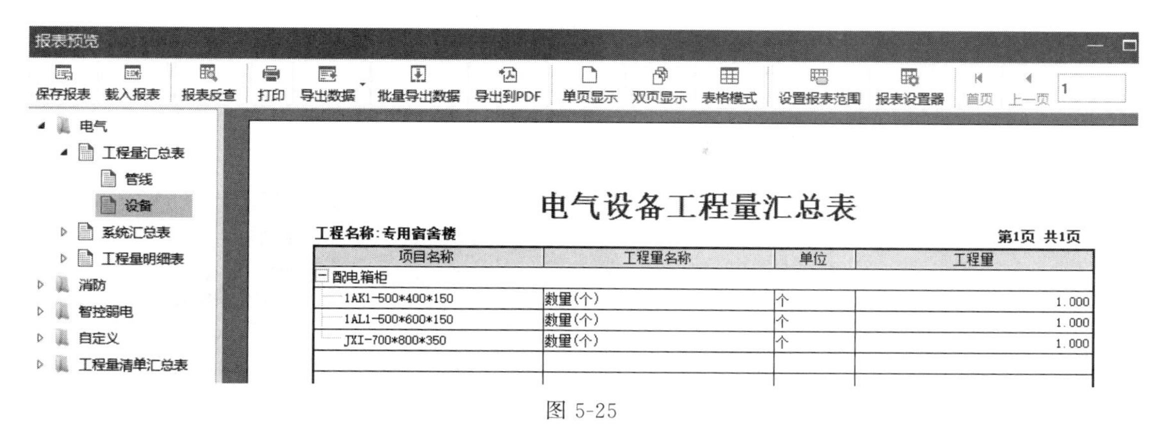

图 5-25

击“查找替换”功能按钮（图 5-26），触发功能。在弹出的窗体中，查找内容处，填写“JX1”，点击“查找下一个”（或者“查找全部”）按钮，即可快速定位到图纸中的位置（图 5-27）。

二维码 29

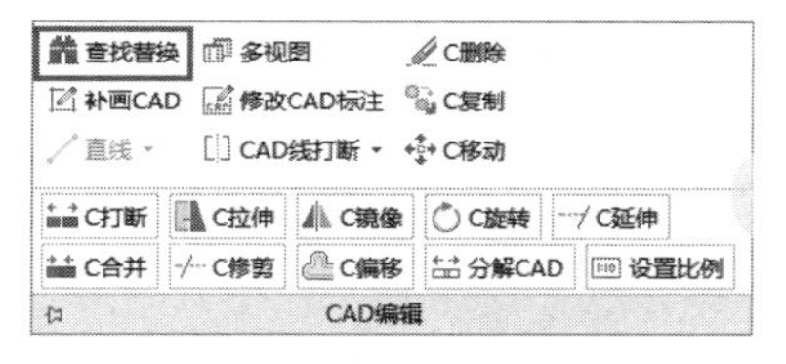

图 5-26

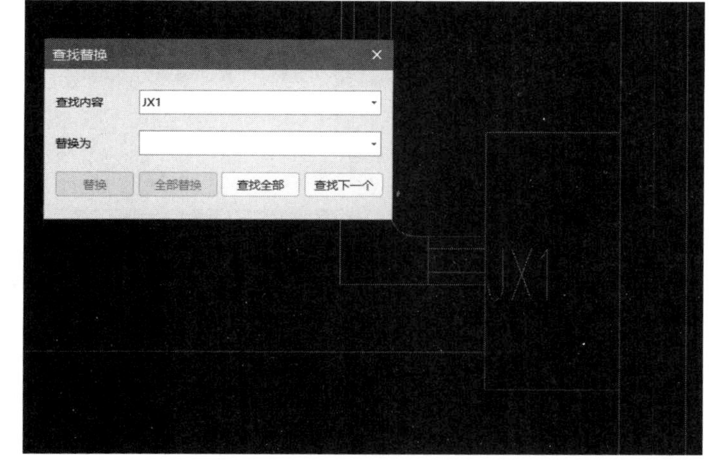

图 5-27

2. 配电箱“自动识别”

(1) 点击功能“自动识别”，以 1AK1 为例，选择它的配电箱图例与名称标识，右键确认，弹出窗体中，按照系统图上 1AK1 的信息进行调整（图 5-28）。

(2) 属性值调整完成后，点击确认，同样可以生成模型（图 5-29）。

3. 对于配电箱信息及其引出的管线信息录入，还可以使用高阶应用功能“系统图”。

系统图：快速读取 CAD 系统图各回路信息，在软件中建立构件形成配电系统树表关系。

在“识别”功能包中，找到“系统图”按钮，如图 5-30 所示。点击该按钮，弹出“配电系统设置”窗体（图 5-31）。

(1) 整个信息创建的流程为：“提取配电箱”；读取 1AL1 信息；“读系统图”；读取 1AL1 引出的配线信息。

(2) 提取配电箱

触发功能，按照下方状态栏提示，鼠标左键点选配电箱名称及其尺寸信息，右键确认，

图 5-28

图 5-29

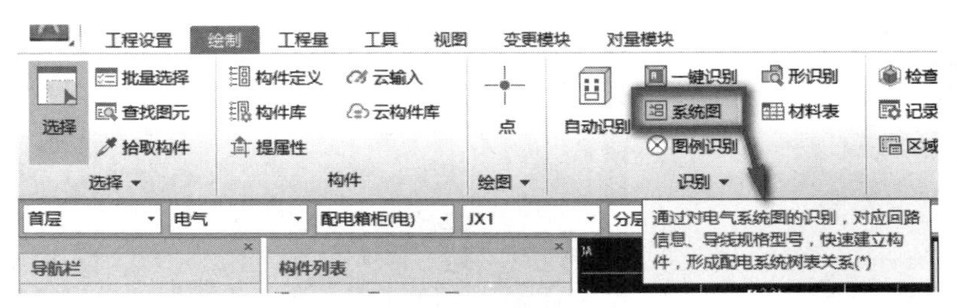

图 5-30

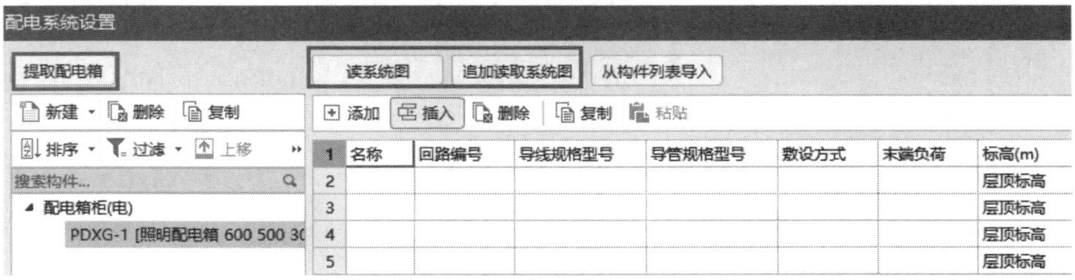

图 5-31

可以看到窗体中自动创建出了 1AL1 构件，并将名称和尺寸信息填写完成，安装高度距地 1.8m，需要手动调整（图 5-32）。

（3）读系统图

① 触发功能，按照下方状态栏提示，鼠标左键拉框选择要识别的内容（图 5-33），右键确认。

② 框选范围内的回路管线信息，读取完成，如图 5-34 所示；对于剩余未创建的回路管线信息，使用“追加读取系统图”，按照同样的方式，读取完成即可，省去手动录入信息的烦琐。

2AK1
箱体尺寸500X400X150(wxhxd),底边1.8m暗装.

图 5-32

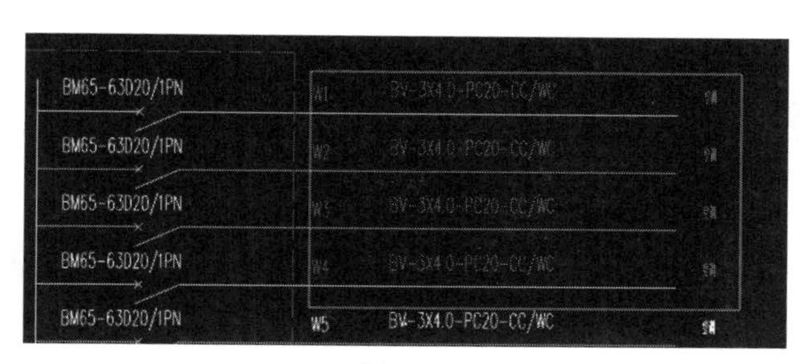

图 5-33

读系统图　追加读取系统图　从构件列表导入

添加　插入　删除　复制　粘贴

1	名称	回路编号	导线规格型号	导管规格型号	敷设方式	末端负荷
2	2AK1-W1	W1	BV-3X4.0	PC20	CC/WC	空调
3	2AK1-W2	W2	BV-3X4.0	PC20	CC/WC	空调
4	2AK1-W3	W3	BV-3X4.0	PC20	CC/WC	空调
5	2AK1-W4	W4	BV-3X4.0	PC20	CC/WC	空调

图 5-34

练习与思考

1. 定义配电箱的属性时，哪些属性项会影响连接管线长度的计算？
2. 图纸中想要快速定位某一配电箱，获取其系统图信息或者平面图位置，如何操作？

二、插座建模

学习目标

1. 掌握插座的计算规则。
2. 能够应用造价软件识别插座构件并建模，准确计算开关插座工程量。

学习要求

掌握插座图例表示方法，快速读懂它们的平面布置情况。

（一）任务说明

完成一层动力平面图中，插座的模型建立和工程量计算。

（二）任务分析

1. 分析图纸

（1）全局观察——设计说明信息

在“电气设计总说明”图纸中，关注插座的选型和安装方式等信息（图 5-35），可能存在平面图上图例表示一样，但安装高度等信息有差异的情况，这样的差异会影响与插座相连线路的长度。

四．设备安装

4.1 总配电箱和层电表箱嵌墙暗装，底边距地1.5m、1.8m。

4.2 除注明外，开关、插座分别距地1.3m、0.3m暗装，卫生间内开关选用防溅型面板；宿舍空调插座为2.2m暗装。其他未注安装见主要设备材料表。

图 5-35

（2）字典查询——图例说明表

在“一层动力平面图”，按照设计说明信息中“图例说明”的安装高度信息，如表 5-2

所列，进行信息的提取。

表 5-2 图例说明

序号	符号	设备名称	型号规格	备注
1		配电箱	见系统图	距地 1.8m
2		动力箱	见系统图	距地 1.8m
3	JX1	进线箱	见系统图	距地 1.5m
4		双管荧光灯	220V,2×36W	吸顶安装
5		吸顶灯	220V,36W	吸顶安装
6		暗装单极开关	甲方自选	距地 1.3m

（3）**位置部署——平面图**

在电气专业的平面图上，依照图例说明表，可以明确看出不同用电设备的布置位置。而对于下图图示的室内机薄型风管机（图 5-36、图 5-37），因在暖通专业中已经进行了工程量的统计，在电气专业中不再重复计量。

12		室内机薄型风管机	见暖通图纸	

图 5-36

2. 分析插座的识别方法

软件中提供了点式设备的通用识别功能，如“图例识别”“形识别”“材料表”功能（图 5-38）。

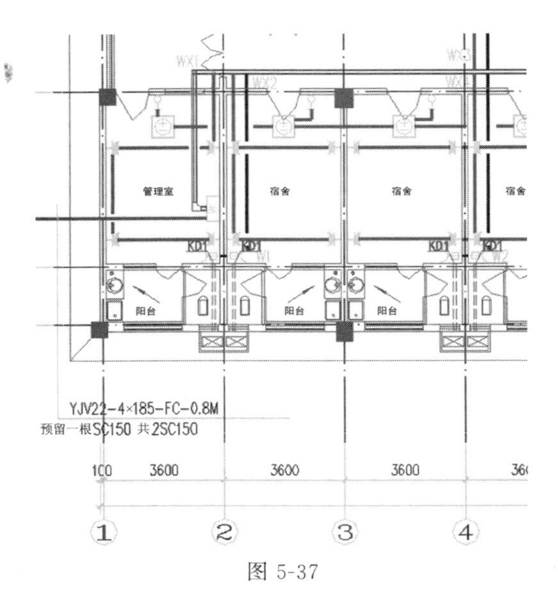

图 5-37

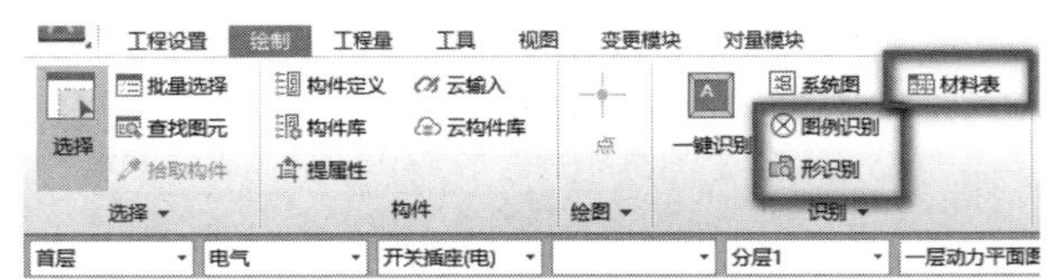

图 5-38

（三）任务实施

1. 插座构件属性定义

（1）定位图例说明表位置

当前绘图区中，因完成了图纸的楼层分配，而没有看到“电气设计总说明”图纸中的图例说明表，这时，可以在绘图区右侧的图纸管理窗体中双击该图纸节点，就可以呈现出来。

（2）功能执行

① 导航栏的树状列表中，选择“开关插座”，点击“绘制”选项卡下的“材料表”功能，按鼠标左键拉框选择想要识别的内容，如图 5-39 所示，被框选部分以黄色边框和蓝色字样呈现其选中状态，右键确认，弹出窗体（图 5-40）。

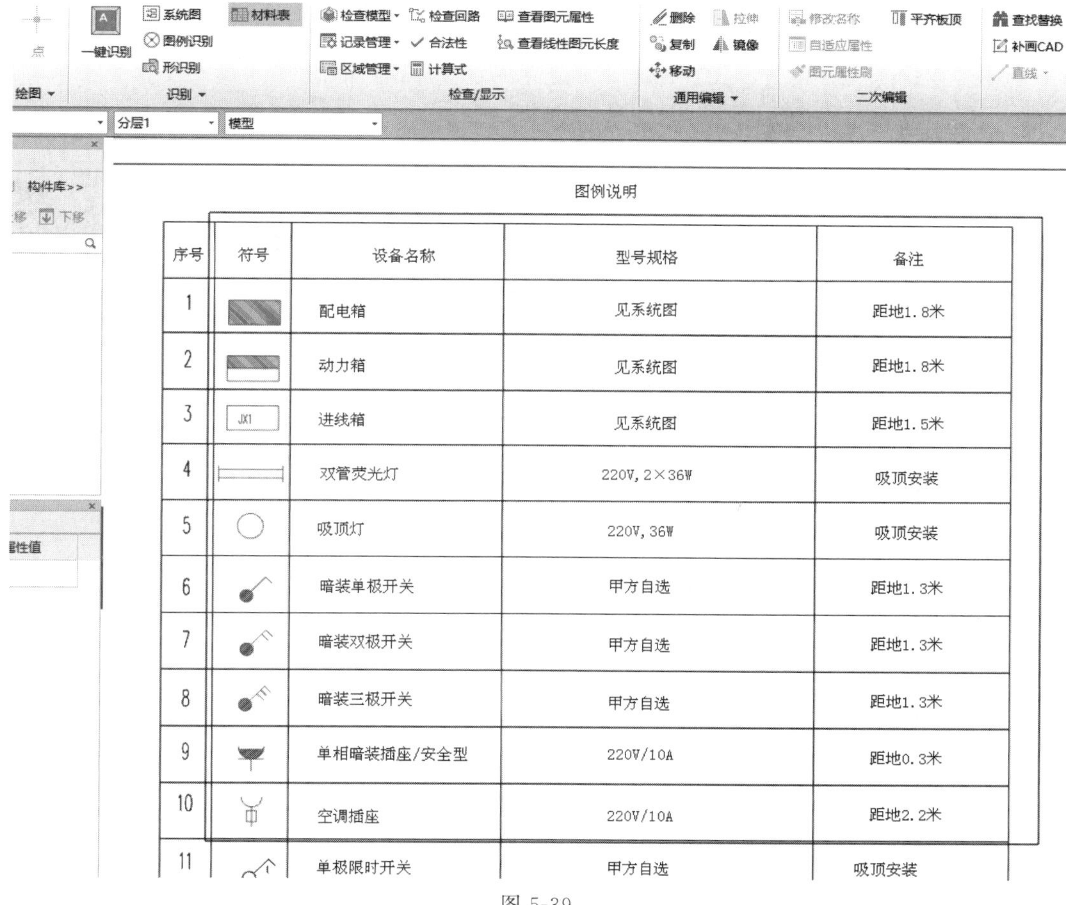

图 5-39

② 建议在框选范围时，将图纸中的表头部分进行框选，这样软件可以根据内置的关键字，将信息自动填入“识别材料表”窗体中的表头行。

（3）信息补充和微调

从图 5-40 中可以看出，存在一些多余和匹配有偏差的信息，需要进行微调，可以借助删除行、删除列等功能处理；在第一次框选要识别内容时，没有将表中的所有图例信息框选上，可以使用“追加识别”进行补充，结果如图 5-41 所示。

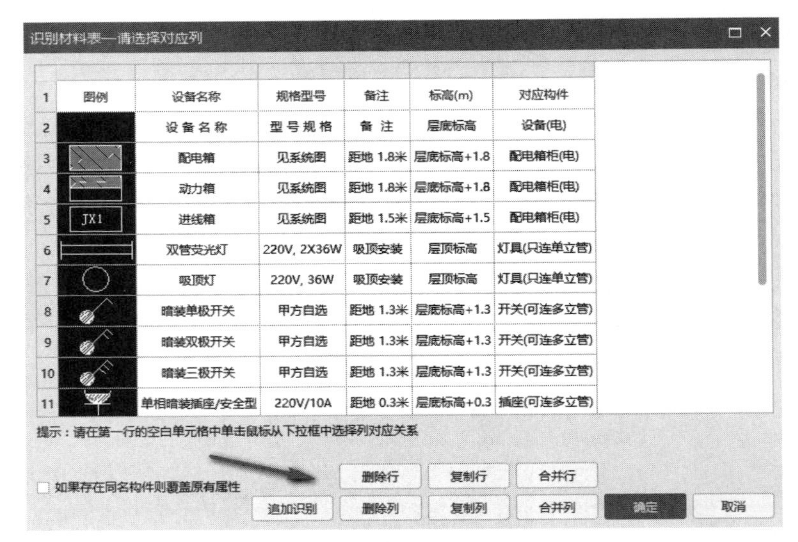

识别材料表—请选择对应列

1	图例	设备名称	规格型号	备注	标高(m)	对应构件
2		设备名称	型号规格	备注	层底标高	设备(电)
3		配电箱	见系统图	距地 1.8米	层底标高+1.8	配电箱柜(电)
4		动力箱	见系统图	距地 1.8米	层底标高+1.8	配电箱柜(电)
5	JX1	进线箱	见系统图	距地 1.5米	层底标高+1.5	配电箱柜(电)
6		双管荧光灯	220V, 2X36W	吸顶安装	层顶标高	灯具(只连单立管)
7		吸顶灯	220V, 36W	吸顶安装	层顶标高	灯具(只连单立管)
8		暗装单极开关	甲方自选	距地 1.3米	层底标高+1.3	开关(可连多立管)
9		暗装双极开关	甲方自选	距地 1.3米	层底标高+1.3	开关(可连多立管)
10		暗装三极开关	甲方自选	距地 1.3米	层底标高+1.3	开关(可连多立管)
11		单相暗装插座/安全型	220V/10A	距地 0.3米	层底标高+0.3	插座(可连多立管)

图 5-40

二维码 30

识别材料表—请选择对应列

1	图例	设备名称	规格型号	备注	标高(m)	对应构件
2		配电箱	见系统图	距地 1.8米	层底标高+1.8	配电箱柜(电)
3		动力箱	见系统图	距地 1.8米	层底标高+1.8	配电箱柜(电)
4	JX1	进线箱	见系统图	距地 1.5米	层底标高+1.5	配电箱柜(电)
5		双管荧光灯	220V, 2X36W	吸顶安装	层顶标高	灯具(只连单立管)
6		吸顶灯	220V, 36W	吸顶安装	层顶标高	灯具(只连单立管)
7		暗装单极开关	甲方自选	距地 1.3米	层底标高+1.3	开关(可连多立管)
8		暗装双极开关	甲方自选	距地 1.3米	层底标高+1.3	开关(可连多立管)
9		暗装三极开关	甲方自选	距地 1.3米	层底标高+1.3	开关(可连多立管)
10		单相暗装插座/安全型	220V/10A	距地 0.3米	层底标高+0.3	插座(可连多立管)
11		空调插座	220V/16A	距地 2.2米	层底标高+2.2	插座(可连多立管)
12		单极限时开关	甲方自选	吸顶按装	层顶标高	开关(可连多立管)
13		室内机薄型风管机	见暖通图纸		层底标高	设备(电)
14		风管机开关	甲方自选		层底标高+1.4	开关(可连多立管)
15		弱电配线箱	甲方自选	距地0.5米	层底标高+0.5	配电箱柜(电)
16	TP	电话插座	KGT01	距地 0.3米	层底标高+0.3	插座(可连多立管)

图 5-41

二维码 31

对于表中没有给出安装高度的图例，软件会给出一个默认的标高值，结合案例图纸，进行调整；将“标高”“对应构件”等信息浏览、确认无误后，点击确定。开关插座等点式构件新建完成。

2. 生成模型

利用“材料表”建立好构件后，左侧导航栏依然定位在“开关插座”节点，下面使用“图例识别”功能生成模型。点击“图例识别”功能，左键点选或者框选平面图上的 1 个图例，右键确认。在弹出的窗体中，定位选择对应图例的构件，图示为“单相暗装插座/安全型”位置（图 5-42），点击确认，即可生成模型。

如果对图例不熟悉也不要担心，在已经创建好的构件列表中依次选择对照即可。

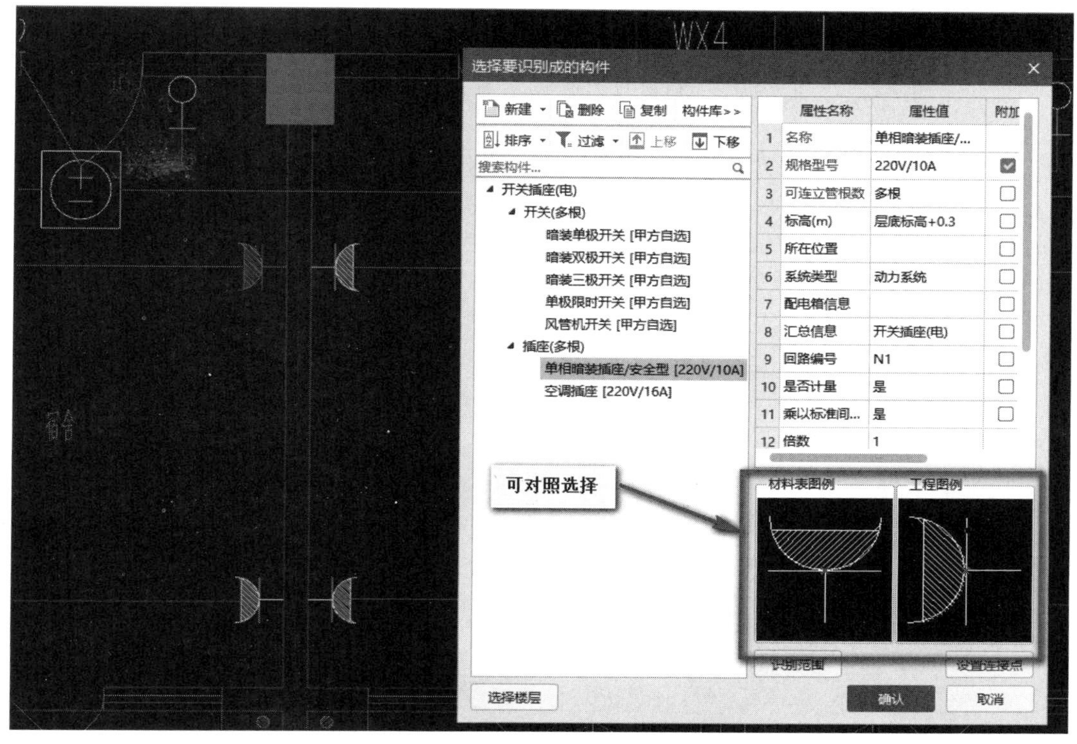

图 5-42

注：执行“图例识别”功能时，只选择了 1 个“单相暗装插座/安全型”图例，但在生成模型时，软件会将当前楼层中所有与它相同的图例生成模型，并给出提示（图 5-43）。

3. 工程量参考

将一层动力平面图的开关插座完成生成模型后，就可以使用汇总计算（快捷键 F9），勾选首层，执行计算。计算结果查看报表预览—工程量汇总表—设备，见图 5-44。

图 5-43

电气设备工程量汇总表

工程名称：专用宿舍楼　　　　第1页　共1页

项目名称	工程量名称	单位	工程量
开关插座			
单相暗装插座/安全型-220V/10A	数量(个)	个	84.000
风管机开关-甲方自选	数量(个)	个	21.000
空调插座-220V/16A	数量(个)	个	21.000
新风机开关-甲方自选	数量(个)	个	1.000
配电箱柜			

图 5-44

总结拓展

本部分主要讲述了开关插座的图纸信息读取，及使用“材料表”功能快速创建构件信息，使用“图例识别”完成模型的创建。

1. 构件创建多种方式

(1) 提属性　构件信息的创建，如果图纸上有据可循且工作量很小时，还可以使用“提

图 5-45

属性”功能（图 5-45）。左键点选要提取的内容，呈蓝色选中状态，再到需要填入属性的单元格，点击右键，就完成了粘贴动作。

（2）云构件库　对于多个工程项目，有大量的可以复制使用的构件信息可以使用“云构件库”。将已经完成的工程构件上传到云端，在后面的工程中遇到类似构件的时候，直接下载构件，即可复用。且借助云构件库可以逐步积累自己的构件库资源，提高效率。

2. 对于其他专业进行算量的设备图元，如图示的室内机薄型风管机，在电气专业管线计量时方便统计与之相连的立向管线工程量，可以将它们识别出来，只需在执行生成前，将构件的“是否计量”属性值调整为“否”即可（图 5-46）。

3. 考虑到使用平面图算量过程中，有同时查看系统图中的信息情况，故软件提供了“多视图”功能。

（1）功能位置　在“工程设置”和“绘制”选项卡下的“CAD 编辑”功能包中，可以查找到“多视图”（图 5-47）。

（2）功能使用　点击“多视图”，使用“捕捉 CAD 图”功能，在绘图区框选想要查看的图纸内容，右键确认，即可将它们纳入“多视图”窗体中（图 5-48）。这样即使切换了楼层，也依然可以看到。

图 5-46

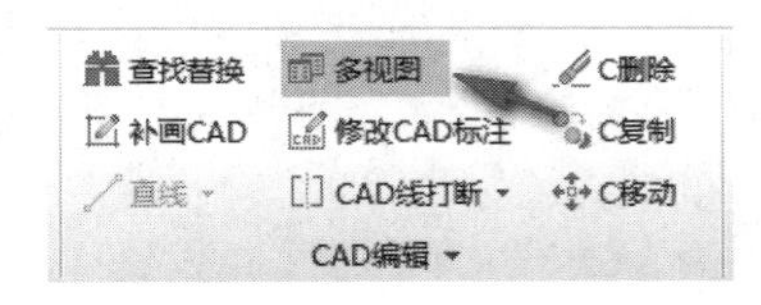

图 5-47

练习与思考

1. 对设备图元的属性值信息录入，可以借助哪些功能实现？
2. 开关插座的什么属性信息会影响到后续管线工程量的计算？

三、桥架建模

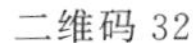
二维码 32

二维码 33

学习目标

1. 掌握桥架的计算规则。

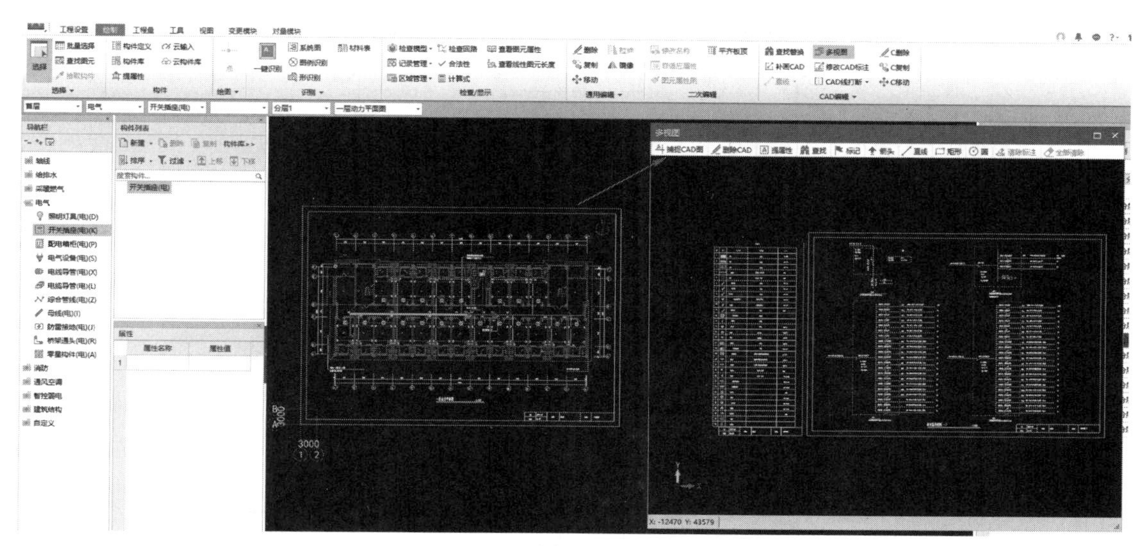

图 5-48

2. 能够应用造价软件识别桥架构件并建模，准确计算桥架工程量。

学习要求

1. 掌握桥架图纸表示方法。

2. 通过平面图与系统图对照，快速读懂在桥架中线缆的敷设路径。

（一）任务说明

完成首层桥架的模型建立和工程量计算。

（二）任务分析

1. 分析图纸

在拿到整套图纸时，已经大致浏览过信息，包括设计说明信息、系统图和平面图，对工程特点和各分部分项有了总体认识。在“一层动力平面图”中找到表示桥架的平行线，并在其周边查找是否有桥架尺寸及安装高度等信息（图 5-49）。

2. 分析桥架的识别方法

软件中提供了“识别桥架”功能，可以智能反建构件并生成模型。对于量比较少的桥架，也可以在定义好模型信息后使用直线进行绘制（图 5-50）。

（三）任务实施

1. 手动绘制

当前工程桥架工程量较少，可以采用直线绘制方式，先定义好桥架构件的属性值，再配合下方状态栏的“正交”进行绘制（图 5-51）。

2. 工程量参考

点击汇总计算功能按钮（快捷键 F9），勾选首层，执行计算。查看报表预览—工程量汇总表—管线，获取到一层桥架工程量，见图 5-52。

总结拓展

本部分主要讲述了桥架的图纸信息读取和桥架的建模方式。

智能识别　在“绘制”选项卡下导航栏的树状列表中，选择“电缆导管”，单击“识别桥架”功能按钮，鼠标左键选择桥架的两条 CAD 边线，右键确认，软件按照内置原则检查

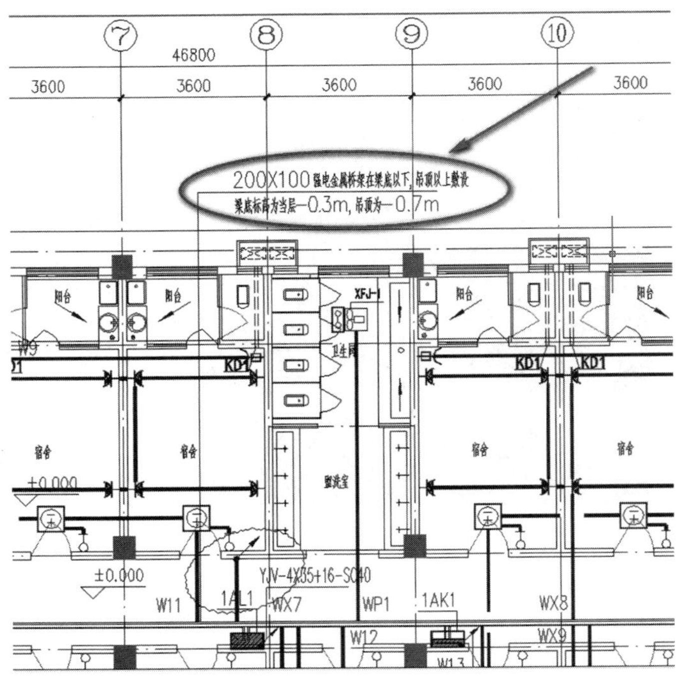

图 5-49

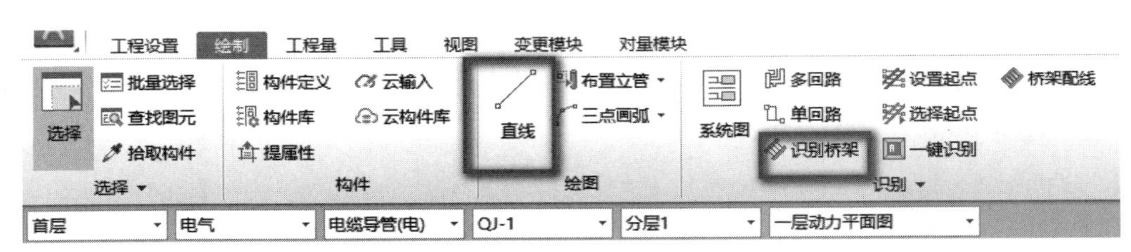

图 5-50

图 5-51

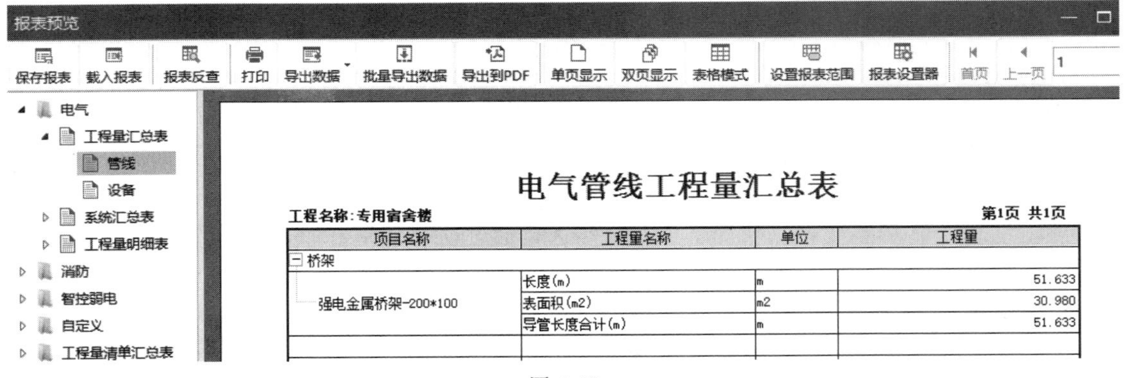

电气管线工程量汇总表

工程名称：专用宿舍楼　　　　第1页 共1页

项目名称	工程量名称	单位	工程量
桥架			
强电金属桥架-200*100	长度(m)	m	51.633
	表面积(m2)	m2	30.980
	导管长度合计(m)	m	51.633

图 5-52

是否可以找到桥架尺寸标识，找到了直接按照该尺寸反建构件，并生成图元。左键点选选中该生成的图元，查看其属性值、宽度和高度，按照找到的信息 200×100 填写正确。安装高度需要根据施工实际情况“梁底以下，吊顶以上敷设”，进行标高值的调整。

四、配管配线建模

学习目标

1. 能够应用造价软件，结合平面图和系统图，识别配管配线构件并建模，准确计算配管配线工程量。

2. 对于不同算量需求的工程，可以灵活使用计算设置、CAD 识别选项、自定义识别方式和计算规则。

学习要求

1. 掌握平面图和系统图电管线敷设线路表示方法。

2. 灵活使用软件功能，进行桥架内敷设线缆和配管内敷设线缆等工程量的计算。

（一）任务说明

完成首层从建筑物进线电缆，到进线箱 JX1，再由 JX1 到分层配电箱管线的模型建立和工程量计算，以及分层配电箱到末端用电设备，完整回路的模型建立及工程量计算。

（二）任务分析

1. 分析图纸

（1）源头定位

先从“电气设计总说明”和“配电箱系统图（二）”上获取到总进线箱的信息，该案例中为“JX1”（图 5-53）；再到“一层动力平面图”上找到对应位置，把握住供电源头（图 5-54、图 5-55）。平面图上 JX1 位置定位，可以借助“查找替换”功能，使用方式如有遗忘，可以参见“配电箱柜建模”处的任务分析部分。

3.2 供电电源：本工程供电电源由图书馆变配电室引来，进线电缆从建筑物外埋地引入，直接进入总配电箱。

5.1 由室外埋地引入的进线电缆选用YJV22-1kV交联聚乙烯绝缘电力电缆，穿钢管埋地敷设。

图 5-53

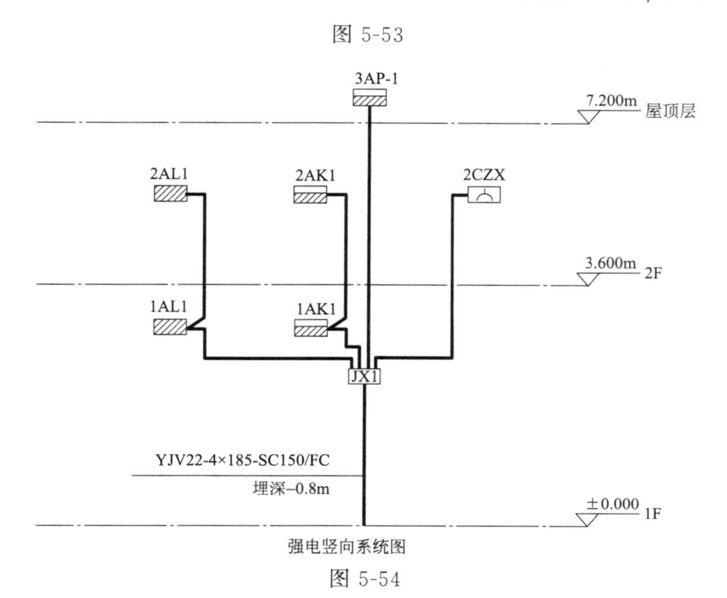

图 5-54

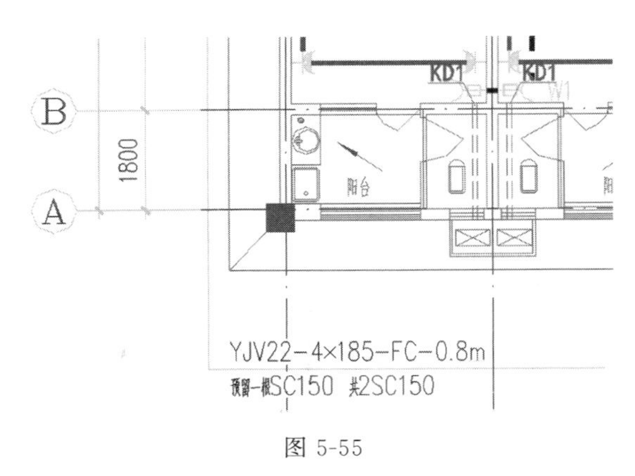

图 5-55

（2）总配电箱到分层配电箱

找到系统图中进线箱 JX1 引出的配线信息［当前案例的“配电箱系统图（二）”中］，即可知晓平面图上箱与箱之间的“连接关系”（图 5-56）。

（3）分层配电箱到末端设备

通过系统图，获取到分层配电箱引出线的配线信息，如图 5-57 所示的 1AL1 引出来的配线［图纸“配电箱系统图（一）”］，到末端照明设备、插座，构造出第二级关系。

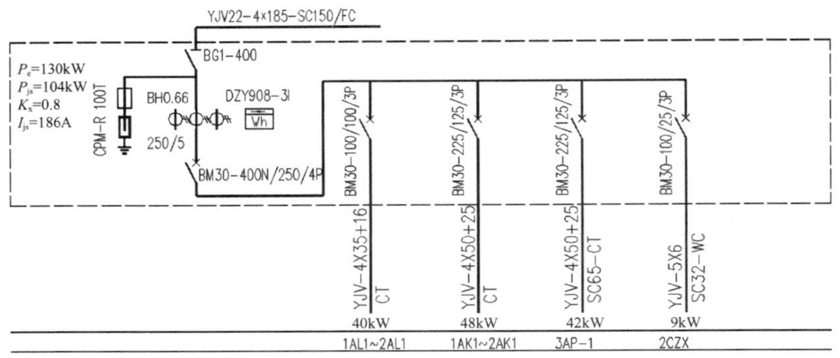

图 5-56

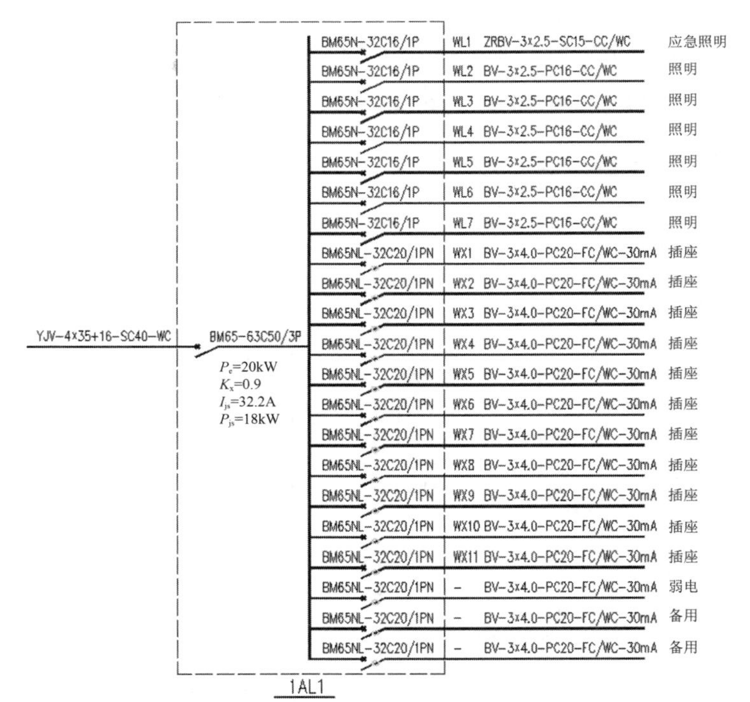

图 5-57

2. 分析各级配管配线的识别方法

二维码 34

（1）建筑物进线电缆

可以使用识别功能“单回路”“选择识别”，也可以使用直线进行手动绘制。

（2）总配电箱到分层配电箱

结合系统图和平面图（图 5-58、图 5-59），可以看出从 JX1 到 1AL1，是通过桥架这一保护媒介进行线缆敷设的。软件提供的“桥架配线”功能可以解决此类场景。

从 JX1 到 3AP-1，是先在桥架中敷设一段，再以 SC65 保护管继续跨层走了一段，到达 3AP-1 的。这种配线以“桥架＋配管”敷设场景的处理，同下方的“（3）分层配电箱到末端设备”。跨层立管部分使用布置立管实现。

K_x=0.9
I_{js}=32.2A
P_{js}=18kW

BM65NL-32C20/1PN　WX5　BV-3×4.0-PC20-FC/WC-30mA
BM65NL-32C20/1PN　WX6　BV-3×4.0-PC20-FC/WC-30mA
BM65NL-32C20/1PN　WX7　BV-3×4.0-PC20-FC/WC-30mA
BM65NL-32C20/1PN　WX8　BV-3×4.0-PC20-FC/WC-30mA
BM65NL-32C20/1PN　WX9　BV-3×4.0-PC20-FC/WC-30mA
BM65NL-32C20/1PN　WX10　BV-3×4.0-PC20-FC/WC-30mA
BM65NL-32C20/1PN　WX11　BV-3×4.0-PC20-FC/WC-30mA
BM65NL-32C20/1PN　-　BV-3×4.0-PC20-FC/WC-30mA
BM65NL-32C20/1PN　-　BV-3×4.0-PC20-FC/WC-30mA
BM65NL-32C20/1PN　-　BV-3×4.0-PC20-FC/WC-30mA

1AL1

箱体尺寸500×600×150(w×h×d)，距地1.8m暗装。

图 5-58　系统图

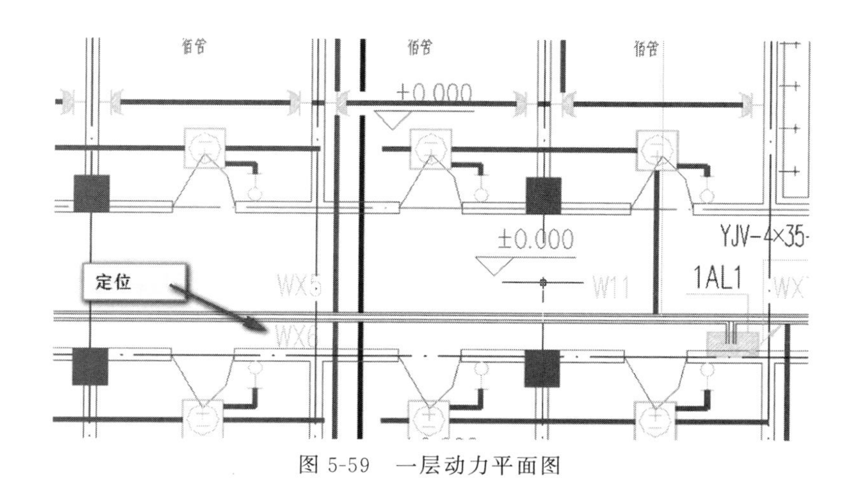

图 5-59　一层动力平面图

二维码 35

（3）分层配电箱到末端设备

案例工程以 1AL1 配电箱引出的 WX6 回路为例，结合“配电箱系统图（一）”和“一层动力平面图”查看，1AL1 引出线先在桥架中敷设一段，后又以 PC20 保护管继续敷设，到达末端插座。这种配线以“桥架＋配管”敷设场景，可以配套使用“设置起点”和“选择起点”功能，进行桥架配线，以及“多回路”“单回路”功能将配管及其线缆敷设完成。

（三）任务实施

1. 配管配线构件属性定义

1AL1 配电箱引出 WL6 回路的 BV-3×2.5，保护管 PC16（图 5-60），把它新建在左侧构件类型中的“电线导管”中，新建“配管”子项（图 5-61）。

WL6 BV-3×2.5-PC16-CC/WC 照明

图 5-60

进线箱 JX1 引出至分层配电箱，引至 1AL1 的电缆 YJV-4×35+16［来源“配电箱系统图（二）（图 5-62）”］，把它新建在左侧构件类型中的“电缆导管”中，新建“电缆”子项（图 5-63、图 5-64）。

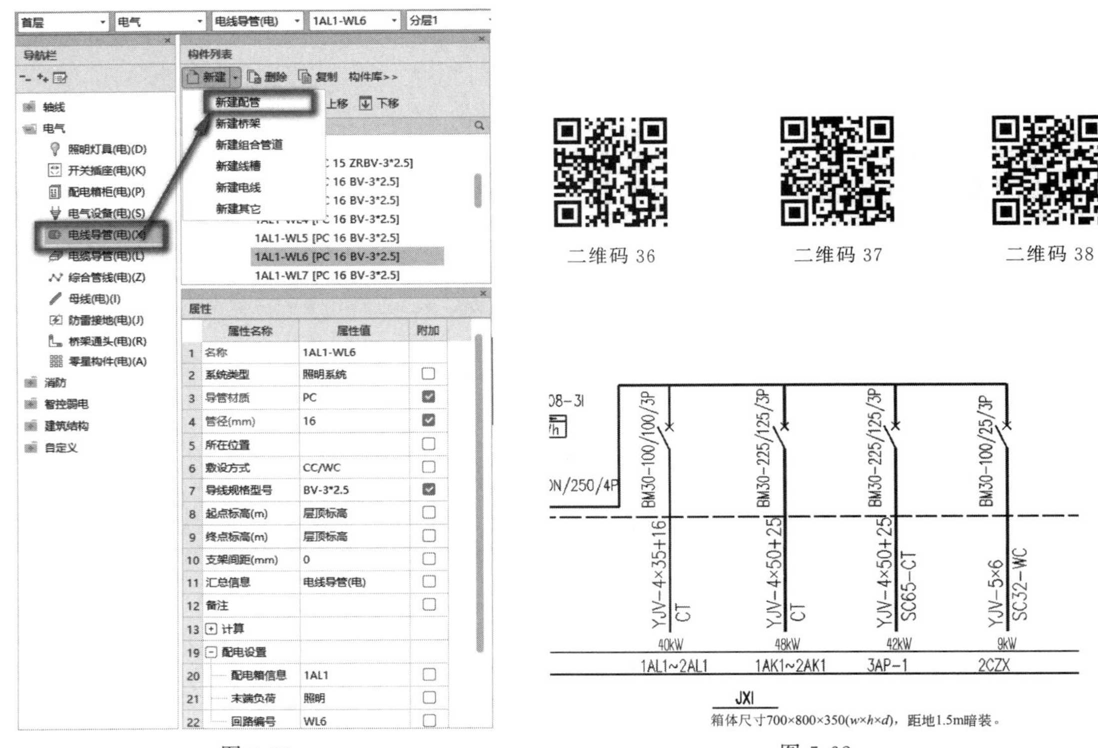

图 5-61　　图 5-62

2. 生成模型

（1）建筑物进线电缆

在“一层动力平面图”找到入户管线的位置，工程中要求“预留一根 SC150 共 2SC150”，可以新建“其他”构件，在构件的“倍数”属性值进行调整后，再进行“直线”绘制（图 5-65、图 5-66）。

（2）总配电箱到分层配电箱

进线总箱 JX1 引出到各分层配电箱的线缆，在任务分析时，已经知晓它们有一部分是通过桥架进行电缆敷设的，还有一部分是通过桥架和配管进行敷设的。对于前者这种箱与箱之间借助桥架敷设线缆的，可以使用“桥架配线”功能。以 JX1 到 1AL1 的回路为例，在新建

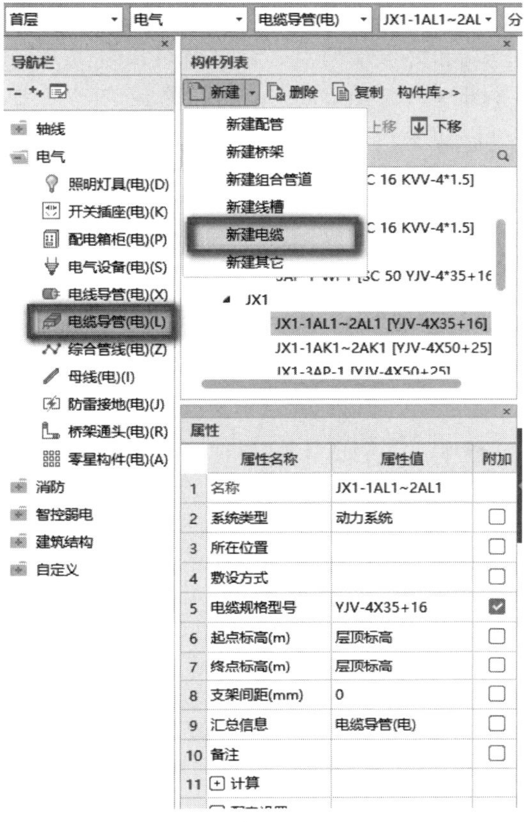

图 5-63

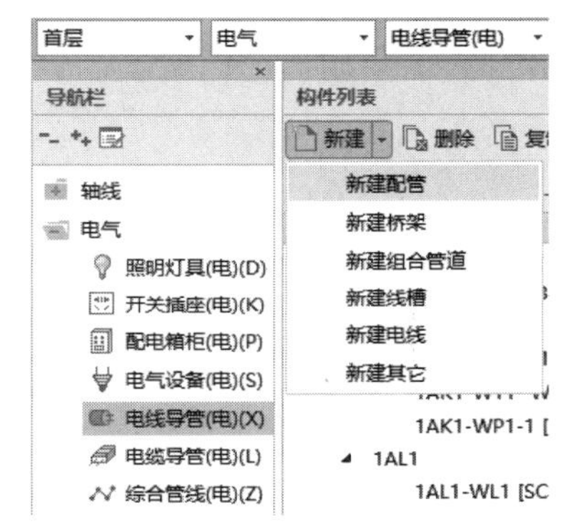

图 5-64

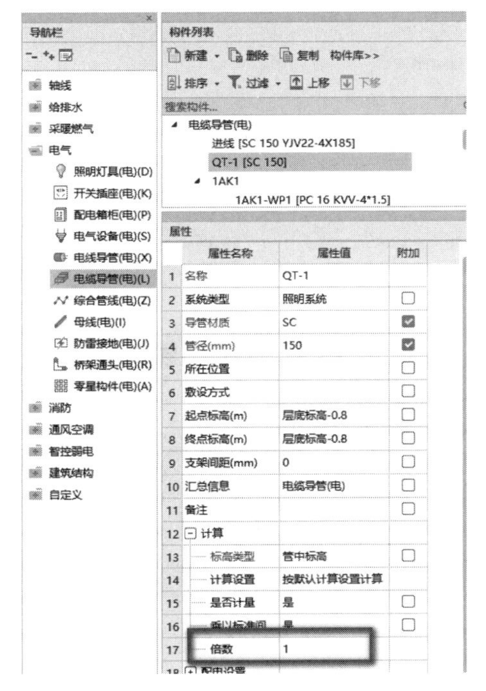

图 5-65

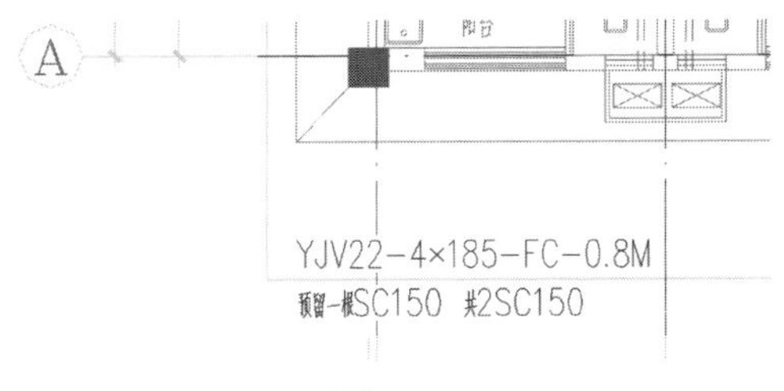

图 5-66

好电缆构件信息后，点击“绘制”选项卡下的“桥架配线”，选择要敷设电缆的桥架段（注意，对于连通的桥架路径，可以选择路径的起点端和终点端两点，软件就可以将贯穿它们之间的桥架，一并呈现绿色亮显的待配线状态）（图 5-67、图 5-68）。选择路径的起点端和终点端，如果在二维俯视状态下不方便操作时，可以切换到三维状态下进行选择。对于没有完全连通的桥架路径，依然可以先将多数连通部分，利用起点端和终点端的方式选择好，再补充点选零星未相连的桥架路径段即可。

二维码 39

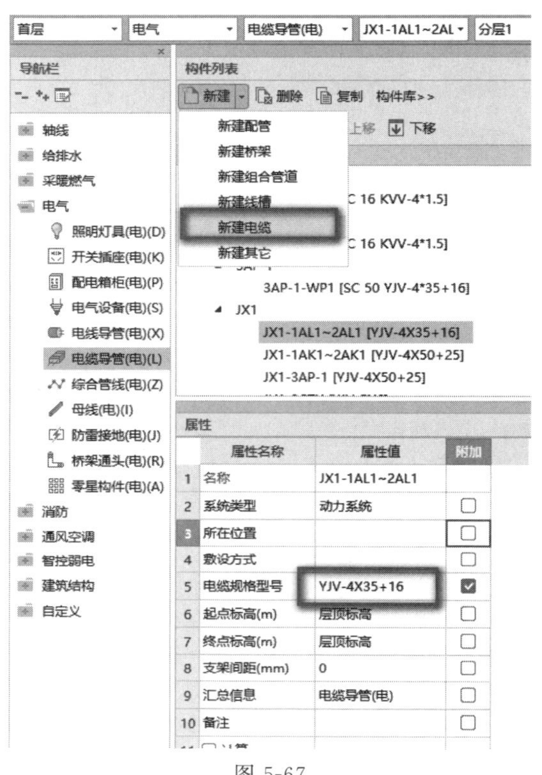

图 5-67

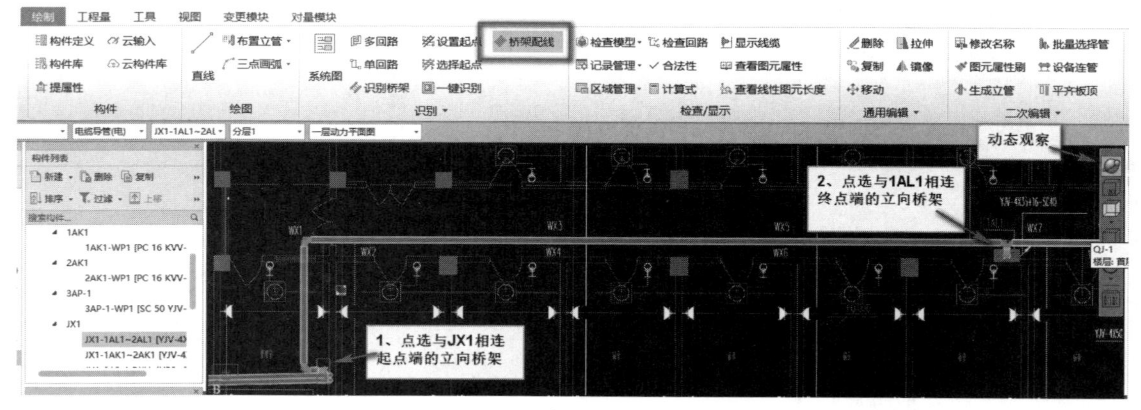

图 5-68

要敷设的桥架路径确认无误后，单击右键，在弹出的窗体中勾选选择要敷设的线缆构件，并设置好要敷设的根数（图 5-69），点击确定。所选路径中电缆敷设完成。

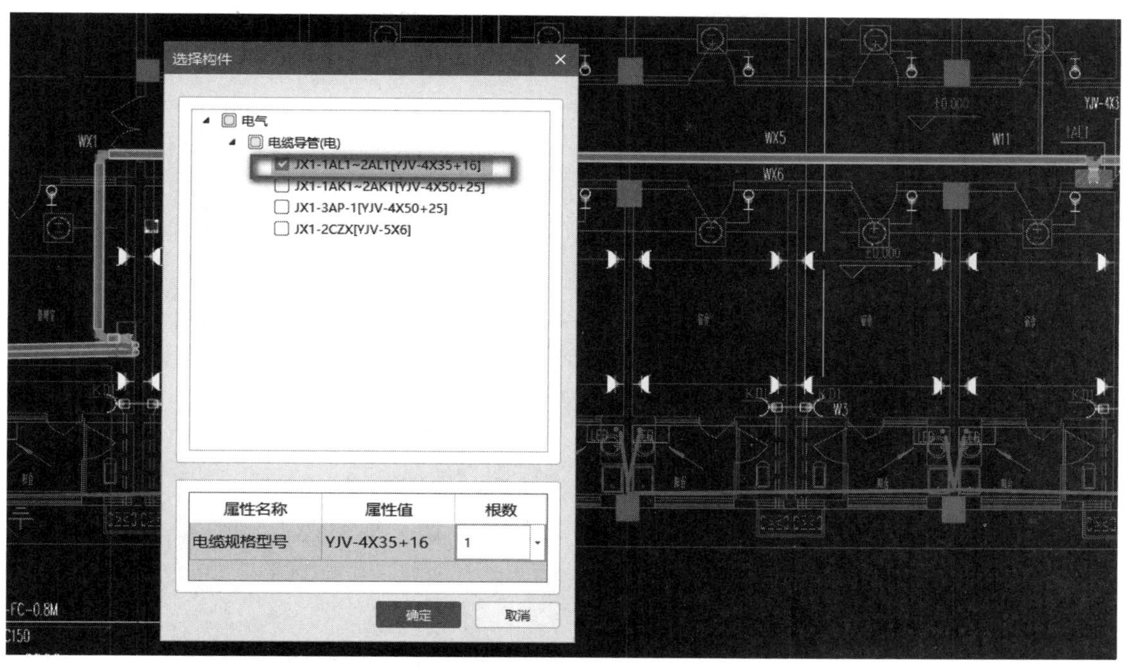

图 5-69

而对于 JX1 到 3AP-1 的管线敷设，是先在桥架中敷设了一段，才又以 SC65 保护管继续跨层走了一段到达 3AP-1 的。这种配线以“桥架＋配管”敷设场景的处理，同前面的“(3) 分层配电箱到末端设备”的处理思路。

对于跨层立管部分，使用布置立管实现即可，其他参见前面的“(3) 分层配电箱到末端设备”。跨层立管，因是从首层层顶布置，向上跨到 3 层位置，直接与 3AP-1 配电箱相连，而该配电箱的距地高度为 0.3m［来自“配电箱系统图（一）”］，所以布置立管窗体中，起点和终点标高的设置如图 5-70 所示，对于管线标高可以利用 f 形式表示，3f 即为 3 层的层底标高位置。

(3) 分层配电箱到末端

以 1AL1 配电箱引出的 WX5、WX6 回路为例，进行具体操作。

第一步：设置起点

对于先在桥架中敷设了一段，又以 PC20 保护管继续敷设到达末端插座的 WX5、WX6 回路，先在与 1AL1 相连的起点端桥架位置使用“设置起点”功能进行标记。

点击“设置起点”功能，将光标移动到要设置起点的桥架段处，此时的光标呈现出小手样式，左键点击立向桥架位置，会弹出如图 5-71 所示窗体。此时，需要判断一下桥架与配电箱相连的三维位置关系是立向桥架的起点标高位置，还是终点标高位置与配电箱相连，这个判断会直接影响管线工程量的计算。本例中，是配电箱顶面与立向桥架相连，所以选择“起点标高”，点击确定。三维动态显示一下效果，可以看到标记的位置处有一个黄色小叉子显示（图 5-72）。

第二步：回路识别

先暂时绕过在桥架敷设的这段，先将除桥架外的到末端插座部分线路进行敷设。以 WX5 和 WX6 回路线为例，使用“绘制”选项卡下的“多回路”功能，先选择 WX5 回路中的一根 CAD 线及其回路编号（可不选编号），整个 WX5 回路路径上可以连续查找的 CAD

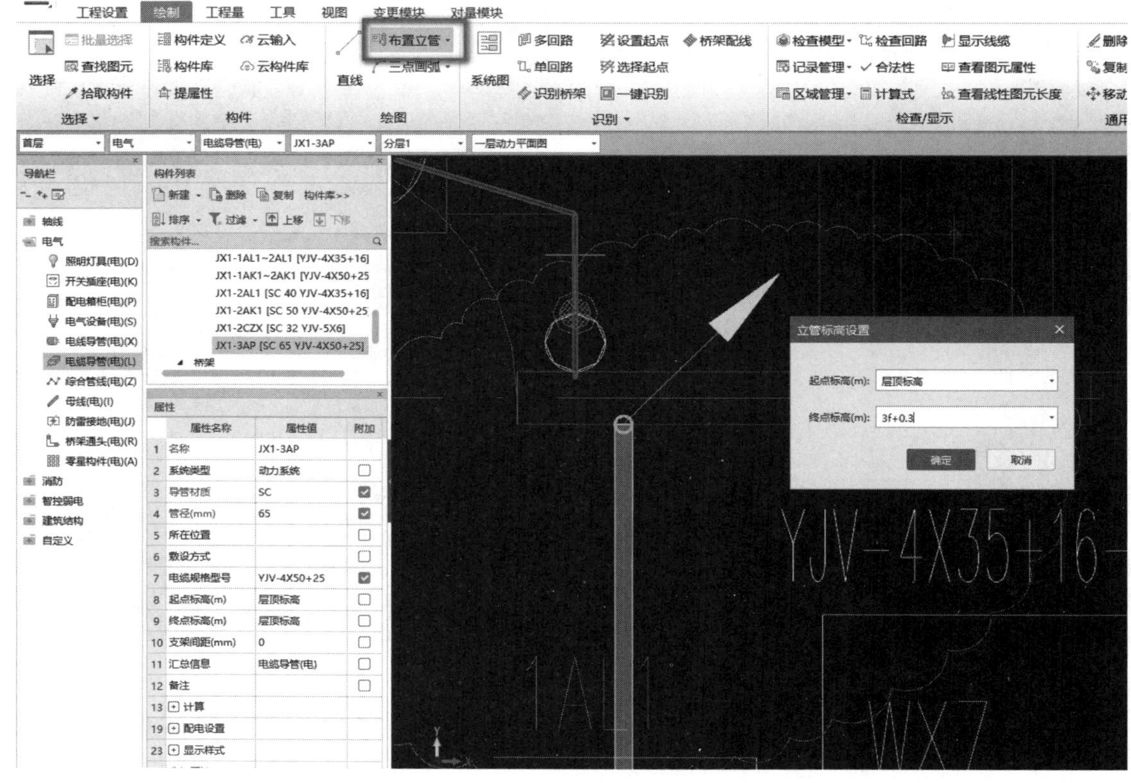

图 5-70　分层配电箱到末端设备

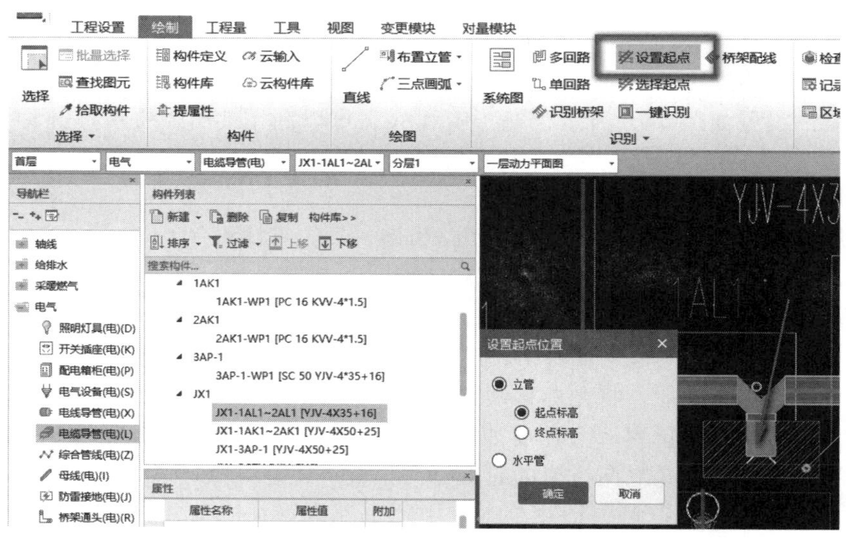

图 5-71

线段，都以蓝色选中状态呈现（图 5-73），可以先检查确认一下，没有问题，右键确认该 WX5 的回路线。不退出功能，继续选择 WX6 回路上的任意 CAD 线段及其回路编号，同样软件自动将整个回路可以连续查找段找寻完毕。右键确认该 WX6 回路的选择。再一次右键确认，完成选择，此时就会弹出“回路信息”窗体（图 5-74）。

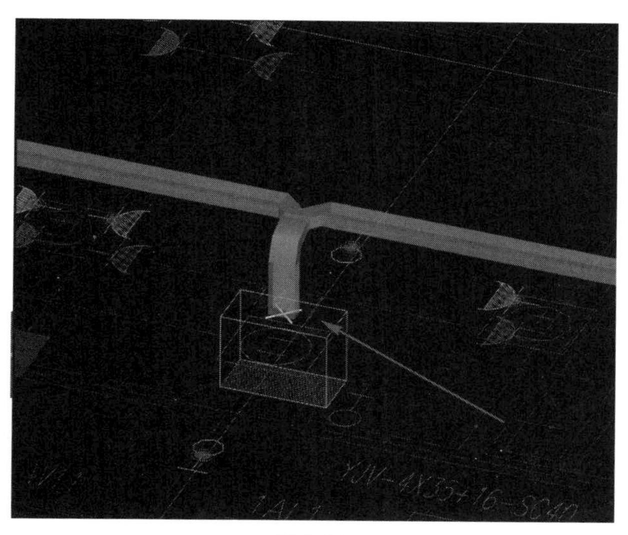

图 5-72

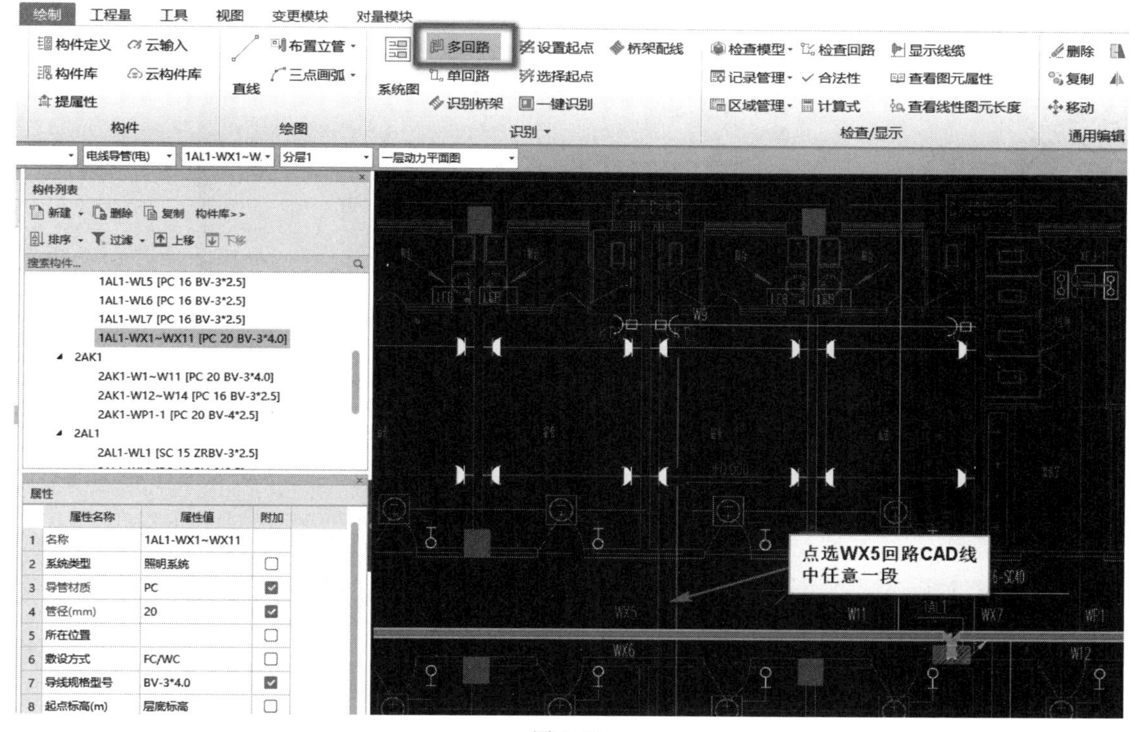

图 5-73

点击窗体中“构件名称”列的单元格，点击三点按钮，在弹出的构件选择窗体中，选择已经创建好的对应构件确认（图 5-75）。当然，如果前期选择 CAD 线时没有进行核查，此时又想要查看，可以将折叠的窗体展开，定位到想要查询的回路数据行后，在右侧“导线根数”位置处双击出现三点按钮，点击三点按钮，即可实现路径的反查和二次纠正（图 5-76）。确认无误后点击确定，即可生成管线模型。

在下方状态栏处调整一下 CAD 图亮度，可以更清楚地看出模型的生成效果（图 5-77）。

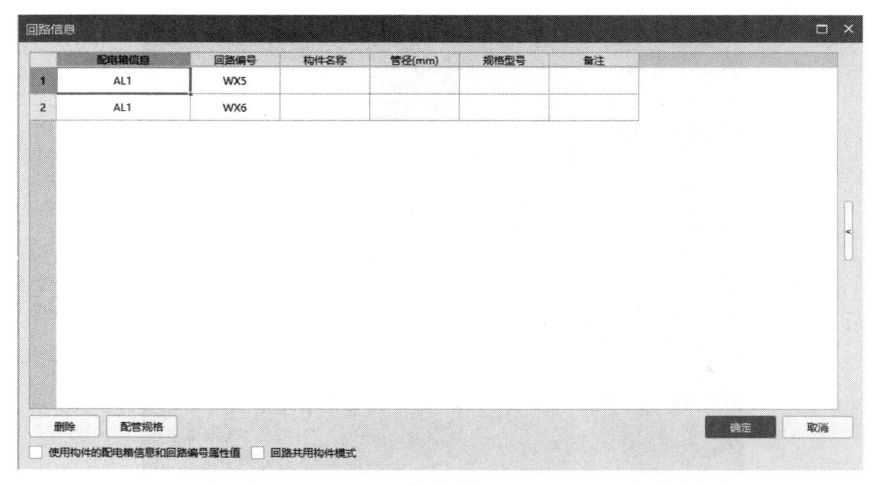

图 5-74

二维码 40

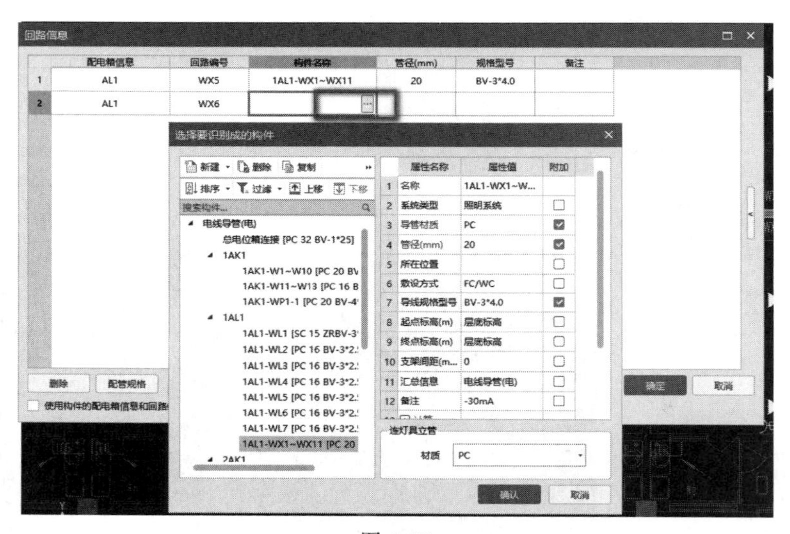

图 5-75

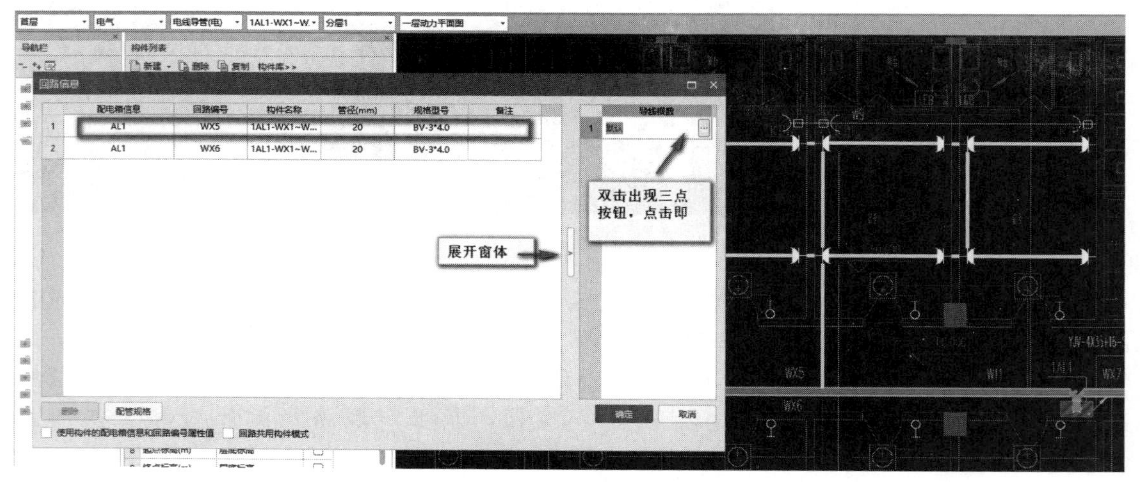

图 5-76

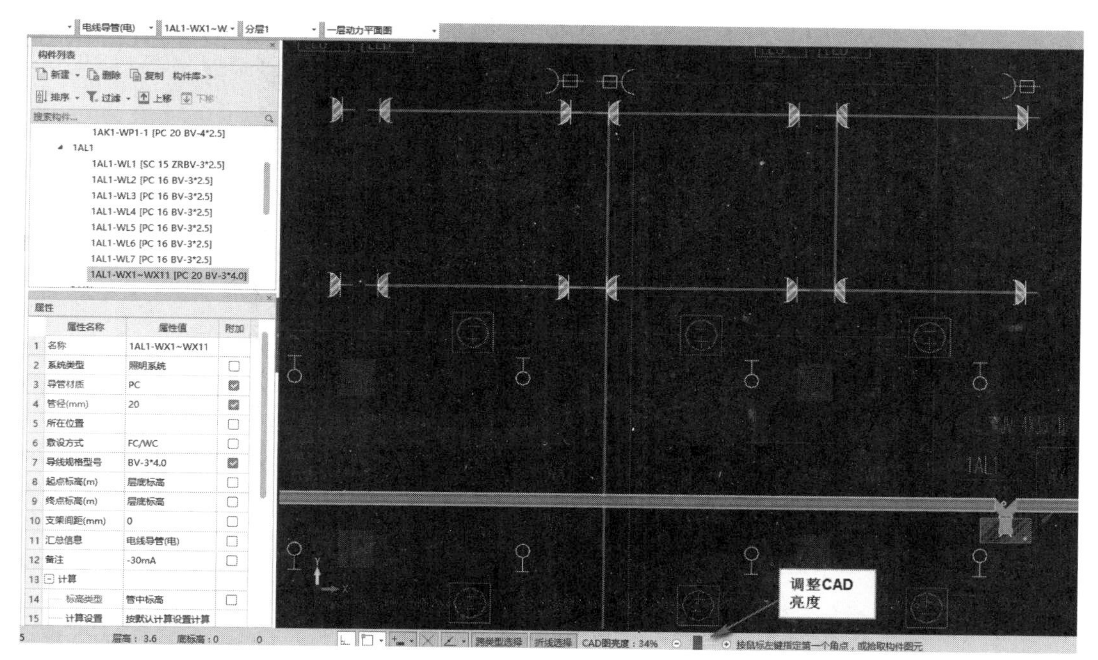

图 5-77

第三步：选择起点

除桥架外的回路线路已经完成识别，剩下的桥架内敷设部分需要使用“选择起点”来完成这最后的关联动作，使它们都归入 1AL1 配电箱。

点击“选择起点”，选择 WX5 回路模型中与桥架相连的部分，需要注意的是，相连部分可能是水平的管线，也可能是立向管线，总之是要选择与桥架连接的部分。本案例工程为立向管线，选择好后，右键确认，在弹出窗体中选择引出当前 WX5 回路的 1AL1，相应的路径会以绿色亮显区分显示（图 5-78），点击确定。三维观察一下，执行过选择起点的配管图元会以黄色区分显示（图 5-79）。

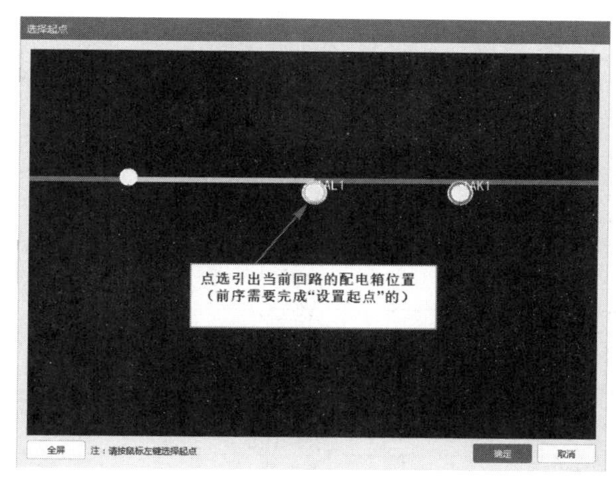

图 5-78

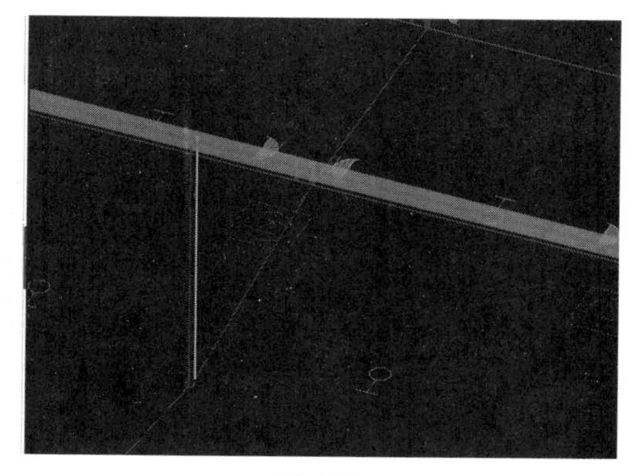

图 5-79

3. 工程量参考

在将一层动力平面图的配管配线生成模型且设置起点后，就可以点击“汇总计算”按钮

（快捷键 F9），勾选首层，执行计算。计算结果，在当前的“报表设置器”条件下（图 5-80）查看报表预览—工程量汇总表—管线，就可以获取到工程量，如表 5-3 所列。

表 5-3 首层电气动力系统管线工程量汇总表

项目名称	工程量名称	单位	工程量
1AK1-W1～W10-空调			
〈空〉-BV4.0	水平管内裸线的长度	m	230.436
	垂直管内裸线的长度	m	150.900
	管内线缆小计	m	381.336
	桥架中线的长度	m	405.330
	线预留长度	m	27.000
	线/缆合计	m	813.666
PC-20	长度	m	127.112
1AK1-W11～W13-室内机			
〈空〉-BV2.5	水平管内裸线的长度	m	309.210
	垂直管内裸线的长度	m	143.550
	管内线缆小计	m	452.760
	桥架中线的长度	m	40.150
	线预留长度	m	8.100
	线/缆合计	m	501.009
PC-16	长度	m	150.920
1AK1-WP1-新风机			
〈空〉-BV2.5	水平管内裸线的长度	m	30.858
	垂直管内裸线的长度	m	2.200
	管内线缆小计	m	33.058
	桥架中线的长度	m	13.784
	线预留长度	m	3.600
	线/缆合计	m	50.441
〈空〉-KVV-4×1.5	水平管内裸线的长度	m	0.611
	垂直管内裸线的长度	m	2.300
	管内线缆小计	m	2.911
	线预留长度	m	1.573
	线/缆合计	m	4.484
PC-16	长度	m	2.911
PC-20	长度	m	8.264
1AL1-WX1～WX11-插座			

续表

项目名称	工程量名称	单位	工程量
〈空〉-BV4.0	水平管内裸线的长度	m	637.339
	垂直管内裸线的长度	m	245.550
	管内线缆小计	m	882.889
	桥架中线的长度	m	433.921
	线预留长度	m	36.300
	线/缆合计	m	1353.110
PC-20	长度	m	294.296
JX1-1AK1～2AK1-1AK1			
〈空〉-YJV-4×50+25	桥架中线的长度	m	33.748
	线预留长度	m	6.244
	线/缆合计	m	39.991
JX1-1AL1～2AL1-1AL1			
〈空〉-YJV-4×35+16	桥架中线的长度	m	28.635
	线预留长度	m	6.316
	线/缆合计	m	34.951
JX1-2AK1-2AK1			
〈空〉-YJV-4×50+25	垂直管内裸线的长度	m	3.200
	管内线缆小计	m	3.200
	线预留长度	m	4.880
	线/缆合计	m	8.080
SC-50	长度	m	3.200
JX1-2AL1-2AL1			
〈空〉-YJV-4×35+16	垂直管内裸线的长度	m	3.000
	管内线缆小计	m	3.000
	线预留长度	m	5.275
	线/缆合计	m	8.275
SC-40	长度	m	3.000
JX1-2CZX-2CZX			
〈空〉-YJV-5×6	水平管内裸线的长度	m	3.158
	垂直管内裸线的长度	m	0.550
	管内线缆小计	m	3.708
	桥架中线的长度	m	49.131
	线预留长度	m	4.321
	线/缆合计	m	57.160
SC-32	长度	m	3.708
JX1-3AP-3AP-1			

续表

项目名称	工程量名称	单位	工程量
〈空〉-YJV-4×50+25	水平管内裸线的长度	m	1.605
	垂直管内裸线的长度	m	0.550
	管内线缆小计	m	2.155
	桥架中线的长度	m	27.320
	线预留长度	m	3.737
	线/缆合计	m	33.211
SC-65	长度	m	2.155
QJ-1-〈空〉			
强电金属桥架-200×100	长度	m	51.633

对于项目名称中显示"〈空〉"字样的，是因为在当前的"报表设置器"分类条件设置下，目标工程量数据没有这个属性值，如对于电线"BV4.0"，是没有"材质"属性值的。

图 5-80

此外，在报表的"工程量汇总表"中"设备"节点，可以查看线缆端头的工程量（图 5-81）。

线缆端头-BV4.0	线缆端头个数(个)	个	63.000
线缆端头-KVV-4×1.5	线缆端头个数(个)	个	1.000
线缆端头-YJV-4×35+16	线缆端头个数(个)	个	4.000
线缆端头-YJV-4×50+25	线缆端头个数(个)	个	5.000
线缆端头-YJV-5×6	线缆端头个数(个)	个	1.000
线缆端头-ZRBV2.5	线缆端头个数(个)	个	3.000

图 5-81

总结拓展

本部分主要讲述了配管配线的图纸信息读取及软件中信息录入和模型的多种识别方式，并区分不同的业务场景，示例讲解了识别功能的操作。对于箱与箱之间借助桥架创建关联的，可以使用“桥架配线”完成线缆的敷设；对于分层配电箱到末端用电设备的线缆，如果只是借助配管保护敷设，使用“多回路”“单回路”即可，如果媒介是“桥架＋配管”组合情况，则需要同时搭配“设置起点”“选择起点”，实现快速提量。

1. 案例中只讲解了桥架回路及配电箱为同一层情况下的线缆敷设，对于桥架存在跨层的情况，软件同样可以使用“设置起点”“选择起点”实现跨层线缆的敷设。需要注意的是，跨层桥架与两个楼层的连接端一定要确保是连续的。

2. 检查回路。在理清了敷设为“桥架＋配管”组合形式的 WX5 管线识别方式后，对于实现的结果，可以借助“检查/显示”功能包下的“检查回路”进行全方位的查看。点击“检查回路”后，左键点选 WX5 的任意配管模型图元，软件就会将该连通回路中的所有图元亮显出来，并在下方弹出工程量窗体，可以切换页签查询想要看的工程量（图 5-82）。

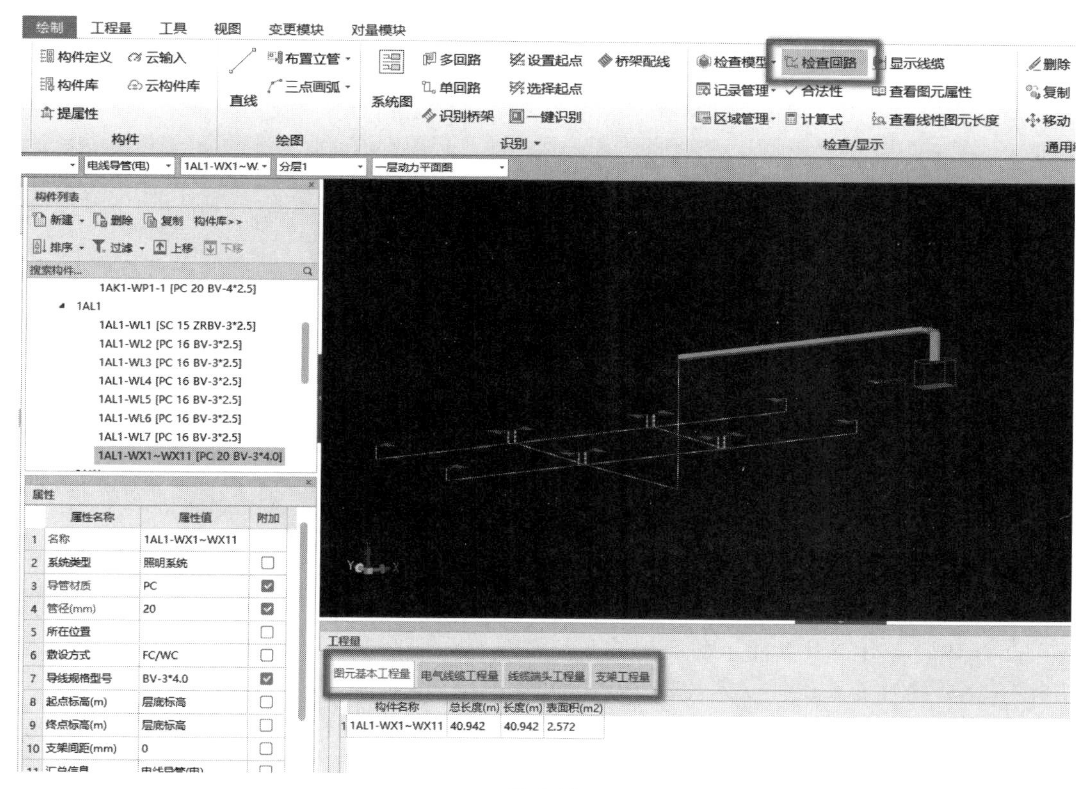

图 5-82

3. 电线、电缆新建构件时如何区分？

（1）穿管保护线——需要乘以根数的工程量。如 BV 线，在左侧构件类型树定位“电线导管”下新建“配管”；YJV 类电缆，则在“电缆导管”下新建“配管”。

（2）裸电线/电缆——分别在左侧构件类型树中，定位“电线导管”下新建“电线”，定位“电缆导管”下新建“电缆”。

（3）桥架/配管/仅保护管——喜欢哪里，点哪里，左侧构件类型树中的“电线导管”“电缆导管”下新建“桥架”/“桥架”/“其他”，工程量计算无差异。

(4) 保护管中电线电缆都有——使用左侧构件树中的“综合管线”。

4. 计算设置。计算管线工程量时，需要考虑的预留值，软件中已经将通用的计算规则内置，在“工程设置”选项卡中点击“计算设置”，选择“电气”页签即可看到，包括超高计取、线缆预留等，可以根据当前工程所在地的计算规则进行统一设定（图 5-83）。

图 5-83

如果在通用设置下部分图元工程量的计算规则有差异，还可以在新建构件时调整“计算设置”属性值，进行个性处理（图 5-84）。

5. 快速新建配管配线——系统图。

6. 识别管线模型入墙设置

(1) 首先，需要进墙，则需要告诉软件这里有墙才行。点击左侧构件类型节点树，定位“建筑结构”下的“墙”，使用“自动识别”功能，左键选择墙的两侧边线，右键确认，或者直接不选边线右键，在弹出的窗体中对想要识别生成墙的楼层及图纸进行选择，点击确定，生成墙模型（图 5-85）。

(2) 执行“多回路”功能，确认后，管线就会按照期望结果进墙生成（图 5-86）。

(3) 在“识别”功能包下拉中有一个“CAD 识别选项”，点击进入该设置窗体（图 5-87）。

(4) 软件已经结合业务需求和图纸的一些特征内置一些控制项，方便用户按照需要进行调整。对于管线的识别方式，是进墙，还是按照图示位置，进墙距离，都可以自行定义

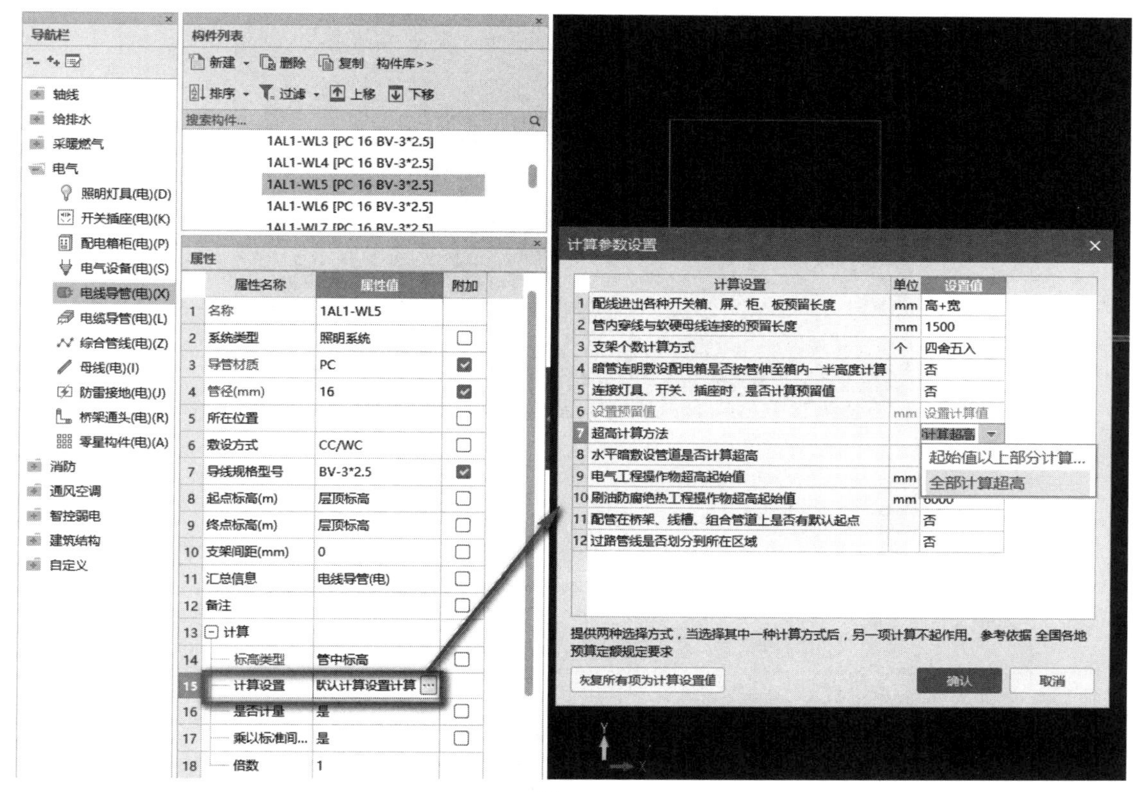

图 5-84

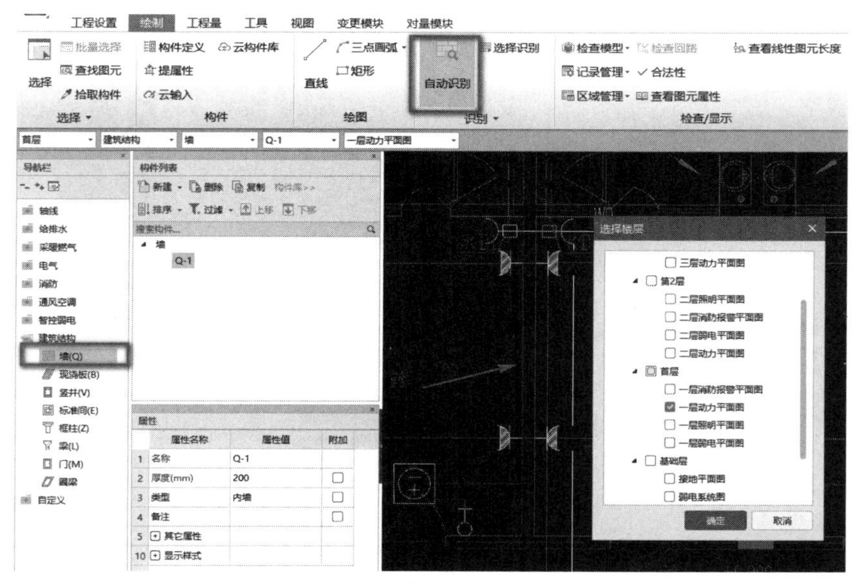

图 5-85

（图 5-88）。

练习与思考

1. 自定义管线的识别方式进墙还是不进墙，需要如何操作？

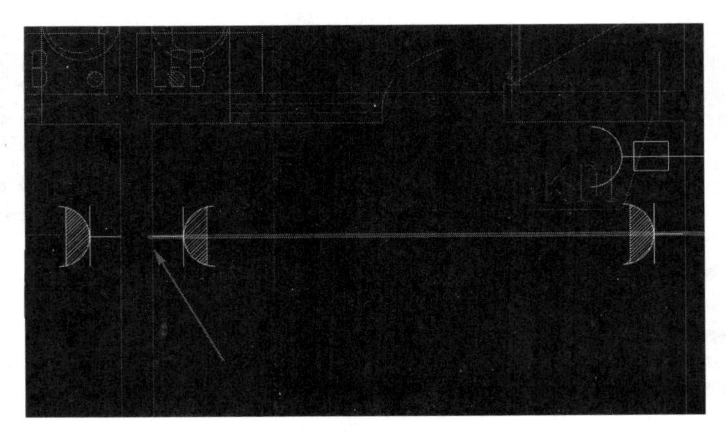

图 5-86

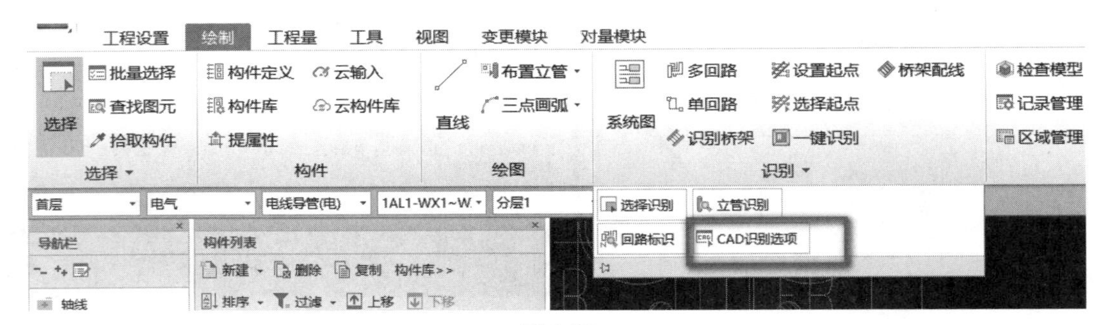

图 5-87

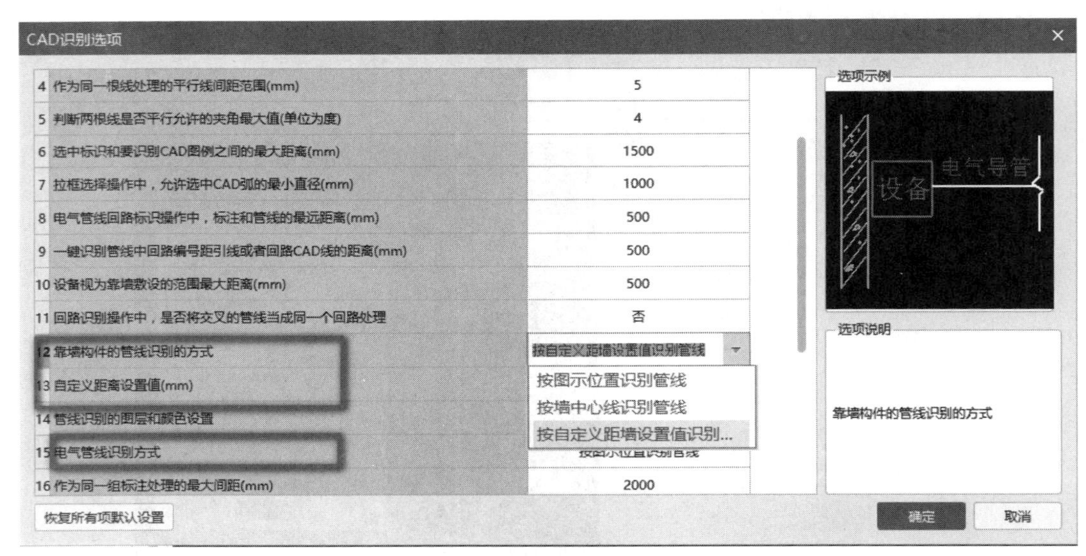

图 5-88

2. 对于不同地区定额超高计取方式不同，可以在哪里进行设置？

3. 不同业务需求下的线缆敷设，如何利用软件快速提量？

第三节　照明系统建模算量

专用宿舍楼案例工程电气工程照明系统中包括灯具、开关、配管配线的工程量计算。

在“图纸管理”窗体中双击一层照明平面图，这样中间的绘图区就会呈现出（图 5-89）“分层 2”的图纸。

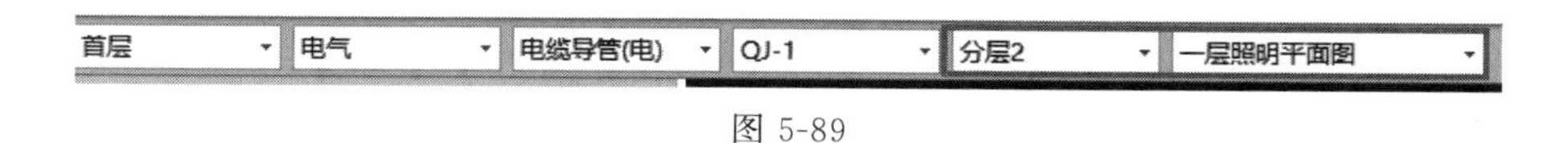

图 5-89

一、配电箱柜建模

该工程中，照明平面图上的配电箱模型与动力系统的配电箱模型共享，不再算量，具体分析及工程量信息参见动力系统建模部分的介绍。

在当前“三维分层建模”图纸管理模式下，在“分层 1”的一层动力平面图中已完成配电箱模型的创建，在分层 2 中也可以看到，软件可以实现同一楼层不同分层配电箱模型共享。

二、灯具和开关建模

一层照明平面图中，灯具和开关模型的生成方式可以参考动力系统建模算量部分——开关插座模型的建立，在左侧导航栏分别定位在“照明灯具”和“开关插座”节点，执行“图例识别”即可。

一层照明平面图中，灯具和开关的工程量见图 5-90。

二维码 41

二维码 42

二维码 43

电气设备工程量汇总表

工程名称:专用宿舍楼　　　　**第1页 共1页**

项目名称	工程量名称	单位	工程量
⊟灯具			
安全出口灯-220V 8W(应急时间≥60分钟)	数量(个)	个	6.000
防水防尘灯-220V 36W	数量(个)	个	24.000
疏散指示灯-220V 8W(应急时间≥60分钟)	数量(个)	个	4.000
双管荧光灯-220V, 2×36W	数量(个)	个	42.000
吸顶灯-220V, 36W	数量(个)	个	15.000
自带电源照明灯-220V 2×8W(应急时间≥60分钟)	数量(个)	个	8.000
⊟开关插座			
暗装单极开关-甲方自选	数量(个)	个	25.000
暗装三极开关-甲方自选	数量(个)	个	1.000
暗装双极开关-甲方自选	数量(个)	个	21.000
单极限时开关-甲方自选	数量(个)	个	2.000

图 5-90

三、桥架建模

该工程中，照明平面图上的桥架模型与动力系统的桥架模型共享，不再算量，具体分析及工程量信息参见动力系统建模部分的介绍。

四、配管配线建模

结合“一层照明平面图”和“配电系统图（一）”，1AL1 配电箱引出的照明回路线是“桥架＋配管”的敷设场景，可以使用“设置起点”和“选择起点”将桥架中配线敷设完成，以及“多回路”“单回路”功能将配管保护及其线缆敷设完成。具体操作，可以参见动力系统的“配管配线建模”之“（3）分层配电箱到末端设备”部分的任务实施。

一层照明平面图，配管配线工程量见表 5-4。

表 5-4 首层电气照明系统管线工程量汇总表

项目名称	工程量名称	单位	工程量
1AL1-WL1-应急照明			
〈空〉-ZRBV2.5	水平管内裸线的长度	m	185.085
	垂直管内裸线的长度	m	89.250
	管内线缆小计	m	274.335
	桥架中线的长度	m	28.869
	线预留长度	m	3.300
	线/缆合计	m	306.504
SC-15	长度	m	91.445
1AL1-WL2-照明			
〈空〉-BV2.5	水平管内裸线的长度	m	234.018
	垂直管内裸线的长度	m	29.250
	管内线缆小计	m	263.268
	桥架中线的长度	m	5.080
	线预留长度	m	3.300
	线/缆合计	m	271.648
PC-16	长度	m	92.514
1AL1-WL3-照明			
〈空〉-BV2.5	水平管内裸线的长度	m	160.555
	垂直管内裸线的长度	m	59.150
	管内线缆小计	m	219.705
	桥架中线的长度	m	17.683
	线预留长度	m	3.300
	线/缆合计	m	240.688
PC-16	长度	m	79.192
1AL1-WL4-照明			
〈空〉-BV2.5	水平管内裸线的长度	m	95.554
	垂直管内裸线的长度	m	36.150
	管内线缆小计	m	131.704
	桥架中线的长度	m	31.906
	线预留长度	m	3.300
	线/缆合计	m	166.910

续表

项目名称	工程量名称	单位	工程量
PC-16	长度	m	47.444
1AL1-WL5-照明			
〈空〉-BV2.5	水平管内裸线的长度	m	157.831
	垂直管内裸线的长度	m	59.150
	管内线缆小计	m	216.981
	桥架中线的长度	m	28.483
	线预留长度	m	3.300
	线/缆合计	m	248.764
PC-16	长度	m	78.500
1AL1-WL6-照明			
〈空〉-BV2.5	水平管内裸线的长度	m	158.380
	垂直管内裸线的长度	m	59.150
	管内线缆小计	m	217.530
	桥架中线的长度	m	6.883
	线预留长度	m	3.300
	线/缆合计	m	227.713
PC-16	长度	m	78.683
1AL1-WL7-照明			
〈空〉-BV2.5	水平管内裸线的长度	m	92.170
	垂直管内裸线的长度	m	36.150
	管内线缆小计	m	128.320
	桥架中线的长度	m	42.706
	线预留长度	m	3.300
	线/缆合计	m	174.326
PC-16	长度	m	46.423

五、其他模型

1. 接线盒

对于接线盒这种图纸上一般不标明但需要算量的，软件在“计算设置”处已内置规则。同时提供了“生成接线盒”功能。

定位左侧构件树中的“零星构件”，在“绘制”选项卡下可以找到“生成接线盒”功能，点击功能，弹出窗体，会自动创建“接线盒”子构件（图 5-91），在此新建接线盒构件点击确认。此时，会弹出“生成接线盒”窗体（图 5-92），可以有选择地分别选择生成灯头盒和插座开关盒。

模型生成后，执行汇总计算功能，进入报表预览—工程量汇总表—设备，查看对应的工程量内容，如图 5-93 所示。

2. 模型检查

在模型建立完成后，建议先进行检查，看有没有漏算、重复算的地方。

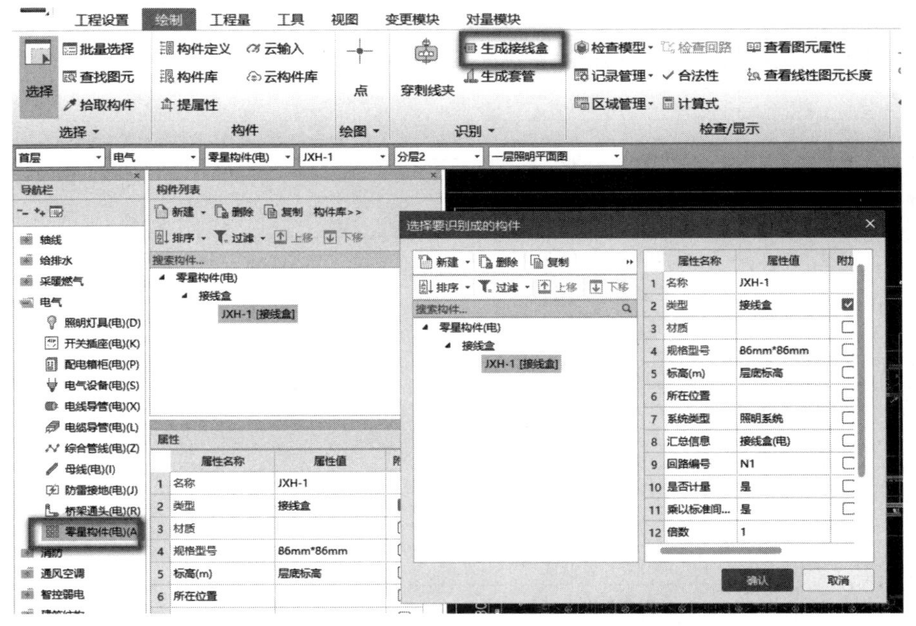

图 5-91

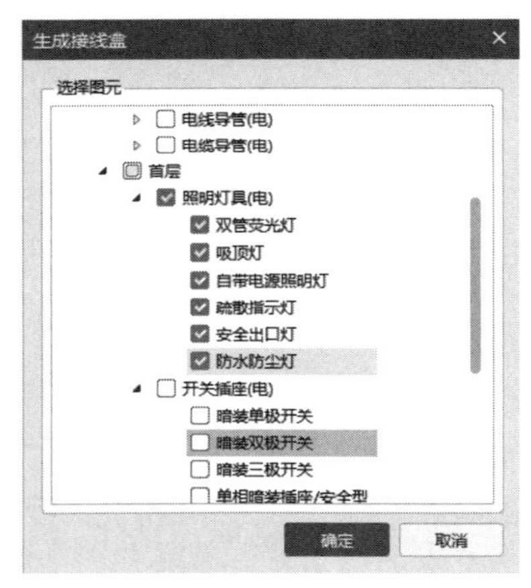

图 5-92

⊟ 接线盒			
JXH-1-86mm×86mm	数量(个)	个	176.000
JXH-2-86mm×86mm	数量(个)	个	99.000

图 5-93

使用“绘制”选项卡下的“检查模型”系列功能（图 5-94），例如先使用“漏量检查”，包括了设备和管线的检查（图 5-95）。设备检查可以将图纸中没有识别的 CAD 块检查出，判断是否有设备漏识别的；管线检查可以将管线两端没有与设备或其他管线相连的检查出来。

其他的检查功能可以自己动手尝试一下，根据业务需要进行自我检查。

3. 图纸未体现但需计算项

对于图纸上没有体现的，如落地安装配电箱的基础型钢，可以借助“表格输入”进行工程量统计，以保证不缺不漏（图 5-96）。

六、工程量查看

1. 实时出量

点击“多图元”功能，左键选择一个管线图元，在弹出的窗体中，切换到“电气线缆工程量”页签，可以明确看到在这种“桥架＋配管”敷设场景下各段工程量的分配以及预留长度。可以点击“预留长度”列所在单元格，显示出三点按钮后，点击会弹出预留值明细窗体（图 5-97）。

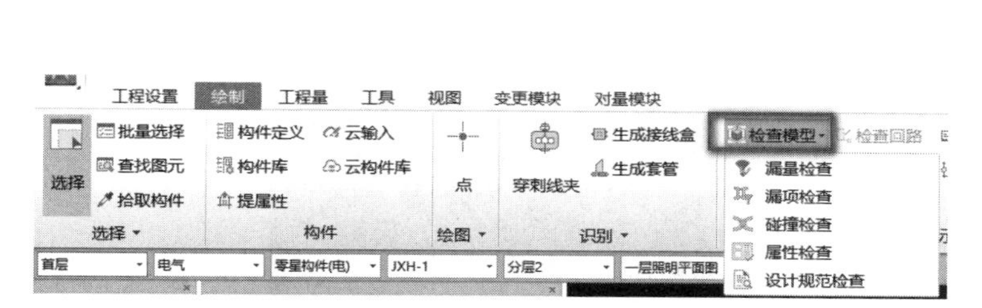

图 5-94

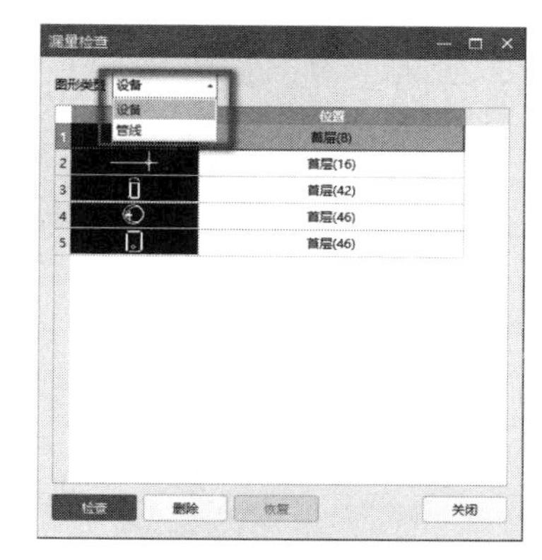

图 5-95

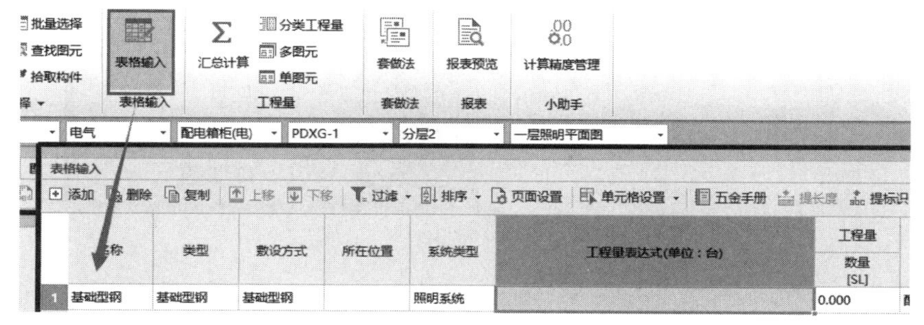

图 5-96

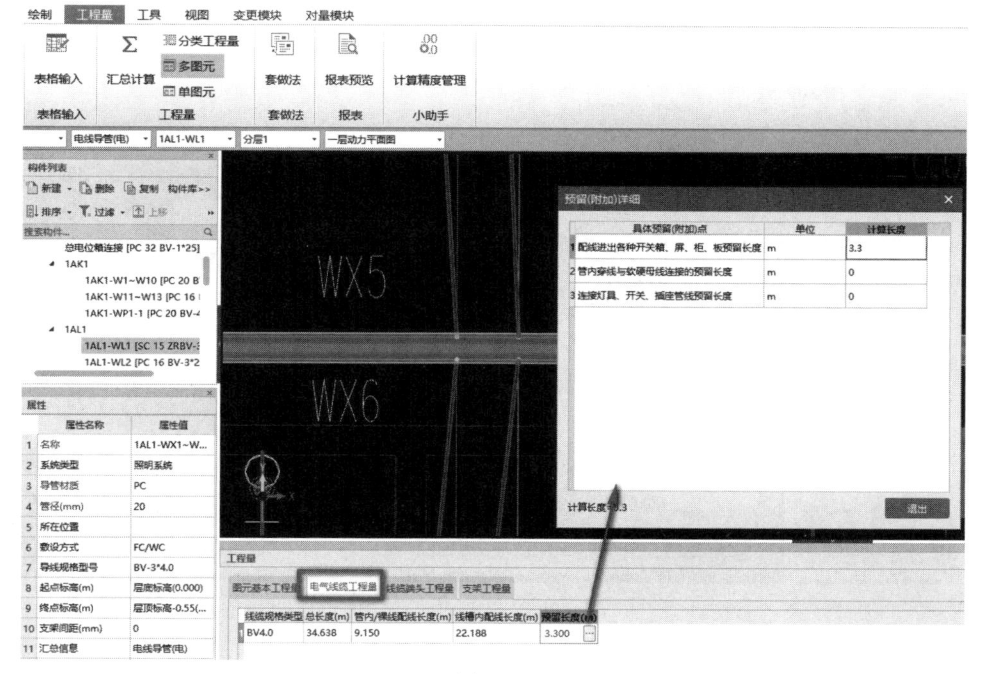

图 5-97

2. 汇总出量

点击“工程量”选项卡下的“汇总计算”，在弹出的窗体中选择要进行汇总出量的楼层，点击计算（图 5-98）。

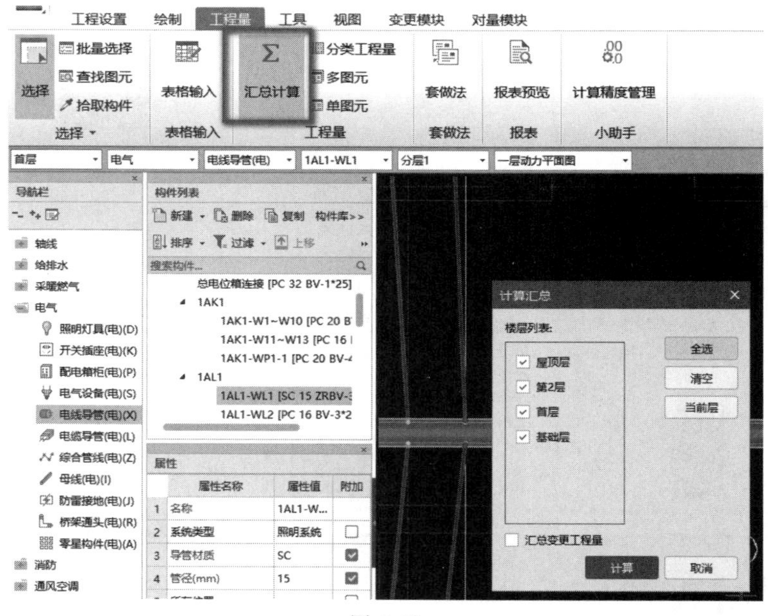

图 5-98

计算完成后，点击“分类工程量”，在弹出窗体中呈现默认表头分类设置下的工程量分组结果。如果有其他的需求，可以使用该窗体中下方的配置功能，如“设置分类及工程量”，进行分类条件的个性配置（图 5-99）。

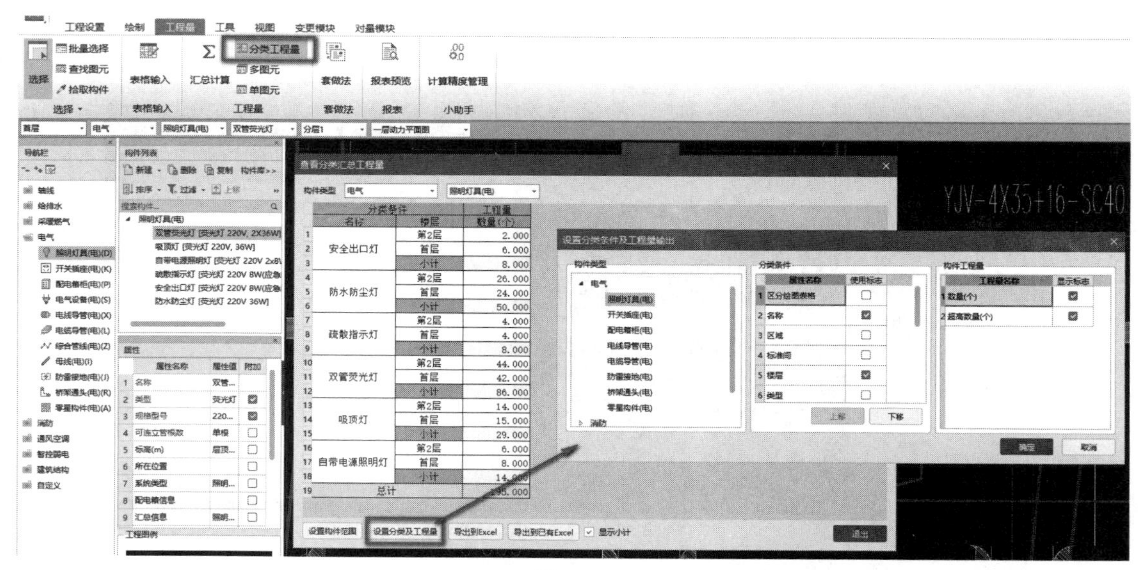

图 5-99

报表出量将在本章第七节“文件报表设置及工程量输出”进行详细学习。

第四节　弱电系统建模算量

一、弱电设备及管线

专用宿舍楼案例工程弱电系统包括电话系统与网络布线系统两部分。弱电设备包括电话插座与网络插座及弱电配电箱，计算工程量时除了计算以上管线及弱电设备外，还需计算各类系统调试。利用软件快速建模计算工程量时，弱电设备与管线均可建模，系统调试可在计价里直接套用，不需建模。

学习目标

1. 掌握弱电设备（电话插座、网络插座）计算规则。
2. 掌握弱电管线的计算规则。
3. 能够应用造价软件识别弱电设备、管线并建模，准确计算工程量。

二维码 44

学习要求

1. 掌握弱电设备、管线的图例表示方法。
2. 通过平面图与系统图对照，快速掌握弱电设备、管线布置情况。

二维码 45

（一）任务说明

完成专用宿舍楼一层弱电平面图弱电设备及配管的工程量计算，不计算配线工程量。在招投标阶段，弱电工程往往只算预埋管不算线，后期经过深化设计后再详细计算。

（二）任务分析

1. 分析图纸

（1）首先在电施 01-电气设计总说明图纸，明确了本工程中弱电系统包括的电话系统与网络系统两部分，电话系统的接线形式、管线敷设方式及规格型号要求在说明中有详细要求，如图 5-100 所示。

八.电话系统

8.1 市政电话电缆先由室外引入一层电话总接线箱，再由总接线箱引至各层接线箱。

8.2 电话电缆及电话线分别选用HYA和 RVS型，分别穿钢管、PVC管敷设。电话干线电缆在地面内暗敷，上引时敷设在墙内。电话支线沿墙及楼板暗敷。

二维码 46

九.网络布线系统

9.1 由室外引来的数据网线至一层网络设备箱，再由网络设备箱引出四芯多模光纤配线给各层配线箱。

9.2 网络电缆进线穿钢管埋地暗敷；从网层络配线箱引至计算机插座的线路采用 UTP−5网线，穿PVC管沿墙及楼板暗敷。

图 5-100

二维码 47

（2）查看电施 01-电气设计总说明，其图例说明中明确了电话插座与网络插座在工程中图例样式及设计安装高度，如图 5-101 所示。

（3）查看电施-04 弱电系统图，该系统图明确了电话系统与网络系统采用 SC100、SC40 埋地进入室内，引到一层总箱，再由总箱引入二层分箱，各层分别引至终端末点采用桥架＋PC 管形式，同时系统图明确了桥架与配管的管径要求，如图 5-102 所示。

	弱电配线箱	甲方自选	距地0.5米
	电话插座	KGT01	距地 0.3米
	网络插座	KGT02	距地 0.3米

图 5-101

（4）查看电施-10 一层弱电平面图，该图纸明确了电话插座与网络插座的安装位置及管线走向，从本层配线箱采用200×100弱电金属桥架在梁底与吊顶之间敷设，然后采用PC20引到各房间插座处。

（5）电话入户管采用2SC100埋地0.8m进入，网络入户管采用2SC40埋地0.8m进入。

（6）一层弱电箱引到二层弱电箱采用2SC40。

2. 分析弱电设备与配管识别方法

（1）弱电设备为点式构件，在软件中识别方法为“图例识别”。

（2）管线为线式构件，在软件中构件类型选择“电缆导管”识别方法为“一键识别”功能，弱电金属桥架可采用“直线”的方法在绘图区绘制。

（三）任务实施

1. 弱电设备及配线箱建模

电话插座、网络插座、弱电配电箱建模方式与电气专业-开关插座建模方式相同，都可以使用“图例识别”功能实现，在此不再详述，功能详细操作请参见本章第二节“二、插座建模”。

2. 弱电管线识别建模

（1）专用宿舍楼弱电工程中，弱电管路按类型分为金属桥架与PC管两部分，针对本工程特点，在软件中定义好金属桥架构件后，采用“直线”的画法在绘图区直接绘制。直线画法功能简单，在此不再详述，具体参见本章第二节“三、桥架建模”的任务实施，布置好的桥架构件属性如图5-103所示。

（2）PC20管线识别建模，针对本工程特点，可采用“一键识别”的方式，具体操作如下。

① 在“绘图”选项卡下导航栏的树状列表中，选择“智控弱电专业-电缆导管构件类型”，单击“绘制——键识别”功能，如图5-104所示。

② 在绘图区中，将光标移到连接插座的PC20管线CAD图元上，光标变为回字形时左键单击选择，此时同一图层的管线为蓝色选中状态，确认后点击右键进行确认，弹出如图5-105所示对话框。

③ 在此“构件编辑窗口”对话框内，本工程电话线路与网络线路共管敷设，勾选网络插座与电话插座，点击“增加行”按钮，新建一编辑行。

④ 双击“配管构件名称”列对应的单元格，点击弹出的三点按钮，在此对话框内新建PC20构件，如图5-106所示。

⑤ 点击“确认”按钮，PC20管新建完成。

⑥ 点击“确定”按钮，连接电话插座、网络插座配管模型生成。

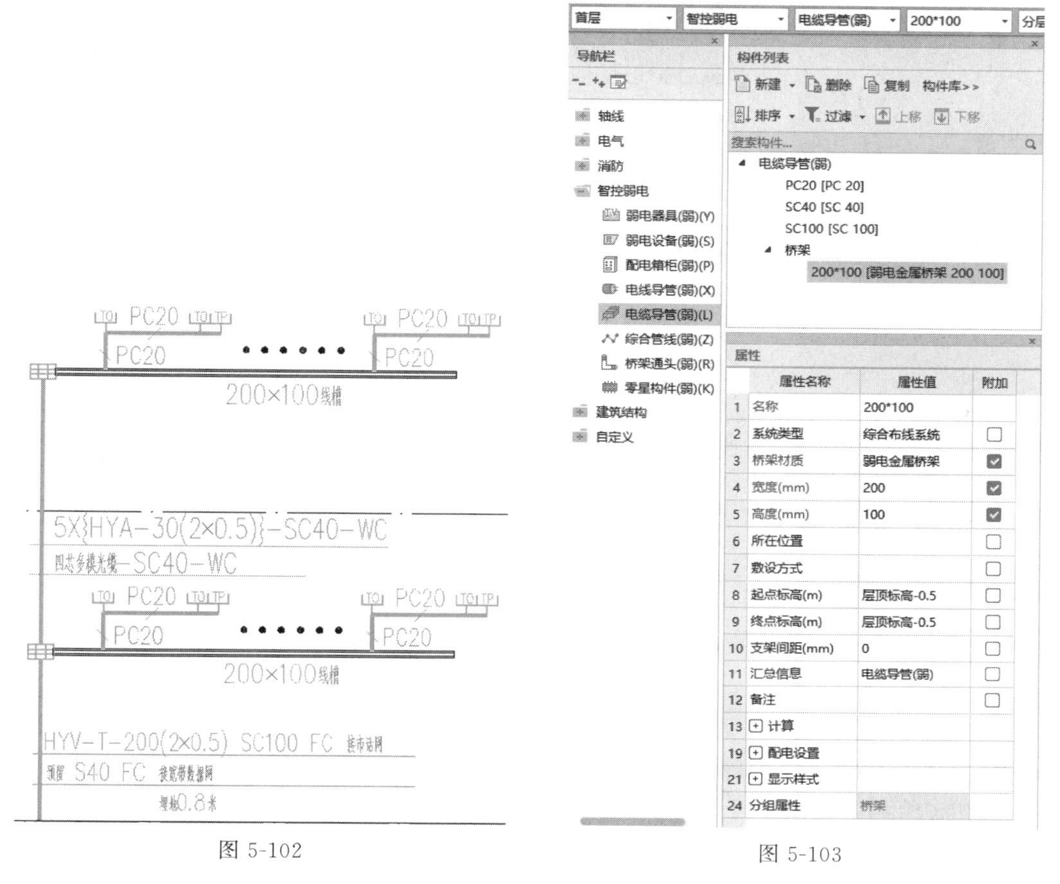

图 5-102　　　　图 5-103

二维码 48

图 5-104

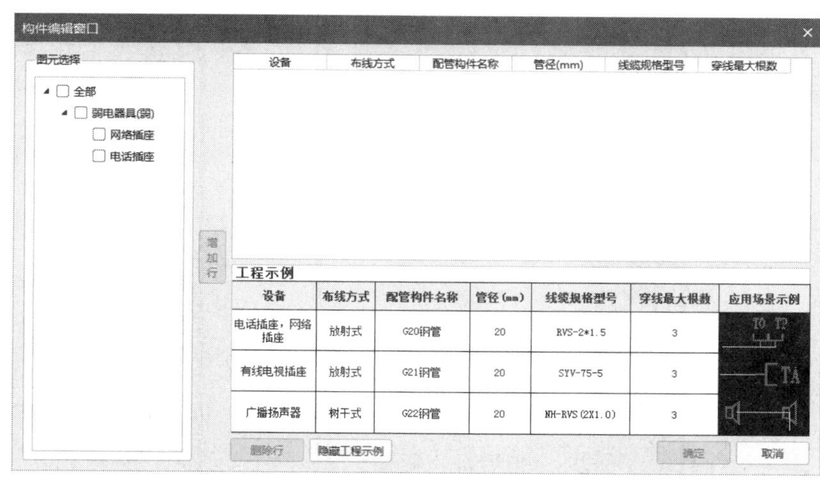

图 5-105

3. 进户预留管

（1）新建 SC40 管构件，只输入导管属性，线缆属性清空，如图 5-107 所示。在入户管处选择“直线”功能，找到入户管与外墙相交点，“shift＋左键”同时点击弹出对话框，X 方向输入“－1500”，点击“确定”确定入户管第一点，直线第二点点击到弱电配电箱处。

图 5-106

（2）用同样的方法新建 SC100 构件。

4. 一层二层竖向连接配管

（1）在“绘制”选项卡下导航栏的树状列表中，选择“弱电专业”—“电缆导管”，选择 SC40 构件，单击“直线”功能，绘制图元前修改 SC40 属性如图 5-108 所示，在绘图区绘制该段管。

	属性名称	属性值	附加
1	名称	SC40	
2	系统类型	综合布线系统	☐
3	导管材质	SC	☑
4	管径(mm)	40	☑
5	所在位置	入户处	☐
6	敷设方式		☐
7	起点标高(m)	层底标高-0.8	☐
8	终点标高(m)	层底标高-0.8	☐
9	支架间距(mm)	0	☐
10	汇总信息	电缆导管(弱)	☐
11	备注		☐
12	⊟ 计算		
13	标高类型	管中标高	☐
14	计算设置	按默认计算设置计算	
15	是否计量	是	☐
16	乘以标准间...	是	☐
17	倍数	2	
18	⊞ 配电设置		

图 5-107

图 5-108

（2）单击“布置立管”功能，将光标移到引上线 CAD 图元上，左键单击弹出“立管标高设置”对话框，在此输入连接标高信息，如图 5-109 所示，点击“确定”竖向 SC40 管布置完成。

（3）选择 SC40 构件，点击“二次编辑”—“生成立管”功能，移动光标选择桥架与配管，如图 5-110 所示，点击右键，生成连接桥架与 SC40 的竖向立管。

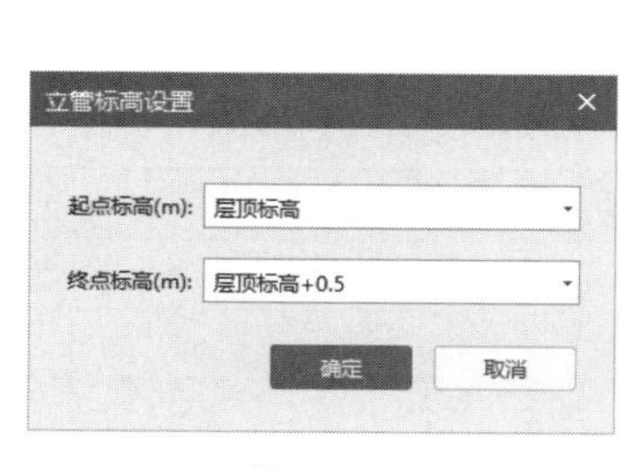

图 5-109

图 5-110

5. 工程量参考

专用宿舍楼案例工程弱电工程首层弱电设备、弱电配管工程量见表 5-5、表 5-6。

表 5-5　首层弱电系统汇总表

系统类型	计算项目	名称-规格型号	单位	工程量
综合布线系统	配电箱柜	弱电配线箱-600×500×300	个	1.000
	桥架通头	QJTT-1-(200×100)(200×100)	个	3.000
	弱电设备	电话插座-KGT01	个	21.000
		网络插座-KGT02	个	42.000

表 5-6　首层弱电配管系统汇总表

分类条件		工程量	
名称	楼层	导管长度合计/m	长度/m
200×100	首层	51.519	51.519
PC20	首层	360.601	360.601
SC100	基础层	6.000	6.000
SC40	第 2 层	1.000	1.000
	首层	4.610	4.610
	基础层	6.004	6.004
总计		474.220	474.220

总结拓展

本部分主要讲述了“电施-10 一层弱电平面图”电话插座、网络插座与管线的识别方法及属性定义方法。

一键识别里显示的树干式敷设与放射式敷设的区别是：树干式敷设的回路，软件计算时，从源头引至所有设备都是一根线；放射式敷设的回路，软件计算时，从源头引至设备分别配线，几个设备就是几条回路。

练习与思考

1. 弱电设备、箱柜与管线的识别顺序是什么？

2. 弱电设备、弱电管线的识别方式是什么?

3. 本工程弱电管线的敷设方式是什么?

二、工程量输出

报表格式设置详见本章第七节 “文件报表设置及工程量输出”，此处不再赘述，只呈现弱电专业的案例工程结果，参见表 5-7 和表 5-8。

表 5-7 智控弱电设备工程量汇总表

工程名称:专用宿舍楼

项目名称	工程量名称	单位	工程量
配电箱柜			
弱电配线箱-600×500×300	数量	个	2.000
桥架通头			
QJTT-1-(200×100)(200×100)	数量	个	5.000
弱电设备			
电话插座-KGT01	数量	个	43.000
网络插座-KGT02	数量	个	86.000

表 5-8 智控弱电管线工程量汇总表

工程名称:专用宿舍楼

项目名称	工程量名称	单位	工程量
配管			
PC-20	长度	m	736.923
	表面积	m^2	46.302
	导管长度合计	m	736.923
SC-100	长度	m	6.000
	表面积	m^2	1.885
	导管长度合计	m	6.000
其他			
SC-40	长度	m	11.397
	表面积	m^2	1.432
	导管长度合计	m	11.397
桥架			
弱电金属桥架-200×100	长度	m	96.005
	表面积	m^2	57.603
	导管长度合计	m	96.005

第五节 防雷接地系统建模算量

学习目标

1. 掌握防雷接地的计算规则。

2. 能够应用造价软件识别防雷接地构件并建模，准确计算它们的工程量。

学习要求

1. 掌握防雷接地的图上表示方法。

2. 通过平面图与设计说明信息对照，快速读懂防雷接地的算量需求及布置情况。

（一）任务说明

完成防雷接地的模型建立和工程量计算。

（二）任务分析

1. 分析图纸

在第一次浏览“电气设计总说明”信息时已经对防雷接地部分有大概的认知，在进行算量前，可以再返回到对应部分进行查看，看哪些是需要进行算量的（图 5-111）。

六. 建筑物防雷 接地系统及安全措施

6.1 建筑物防雷

6.1.1 本工程防雷等级为三类。建筑物防雷装置应满足防直击雷、雷电波的侵入，并设置总等电位联结。

6.1.2 在屋顶采用φ10热镀锌圆钢作避雷带，屋顶避雷带连接线网格不大于20m×20m或24m×16m。

6.1.3 利用建筑物钢筋混凝土柱子或剪力墙内对角两根φ16或以上主筋通长连接作为引下线，引下线间距不大于25m。所有外墙引下线在室外地面下1m处引出一根40×4热镀锌扁钢，扁钢伸出室外散水，预留长度不小于1m。

6.1.4 接地极为建筑物基础底梁上的上下两层钢筋中的两根主筋通长连接形成的基础接地网。

6.1.5 引下线上端与避雷带连接，下端与接地极连接。建筑物四角的外墙引下线在室外地面上0.5m处设测试卡子。

6.1.6 凡凸出屋面的所有金属构件、金属管道、金属屋面、金属屋架等均与避雷带可靠连接。

6.1.7 室外接地凡焊接处均应刷沥青防腐。

6.2 接地系统及安全措施

6.2.1 本工程防雷接地、电气设备的保护接地等的接地共用统一的接地极，接地电阻值要求为上述接地系统接地电阻最小值，不大于1欧姆，实测不满足要求时，增设人工接地极。

6.2.2 凡正常不带电，而当绝缘破坏有可能呈现电压的一切电气设备金属外壳均应可靠接地。

6.2.3 本工程采用总等电位联结，总等电位板由紫铜板制成，应将建筑物内保护干线、设备进线总管等进行联结，总等电位箱联结采用BV-1x25mm² PC32。总等电位联结均采用等电位卡子，禁止在金属管道上焊接。卫生间采用局部等电位联结，从适当地方引出两根大于φ16结构钢筋至局部等电位箱（LEB），局部等电位箱暗装，底边距地0.3米。将卫生间内所有外漏的金属管道及金属构件与LEB连接。

图 5-111

这时，再来到平面图，找到“防雷平面图”和“接地平面图”，对照设计说明信息，了解图纸上表示的算量内容。

2. 分析防雷接地的识别方法

软件中直接提供了“防雷接地”这一功能，在窗体中对不同子项提供了对应的手动绘制和智能识别方式（图 5-112）。

（三）任务实施

1. 防雷接地构件属性定义

防雷接地构件属性定义可以说是最为简单快捷了，定位“绘制”选项卡下，找到“防雷接地”功能，点击一下，就将整个防雷接地模块中涉及计算的子项建立构件完成，需要做的就是按照当前工程的需求进行局部的属性值调整。

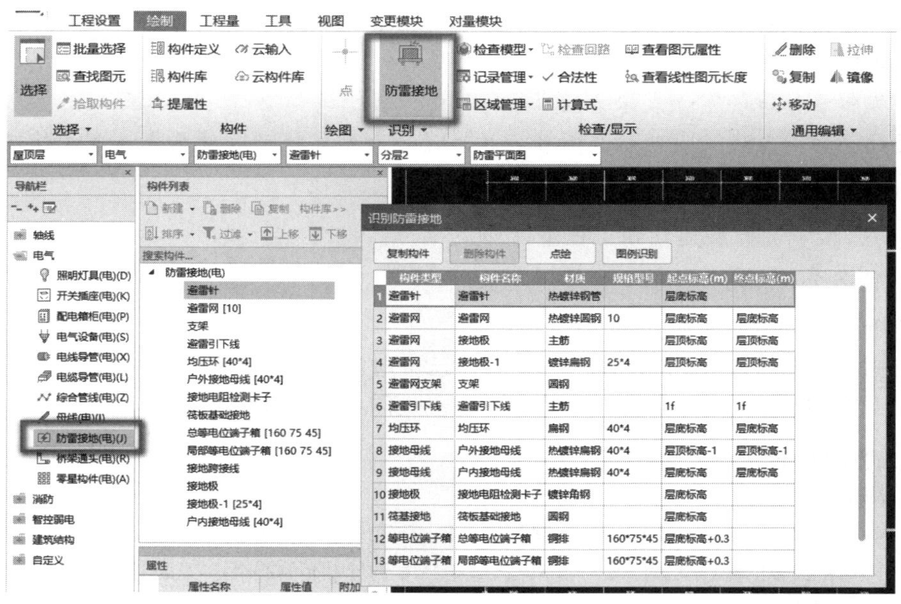

图 5-112

2. 生成模型

（1）避雷网

双击右侧图纸管理窗体中的“防雷平面图”，图纸定位好。执行“防雷接地”功能，在弹出的窗体中定位“避雷网”行，软件提供了“直线绘制”“回路识别”“布置立管”功能。在进行这个识别前再来了解一个识别技巧，使用“显示指定图层”系列功能（使用快捷键 F7 可调出该窗体），可以将干扰图层及图元隐藏。

例如现在只想要显示避雷网图层，点击“显示指定图层”功能，左键选择任意避雷网 CAD 图元，右键确认，就只留下需要的 CAD 线了（图 5-113）。

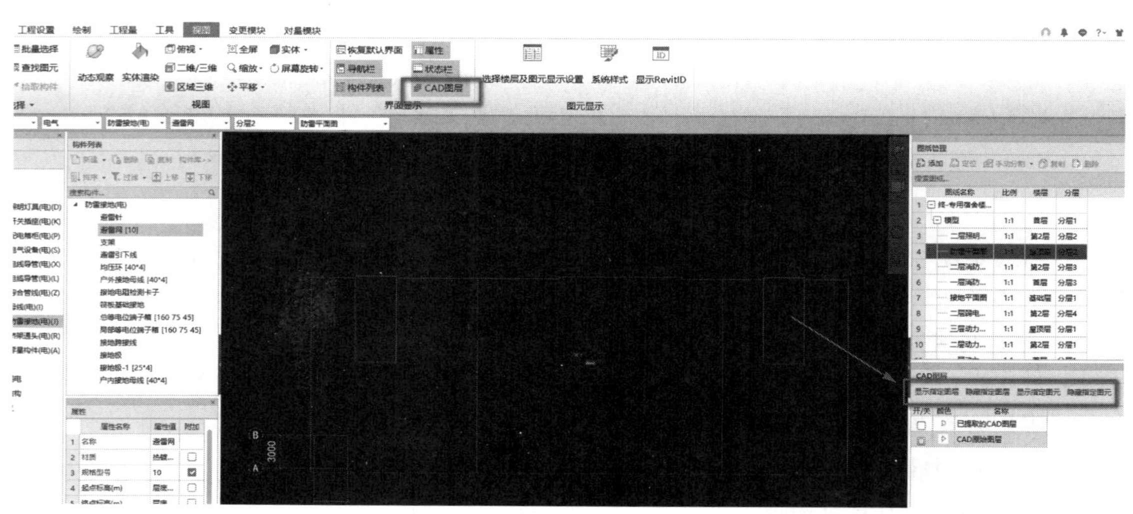

图 5-113

执行避雷网的“回路识别”功能，点选要识别的 CAD 线，右键确认，软件就按照构件的属性值生成模型了。

此时，若想要再查看完整的 CAD 图纸，核对下识别结果，在 CAD 图层窗体中将“CAD 原始图层”前进行下勾选即可（图 5-114）。

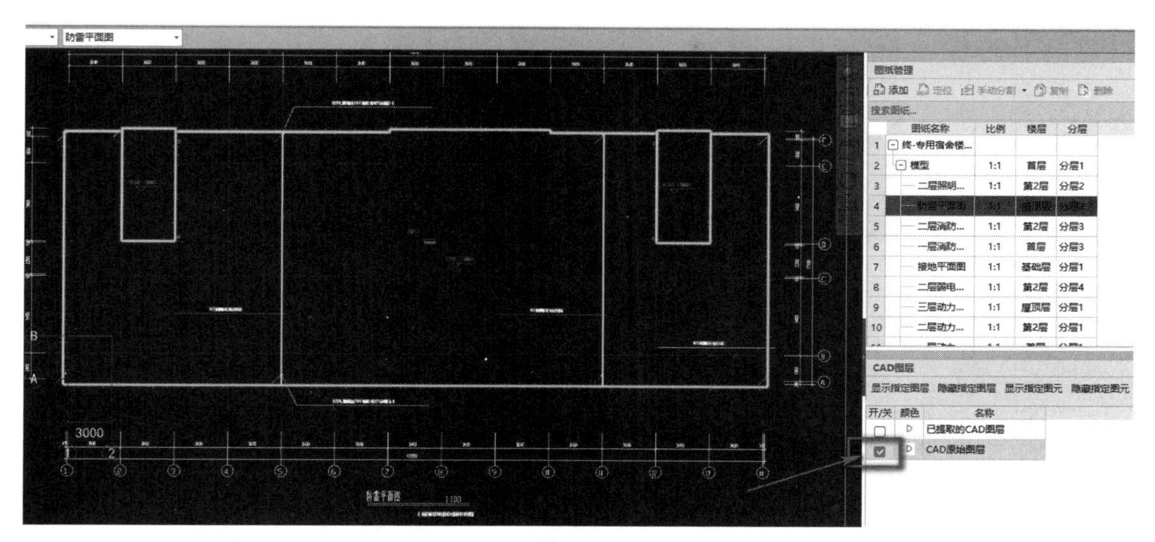

图 5-114

提示：需要关注当前工程是否有坡屋顶，相应的避雷网是否标高不同，从而需要进行二次调整。调整图元属性值的方法也很简单，左键点选或者拉框选择要调整属性值的图元，图元呈现蓝色选中状态，再到左侧的“属性”窗体中，进行调整就好（图 5-115）。

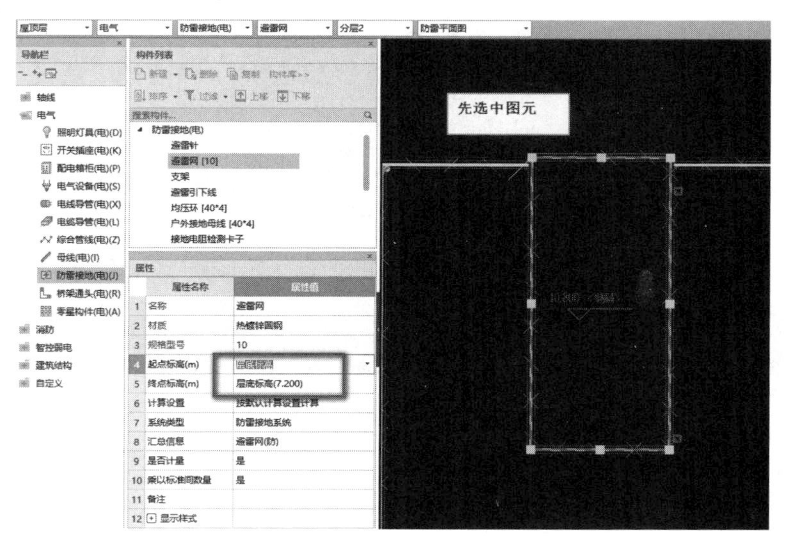

图 5-115

（2）避雷引下线

在“防雷平面图”中执行“防雷接地”功能，在弹出的窗体中定位构件类型为“避雷引下线”的行，执行“识别引下线”，按照下方状态栏的提示，鼠标左键选择代表避雷引下线的 CAD 图元，右键确认，在弹出的窗体中设置好避雷引下线的标高，确定（图 5-116）。

（3）接地电阻检测卡子

双击图纸管理窗体中的“接地平面图”行，执行“防雷接地”功能，在弹出的窗体中定

图 5-116

位构件类型为“接地极”，执行“图例识别”，选择代表测试卡子的图例，右键确认，生成 4 个（图 5-117）。

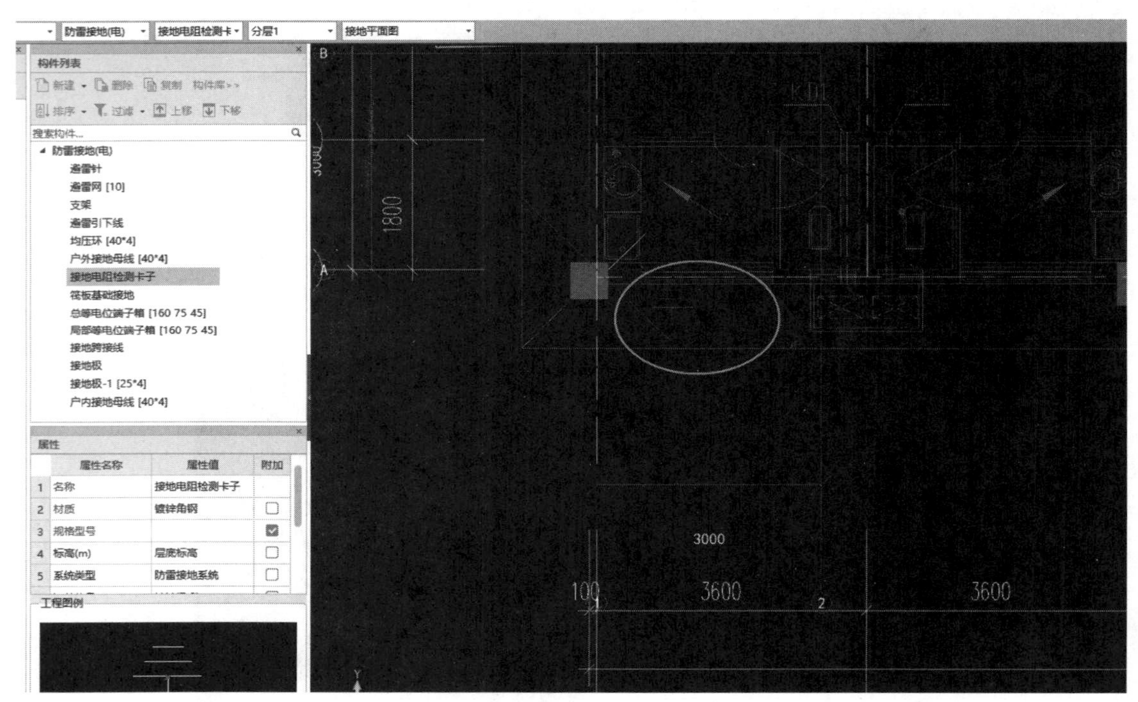

图 5-117

或者直接利用“表格输入”添加一行数据，录入测试卡子的工程量（图 5-118）。

（4）总等电位端子箱和局部等电位端子箱

按照“电气设计总说明”图纸中的“图例说明”表，总等电位端子箱和局部等电位端子箱图例，对照平面图中查找位置（图 5-119）。

本案例图纸它们的位置在弱电专业平面图纸中，如果还想让它们一起在电气专业中汇总呈现工程量，是不是有点不方便开展算量了？不要着急，可以变通处理一下：先在图纸管理窗体中，双击“一层弱电平面图”，在左侧导航栏的“配电箱柜（弱）”节点执行“图例识别”，将它们先在弱电专业中建立好模型；接下来，使用“工具”选项卡下的“图元存盘”功能将刚才创建的局部等电位端子箱模型选中，右键确认，并按照下方状态栏的提示，鼠标左键指定插入点，如图纸上的 1 轴和 A 轴相交的位置点，方便后续的定位，在弹出的窗体

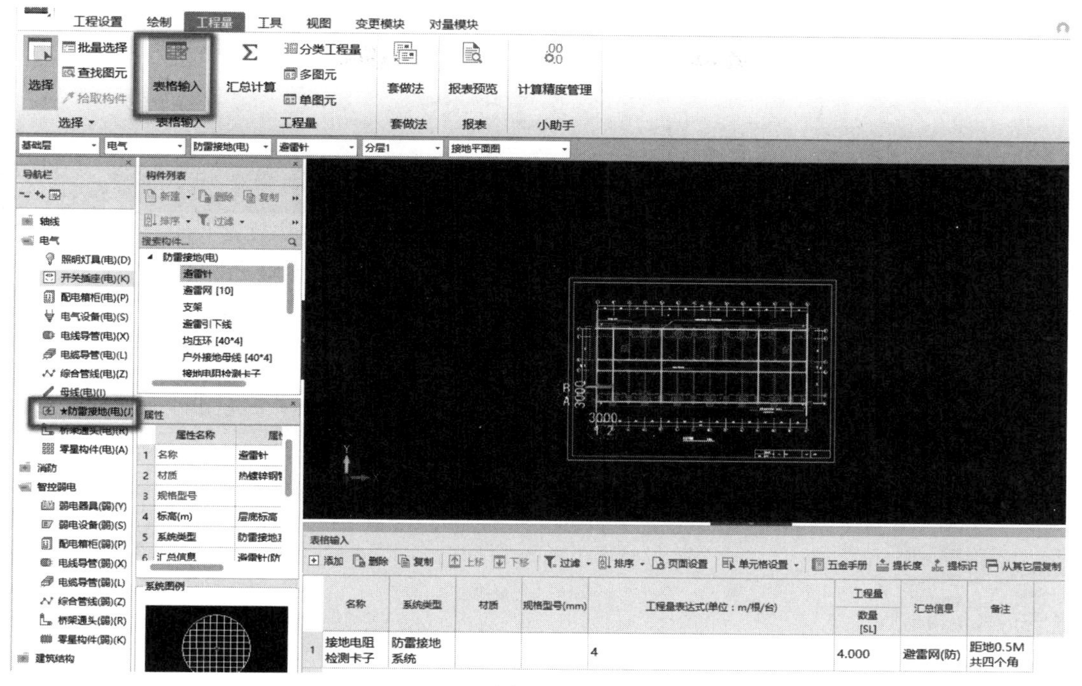

图 5-118

17	LEB	接地端子板	甲方自选	距地 0.3米
18	MEB	总等电位接地端子板	甲方自选	距地 0.3米

图 5-119

中命名块存盘文件，保存（图 5-120）；然后，再回归到电气专业双击“一层动力平面图”，并定位左侧导航栏处的“配电箱柜（电）”节点，执行“图元提取”（图 5-121），将刚才保存的块文件提取进来，会先弹出如图 5-122 所示的一个提示，点击是，同样左键选择“一层动力平面图”的 1 轴和 A 轴相交的位置点作为插入点，就可以把弱电专业的模型拿来用在电气专业中了。

电气和弱电专业对总等电位端子箱和局部等电位端子箱都创建模型，会多计算工程量了，下面需要把弱电专业端子箱工程量删除。回到弱电专业中，利用批量选择图元（快捷键 F3）选中这些多余的模型，可以直接删除它们，或者统一修改它们的“是否计量”属性值为否（图 5-123）。

（5）其他防雷接地子项

其他子项的识别建模方式也较简单，可以在执行功能时参照下方状态栏提示进行操作。

3. 工程量参考

将防雷平面图和接地平面图的模型生成后，就可以使用汇总计算功能（快捷键 F9），勾选模型所在的楼层，执行计算。计算结果，查看报表预览—工程量汇总表—设备，可以获取到工程量，如图 5-124 所示。

4. 使用技巧——记录管理

在算量过程中，不免出现需要与设计方等进行二次交流确认的地方，或者算量过程因为会议等需要先暂停一下，这时就可以使用“记录管理”进行下标记。

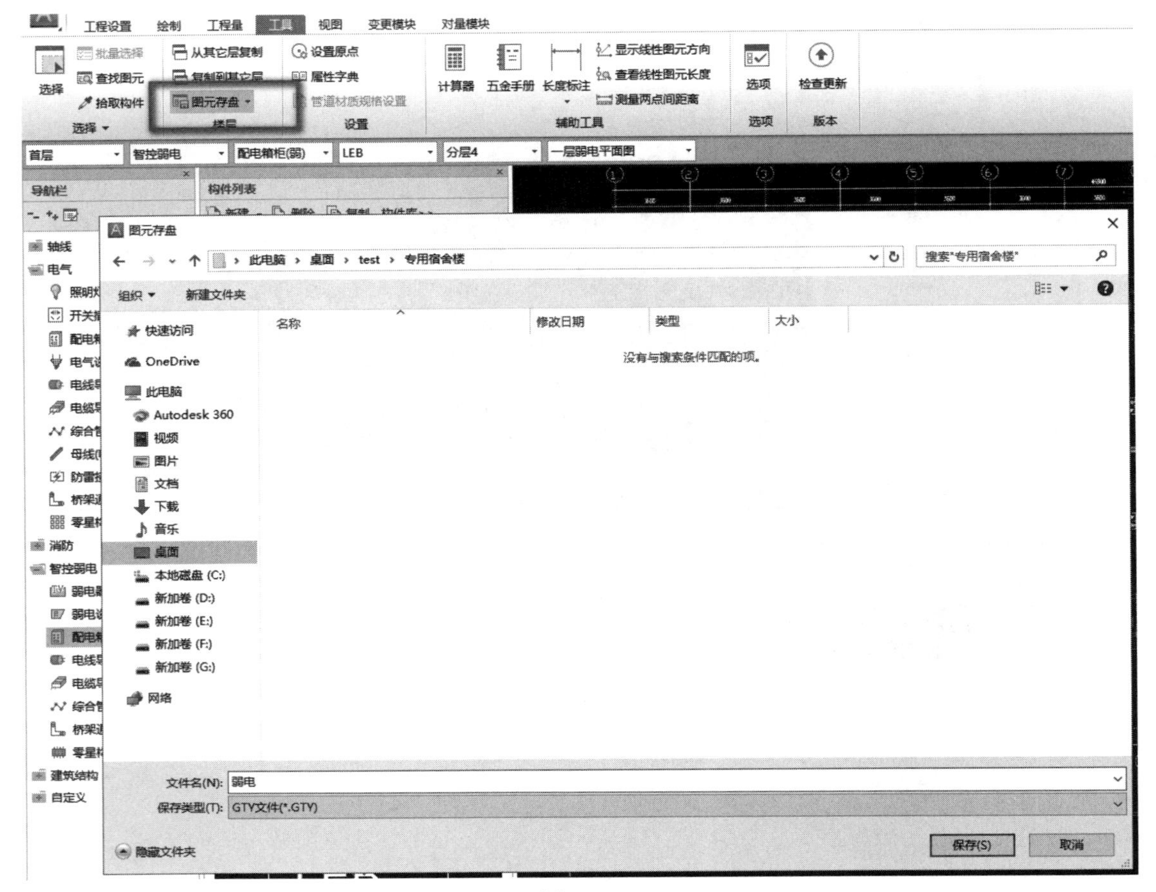

图 5-120

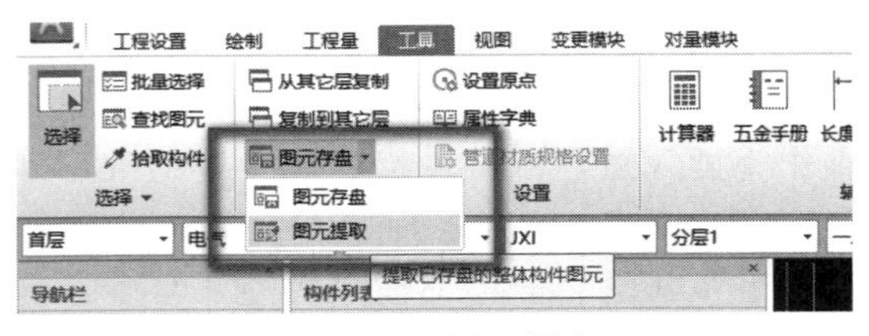

图 5-121　图元提取

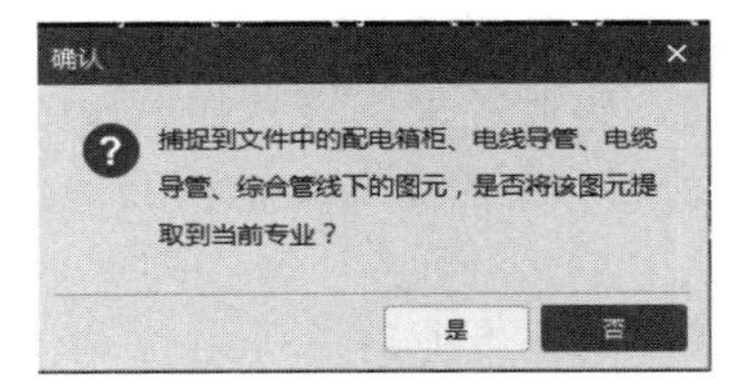

图 5-122　提示

点击“绘制”选项卡下的“记录管理”，从下拉中点击“插入批注”，根据下方提示操作即可（图 5-125）。

插入好的批注，保存工程后，再次打开工程也依然会记录着。此时点击“查看记录”会弹出窗体，并支持双击反查定位（图 5-126）。

总结拓展

本部分主要讲述了防雷接地的图纸信息读取及软件识别方式，并介绍了如何将图纸中的干扰项先行隐藏的技巧。

对于避雷网图元的标高，要关注图纸标高信息，并结合建筑结构图纸进行查看。如果存在坡屋顶，要根据图纸信息调整局部的避雷网图元标高值。

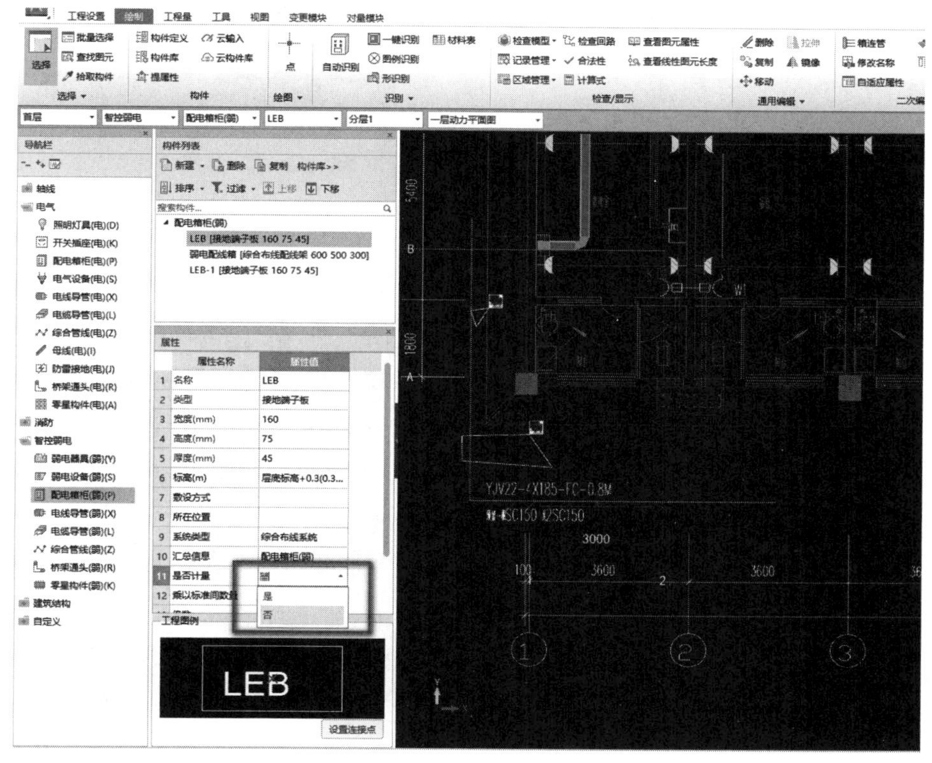

图 5-123

项目名称	工程量名称	单位	工程量
避雷网			
避雷网-10	长度	m	218.341
	附加长度	m	8.515
	总长度	m	226.856
接地极-<空>	长度	m	300.483
	附加长度	m	11.719
	总长度	m	312.202
接地极-1-25×4	长度	m	4.257
	附加长度	m	0.166
	总长度	m	4.423
避雷引下线			
避雷引下线-<空>	长度	m	64.800
	附加长度	m	2.527
	总长度	m	67.327
	断接卡子数量	个	9.000
接地极			
接地电阻检测卡子-<空>	数量	个	4.000
接地母线			
户内接地母线-40×4	长度	m	164.433
	附加长度	m	6.413
	总长度	m	170.846
户外接地母线-40×4	长度	m	13.213
	附加长度	m	0.515
	总长度	m	13.729
LEB-160×75×45	数量	个	22.000
LEB-1-160×75×45	数量	个	22.000
总等电位接地端子板-160×75×45	数量	个	1.000

图 5-124

练习与思考

想要只对生成的模型图元进行查看，将图纸隐藏显示的方式有哪些？

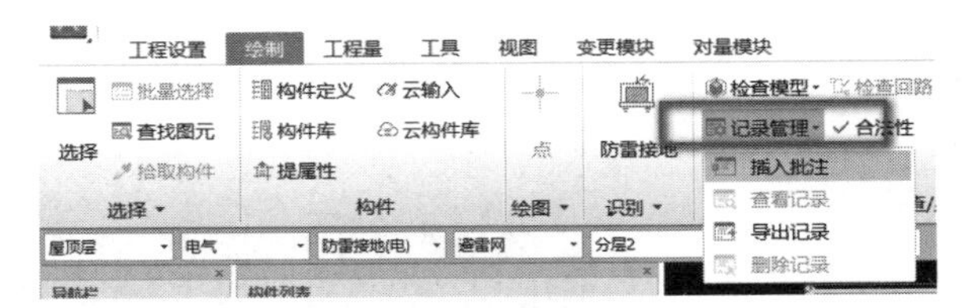

图 5-125

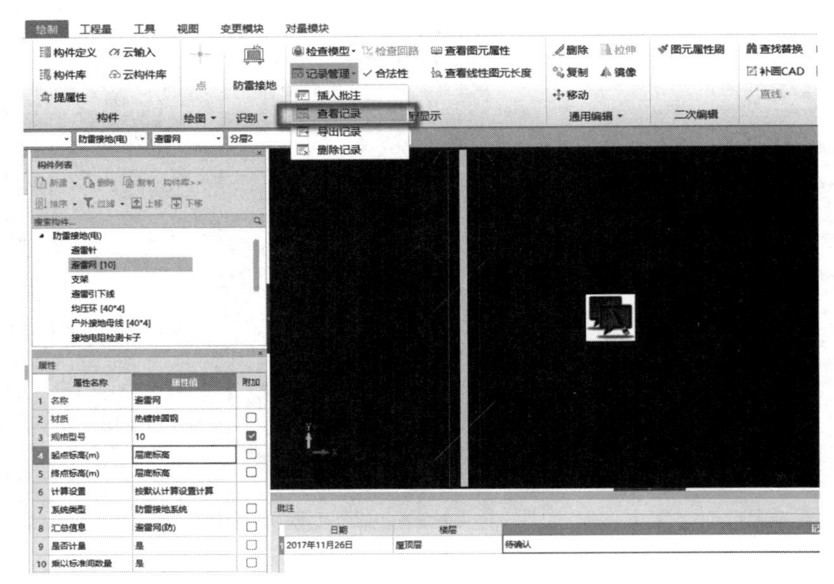

图 5-126

第六节　套清单做法

本电气工程“套清单做法”与给排水工程相同，在此不再一一赘述，详情请参见第四章第三节“套清单做法”。

第七节　文件报表设置及工程量输出

一、报表格式设置

学习目标

1. 理解软件中报表设置和导出的作用及意义。
2. 熟练掌握算量软件中报表设置和导出的基本操作流程。
3. 根据实际工程图纸，计算出工程量，并根据实际将需要用到的工程量报表导出到Excel中。

学习要求

1. 掌握软件报表的作用及操作步骤。
2. 根据工程图纸，进行报表设置及导出，熟练掌握各命令按钮的操作及作用。

（一）基础知识

报表设置的作用：通过调整报表样式，输出满足各种提量需求的报表。

报表导出作用：提交通用格式 Excel 格式作业文件，输出工程量结果。

（二）任务说明

结合专用宿舍楼案例工程电气工程，完成电气专业工程量的报表设置及报表导出。

（三）任务分析

1. 输出工程量结果文件，首先需要确认需要输出哪些工程量、哪些报表，然后与软件对照，选择实际需要的报表及设置工程量输出格式。

2. 根据任务，结合实际案例，选择需要的报表导出到 Excel 表格中。

（四）任务实施

点击“工程量—报表预览”，进入报表预览界面，本界面显示两类工程量，一类是构件图元工程量，一类是清单汇总表。构件图元工程量报表按绘图界面的专业类型显示各专业报表，各个专业输出的报表有“工程量汇总表、系统汇总表、工程量明细表”三类报表，选择其中一类报表，查看管线或设备工程量（图 5-127）。

电气管线工程量汇总表

工程名称：专用宿舍楼　　　　第1页　共4页

项目名称	工程量名称	单位	工程量
⊟1AK1-W1~W10-空调			
〈空〉-BV4.0	水平管内/裸线的长度(m)	m	230.436
	垂直管内/裸线的长度(m)	m	150.900
	管内线缆小计(m)	m	381.336
	桥架中线的长度(m)	m	405.330
	线预留长度(m)	m	27.000
	线/缆合计(m)	m	813.666
PC-20	长度(m)	m	127.112
⊟1AK1-W11~W13-室内机			
〈空〉-BV2.5	水平管内/裸线的长度(m)	m	309.210
	垂直管内/裸线的长度(m)	m	143.550
	管内线缆小计(m)	m	452.760
	桥架中线的长度(m)	m	40.150
	线预留长度(m)	m	8.100
	线/缆合计(m)	m	501.009
PC-16	长度(m)	m	150.920
⊟1AK1-WP1-新风机			
〈空〉-BV2.5	水平管内/裸线的长度(m)	m	30.858
	垂直管内/裸线的长度(m)	m	2.200
	管内线缆小计(m)	m	33.058
	桥架中线的长度(m)	m	13.784
	线预留长度(m)	m	3.600
	线/缆合计(m)	m	50.441

图 5-127

（五）报表设置

以电气配管配线工程量为例，如果想要按照每个配电箱和回路编号进行工程量的详细查看，可以执行“报表设置器”，调整分类条件，如图 5-128 所示。并可以将不需要的分组条件移出，对剩下的进行排序，如图 5-129、图 5-130 所示。

点击确认后，报表就可以以“配电箱信息”和“回路编号”作为一级分类条件，以“材质”和“规格型号”作为二级分类条件呈现工程量数据了。

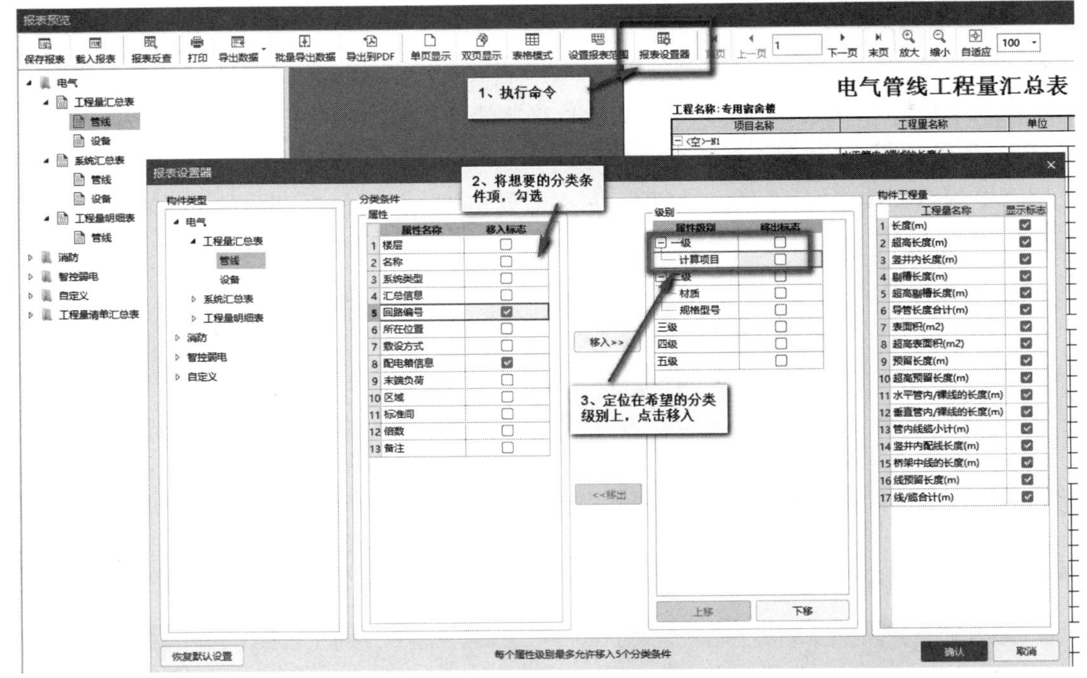

图 5-128

图 5-129

（六）报表导出

点击“导出数据”按钮，在下拉框中选择“导出到 Excel 文件”，也可以根据需要导出到 PDF（图 5-131）。

图 5-130

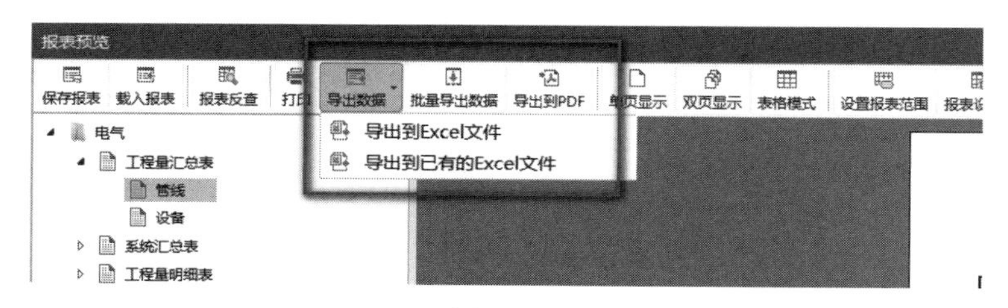

图 5-131

二、案例工程结果报表

专用宿舍楼案例工程电气专业全部工程量计算结果及清单做法汇总量见表 5-9～表 5-12。

表 5-9　电气管线全楼层工程量汇总表

项目名称	工程量名称	单位	工程量
1AK1-W1～W10-空调			
〈空〉-BV4.0	水平管内裸线的长度	m	230.436
	垂直管内裸线的长度	m	150.900
	管内线缆小计	m	381.336
	桥架中线的长度	m	405.330
	线预留长度	m	27.000
	线/缆合计	m	813.666
PC-20	长度	m	127.112
1AK1-W11～W13-室内机			
〈空〉-BV2.5	水平管内裸线的长度	m	309.210
	垂直管内裸线的长度	m	143.550
	管内线缆小计	m	452.760

续表

项目名称	工程量名称	单位	工程量
〈空〉-BV2.5	桥架中线的长度	m	40.150
	线预留长度	m	8.100
	线/缆合计	m	501.009
PC-16	长度	m	150.920
1AK1-WP1-新风机			
〈空〉-BV2.5	水平管内裸线的长度	m	30.858
	垂直管内裸线的长度	m	2.200
	管内线缆小计	m	33.058
	桥架中线的长度	m	13.784
	线预留长度	m	3.600
	线/缆合计	m	50.441
〈空〉-KVV-4×1.5	水平管内裸线的长度	m	0.611
	垂直管内裸线的长度	m	2.300
	管内线缆小计	m	2.911
	线预留长度	m	1.573
	线/缆合计	m	4.484
PC-16	长度	m	2.911
PC-20	长度	m	8.264
1AL1-WL1-应急照明			
〈空〉-ZRBV2.5	水平管内裸线的长度	m	185.085
	垂直管内裸线的长度	m	89.250
	管内线缆小计	m	274.335
	桥架中线的长度	m	28.869
	线预留长度	m	3.300
	线/缆合计	m	306.504
SC-15	长度	m	91.445
1AL1-WL2-照明			
〈空〉-BV2.5	水平管内裸线的长度	m	234.018
	垂直管内裸线的长度	m	29.250
	管内线缆小计	m	263.268
	桥架中线的长度	m	5.080
	线预留长度	m	3.300
	线/缆合计	m	271.648
PC-16	长度	m	92.514
1AL1-WL3-照明			
〈空〉-BV2.5	水平管内裸线的长度	m	160.555
	垂直管内裸线的长度	m	59.150

续表

项目名称	工程量名称	单位	工程量
〈空〉-BV2.5	管内线缆小计	m	219.705
	桥架中线的长度	m	17.683
	线预留长度	m	3.300
	线/缆合计	m	240.688
PC-16	长度	m	79.192
1AL1-WL4-照明			
〈空〉-BV2.5	水平管内裸线的长度	m	95.554
	垂直管内裸线的长度	m	36.150
	管内线缆小计	m	131.704
	桥架中线的长度	m	31.906
	线预留长度	m	3.300
	线/缆合计	m	166.910
PC-16	长度	m	47.444
1AL1-WL5-照明			
〈空〉-BV2.5	水平管内裸线的长度	m	157.831
	垂直管内裸线的长度	m	59.150
〈空〉-BV2.5	管内线缆小计	m	216.981
	桥架中线的长度	m	28.483
	线预留长度	m	3.300
	线/缆合计	m	248.764
PC-16	长度	m	78.500
1AL1-WL6-照明			
〈空〉-BV2.5	水平管内裸线的长度	m	158.380
	垂直管内裸线的长度	m	59.150
	管内线缆小计	m	217.530
	桥架中线的长度	m	6.883
	线预留长度	m	3.300
	线/缆合计	m	227.713
PC-16	长度	m	78.683
1AL1-WL7-照明			
〈空〉-BV2.5	水平管内裸线的长度	m	92.170
	垂直管内裸线的长度	m	36.150
	管内线缆小计	m	128.320
	桥架中线的长度	m	42.706
	线预留长度	m	3.300
	线/缆合计	m	174.326
PC-16	长度	m	46.423

续表

项目名称	工程量名称	单位	工程量
1AL1-WX1～WX11-插座			
〈空〉-BV4.0	水平管内裸线的长度	m	637.339
	垂直管内裸线的长度	m	245.550
	管内线缆小计	m	882.889
	桥架中线的长度	m	433.921
	线预留长度	m	36.300
	线/缆合计	m	1353.110
CPC-20	长度	m	294.296
2AK1-W1～W11-空调			
〈空〉-BV4.0	水平管内裸线的长度	m	267.793
	垂直管内裸线的长度	m	156.750
	管内线缆小计	m	424.543
	桥架中线的长度	m	489.163
	线预留长度	m	29.700
	线/缆合计	m	943.406
PC-20	长度	m	141.514
2AK1-W12～W14-室内机			
〈空〉-BV2.5	水平管内裸线的长度	m	330.607
	垂直管内裸线的长度	m	150.150
	管内线缆小计	m	480.757
	桥架中线的长度	m	40.150
	线预留长度	m	8.100
	线/缆合计	m	529.007
PC-16	长度	m	160.252
2AK1-WP1-新风机			
〈空〉-KVV-4×1.5	水平管内裸线的长度	m	0.625
	垂直管内裸线的长度	m	2.300
	管内线缆小计	m	2.925
	线预留长度	m	1.573
	线/缆合计	m	4.498
PC-16	长度	m	2.925
2AK1-WP1-1-新风机			
〈空〉-BV2.5	水平管内裸线的长度	m	30.876
	垂直管内裸线的长度	m	2.200
	管内线缆小计	m	33.076
	桥架中线的长度	m	13.779
	线预留长度	m	3.600
	线/缆合计	m	50.455

续表

项目名称	工程量名称	单位	工程量
PC-20	长度	m	8.269
2AL1-WL1-应急照明			
〈空〉-ZRBV2.5	水平管内裸线的长度	m	113.839
	垂直管内裸线的长度	m	68.250
	管内线缆小计	m	182.089
	桥架中线的长度	m	28.869
	线预留长度	m	3.300
	线/缆合计	m	214.258
SC-15	长度	m	60.696
2AL1-WL2-照明			
〈空〉-BV2.5	水平管内裸线的长度	m	281.333
	垂直管内裸线的长度	m	38.450
	管内线缆小计	m	319.783
	桥架中线的长度	m	5.080
	线预留长度	m	3.300
	线/缆合计	m	328.163
PC-16	长度	m	111.239
2AL1-WL3-照明			
〈空〉-BV2.5	水平管内裸线的长度	m	208.337
	垂直管内裸线的长度	m	66.050
	管内线缆小计	m	274.387
	桥架中线的长度	m	17.683
	线预留长度	m	3.300
	线/缆合计	m	295.369
PC-16	长度	m	97.420
2AL1-WL4-照明			
〈空〉-BV2.5	水平管内裸线的长度	m	95.554
	垂直管内裸线的长度	m	36.150
	管内线缆小计	m	131.704
	桥架中线的长度	m	31.906
	线预留长度	m	3.300
	线/缆合计	m	166.910
PC-16	长度	m	47.444
2AL1-WL5-照明			
〈空〉-BV2.5	水平管内裸线的长度	m	156.767
	垂直管内裸线的长度	m	59.150
	管内线缆小计	m	215.917

续表

项目名称	工程量名称	单位	工程量
〈空〉-BV2.5	桥架中线的长度	m	28.483
	线预留长度	m	3.300
	线/缆合计	m	247.700
PC-16	长度	m	77.876
2AL1-WL6-照明			
〈空〉-BV2.5	水平管内裸线的长度	m	156.764
	垂直管内裸线的长度	m	59.150
	管内线缆小计	m	215.914
	桥架中线的长度	m	6.883
	线预留长度	m	3.300
	线/缆合计	m	226.097
PC-16	长度	m	77.875
2AL1-WL7-照明			
〈空〉-BV2.5	水平管内裸线的长度	m	92.075
	垂直管内裸线的长度	m	36.150
	管内线缆小计	m	128.225
〈空〉-BV2.5	桥架中线的长度	m	42.706
	线预留长度	m	3.300
	线/缆合计	m	174.231
PC-16	长度	m	46.284
2AL1-WX1～WX12-插座			
〈空〉-BV4.0	水平管内裸线的长度	m	707.381
	垂直管内裸线的长度	m	1753.200
	管内线缆小计	m	2460.581
	桥架中线的长度	m	493.721
	线预留长度	m	39.600
	线/缆合计	m	2993.902
PC-20	长度	m	820.194
3AP-1-WP1-设备自带控制箱			
〈空〉-YJV-4×35+16	水平管内裸线的长度	m	4.374
	垂直管内裸线的长度	m	0.500
	管内线缆小计	m	4.874
	线预留长度	m	4.022
	线/缆合计	m	8.896
SC-50	长度	m	4.874
JX1-1AK1～2AK1-1AK1			
〈空〉-YJV-4×50+25	桥架中线的长度	m	33.748
	线预留长度	m	6.244
	线/缆合计	m	39.991

续表

项目名称	工程量名称	单位	工程量
JX1-1AL1～2AL1-1AL1			
〈空〉-YJV-4×35+16	桥架中线的长度	m	28.635
	线预留长度	m	6.316
	线/缆合计	m	34.951
JX1-2AK1-2AK1			
〈空〉-YJV-4×50+25	垂直管内裸线的长度	m	3.200
	管内线缆小计	m	3.200
	线预留长度	m	4.880
	线/缆合计	m	8.080
SC-50	长度	m	3.200
JX1-2AL1-2AL1			
〈空〉-YJV-4×35+16	垂直管内裸线的长度	m	3.000
	管内线缆小计	m	3.000
	线预留长度	m	5.275
	线/缆合计	m	8.275
SC-40	长度	m	3.000
JX1-2CZX-2CZX			
〈空〉-YJV-5×6	水平管内裸线的长度	m	3.158
	垂直管内裸线的长度	m	2.350
	管内线缆小计	m	5.508
	桥架中线的长度	m	49.131
	线预留长度	m	6.366
	线/缆合计	m	61.005
SC-32	长度	m	5.508
JX1-3AP-3AP-1			
〈空〉-YJV-4×50+25	水平管内裸线的长度	m	1.605
	垂直管内裸线的长度	m	4.450
	管内线缆小计	m	6.055
	桥架中线的长度	m	27.320
	线预留长度	m	6.234
	线/缆合计	m	39.609
SC-65	长度	m	6.055
QJ-1-〈空〉			
强电金属桥架-200×100	长度	m	95.613
入户-〈空〉			

续表

项目名称	工程量名称	单位	工程量
〈空〉-YJV22-4×185	水平管内裸线的长度	m	5.121
	垂直管内裸线的长度	m	2.300
	管内线缆小计	m	7.421
	线预留长度	m	3.186
	线/缆合计	m	10.607
SC-150	长度	m	7.421
入户-1-〈空〉			
SC-150	长度	m	7.427
总电位箱连接-〈空〉			
〈空〉-BV25	垂直管内裸线的长度	m	1.125
	管内线缆小计	m	1.125
	线预留长度	m	1.735
	线/缆合计	m	2.860
PC-32	长度	m	1.125

表 5-10 电气设备全楼层工程量汇总表

项目名称	工程量名称	单位	工程量
避雷网			
避雷网-10	长度	m	218.341
	附加长度	m	8.515
	总长度	m	226.856
接地极-1-25×4	长度	m	4.257
	附加长度	m	0.166
	总长度	m	4.423
接地网-〈空〉	长度	m	300.483
	附加长度	m	11.719
	总长度	m	312.202
避雷引下线			
避雷引下线-〈空〉	长度	m	69.800
	附加长度	m	2.722
	总长度	m	72.522
	断接卡子数量	个	9.000
灯具			
安全出口灯－220V,8W(应急时间≥60min)	数量	个	8.000
防水防尘灯－220V,36W	数量	个	50.000
疏散指示灯－220V,8W(应急时间≥60min)	数量	个	8.000
双管荧光灯－220V,2×36W	数量	个	86.000

续表

项目名称	工程量名称	单位	工程量
吸顶灯－220V,36W	数量	个	29.000
自带电源照明灯－220V,2×8W(应急时间≥60min)	数量	个	14.000
接地极			
接地电阻检测卡子-〈空〉	数量	个	4.000
接地母线			
户内接地母线-40×4	长度	m	3.906
	附加长度	m	0.152
	总长度	m	4.058
户外接地母线-40×4	长度	m	13.213
	附加长度	m	0.515
	总长度	m	13.729
接线盒			
JXH-1-86mm×86mm	数量	个	365.000
JXH-2-86mm×86mm	数量	个	195.000
开关插座			
暗装单极开关-甲方自选	数量	个	49.000
暗装三极开关-甲方自选	数量	个	2.000
暗装双极开关-甲方自选	数量	个	44.000
单极限时开关-甲方自选	数量	个	6.000
单相暗装插座/安全型－220V/10A	数量	个	172.000
防水插座－220V,36W	数量	个	5.000
风管机开关-甲方自选	数量	个	43.000
空调插座－220V/16A	数量	个	43.000
新风机开关-甲方自选	数量	个	2.000
配电箱柜			
1AK1-500×400×150	数量	个	1.000
1AL1-500×600×150	数量	个	1.000
2AK1-500×400×150	数量	个	1.000
2AL1-500×600×150	数量	个	1.000
2CZX-300×200×150	数量	个	1.000
3AP-1-500×400×150	数量	个	1.000
JXI-700×800×350	数量	个	1.000
LEB-160×75×45	数量	个	22.000
LEB-1-160×75×45	数量	个	22.000
总等电位接地端子板-160×75×45	数量	个	1.000
桥架通头			
QJTT-1-(200×100)(200×100)	数量	个	7.000

续表

项目名称	工程量名称	单位	工程量
QJTT-1-(200×100)(200×100)(200×100)	数量	个	4.000
线缆端头			
线缆端头-BV2.5	线缆端头个数	个	439.000
线缆端头-BV25	线缆端头个数	个	2.000
线缆端头-BV4.0	线缆端头个数	个	132.000
线缆端头-KVV-4×1.5	线缆端头个数	个	2.000
线缆端头-YJV22-4×185	线缆端头个数	个	1.000
线缆端头-YJV-4×35+16	线缆端头个数	个	2.000
线缆端头-YJV-4×35+16	线缆端头个数	个	4.000
线缆端头-YJV-4×50+25	线缆端头个数	个	6.000
线缆端头-YJV-5×6	线缆端头个数	个	2.000
线缆端头-ZRBV2.5	线缆端头个数	个	6.000

表 5-11 工程量清单汇总表

工程名称：专用宿舍楼　　　　专业：电气

序号	编码	项目名称	项目特征	单位	工程量
1	030412004001	装饰灯	1. 名称：安全出口灯 2. 型号：应急时间≥60min 3. 规格：220V，8W 4. 安装形式：门上，距地 2.4m	套	8.000
2	030412001002	普通灯具	1. 名称：防水防尘灯 2. 规格：220V，36W 3. 类型：防水防尘灯	套	50.000
3	030412004002	装饰灯	1. 名称：疏散指示灯 2. 型号：应急时间≥60min 3. 规格：220V，8W 4. 安装形式：壁式，距地 0.3m	套	8.000
4	030412005001	荧光灯	1. 名称：双管荧光灯 2. 型号：吸顶式 双管 3. 规格：220V，2×36W 4. 安装形式：吸顶安装	套	86.000
5	030412001001	普通灯具	1. 名称：吸顶灯 2. 规格：220V，36W 3. 类型：吸顶灯	套	29.000
6	030412004003	装饰灯	1. 名称：自带电源照明灯 2. 型号：应急时间≥60min 3. 规格：220V，2×8W 4. 安装形式：壁式，距地 2.5m	套	14.000
7	030404034001	照明开关	1. 名称：暗装单极开关 2. 规格：甲方自选 3. 安装方式：距地 1.3m	个	49.000
8	030404034002	照明开关	1. 名称：暗装三极开关 2. 规格：甲方自选 3. 安装方式：距地 1.3m	个	2.000
9	030404034003	照明开关	1. 名称：暗装双极开关 2. 规格：甲方自选 3. 安装方式：距地 1.3m	个	44.000

续表

序号	编码	项目名称	项目特征	单位	工程量
10	030404034004	照明开关	1. 名称:单极限时开关 2. 规格:甲方自选 3. 安装方式:吸顶安装	个	6.000
11	030404035001	插座	1. 名称:单相暗装插座/安全型 2. 规格:220V/10A 3. 安装方式:距地 0.3m	个	172.000
12	030404035002	插座	1. 名称:防水插座 2. 规格:220V,36W 3. 安装方式:距地 1.5m 暗装	个	5.000
13	030404019001	控制开关	1. 名称:风管机开关 2. 规格:甲方自选	个	43.000
14	030404035003	插座	1. 名称:空调插座 2. 规格:220V/16A 3. 安装方式:距地 2.2m 暗装	个	43.000
15	030404019002	控制开关	1. 名称:新风机开关 2. 规格:甲方自选	个	2.000
16	030404017001	配电箱	1. 名称:成套配电箱 1AK1 2. 规格:500×400×150 3. 安装方式:距地 1.8m 嵌墙暗装	台	1.000
17	030404017002	配电箱	1. 名称:成套配电箱 1AL1 2. 规格:500×600×150 3. 安装方式:距地 1.8m 嵌墙暗装	台	1.000
18	030404017003	配电箱	1. 名称:成套配电箱 2AK1 2. 规格:500×400×150 3. 安装方式:距地 1.8m 嵌墙暗装	台	1.000
19	030404017004	配电箱	1. 名称:成套配电箱 2AL1 2. 规格:500×600×150 3. 安装方式:距地 1.8m 嵌墙暗装	台	1.000
20	030404018001	插座箱	1. 名称:插座箱 2CZX 2. 规格:300×200×150 3. 安装方式:距地 1.8m 嵌墙暗装	台	1.000
21	030404017005	配电箱	1. 名称:3AP-1 2. 规格:500×400×150 3. 安装方式:距地 0.3m 安装	台	1.000
22	030404017006	配电箱	1. 名称:进线箱 JXI 2. 规格:700×800×350 3. 安装方式:距地 1.5m 嵌墙暗装	台	1.000
23	030409008001	等电位端子箱、测试板	1. 名称:等电位端子箱、测试板 LEB 2. 材质:甲方自选 3. 规格:160×75×45	台/块	22.000
24	030409008002	等电位端子箱、测试板	1. 名称:等电位端子箱、测试板 LEB-1 2. 材质:甲方自选 3. 规格:160×75×45	台/块	22.000
25	030409008003	等电位端子箱、测试板	1. 名称:总等电位接地端子板 2. 材质:紫铜板 3. 规格:160×75×45	台/块	1.000
26	030411001001	配管	1. 名称:电气配管 2. 材质:PC 3. 规格:PC16 4. 配置形式:CC/WC	m	1192.067

续表

序号	编码	项目名称	项目特征	单位	工程量
27	030411001002	配管	1. 名称:电气配管 2. 材质:PC 3. 规格:PC20 4. 配置形式:CC/WC	m	1105.353
28	030411001003	配管	1. 名称:电气配管 2. 材质:PC 3. 规格:PC20 4. 配置形式:FC/WC	m	294.296
29	030411001004	配管	1. 名称:总电位箱连接管 2. 材质:PC 3. 规格:PC32	m	1.125
30	030411001005	配管	1. 名称:电气配管 2. 材质:SC 3. 规格:SC15 4. 配置形式:CC/WC	m	152.141
31	030411004001	配线	1. 名称:管内穿线 2. 型号:BV 3. 规格:BV-2.5 4. 材质:铜芯 5. 配线部位:暗敷	m	3526.090
32	030411004002	配线	1. 名称:总等电位连接线 2. 型号:BV 3. 规格:BV-25 4. 材质:铜芯	m	2.860
33	030411004003	配线	1. 名称:管内穿线 2. 型号:BV 3. 规格:BV-4.0 4. 材质:铜芯 5. 配线部位:暗敷	m	3362.760
34	030411004004	配线	1. 名称:管内穿线 2. 型号:BV 3. 规格:BV-4.0 4. 材质:铜芯 5. 配线部位:暗敷	m	919.189
35	030411004005	配线	1. 名称:管内穿线 2. 配线形式:应急照明线路 3. 型号:ZRBV 4. 规格:ZRBV-2.5 5. 材质:铜芯 6. 配线部位:暗敷	m	463.024
36	030411004006	配线	1. 名称:桥架配线 2. 型号:BV 3. 规格:BV-2.5 4. 材质:铜芯 5. 配线部位:暗敷	m	373.341
37	030411004007	配线	1. 名称:桥架配线 2. 型号:BV 3. 规格:BV-4.0 4. 材质:铜芯 5. 配线部位:暗敷	m	1388.214

续表

序号	编码	项目名称	项目特征	单位	工程量
38	030411004008	配线	1. 名称:桥架配线 2. 型号:BV 3. 规格:BV-4.0 4. 材质:铜芯 5. 配线部位:暗敷	m	433.921
39	030411004009	配线	1. 名称:桥架配线 2. 配线形式:应急照明线路 3. 型号:ZRBV 4. 规格:ZRBV-2.5 5. 材质:铜芯 6. 配线部位:暗敷	m	57.737
40	030411001006	配管	1. 名称:塑料管 2. 材质:PC 3. 规格:PC16 4. 配置形式:暗配	m	5.836
41	030408003001	电缆保护管	1. 名称:电缆保护管 2. 材质:SC 3. 规格:150mm 以下 4. 敷设方式:FC	m	12.448
42	030411001007	配管	1. 名称:电气配管 2. 材质:SC 3. 规格:SC32 4. 配置形式:暗配	m	5.508
43	030411001008	配管	1. 名称:电气配管 2. 材质:SC 3. 规格:SC40 4. 配置形式:暗配	m	3.000
44	030411001009	配管	1. 名称:电气配管 2. 材质:SC 3. 规格:SC50 4. 配置形式:暗配	m	4.874
45	030411001010	配管	1. 名称:电气配管 2. 材质:SC 3. 规格:SC50 4. 配置形式:暗配	m	3.200
46	030411001011	配管	1. 名称:电气配管 2. 材质:SC 3. 规格:SC65 4. 配置形式:暗配	m	6.055
47	030411003001	桥架	1. 名称:桥架 2. 规格:200×100 3. 材质:强电金属桥架	m	95.613
48	030408001001	电力电缆	1. 名称:电力电缆 2. 型号:YJV 3. 规格:YJV-4×35+16 4. 材质:铜芯电缆 5. 敷设方式、部位:桥架敷设	m	6.316
49	030408001002	电力电缆	1. 名称:电力电缆 2. 型号:YJV 3. 规格:YJV-4×50+25 4. 材质:铜芯电缆 5. 敷设方式、部位:桥架敷设	m	6.244

续表

序号	编码	项目名称	项目特征	单位	工程量
50	030408002001	控制电缆	1. 名称:控制电缆 2. 型号:KVV 3. 规格:KVV-4×1.5 4. 材质:铜芯电缆 5. 敷设方式、部位:CC/WC	m	8.982
51	030408001003	电力电缆	1. 名称:电力电缆 2. 型号:YJV22 3. 规格:YJV22-4×185 4. 材质:铜芯电缆 5. 敷设方式、部位:直接埋地敷设	m	8.112
52	030408001004	电力电缆	1. 名称:电力电缆 2. 型号:YJV 3. 规格:YJV-4×35+16 4. 材质:铜芯电缆 5. 敷设方式、部位:FC	m	8.896
53	030408001005	电力电缆	1. 名称:电力电缆 2. 型号:YJV 3. 规格:YJV-4×35+16 4. 材质:铜芯电缆 5. 敷设方式、部位:WC	m	8.275
54	030408001006	电力电缆	1. 名称:电力电缆 2. 型号:YJV 3. 规格:YJV-4×50+25 4. 材质:铜芯电缆 5. 敷设方式、部位:WC	m	20.369
55	030408001007	电力电缆	1. 名称:电力电缆 2. 型号:YJV 3. 规格:YJV-5×6 4. 材质:铜芯电缆 5. 敷设方式、部位:WC	m	11.874
56	030408001008	电力电缆	1. 名称:电力电缆 2. 型号:YJV 3. 规格:YJV-4×35+16 4. 材质:铜芯电缆 5. 敷设方式、部位:桥架敷设	m	28.635
57	030408001009	电力电缆	1. 名称:电力电缆 2. 型号:YJV 3. 规格:YJV-4×50+25 4. 材质:铜芯电缆 5. 敷设方式、部位:WC	m	27.320
58	030408001010	电力电缆	1. 名称:电力电缆 2. 型号:YJV 3. 规格:YJV-4×50+25 4. 材质:铜芯电缆 5. 敷设方式、部位:桥架敷设	m	33.748
59	030408001011	电力电缆	1. 名称:电力电缆 2. 型号:YJV 3. 规格:YJV-5×6 4. 材质:铜芯电缆 5. 敷设方式、部位:WC	m	49.131

续表

序号	编码	项目名称	项目特征	单位	工程量
60	030408007001	控制电缆头	1. 名称:控制电缆头 2. 型号:KVV 3. 规格:6 芯以下	个	2.000
61	030408006001	电力电缆头	1. 名称:电力电缆头 2. 型号:YJV22 3. 规格:240mm^2 以下 4. 安装部位:户内	个	1.000
62	030408006002	电力电缆头	1. 名称:电力电缆头 2. 型号:YJV 3. 规格:35mm^2 以下 4. 安装部位:户内	个	2.000
63	030408006003	电力电缆头	1. 名称:电力电缆头 2. 型号:YJV 3. 规格:35mm^2 以下 4. 安装部位:户内	个	4.000
64	030408006004	电力电缆头	1. 名称:电力电缆头 2. 型号:YJV 3. 规格:120mm^2 以下 4. 安装部位:户内	个	6.000
65	030408006005	电力电缆头	1. 名称:电力电缆头 2. 型号:YJV 3. 规格:10mm^2 以下 4. 安装部位:户内	个	2.000
66	030409005001	避雷网	1. 名称:避雷网 2. 材质:热镀锌圆钢 3. 规格:10	m	226.856
67	030409001002	接地极	1. 名称:接地极-1 2. 材质:镀锌扁钢 3. 规格:25×4	根/块	1.802
68	030409001003	接地极	1. 名称:接地网 2. 材质:主筋	根/块	312.202
69	030409001004	接地极	1. 名称:接地网-1 2. 材质:镀锌扁钢 3. 规格:25×4	根/块	2.621
70	030409003001	避雷引下线	1. 名称:避雷引下线 2. 材质:主筋	m	72.522
71	030409002001	接地母线	1. 名称:户内接地母线 2. 材质:热镀锌扁钢 3. 规格:40×4	m	4.058
72	030409002002	接地母线	1. 名称:户外接地母线 2. 材质:热镀锌扁钢 3. 规格:40×4	m	13.729
73	030409001001	接地极	1. 名称:接地电阻检测卡子 2. 材质:镀锌角钢	根/块	4.000

续表

序号	编码	项目名称	项目特征	单位	工程量
74	030411006001	接线盒	1. 名称:JXH-1 2. 材质:塑料 3. 规格:86mm×86mm	个	365.000
75	030411006002	接线盒	1. 名称:JXH-2 2. 规格:86mm×86mm	个	195.000

表 5-12

工程名称:专用宿舍楼　　专业:智控弱电

序号	编码	项目名称	项目特征	单位	工程量
1	030502004001	电视、电话插座	1. 名称:电话插座 2. 安装方式:距地 0.3m	个	43.000
2	030502012001	信息插座	1. 名称:网络插座 2. 规格:KGT02 3. 安装方式:距地 0.3m	个/块	86.000
3	030502010001	配线架	1. 名称:弱电配线箱 2. 规格:甲方自选	个/块	2.000
4	030411001001	配管	1. 名称:塑料管 2. 材质:PC 3. 规格:PC20	m	736.923
5	030408003001	电缆保护管	1. 名称:电缆保护管 2. 材质:钢管 3. 规格:100mm 以下	m	6.000
6	030411001002	配管	1. 名称:钢管 2. 材质:SC 3. 规格:SC40	m	11.397
7	030411003001	桥架	1. 名称:桥架 2. 规格:200×100 3. 材质:弱电金属桥架	m	96.005

第六章 消防工程BIM计量实例

本章内容以专用宿舍楼案例工程消防工程为例进行介绍，该消防工程包括消火栓系统、自动喷淋系统、火灾自动报警系统三部分。

第一节 消防工程综述

在 BIM 安装算量 GQI2017 软件中消防专业操作流程为：新建工程—工程设置—楼层设置—添加图纸—分割图纸—图纸与楼层对应—定位图纸—绘图输入（消火栓系统、自动喷淋系统、火灾自动报警系统）—表格输入—汇总计算—报表打印。

本案例工程前面几部分“新建工程”—“楼层设置”—“图纸管理”操作步骤与给排水专业相同，在此不再一一赘述，详见第四章第一节“给排水工程综述”。本节主要介绍“绘图输入”（消火栓系统、自动喷淋系统、火灾自动报警系统）—“表格输入”相关内容。

一、消防工程图纸及业务分析

学习目标

学会分析图纸内容，提取算量关键信息。

学习要求

了解专业施工图的构成，具备一般施工图识图能力。

（一）图纸业务分析

配套图纸为《BIM 算量一图一练 安装工程》专用宿舍楼案例工程，该工程为 2 层宿舍楼，每层层高 3.6m，对于预算人员如何从图纸中读取“预算关键信息”及如何入手算量工作，下面针对这些问题，结合案例图纸，从读图、列项等方面逐一进行图纸业务分析。

1. 消防水工程施工图

专用宿舍楼消防水工程施工图由给排水设计及施工总说明（与消防工程通用）、消火栓系统图、一层给排水平面图、二层给排水平面图、屋面给排水平面图、一层喷淋平面图、二层喷淋平面图、喷淋系统图组成。

（1）水施-01 给排水设计及施工总说明

1）包含的主要内容

① 设计依据。

② 消防设计参数：该工程包括的消防系统有自动喷淋系统与消火栓系统，设计要求包

括喷淋系统喷头安装的设计规范要求、连接喷头接管管径要求、消火栓及手提式灭火器在本工程中的设计要求。

③ 管道材料：根据工程要求说明，消防给水管道根据安装部位对材质及连接方式要求。

④ 管件、阀门等附件选用：对于该工程阀门、附件的类型要求和安装高度要求。

⑤ 管道敷设：管道施工安装要求及套管、阻水圈、预留洞口的安装要求。

⑥ 管道试压与冲洗：自动喷淋管道试压与冲洗要求。

⑦ 管道防腐：施工中刷漆要求。

⑧ 其他：注明标高要求及公称外径与公称直径的对应表。

⑨ 图例表：本工程用到的所有设备及管线在图纸中的表示方法。

2）计算工程量相关信息

① 喷淋系统：喷头为吊顶型喷头，喷头接管直径均为 $DN25$，与配水管相接直径均为 $DN25$。

② 消火栓系统：室内消防栓明装或半明装安装，单栓，接口 $DN65$，消防栓口距地1.1m，消防栓配置参数，手提式灭火器。

③ 注意给水管道的材质及连接方式、管径要求，这些信息对计价套取清单和定额项有影响，会影响预算单价。

④ 套管安装方式，比通过管道外径大2号，穿外墙和屋面板设柔性防水套管。

⑤ 管道冲洗压力试验。

⑥ 明装热镀锌钢管刷银粉两道，埋地的刷沥青漆或热沥青两道。

（2）水施-02 消火栓系统图

① 各系统图标注各段立管管径、横支管管径及管道走向，并注意管径变径点。

② 读取入户管标高、水平管标高及立管管顶标高。

③ 读取消火栓系统自动排气阀设置位置。

④ 读取消火栓系统阀门在立管上的安装位置及数量。

⑤ 与平面图对应确认消火栓的安装位置与数量。

（3）水施-04/水施-05 一层二层给排水平面图

① 读取灭火器规格、配置数量及位置。

② 根据平面图读取入户管、其他水平管、立管位置，水平管根据标注的管径及标高计算其长度。

③ 通过平面图读取立管数量，与系统图对照计算各立管长度。

④ 通过水平管道与墙、立管与楼板相交位置，读取套管数量及位置。

⑤ 根据管道变径、分支、转弯位置读取管件数量，根据其相接管道管径确定其管径组成。

⑥ 根据管道长度计算支架数量及刷油面积。

（4）水施-06 屋面给排水平面图

读取试验用消火栓 XL-5 的位置及数量。

（5）水施-07 /水施-08 一层、二层喷淋平面图

① 从平面图读取喷头数量及安装位置，确定其安装高度，计算喷头数量及接管长度。

② 从平面图读取喷淋入户管、其他水平管道位置，根据各管段管径计算其长度。

③ 从平面图读取喷淋立管位置，与系统图对应确定其管径及高度。

④ 从平面图读取水流指示器、信号阀等各类阀门附件的位置、数量。

⑤ 通过水平管道与墙、立管与楼板相交位置，读取套管数量及位置。

⑥ 根据管道变径、分支、转弯位置读取管件数量，根据其相接管道管径确定其管径组成。

⑦ 根据管道长度计算支架数量及刷油面积。

（6）水施-09 喷淋系统图

① 从系统图读取配水干管水平管标高及管径、立管标高及管径。

② 读取末端试水装置、末端试水阀安装位置、高度，计算连接其立管长度。

③ 读取自动排气阀安装位置及高度，计算连接其立管长度。

2. 消防电工程施工图

消防电工程施工图由消防报警系统设计说明、消防报警系统图、火灾报警系统电缆表、一层消防报警平面图、二层消防报警平面图组成。

（1）电施-04 弱电系统图

① 消防报警系统设计说明：读取到本案例消防电气部分采用区域火灾报警控制系统，确定区域火灾报警器、消防端子箱敷设安装方式、位置。

② 确定一层区域火灾报警器与消防端子箱连接方式（消防金属线槽 100×100）。

③ 连接消防器具的配管、穿线、敷设方式要求（见火灾报警系统电缆表）。

（2）电施-12/电施-13 一层、二层消防报警平面图

① 从平面图读取消防器具（感烟探测器、报警电话、手动报警按钮、扬声器、声光报警器、模块）箱柜（区域报警控制器、端子箱）数量及安装位置，对照图例说明确定其安装高度，计算其数量。

② 从一层平面图读取入户管、其他水平管线位置，对照“火灾报警系统电缆表”计算各回路管线长度及其与消防器具连接的竖向管线长度。

③ 从平面图读取竖向桥架位置，与系统图对应确定其截面及高度。

（二）本章任务说明

本章各节任务实施均以《BIM 算量一图一练 安装工程》中专用宿舍楼案例工程消防工程首层构件展开讲解，其他楼层请读者在学习本章之后自行完成。

二、消防工程——新建工程

本消防工程“新建工程、楼层管理”与给排水工程相同，在此不再一一赘述，详情请参见第四章第一节下的“给排水案例工程——新建工程”。

三、消防工程——CAD 图纸管理

本消防工程“CAD 图纸管理”与给排水工程相同，在此不再一一赘述，详情请参见第四章第一节下的“给排水案例工程——CAD 图纸管理”。

第二节　消火栓系统建模算量

一、消火栓建模

学习目标

1. 了解消火栓的类型及计算规则。

2. 能够应用造价软件识别消火栓构件并建模，准确计算消火栓工程量。

学习要求

1. 掌握消火栓图例表示方法。
2. 通过平面图与系统图对照，快速读懂消火栓布置情况。

（一）任务说明

完成首层消火栓的工程量计算。

（二）任务分析

1. 分析图纸

（1）在图纸中首先查看图纸水施-01，设计说明信息对消火栓明确了组成内容和安装方式及安装高度，如图6-1所示，其组成内容与安装方式会影响该清单项目特征描述，安装高度会决定与之相连的消防水管的长度，影响消防水管的工程量。

（2）查看水施-01图例表中对消火栓的平面与系统图表示方法，如图6-2所示。

2.1 室外消防用水量：25L/s，室内消防用水量10L/s。

室内消防栓明装或半明装。箱内设DN65×19毫米水枪一支，DN65毫米衬胶水龙带一条，长25米，消防栓口距地面为1.1米。

图 6-1

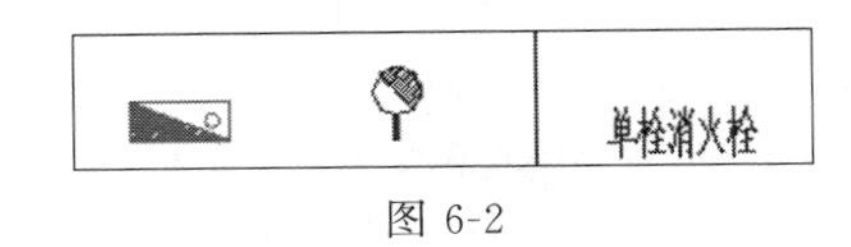

图 6-2

（3）查看水施-02，与水施-04进行平面图与系统对比查看，确定消火栓的平面位置。

2. 软件基本操作步骤

显示消火栓平面图，切换到“消防专业—消火栓”构件类型下，点击相应功能按钮，在CAD图上选择图例，输入构件属性，软件自动识别消火栓构件。

3. 分析消火栓的识别方法

软件中消火栓的识别方法为“消火栓”，该功能已将图集《05S4消防工程》内置，各种消火栓的安装形式、与支管连接样式都已内嵌入软件，并且连接栓口的支管也会与消火栓同时生成。

（三）任务实施

1. 消火栓构件属性定义

（1）在“绘制”选项卡下导航栏的树状列表中选择“消火栓”，单击“消火栓”功能按钮，此时“构件列表”会显示消火栓，“消火栓”功能按钮为选中状态，如图6-3所示。

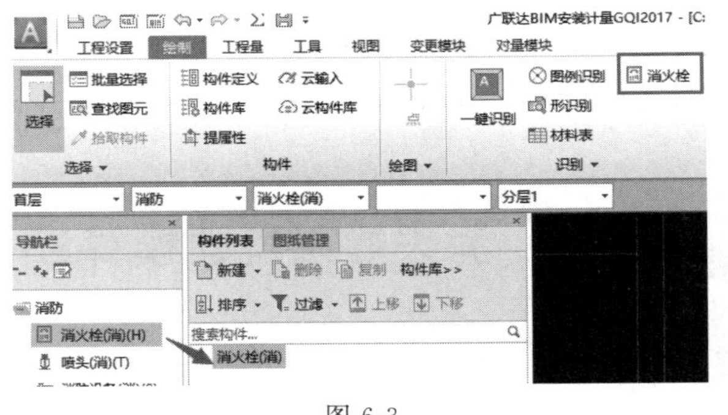

二维码 49

二维码 50

图 6-3

（2）在绘图区中，将光标移到消火栓图例上，光标变为回字形时左键单击选择，右键单击确认，弹出如图 6-4 所示界面，单击“要识别成的消火栓”右侧[...]，弹出如图 6-5 所示对话框，单击“新建”，选择“新建消火栓”新建 XHS-1，右侧显示属性项与属性值，按图纸要求填入的属性值如图 6-6 所示，点击“确认”。

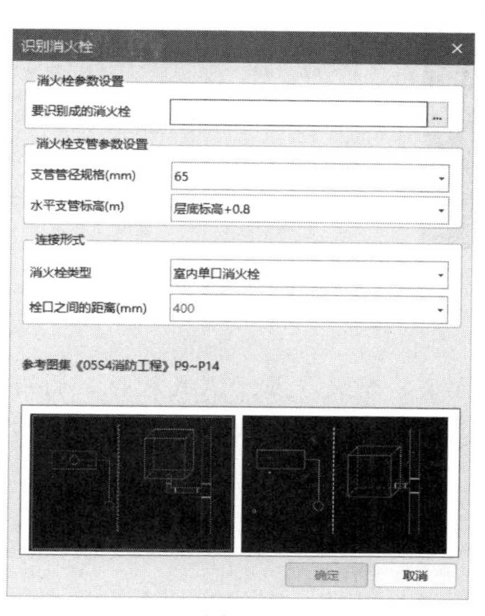

图 6-4

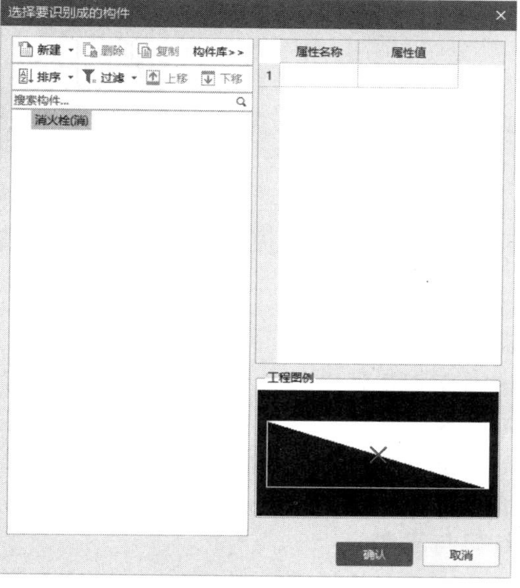

图 6-5

2. 生成模型

（1）新建“消火栓”构件属性后，进入“识别消火栓”对话框，在此界面需要输入连接消火栓支管的属性信息，虽然软件已有常规默认属性，但要与系统图对照进行修改，如图 6-7所示。

	属性名称	属性值	附加
1	名称	室内消火栓	
2	类型	室内消火栓	☑
3	规格型号	DN65*19水枪...	☑
4	消火栓高度(...	800	☐
5	栓口标高(m)	层底标高+1.1	☐
6	所在位置	室内	☐
7	安装部位	明装	☐
8	系统类型	消火栓灭火系统	☐
9	汇总信息	消火栓(消)	☐
10	是否计量	是	☐
11	乘以标准间...	是	☐
12	倍数	1	

图 6-6

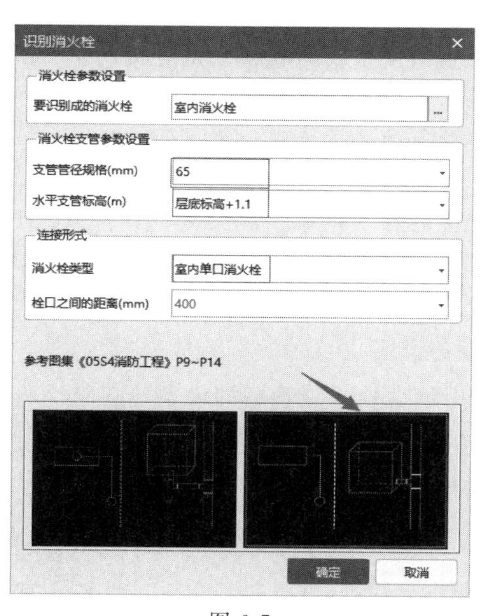

图 6-7

（2）点击“确定”按钮，软件进行消火栓图元识别，识别数量如图 6-8 所示，识别图元模型如图 6-9 所示。

3. 工程量参考

消防工程消火栓工程量参考如图 6-10 所示。

图 6-8

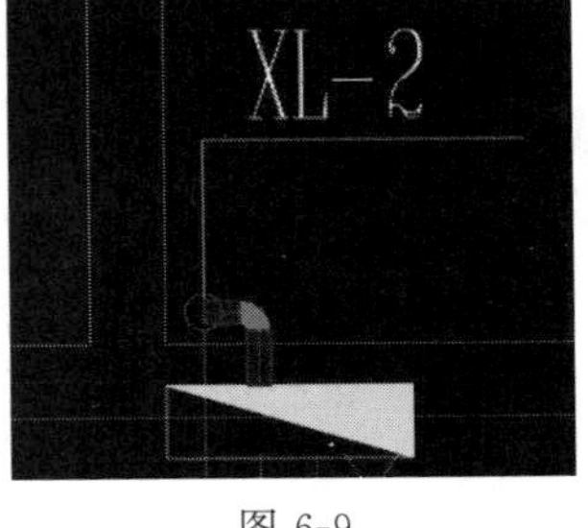

图 6-9

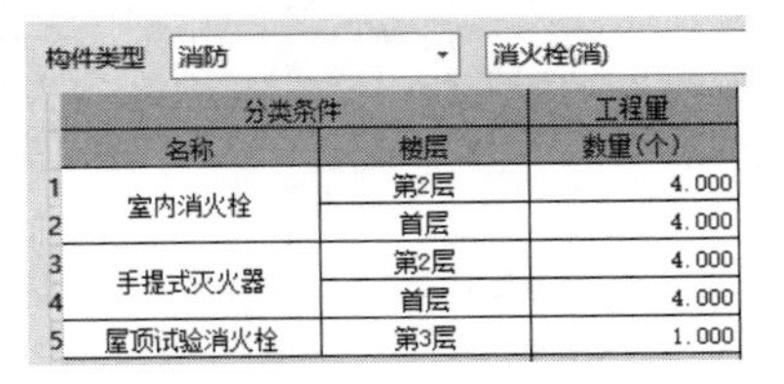

构件类型 消防 消火栓(消)

	分类条件		工程量
	名称	楼层	数量(个)
1	室内消火栓	第2层	4.000
2		首层	4.000
3	手提式灭火器	第2层	4.000
4		首层	4.000
5	屋顶试验消火栓	第3层	1.000

图 6-10

总结拓展

本部分主要讲述了消火栓的识别方法及属性定义方法，消火栓属于点式构件，利用“图例识别”或“形识别”这两种方法也可以识别，但它们不会自带连接消火栓的支管，需要自己布置，所以识别消火栓时建议采用上述介绍的方式“识别消火栓”。

要结合系统图与设计说明要求，选择对应的消火栓类型。

练习与思考

1. 定义消火栓的属性时，哪些属性项会影响连接管道的计算，哪些属性会影响套取清单定额？

2. 在哪里进行消火栓的类型的切换？

3. 完成建立本层消火栓模型及工程量计算。

二、管道建模

学习目标

1. 能够应用造价软件熟练定义管道构件，并准确定义其属性。
2. 熟练掌握消火栓立管与水平管的识别方法并建立模型。
3. 了解管道的清单计算规则。

学习要求

1. 掌握管道在图纸前、后、左、右、上、下的表示方式。
2. 通过平面图与系统图对照，快速读懂管道布置情况。
3. 具备相应的手工计算知识。

(一) 任务说明

完成首层消火栓系统管道的模型建立与工程量计算。

(二) 任务分析

1. 分析图纸

（1）查看图纸水施-01、水施-02、水施-04，提取预算相关信息。设计说明信息中对管道明确了材质及连接方式，如图 6-11 所示。其材质及连接方式会影响管道的清单项及项目特征描述。水施-02 中明确管道的管径及安装高度，干管管

3. 消防给水管道室外埋地部分采用球墨铸铁管，水泥捻口或橡胶圈接口方式连接；消火栓和喷淋室内管道采用内外热浸镀锌钢管，DN>80 为卡箍连接。其余螺纹连接。

图 6-11

径为 $DN100$，连接消火栓的管道为 $DN65$。

（2）读取“水施-02”消火栓系统图可知，连接水平干管与立管的水平支管，该段管径为 $DN100$。

（3）通过水施-02 与水施-04 进行平面图与系统图对比查看，确定消火栓各管道的平面位置。

2. **软件基本操作步骤**

完成消火栓系统管道建模，分为建立水平管与立管两部分：

（1）识别 CAD 管线，检查识别路径，建立水平管构件，生成水平管图元。

（2）识别 CAD 立管图例，输入属性信息，生成立管图元。

3. **分析消火栓管道的识别方法**

软件中消防水平管道的识别方法为批量识别管道的有按喷头个数识别、按系统编号识别、标识识别及手动选择的“选择识别”功能。在消防专业中，适合识别消火栓系统的管道功能为“按系统编号识别”，“选择识别”可以作为补充识别的方式。

（三）任务实施

1. **建立消火栓立管构件及模型**

查看水施-04 及系统图可知，消防立干管共有四根，可以通过“立管识别”功能识别这四根立管并建立模型。

（1）在“绘制”选项卡下导航栏的树状列表中，选择“消防专业”—“管道”，单击“立管识别”功能，如图 6-12 所示。

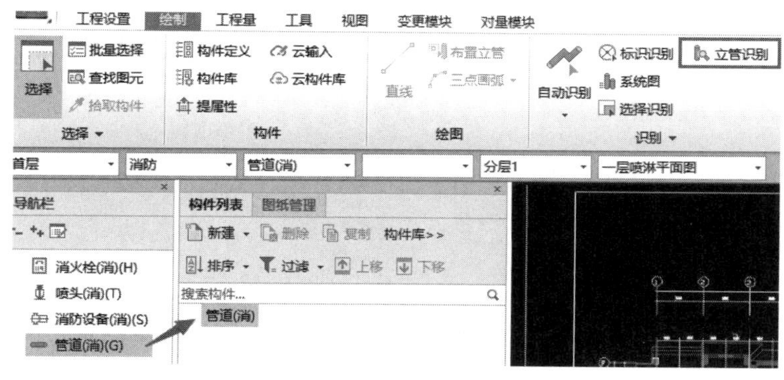

图 6-12

（2）在绘图区中，将光标移到立管图例上，光标变为回字形时左键单击选择立管图例，此时管道为蓝色选中状态，可将图中四根立管同时选中，确认无误后点击右键进行确认，弹出如图 6-13 所示的对话框。通过查看系统图可知，连接本层消火栓的立干管管径为 $DN65$。建消火栓模型时就已生成过 $DN65$ 构件，此时无须再新建构件，选中 $DN65$ 管道，直接修改其标高为起点标高 1.1m，终点标高 3.4m，如图 6-14 所示。

（3）点击“确认”按钮，连接消火栓的立管模型生成。

（4）采用同样的方法，即采用“立管识别”或“布置立管”的方法生成通向二层终点标高为 2F+3.4 的 $DN100$ 立管。

2. **建立消火栓水平管道构件及模型**

（1）消火栓水平管道要识别的路径检查

① 在“绘制”选项卡下导航栏的树状列表中，选择“消防专业”—“管道”，单击“自动识别—按系统编号识别”功能按钮，此时“构件列表”会显示管道，如图 6-15 所示。

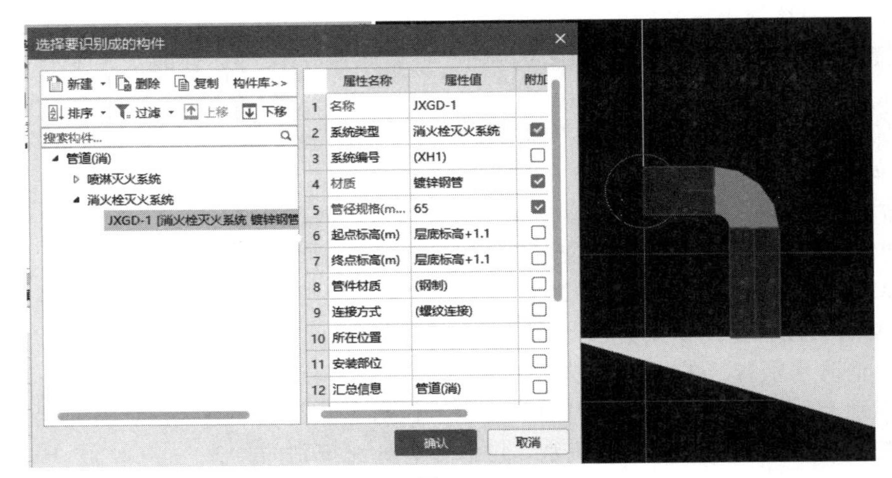

图 6-13

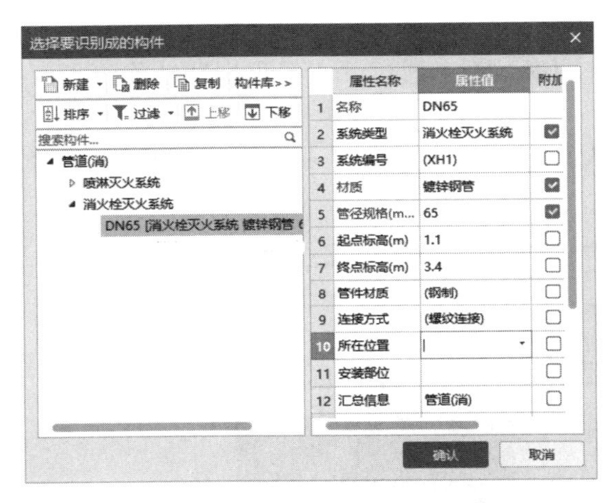

图 6-14

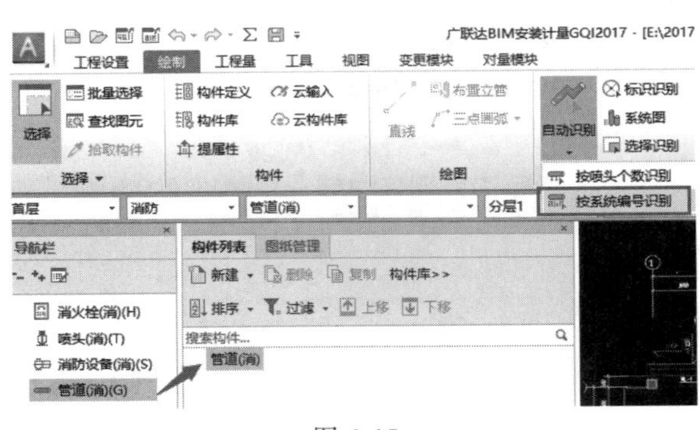

图 6-15

② 在绘图区中，将光标移到管道图例上，光标变为回字形时左键单击选择管道图例，并选择一个管径标注 $DN100$，此时管道与管径标注 $DN100$ 为蓝色选中状态，此时，可放大或缩小绘图区图纸，检查此路径上的管线选择情况，确认无误后右键单击确认，弹出如图 6-16 所示的管道构件信息对话框，在此新建管径对应的构件。

③ 双击对话框中"反查"—"路径 2"出现[...]按钮，点击该按钮，"管道构件信息"对话框隐藏，高亮度绿色显示 $DN100$ 的路径，根据此路径检查 $DN100$ 的选择路径是否正确，经检查无误，点击右键确认。

（2）消火栓管道构件属性定义及水平管模型生成

① 双击构件名称列，如图 6-17 所示。

② 点击该按钮，弹出"选择要识别成的构件"对话框，点击"新建"—"新建管道"，按图纸要求输入管道构件信息，信息输入后如图 6-18 所示，点击"确认"。

③ 双击"反查"—"路径 1"出现[...]按钮，点击该按钮，"没有对应标注的管线"显示为连接水平干管与立管的水平支管，如图 6-19 所示，读取"水施-02"消火栓系统图可知，该段管径为 $DN100$，并且绘图区识别无误，点击右键确认，双击构件名称列，点击[...]在弹出的"选择要识别成的构件"对话框中，选择构件 $DN100$，如图 6-20 所示。

管道构件信息

系统类型：消火栓灭火系统 材质：镀锌钢管 建立/匹配构件

	标识	反查	构件名称
1	没有对应标注的管线	路径1	
2	DN100	路径2	

系统编号 删除 确定 取消

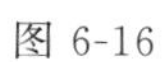

图 6-16

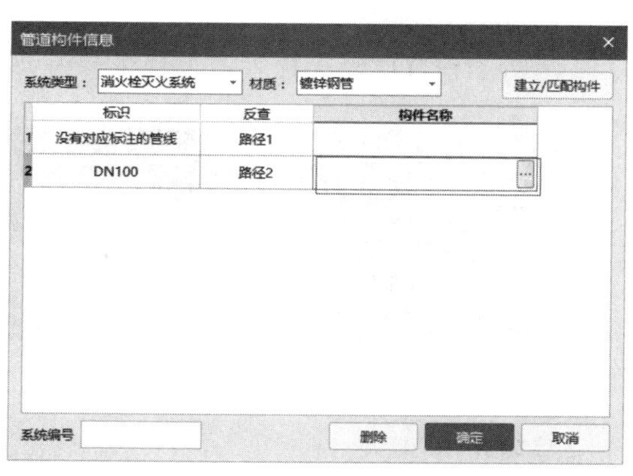

图 6-17

	属性名称	属性值	附加
1	名称	DN100	
2	系统类型	消火栓灭火系统	☑
3	系统编号	(XH1)	☐
4	材质	镀锌钢管	☑
5	管径规格(m...	DN100	☑
6	起点标高(m)	层底标高+3.4	☐
7	终点标高(m)	层底标高+3.4	☐
8	管件材质	(钢制)	☐
9	连接方式	沟槽连接	☐
10	所在位置		☐
11	安装部位		☐
12	汇总信息	管道(消)	☐
13	备注		☐

确认 取消

图 6-18

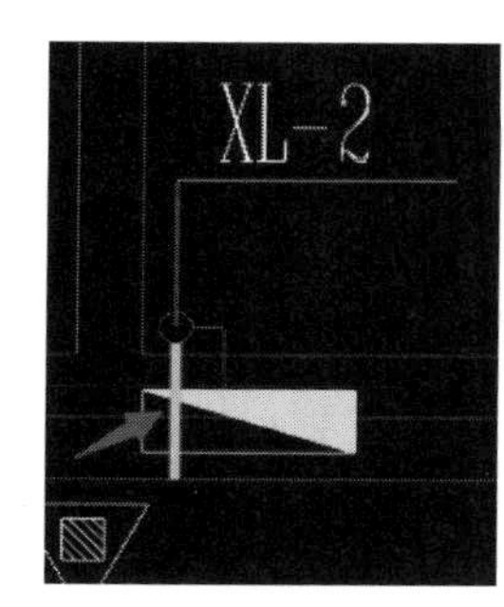

图 6-19

④ 点击“确定”按钮，软件进行管道图元识别，识别后管道 $DN100$ 图元模型如图 6-21 所示。

管道构件信息

系统类型：消火栓灭火系统 材质：镀锌钢管 建立/匹配构件

	标识	反查	构件名称
1	没有对应标注的管线	路径1	DN100
2	DN100	路径2	DN100

系统编号 删除 确定 取消

图 6-20

3. 工程量参考

消防工程首层消火栓管道工程量参考如图 6-22 所示。

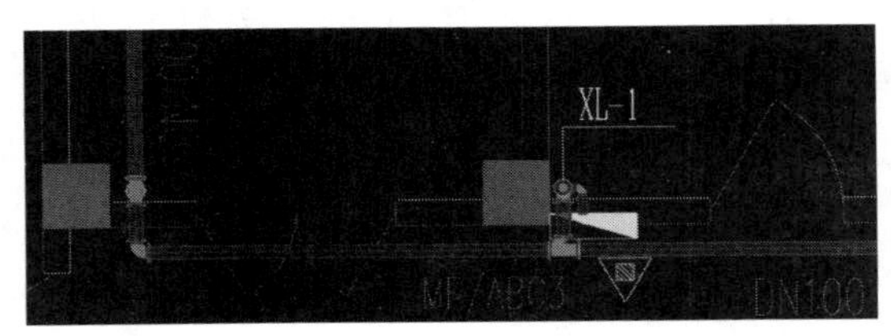

图 6-21

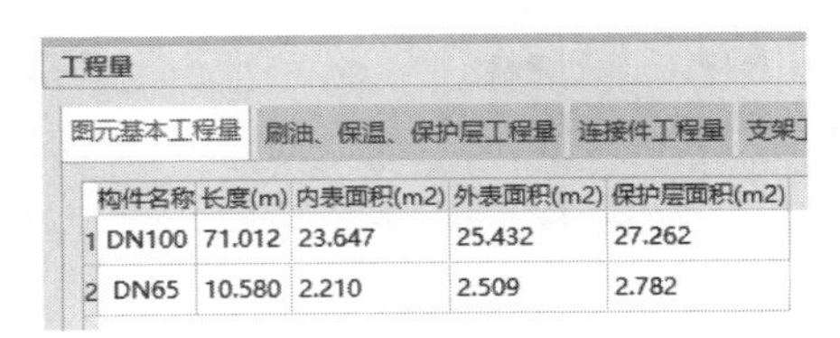

工程量

图元基本工程量 | 刷油、保温、保护层工程量 | 连接件工程量 | 支架工

	构件名称	长度(m)	内表面积(m2)	外表面积(m2)	保护层面积(m2)
1	DN100	71.012	23.647	25.432	27.262
2	DN65	10.580	2.210	2.509	2.782

图 6-22

总结拓展

本部分主要讲述了消火栓管道的构件属性定义方式及识别方法。

1. 消火栓管道的识别方法为“按系统编号识别”，关键属性有系统类型、材质、标高、连接方式，这些属性需要依据设计说明、系统图明确其属性值。

2. 当一层的水管管道属性相同并且数量不多时，可以直接新建构件，然后采用“直线”画法直接对照 CAD 底图描图，这种方法也很便捷。

3. 管道识别时有一个反查路径过程，在反查过程中可以再次选择其他 CAD 线进行补选，或者选择已在路径的 CAD 线，反选代表取消该 CAD 线。

4. “修改标高”：首层 X1 进户管显示标高为－1.15m，进户后在 2 轴与 D 轴相交处右侧，显示标高会变化，后面的管线为＋3.4m，当时批量识别管道时，标高都为＋3.4m，此时在选择状态下，可单选 X1 进户管，该管显示为蓝色，在“属性编辑器”修改为标高为－1.15，软件会自动生成高差位置的竖向管道，如图 6-23 所示。

5. 延伸水平管

识别完水平管、立管后，由于立管图例与实际立管管径相差较大，水平管与立管之间有一定的间距，这时可使用“延伸水平管”功能，使水平管延伸与立管相交。具体操作步骤为：

(1) 触发“绘制”—“二次编辑”功能包中的“延伸水平管”功能。

(2) 按鼠标左键点选需要延伸的构件图元，按右键弹出输入延伸长度窗口，如图 6-24 所示。

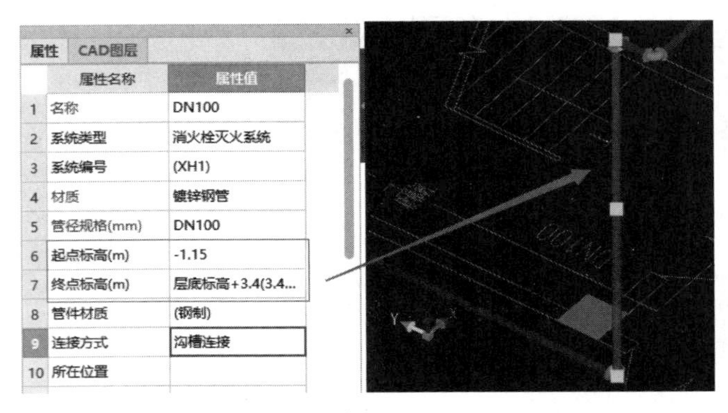

图 6-23

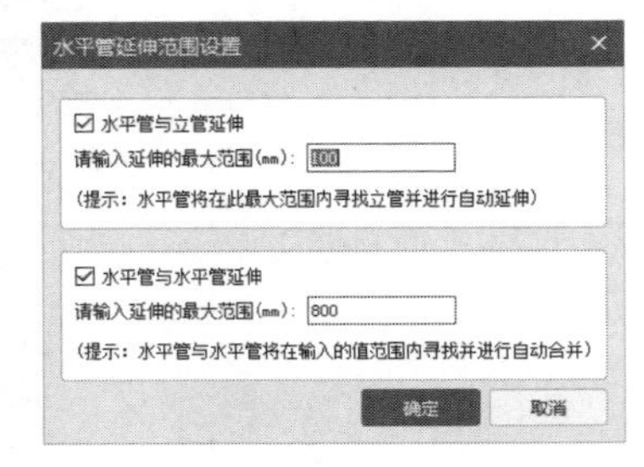

图 6-24

(3) 输入完成后点击“确定”，软件即可将此水平管与立管连接上。同样的操作可以延

伸水平管与水平管。

练习与思考

1. 新建管道构件时，构件的哪些属性影响工程量计算结果及套取清单定额？

2. 生成立管模型的方式有哪几种？如何操作？

3. 生成水平管如何操作？

第三节 自动喷淋系统建模算量

一、喷头建模

学习目标

1. 掌握喷头计算规则。

2. 能够应用造价软件识别喷头构件并建模，准确计算工程量。

学习要求

1. 掌握喷头图例表示方法。

2. 通过平面图与系统图对照，快速掌握喷头布置情况。

（一）任务说明

完成专用宿舍楼案例工程消防工程首层喷头的工程量计算。

（二）任务分析

1. 分析图纸

（1）在图纸中首先查看图纸水施-01，设计说明信息明确了喷头的类型和安装要求，如图 6-25 所示。其安装方式会影响该清单项目的特征描述；安装高度会决定与之相连的消防水管的长度，影响消防水管的工程量。

（2）查看水施-01 图例表中喷头的平面与系统图表示方法，如图 6-26 所示。

2.2 自动喷淋系统

（1）本建筑灭火等级为中危险级（Ⅰ级），设计喷水强度为6L/(min·m)；作用面积为160m²。

（2）喷头安装：宿舍内的喷头采用吊顶型喷头。喷头接管直径均为DN25，与配水管相接的管道直径为DN25。

（3）喷头动作温度为68℃，喷头的安装应严格执行04S206《自动喷水与水喷雾灭火设施安装》。

（4）除吊顶型喷头及吊顶下安装的喷头外，直立型、下垂型标准喷头，其溅水盘与顶板的距离不应小于75mm，不应大于150mm。其余特殊情况详见《自动喷水灭火系统设计规范》GB 50084—2001（2005年版）7.1.3条规定。

图 6-25

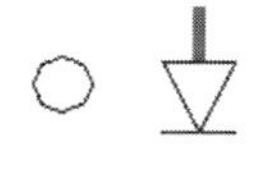

吊顶型喷头

图 6-26

（3）查看水施-07，与水施-09 进行平面图与系统图对比查看，确定喷头的平面位置。

2. 软件基本操作步骤

显示喷淋系统平面图，切换到“消防专业”—“喷头”构件类型下，点击相应功能按钮，在 CAD 图上选择图例，输入构件属性，软件自动识别喷头构件图元。

3. 分析喷头的识别方法

喷头为点式构件，采用“图例识别”功能识别图例建模。

（三）任务实施

1. 喷头构件属性定义及模型生成

（1）选择“分层 2”，图纸切换到“一层喷淋平面图”，在“绘制”选项卡下导航栏的树状列表中，选择“喷头”，单击“图例识别”功能按钮，此时“构件列表”会显示喷头，“图例识别”功能按钮为选中状态，如图 6-27 所示。

（2）在绘图区中，将光标移到喷头图例上，光标变为回字形时左键单击选择，右键单击确认，弹出如图 6-28 所示的界面。

图 6-27

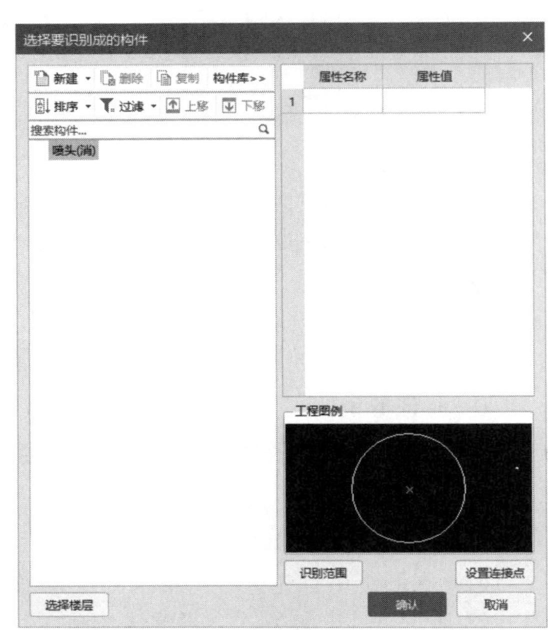

图 6-28

（3）单击“新建”，选择“新建喷头”新建 PT-1，右侧显示属性项与属性值，按图纸要求填入的属性值如图 6-29 所示，点击“确认”。

（4）点击“确定”按钮，软件进行喷头图元识别，模型识别数量如图 6-30 所示。

2. 工程量参考

消防工程喷头工程量参考如图 6-31 所示。

总结拓展

本部分主要讲述了喷头的构件属性定义方法及识别方法，喷头属于点式构件，利用“图例识别”或“形识别”这两种方法都可以识别。

1. 形识别的应用为：当图纸中的点式图例形状相同但大小有微小差别时，可以利用该功能识别该点式设备。

2. 形识别功能的识别步骤与图例识别完全相同，图例之间的大小差异在软件中是通过控制误差值实现的，具体操作如下：

第一步：点击“绘制”选项卡—“识别”功能包下拉箭头，如图 6-32 所示。

第二步：点击“CAD 识别选项”弹出对话框（图 6-33），可在此修改数值，以便更好识别。

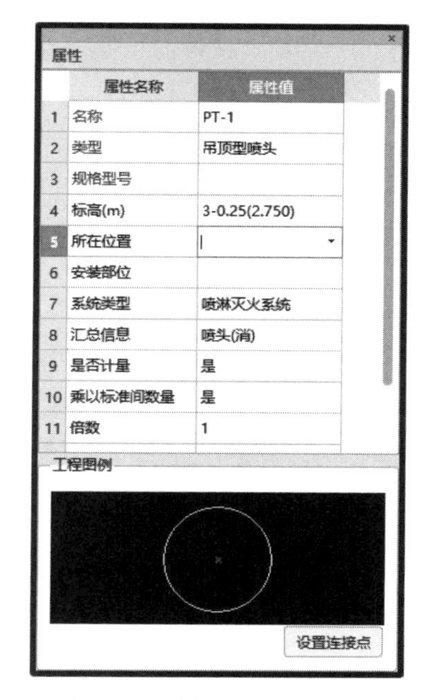

图 6-29

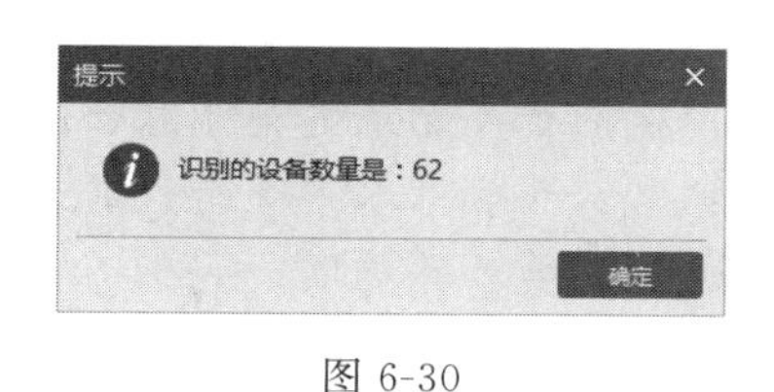

图 6-30

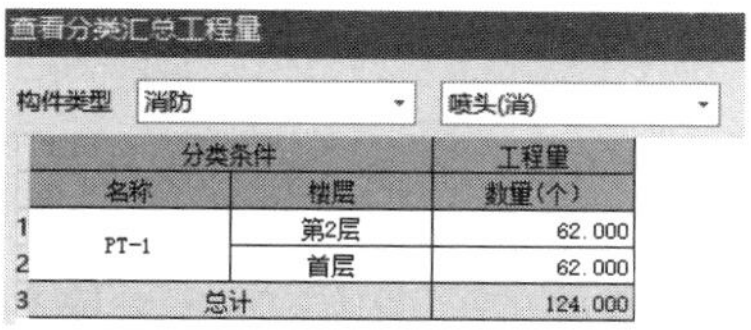

查看分类汇总工程量

构件类型　消防　喷头(消)

	分类条件		工程量
	名称	楼层	数量(个)
1	PT-1	第2层	62.000
2		首层	62.000
3	总计		124.000

图 6-31

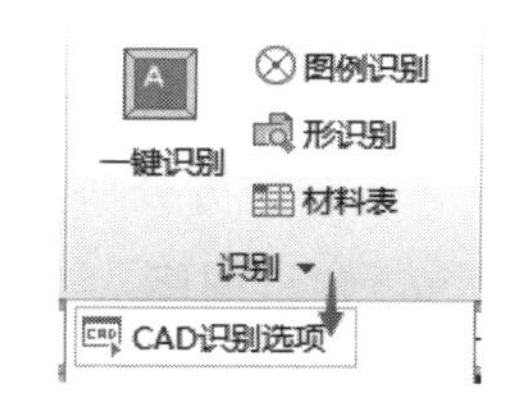

图 6-32

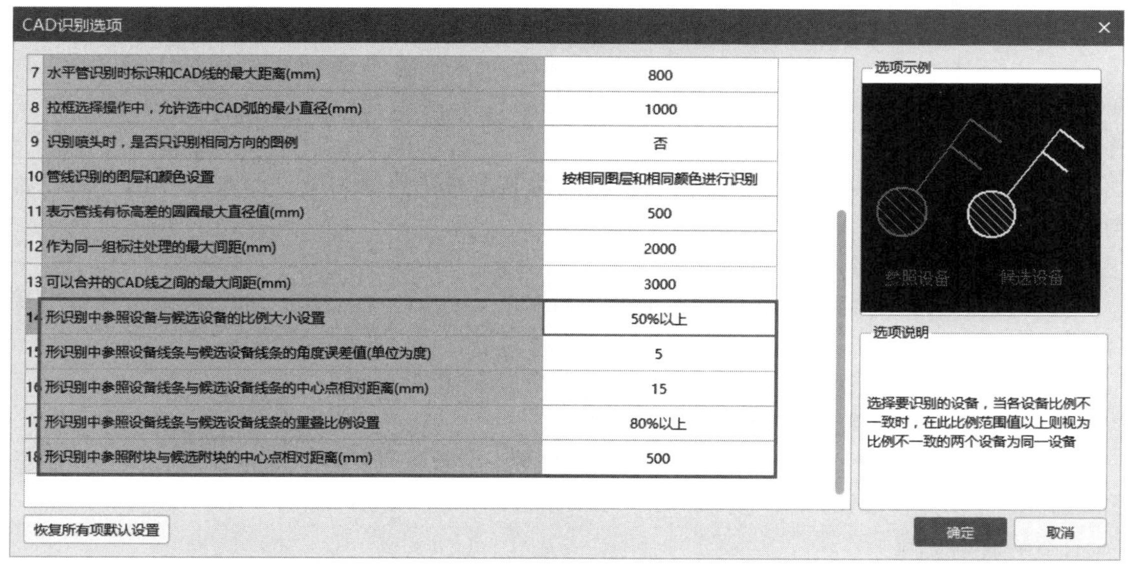

图 6-33

练习与思考

1. 定义喷头的属性时，哪些属性项会影响连接管道的计算，哪些属性会影响套取清单定额？

2. 喷头的识别方法是什么？

3. 当 CAD 图纸中表示喷头的图例大小不相同时，还可以采用什么方法识别喷头？

二、喷淋管道建模

学习目标

1. 能够应用造价软件熟练定义喷淋管道构件并准确定义其属性。
2. 熟练掌握喷淋立管与水平管的识别方法并建立模型。
3. 了解管道的清单计算规则。

学习要求

1. 掌握管道在图纸前、后、左、右、上、下的表示方式。
2. 通过平面图与系统图对照，快速读懂管道布置情况。
3. 具备相应的手工计算知识。

(一) 任务说明

完成首层喷淋管道的模型建立与工程量计算。

(二) 任务分析

1. 分析图纸

(1) 查看图纸水施-01、水施-07、水施-09，提取预算相关信息。设计说明信息中对管道明确了材质及连接方式，如图 6-34 所示，其材质及连接方式会影响管道的清单项及项目特征描述。水施-09 中明确了管道的管径及安装高度，入户干管管径为 $DN150$，水平干管为 $DN100$，末端试水阀距地 1.5m，连接喷头的管道均为 $DN25$。

3. 消防给水管道室外埋地部分采用球墨铸铁管，水泥捻口或橡胶圈接口方式连接；消火栓和喷淋室内管道采用内外热浸镀锌钢管，DN>80 为卡箍连接，其余螺纹连接。

图 6-34

(2) 通过水施-07 与水施-09 进行平面图与系统图对比查看，确定喷淋管道的平面位置与立管高度。

2. 软件基本操作步骤

(1) 检查 CAD 图纸“分层 2 一层喷淋平面图”，识别 CAD 管线，建立喷淋系统管道构件，生成图元。

(2) 识别 CAD 立管图例，输入属性信息，生成立管图元。

3. 分析喷淋管道的识别方法

软件中适合喷淋管道的识别方法有两种：按喷头个数识别和标识识别。本案例工程图纸绘制方法适合“标识识别”，“选择识别”可以作为补充识别的方式。

(三) 任务实施

1. 建立喷淋水平管道构件及模型

(1) 检查绘图区显示“一层喷淋平面图”CAD 图纸，在“绘制”选项卡下导航栏的树状列表中，选择“消防专业”—“管道”，单击“标识识别”功能按钮，此时“构件列表”会显示管道。

(2) 在绘图区中，将光标移到管道图例上，光标变为回字形时左键单击选择管道图例，并选择一个管径标注 $DN25$，此时管道与管径标注 $DN25$ 为蓝色选中状态，单击右键进行确认，弹出标识识别对话框，在此修改管道材质与标高值，如图 6-35 所示。

(3) 点击“确定”按钮，软件会根据图纸标识自动生成 $DN25$、$DN32$、$DN50$ 等一系列构件及图元。识别后的管道图元模型如图 6-36 所示。

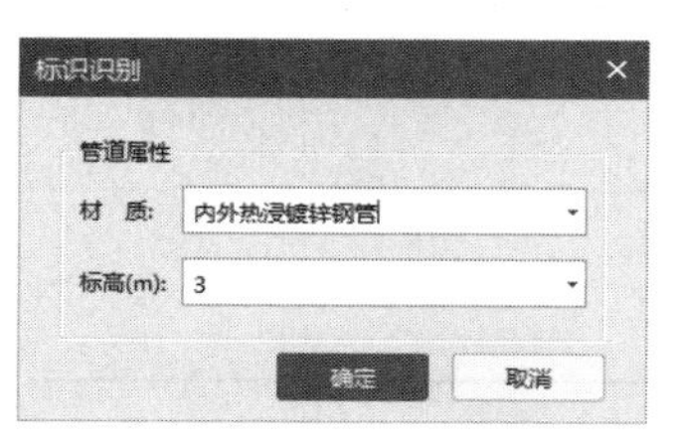

图 6-35

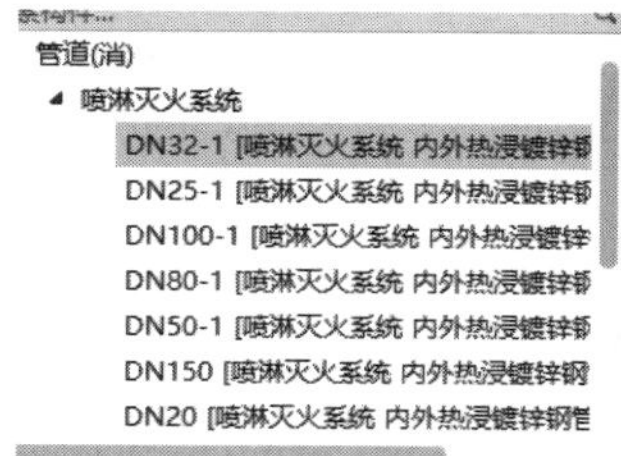

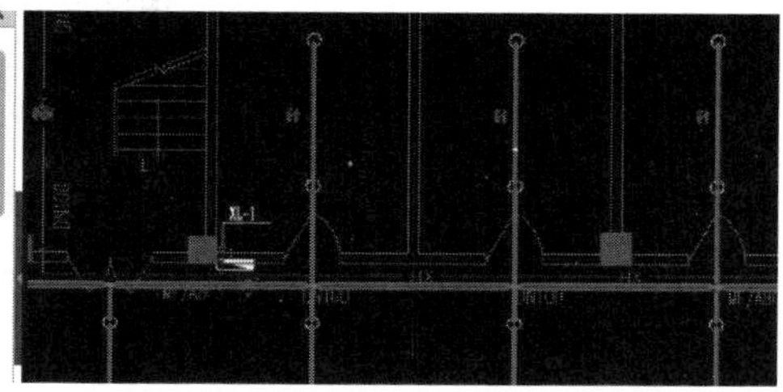

图 6-36

2. 建立喷淋立管构件及模型

查看水施-07 及水施-07 可知，喷淋立干管为 ZPL-1，可以通过“布置立管”功能建立模型。

(1) 在“绘制”选项卡下导航栏的树状列表中，选择“消防专业”—“管道”，构件列表中选择 *DN*100，单击“布置立管”功能，如图 6-37 所示。

(2) 在绘图区中，将光标移到立管图例上，光标变为回字形时左键单击，弹出“立管标高设置”对话框，参考系统图立管标高，系统图显示进户立管为 *DN*150：−1.15～3m，立干管 *DN*100：3～6.6m，先输入 *DN*100 立干管如图 6-38 所示，采用同样的方法再次布置 *DN*150 及 *DN*20。

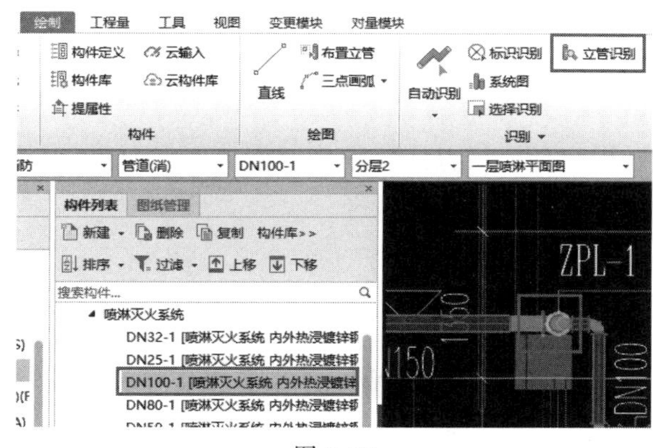

图 6-37

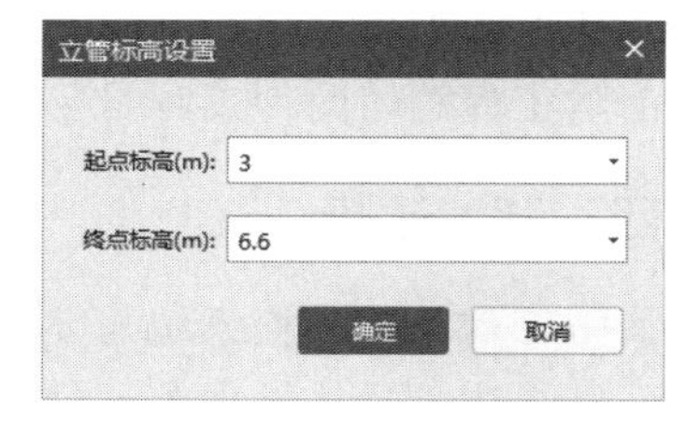

图 6-38

3. 工程量参考

消防工程首层自动喷淋管道工程量如表 6-1 所列。

表 6-1

项目名称	单位	长度
管道		
喷淋灭火系统-基础层		
内外热浸镀锌钢管-*DN*150	m	3.065
喷淋灭火系统-首层		
内外热浸镀锌钢管-*DN*100	m	24.717
内外热浸镀锌钢管-*DN*150	m	3.000
内外热浸镀锌钢管-*DN*25	m	82.239

续表

项目名称	单位	长度
内外热浸镀锌钢管-DN32	m	65.949
内外热浸镀锌钢管-DN50	m	7.200
内外热浸镀锌钢管-DN80	m	14.400

总结拓展

本部分主要讲述了喷淋管道的构件属性定义方式及识别方法。

1. 喷淋管道的识别方法为“标识方法”，关键属性是系统类型、材质、标高、连接方式，这些属性需要依据设计说明、系统图明确其属性值。

2. 在软件中喷淋管道的识别方法有两种，“按喷头个数识别”适用于CAD中喷淋平面图中管道没有标识管径，只有一个按设计规范的统一说明的情况。

3. 对识别后的管道进行修改，修改标高、材质等可参见消火栓管道识别 。

练习与思考

1. 新建管道构件时，构件的哪些属性影响工程量计算结果及套取清单定额？

2. 生成立管模型的方式有哪几种？如何操作？

3. “按喷头个数识别”与“标识识别”功能分别适合哪种类型的图纸？

4. 完成首层喷淋管道建模及工程量计算。

三、阀门附件建模

消防工程的消火栓系统与喷淋系统的阀门附件建模方式采用“图例识别”功能，该功能操作步骤在此不再详述，具体操作请参见本节“一、喷头建模”。

消防工程阀门附件工程量见图 6-39。

四、套管建模

消防工程的消火栓系统与喷淋系统的套管建模方式与给排水专业的套管建模方式相同，在此不再详述，具体操作参见“给排水专业——套管建模”。

消防工程套管工程量见图 6-40。

查看分类汇总工程量

构件类型 消防 阀门法兰(消)

	分类条件			工程量
	系统类型	名称	规格型号	数量(个)
1	喷淋灭火系统	截止阀	D20	1.000
2		末端试水阀	DN25	1.000
3		末端试水装置	DN25	1.000
4		水流指示器	DN100	2.000
5		信号阀	DN100	2.000
6		自动排气阀	D20	1.000
7	消火栓灭火系统	倒流防止器	DN100	2.000
8		蝶阀-消火栓	DN100	10.000
9			DN65	4.000
10		截止阀	D20	1.000
11		闸阀	DN100	1.000
12		止回阀	DN100	1.000
13		自动排气阀	D20	1.000
14	总计			28.000

图 6-39

查看分类汇总工程量

构件类型 消防 零星构件(消)

	分类条件			工程量
	系统类型	名称	规格型号	数量(个)
1	喷淋灭火系统	TG-1-100	DN150	2.000
2		TG-2-32	DN50	46.000
3		TG-4-50	DN80	1.000
4		柔性防水套管-150	DN150	1.000
5	消火栓灭火系统	TG-1-100-楼板	DN150	4.000
6		穿墙-100	DN150	11.000
7		柔性防水套管-100	DN150	2.000
8		柔性防水套管-65	DN100	1.000
9	总计			68.000

图 6-40

五、管件建模

学习目标

1. 了解管件的类型及计算规则。
2. 能够应用造价软件准确计算管件工程量。

学习要求

1. 通过阅读图纸掌握管件计算的要求。
2. 掌握连接不同管径时，各种管件的适用条件。

（一）任务说明

完成首层管件的工程量计算。

（二）任务分析

1. 分析图纸

（1）在图纸中首先查看图纸水施-01，设计说明信息明确 $DN>80$ 采用卡箍连接，其他为螺纹连接，如图 6-41 所示。除了图纸上要求外，GB 50261—2017《自动喷水灭火系统施工及验收规范》中要求当分支管径小于主管管径 1/2 时，可采用机械三通或机械四通。

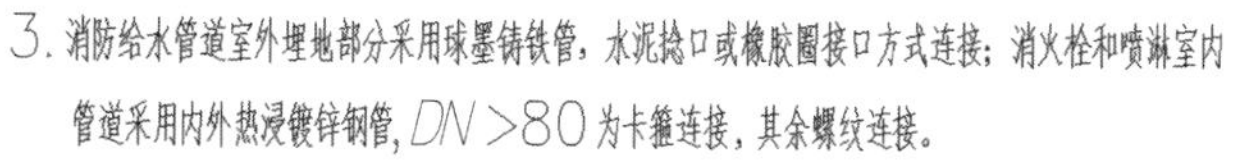

3. 消防给水管道室外埋地部分采用球墨铸铁管，水泥捻口或橡胶圈接口方式连接；消火栓和喷淋室内管道采用内外热浸镀锌钢管，DN>80 为卡箍连接，其余螺纹连接。

图 6-41

（2）管件在平面图没有图例标识，需要根据管道连接形式自己确定。

2. 分析通头管件识别方法

在软件中计算管件工程量不需要新建构件与建模，在前面的基础知识部分有讲到，管件的作用就是当管道需要连接、分支、转弯、变径时，需要用管件来进行连接，所以在软件中，软件会自动判断管道的连接关系，自动生成管件模型。

（三）任务实施

1. 管件模型生成

（1）“消防专业”—“管道”生成后，在管道连接处会自动生成一个模型就是管件。

（2）在“绘制”选项卡下导航栏的树状列表中，选择“消防专业”—“通头管件”，单击“选择”功能，在绘图区移动鼠标至管件处，当光标变为“回字形”时点击左键，如图 6-42 所示，在属性编辑区会显示该管件的相关属性。

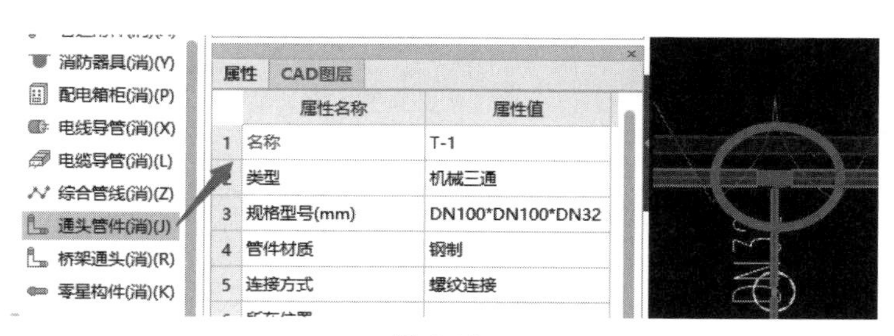

图 6-42

2. 工程量参考

汇总计算，首层管件的工程量如图 6-43 所示。

查看分类汇总工程量

构件类型 消防 通头管件(消)

	分类条件				工程量
	楼层	系统类型	类型	规格型号	数量(个)
24	首层	喷淋灭火系统	90°弯头	DN100*DN100	2.000
25				DN25*DN25	25.000
26			大小头	DN100*DN80	1.000
27				DN150*DN100	1.000
28				DN80*DN50	1.000
29			机械三通	DN100*DN100*DN32	1.000
30				DN150*DN150*DN100	1.000
31			机械四通	DN100*DN100*DN32*DN32	6.000
32				DN80*DN80*DN32*DN32	4.000
33			卡箍	DN100	10.000
34				DN150	1.000
35				DN80	4.000
36			三通	DN32*DN25*DN25	24.000
37				DN50*DN32*DN32	1.000
38			异径三通	DN32*DN32*DN25	14.000
39				DN50*DN50*DN32	1.000
40			正三通	DN25*DN25*DN25	1.000
41		消火栓灭火系统	90°弯头	DN100*DN100	4.000
42				DN65*DN65	8.000
43			大小头	DN100*DN65	4.000
44			卡箍	DN100	35.000
45			正三通	DN100*DN100*DN100	8.000
46	基础层	喷淋灭火系统	90°弯头	DN150*DN150	1.000
47			卡箍	DN150	2.000
48				DN150*DN150	1.000
49		消火栓灭火系统	90°弯头	DN100*DN100	3.000
50			卡箍	DN100	11.000
51			正三通	DN100*DN100*DN100	1.000

图 6-43

总结拓展

1. 在软件中管件没有绘制方式，不需建模，管件形式是软件根据管道相交形式、管径、系统类型，自动判断生成管件。

2. 管件不能新建绘制，但可进行删除功能操作。如由于图纸关系，表示同一根管道的CAD线，其中一部分是用其他图层绘制，这时管道生成时是两个图元，就会有多个管接头，这时可在“通头管件”图层下将该管件选中进行删除。

练习与思考

1. 如何在软件中查看并修改管件？

2. 检查并完成首层管件的工程量计算。

3. 根据地区、工程实际要求在软件中如何调整计算设置进行通头拆分？

六、除锈刷油布置

学习目标

1. 了解除锈刷油的类型及计算规则。

2. 能够应用造价软件准确计算刷漆工程量。

学习要求

1. 通过阅读图纸掌握管道刷漆的要求。

2. 掌握刷漆的施工方法。

(一) 任务说明

完成首层管道刷漆的工程量计算。

（二）任务分析

1. 分析图纸

（1）在图纸中首先查看图纸水施-01，设计说明信息明确了管道刷漆的要求，如图 6-44 所示，其刷漆的类型会影响该清单项目特征描述。

六、管道防腐

1. 在刷底漆前，应清除表面的灰尘、污垢、锈斑、焊渣等物。

2. 热镀锌钢管明装的，安装后刷银粉两道；埋地的，刷沥青漆或热沥青两道。

图 6-44

（2）按图纸中的要求，喷淋管道刷油分两种，一种是埋地的 $DN150$ 入户部分刷沥青漆，另一种是其余部分刷银粉两道。

2. 分析除锈刷油识别方法

软件中计算除锈刷油工程量不需要新建构件与建模。管道刷油工作内容中包括表面清理及手工除锈，无需另行计算，因此只计算刷油工程量即可。在前面的基础知识中了解了刷油的计算方法是根据管道或支架需要刷油的长度和重量来计算，所以在软件中刷油的计算方法为：在管道属性中加入刷油属性，管道建模后计算出长度工程量，根据其表面积同时计算出刷油面积。

（三）任务实施

1. 刷油属性输入

（1）在“绘制”选项卡下导航栏的树状列表中，选择“消防专业”—“管道”，单击“选择”功能，在绘图区移动鼠标至喷淋管道入户管处，当光标变为“回字形”时点击左键，如图 6-45 所示。

（2）在属性编辑的刷油保温处，输入刷油类型“沥青漆”。

（3）可将除入户管道 $DN150$ 以外的管道全部选中，采用同样的方法输入刷油类型“银粉漆”。

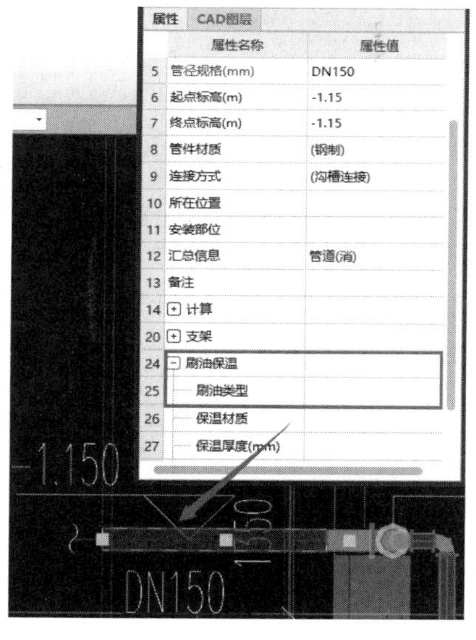

图 6-45

2. 工程量参考

汇总计算，本案例工程消防工程刷油工程量见表 6-2。按工程要求，银粉、沥青漆刷两道，所以其实际工程量需在软件汇总基础上乘以 2。

表 6-2

计算项目	楼层	系统类型	刷油/保温材质-厚度/保护层	单位	工程量
阀门	基础层	消火栓灭火系统	沥青漆	m^2	0.660
	首层	喷淋灭火系统	银粉	m^2	0.170
	第 2 层	喷淋灭火系统	银粉	m^2	0.170
管道	基础层	喷淋灭火系统	沥青漆	m^2	0.903
			银粉	m^2	0.542
		消火栓灭火系统	沥青漆	m^2	8.282
			银粉	m^2	0.824
	首层	喷淋灭火系统	银粉	m^2	27.018
		消火栓灭火系统	银粉	m^2	19.122

续表

计算项目	楼层	系统类型	刷油/保温材质-厚度/保护层	单位	工程量
管道	第 2 层	喷淋灭火系统	银粉	m^2	26.355
		消火栓灭火系统	银粉	m^2	18.160
	第 3 层	消火栓灭火系统	银粉	m^2	0.305

总结拓展

1. 刷油不需建模，只需在需要刷油的管道构件属性处输入刷油类型，软件会自动根据管道表面积计算刷油面积。

2. 因刷油与所属图元的安装位置有关，建议新建管道时先不输入刷油属性，管道模型生成后，再次根据图纸要求选择相同部位的管道输入刷油属性。

练习与思考

1. 请描述并操作练习刷油在软件中的操作步骤。

2. 完成首层管道刷油的工程量计算。

第四节　火灾自动报警系统建模算量

本工程火灾自动报警系统采用区域火灾报警控制系统，包括消防报警线路、报警电话线、消防紧急广播线、电源线四种线路。消防器具包括感烟探测器、报警电话、手动报警按钮、扬声器、声光报警器、模块及区域报警控制器、端子箱。计算工程量时除了计算以上管线及消防器具外，还需计算各类系统调试。利用软件快速建模计算工程量时，消防器具与管线均可建模，系统调试可在计价里直接套用，不需建模。

一、消防器具、配电箱柜建模

学习目标

1. 掌握消防器具（感烟探测器、报警电话、手动报警按钮、扬声器、声光报警器、模块及区域报警控制器）计算规则。

2. 掌握配电箱柜计算规则。

3. 能够应用造价软件识别消防器具、配电箱柜并建模，准确计算工程量。

二维码 53

学习要求

1. 掌握消防器具、配电箱柜的图例表示方法。

2. 通过平面图与图例表对照，快速掌握消防器具、配电箱柜布置情况。

（一）任务说明

完成专用宿舍楼案例工程一层消防报警平面图消防器具及箱柜的工程量计算。

二维码 54

（二）任务分析

1. 分析图纸

（1）在电施 01-电气设计总说明图纸中明确了本工程所用到的消防器具，同时指定了各类器具的设计安装高度，如图 6-46 所示，消防器具工程量计算规则是按图示数量计算。

图例	名称		安装方式
Z	区域型火灾报警控制器		距地1.4m 安装
	火灾报警接线端子箱		距地1.4m 安装
	感烟探测器		吸顶安装
	报警电话		距地1.4m 安装
	手动报警按钮		距地1.4m 安装
	声光报警器		距地2.5m 安装
	吸顶式扬声器		吸顶安装

图 6-46

（2）查看电施-04 弱电系统图、电施-12 一层消防报警平面图，图纸明确了各器具的安装位置及管线走向：

① 声光报警器距地 2.5m，连接管线回路是电源线＋报警线，CC 敷设方式；

② 手动报警按钮距地 1.4m，连接管线回路是报警电话线＋报警线，FC 敷设方式；

③ 报警电话距地 1.4m，连接管线回路是报警电话线，FC 敷设方式；

④ 感烟探测器吸顶安装，连接管线回路是报警线，CC 敷设方式；

⑤ 吸顶式扬声器吸顶安装，连接管线回路是紧急广播线，CC 敷设方式；

⑥ 监测模块、隔离器按吸顶安装，连接管线回路是报警线，CC 敷设方式。

（3）计算工程量的主要依据是平面图，所以根据平面图计算消防器具数量。

2. 软件基本操作步骤

（1）识别配电箱柜，生成区域报警控制器、端子箱构件模型。

（2）识别消防器具，生成各类消防器具构件模型。

3. 分析消防器具与配电箱柜的识别方法

消防器具配电箱柜为点式构件，在软件中识别方法为“图例识别”。

（三）任务实施

1. 功能操作

消防器具、配电箱柜（区域报警控制器、端子箱）建模方式与喷淋系统的喷头建模方式相同，都采用“图例识别”功能，在此不再详述，功能详细操作请参见本章第三节下的“喷头建模”。

2. 构件属性定义

消防器具新建构件时区分连接单立管与多立管，本案例工程遵循的原则是：

① 连接消防器具的竖向管线，如水平管线采用 CC 敷设则消防器具连接单管，水平管线采用 FC 敷设则连接多管，如其他地区算量原则与此原则不同，请新建构件时自行调整；

② 声光报警器距地 2.5m，连接管线 CC 敷设方式，单管敷设，见图 6-47；

③ 手动报警按钮距地 1.4m，FC 敷设方式，多管敷设，见图 6-48；

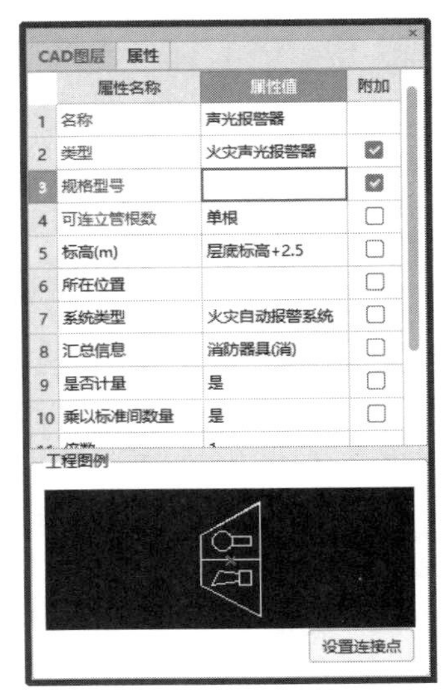

CAD图层 属性

	属性名称	属性值	附加
1	名称	声光报警器	
2	类型	火灾声光报警器	☑
3	规格型号		☑
4	可连立管根数	单根	☐
5	标高(m)	层底标高+2.5	☐
6	所在位置		☐
7	系统类型	火灾自动报警系统	☐
8	汇总信息	消防器具(消)	☐
9	是否计量	是	☐
10	乘以标准间数量	是	☐

图 6-47

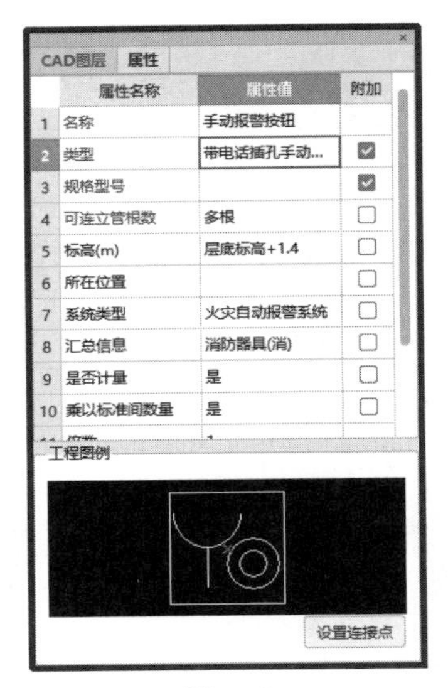

CAD图层 属性

	属性名称	属性值	附加
1	名称	手动报警按钮	
2	类型	带电话插孔手动...	☑
3	规格型号		☑
4	可连立管根数	多根	☐
5	标高(m)	层底标高+1.4	☐
6	所在位置		☐
7	系统类型	火灾自动报警系统	☐
8	汇总信息	消防器具(消)	☐
9	是否计量	是	☐
10	乘以标准间数量	是	☐

图 6-48

④ 报警电话距地 1.4m，FC 敷设方式，多管敷设；

⑤ 感烟探测器吸顶安装，CC 敷设方式，单管敷设，见图 6-49；

⑥ 吸顶式扬声器吸顶安装，CC 敷设方式，单管敷设；

⑦ 监测模块、隔离器按吸顶安装，CC 敷设方式，单管敷设；

⑧ 区域报警控制器箱距地 1.4m，明装，构件属性见图 6-50；

⑨ 火灾报警接线端子箱距地 1.4m，明装。

3. 消防工程首层消防器具工程量见图 6-51。

CAD图层 属性

	属性名称	属性值	附加
1	名称	感烟探测器	
2	类型	探测器	☑
3	规格型号		☑
4	可连立管根数	单根	☐
5	标高(m)	层顶标高	☐
6	所在位置		☐
7	系统类型	火灾自动报警系统	☐
8	汇总信息	消防器具(消)	☐
9	是否计量	是	☐
10	乘以标准间数量	是	☐

图 6-49

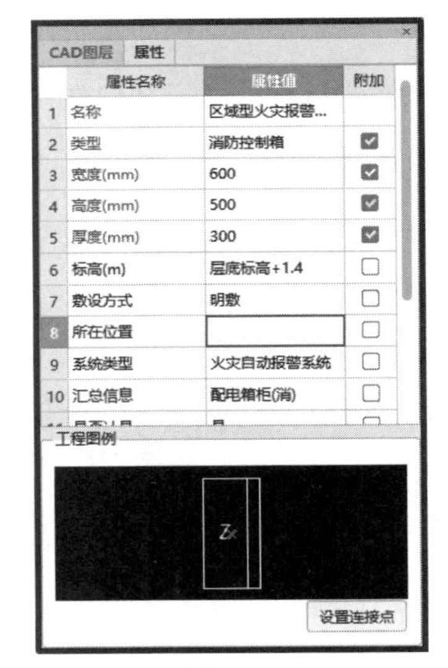

CAD图层 属性

	属性名称	属性值	附加
1	名称	区域型火灾报警...	
2	类型	消防控制箱	☑
3	宽度(mm)	600	☑
4	高度(mm)	500	☑
5	厚度(mm)	300	☑
6	标高(m)	层底标高+1.4	☐
7	敷设方式	明敷	☐
8	所在位置		☐
9	系统类型	火灾自动报警系统	☐
10	汇总信息	配电箱柜(消)	☐

图 6-50

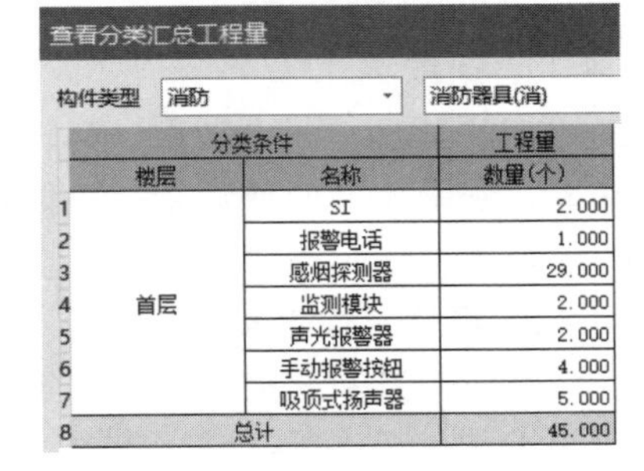

查看分类汇总工程量

构件类型 消防 消防器具(消)

	分类条件		工程量
	楼层	名称	数量(个)
1	首层	SI	2.000
2		报警电话	1.000
3		感烟探测器	29.000
4		监测模块	2.000
5		声光报警器	2.000
6		手动报警按钮	4.000
7		吸顶式扬声器	5.000
8	总计		45.000

图 6-51

二、消防管线建模

学习目标

1. 掌握消防管线的计算规则。

2. 能够应用造价软件识别消防管线并建模，准确计算工程量。

学习要求

通过平面图与系统图对照，快速掌握消防管线布置情况。

（一）任务说明

完成专用宿舍楼案例工程一层消防报警平面图消防管线的工程量计算。

（二）任务分析

1. 分析图纸

（1）查看电施-04弱电系统图，该系统图明确了防火分区控制、消防措施和控制方式，同时明确了各类管线的敷设方式及管径。请参见“电施-04 消防报警系统设计说明”。

（2）查看电施-12一层消防报警平面图，图纸明确了各器具的安装位置及管线走向：

① 声光报警器距地2.5m，连接管线回路是电源线+报警线，CC敷设方式；

② 手动报警按钮距地1.4m，连接管线回路是报警电话线+报警线，FC敷设方式；

③ 报警电话距地1.4m，连接管线回路是报警电话线，FC敷设方式；

④ 感烟探测器吸顶安装，连接管线回路是报警线，CC敷设方式；

⑤ 吸顶式扬声器吸顶安装，连接管线回路是紧急广播线，CC敷设方式；

⑥ 监测模块、隔离器按吸顶安装，连接管线回路是报警线，CC敷设方式；

⑦ 连接消防器具的竖向管线设置原则，如水平管线采用CC敷设则消防器具连接单管，水平管线采用FC敷设则连接多管。

（3）计算工程量的主要依据是平面图，所以根据平面图计算消防器具数量、管线长度。

2. 分析消防管线的识别方法

（1）管线为线式构件，在软件中构件类型选择“电缆导管”，识别方法为“单回路”功能。

（2）1层区域火灾报警控制器与2层消防端子箱连接的金属线槽采用“布置立管”功能，线缆生成采用“桥架配线”功能。

二维码55

（三）任务实施

1. 识别“消防管线”的方式为“单回路”，具体操作如下：

（1）将非消防管线CAD线利用“隐藏指定图层”功能隐藏，方便之后的管线识别，如图6-52所示；

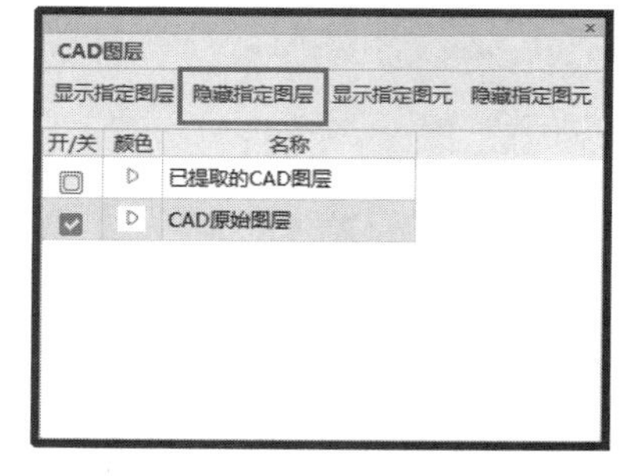

图6-52

（2）在“绘制”选项卡下导航栏的树状列表中，选择“消防专业”—“电缆导管”，单击“单图元”功能；

（3）在绘图区中，将光标移到连接探测器的报警管线CAD图元上，光标变为回字形时左键单击选择，此时管道为蓝色选中状态，有部分管线没被选中，此时可点击未选中图元再次选择，确认无误后点击右键进行确认，弹出如图6-53所示对话框；

（4）“选择要识别成的构件”对话框内，按系统图火灾报警系统电缆表输入构件属性，如图6-54所示；

（5）点击“确认”按钮，连接探测器的管线模型生成；

（6）重复以上操作，识别电源线、报警电话线、紧急广播线，识别好的构件、模型如图6-55所示。

二维码56

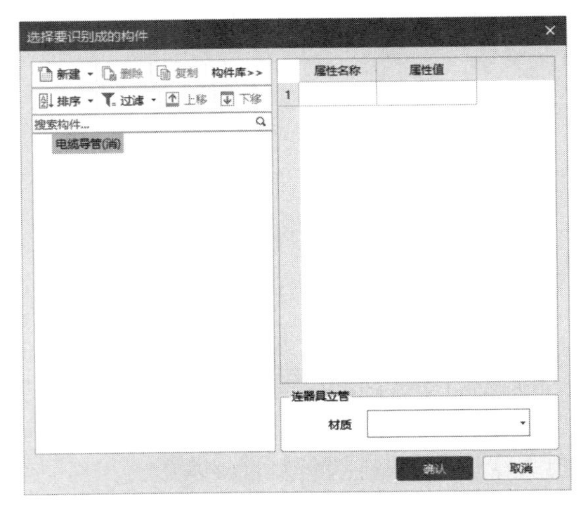

图 6-53

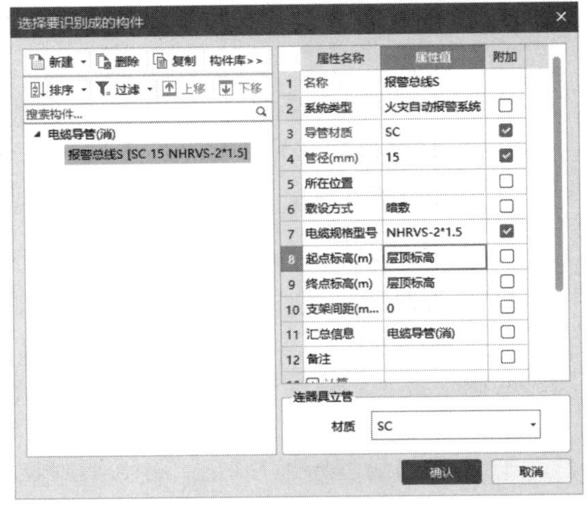

图 6-54

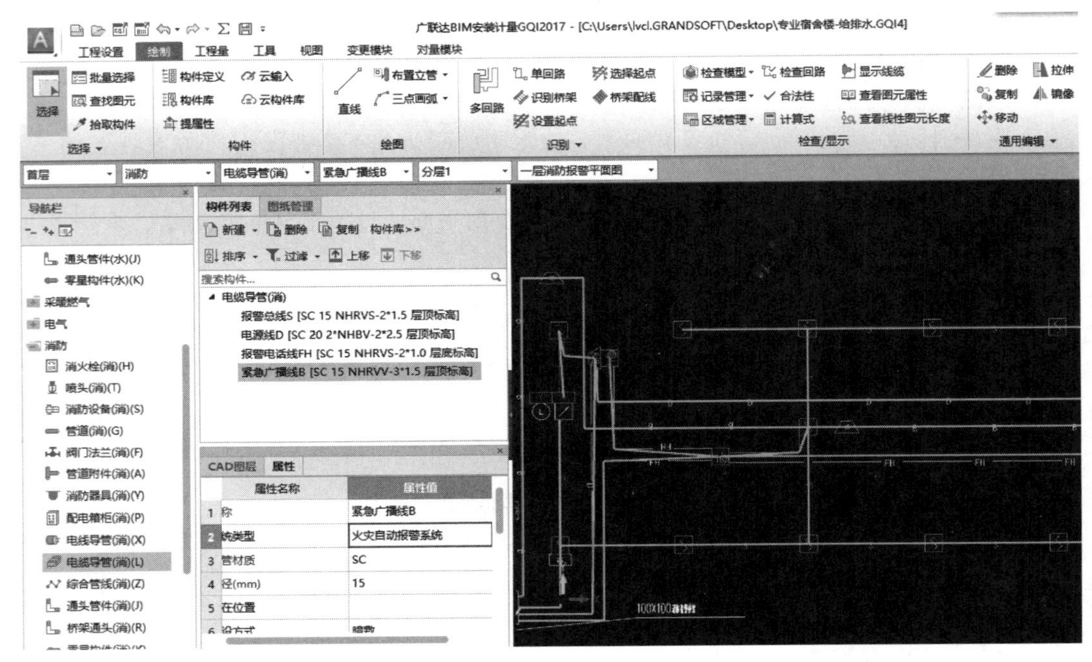

图 6-55

2. 生成竖向金属线槽

（1）在“绘制”选项卡下导航栏的树状列表中，选择“消防专业”—“电缆导管”，单击“新建”新建线槽构件，输入线槽属性，如图 6-56 所示；

（2）单击“布置立管”功能，将光标移到线槽 CAD 图元上，左键单击弹出“立管标高设置”对话框，在此输入连接标高信息，如图 6-57 所示，点击“确定”，竖向线槽布置完成。

3. 线槽配线

（1）在“电缆导管”构件类型下，点击构件列表新建“电缆”构件，新建报警总线、报警电话消防直通电话线、紧急广播线构件，如图 6-58 所示；在“电线导管”构件类型下，新建“电线”构件；

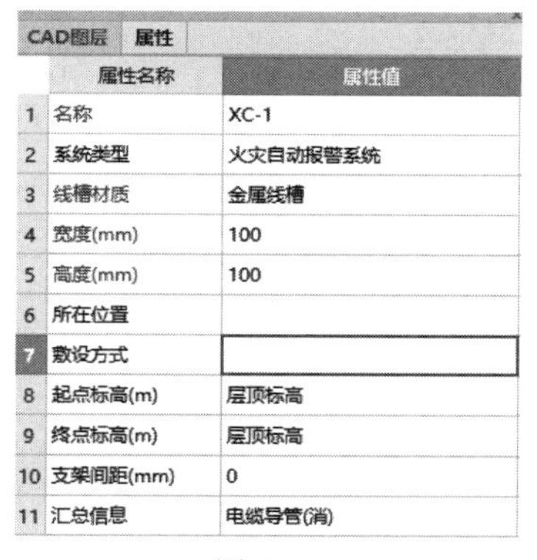

图 6-56

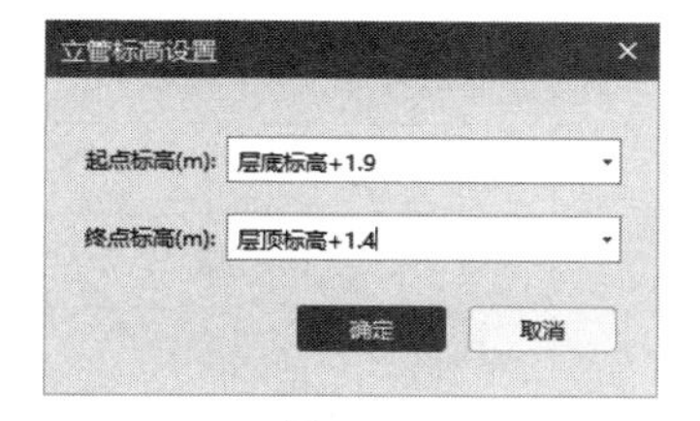

图 6-57

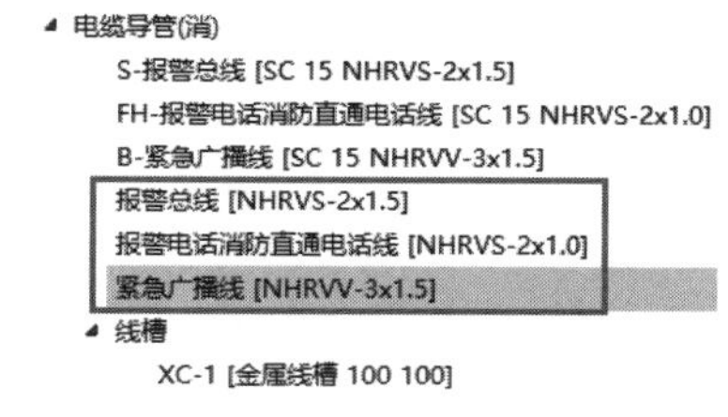

图 6-58

（2）点击“桥架配线”功能，将光标移到线槽图元上，左键单击选择线槽，点击右键确定选择弹出“选择构件”对话框，在此选择线槽内敷设的电缆，如图 6-59 所示，点击“确定”，竖向线槽内电缆布置完成。采用同样的方法将 NHBV 电线布置到线槽内。

4. 进户预留管

新建 SC40 管构件，只输入导管属性，线缆属性清空，如图 6-60 所示。在入户管处选择“直线”功能，找到入户管与外墙相交点，“shift＋左键”同时点击弹出对话框，X 方向输入“－1500”，点击“确定”确定入户管第一点，直线第二点点击到区域火灾报警控制处。

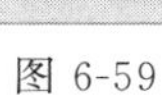

图 6-59

图 6-60

5. 工程量参考

案例工程专用宿舍楼消防工程首层消防管线工程量见表 6-3。

表 6-3

系统类型	楼层-计算项目	材质-规格型号	总长度/m	管内线缆小计/m	桥架中线的长度/m	线预留长度/m
火灾自动报警系统	电缆	NHRVS-2×1.0	82.437	73.619	3.100	5.718
		NHRVS-2×1.5	156.393	134.747	3.100	18.546
		NHRVV-3×1.5	73.136	65.423	3.100	4.613
	电线	NHBV-2.5	125.042	115.842	6.200	3.000
	配管	SC-15	273.789	0	0	0
		SC-20	57.921	0	0	0
		SC-40	23.400	0	0	0
	线槽	金属线槽-100×100	3.100	0	0	0

总结拓展

1. 本部分主要讲述了“电施-12 一层消防报警平面图”消防管线的识别方法及属性定义方法。

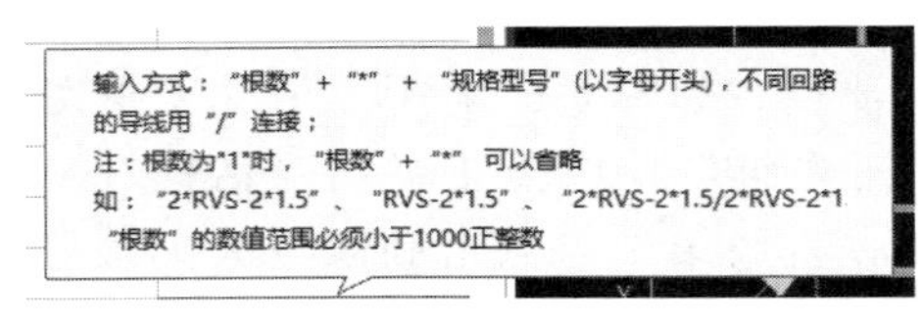

图 6-61

2. 识别 CAD 图时，可以利用显示所选图层、隐藏指定图层、显示指定图元的方法，过滤其他 CAD 图元，快速建立模型。

3. 电源线与其他弱电管线的电线输入方式不同，利用构件类型“电缆导管”输入时，由于是 BV 线，所以导线的输入方式如图 6-61 所示。

练习与思考

1. 消防器具、箱柜与管线的识别顺序是什么？

2 消防器具、消防管线的识别方式是什么？

3. 电线导管与电缆导线的区别是什么，各自的适用场景是什么？

三、接线盒

消防工程的火灾自动报警系统接线盒建模方式与电气专业的接线盒建模方式相同，在此不再详述，具体操作请参见“电气专业——接线盒建模”。

消防工程接线盒工程量见图 6-62。

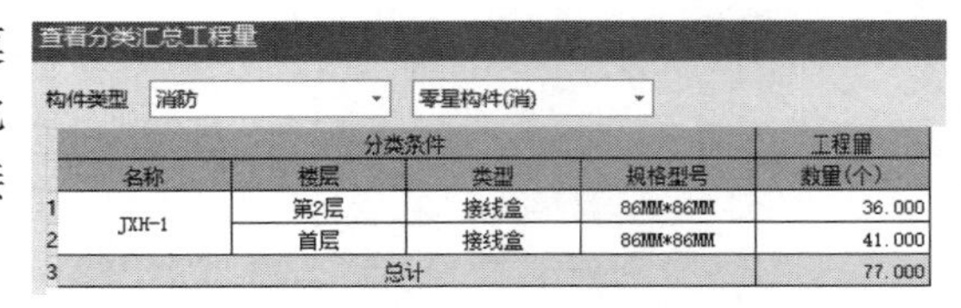
查看分类汇总工程量

构件类型 消防 零星构件(消)

	分类条件				工程量
	名称	楼层	类型	规格型号	数量(个)
1	JXH-1	第2层	接线盒	86MM*86MM	36.000
2		首层	接线盒	86MM*86MM	41.000
3	总计				77.000

图 6-62

第五节 套清单做法

本消防工程“套清单做法”与给排水工程相同，在此不再一一赘述，详情请参见第四章第三节“套清单做法”。

第六节　文件报表设置及工程量输出

一、报表格式设置

本消防工程“报表格式设置”与给排水工程相同，在此不再一一赘述，详情请参见第四章第四节下的“报表格式设置”。

二、案例工程结果报表

专用宿舍楼案例工程消防专业全部工程量计算结果见表 6-4～表 6-10。

表 6-4　消防水管道汇总表

项目名称	长度/m	内表面积/m^2	外表面积/m^2
管道			
喷淋灭火系统-基础层			
内外热浸镀锌钢管-*DN*150	3.065	1.445	1.445
喷淋灭火系统-首层			
内外热浸镀锌钢管-*DN*100	24.717	7.765	7.765
内外热浸镀锌钢管-*DN*150	3.000	1.414	1.414
内外热浸镀锌钢管-*DN*25	82.239	6.459	6.459
内外热浸镀锌钢管-*DN*32	65.949	6.630	6.630
内外热浸镀锌钢管-*DN*50	7.200	1.131	1.131
内外热浸镀锌钢管-*DN*80	14.400	3.619	3.619
喷淋灭火系统-第 2 层			
内外热浸镀锌钢管-*DN*100	27.067	8.503	8.503
内外热浸镀锌钢管-*DN*20	0.200	0.013	0.013
内外热浸镀锌钢管-*DN*25	82.239	6.459	6.459
内外热浸镀锌钢管-*DN*32	65.949	6.630	6.630
内外热浸镀锌钢管-*DN*50	7.200	1.131	1.131
内外热浸镀锌钢管-*DN*80	14.400	3.619	3.619
消火栓灭火系统-基础层			
镀锌钢管-*DN*100	25.425	8.467	9.106
消火栓灭火系统-首层			
镀锌钢管-65	10.580	2.210	2.509
镀锌钢管-*DN*100	46.387	15.447	16.613
消火栓灭火系统-第 2 层			
镀锌钢管-65	1.605	0.335	0.381
镀锌钢管-*DN*100	49.643	16.531	17.779
消火栓灭火系统-第 3 层			
镀锌钢管-65	1.285	0.268	0.305

表 6-5 消防水点式设备汇总表

项目名称	工程量名称	单位	工程量
喷淋灭火系统			
阀门			
截止阀-D20	数量	个	1.000
末端试水阀-DN25	数量	个	1.000
末端试水装置-DN25	数量	个	1.000
水流指示器-DN100	数量	个	2.000
信号阀-DN100	数量	个	2.000
自动排气阀-D20	数量	个	1.000
喷头			
PT-1-〈空〉	数量	个	124.000
套管			
TG-1-100-DN150	数量	个	2.000
TG-2-32-DN50	数量	个	46.000
TG-4-50-DN80	数量	个	1.000
柔性防水套管-150-DN150	数量	个	1.000
通头管件			
T-1-DN100×DN100	数量	个	4.000
T-1-DN100×DN100×DN100	数量	个	1.000
T-1-DN100×DN100×DN32	数量	个	2.000
T-1-DN100×DN100×DN32×DN32	数量	个	12.000
T-1-DN100×DN20	数量	个	1.000
T-1-DN100×DN80	数量	个	2.000
T-1-DN150×DN100	数量	个	1.000
T-1-DN150×DN150	数量	个	1.000
T-1-DN150×DN150×DN100	数量	个	1.000
T-1-DN25×DN25	数量	个	50.000
T-1-DN25×DN25×DN25	数量	个	2.000
T-1-DN32×DN25×DN25	数量	个	48.000
T-1-DN32×DN32×DN25	数量	个	28.000
T-1-DN50×DN32×DN32	数量	个	2.000
T-1-DN50×DN50×DN32	数量	个	2.000
T-1-DN80×DN50	数量	个	2.000
T-1-DN80×DN80×DN32×DN32	数量	个	8.000
卡箍-DN100	数量	个	21.000
卡箍-DN150	数量	个	3.000
卡箍-DN150×DN150	数量	个	1.000

续表

项目名称	工程量名称	单位	工程量
卡箍-*DN*80	数量	个	8.000
消火栓灭火系统			
阀门			
倒流防止器-*DN*100	数量	个	2.000
蝶阀-消火栓-*DN*100	数量	个	10.000
蝶阀-消火栓-*DN*65	数量	个	4.000
截止阀-*D*20	数量	个	1.000
闸阀-*DN*100	数量	个	1.000
止回阀-*DN*100	数量	个	1.000
自动排气阀-*D*20	数量	个	1.000
管道附件			
水泵结合器-*DN*100	数量	个	1.000
套管			
TG-1-100-楼板-*DN*150	数量	个	4.000
穿墙-100-*DN*150	数量	个	11.000
柔性防水套管-100-*DN*150	数量	个	2.000
柔性防水套管-65-*DN*100	数量	个	1.000
通头管件			
T-1-*DN*100×*DN*100	数量	个	14.000
T-1-*DN*100×*DN*100×*DN*100	数量	个	12.000
T-1-*DN*100×*DN*100×*DN*65	数量	个	4.000
T-1-*DN*100×*DN*65	数量	个	5.000
T-1-*DN*65×*DN*65	数量	个	13.000
卡箍-*DN*100	数量	个	73.000
消火栓			
室内消火栓-〈空〉	数量	个	8.000
手提式灭火器-〈空〉	数量	个	8.000
屋顶试验消火栓-〈空〉	数量	个	1.000
支架			
支架-〈空〉	支架数量	个	21.000

表 6-6　除锈刷油汇总表

计算项目	项目名称	单位	工程量
阀门	沥青漆	m^2	0.660
	银粉	m^2	0.340
管道	沥青漆	m^2	9.185
	银粉	m^2	92.326

表 6-7 消防电管线汇总表

系统类型	计算项目	材质-规格型号	总长度/m	管内线缆小计/m	桥架中线的长度/m	线预留长度/m
火灾自动报警系统	电缆	NHRVS-2×1.0	136.015	124.231	3.100	8.683
		NHRVS-2×1.5	300.267	260.771	3.100	36.397
		NHRVV-3×1.5	119.781	108.881	3.100	7.800
	电线	NHBV-2.5	231.525	219.325	6.200	6.000
	配管	SC-15	493.883	0	0	0
		SC-20	109.663	0	0	0
		SC-40	23.400	0	0	0
	线槽	金属线槽-100×100	3.100	0	0	0

表 6-8 消防电点式设备汇总表

系统类型	计算项目	名称-规格型号	工程量名称	单位	工程量
火灾自动报警系统	配电箱柜	广播端子箱-600×500×300	数量	个	1.000
		火灾报警接线端子箱-600×500×300	数量	个	1.000
		区域型火灾报警控制器-600×500×300	数量	个	1.000
	消防器具	SI-〈空〉	数量	个	4.000
		报警电话-〈空〉	数量	个	1.000
		感烟探测器-〈空〉	数量	个	58.000
		监测模块-〈空〉	数量	个	4.000
		声光报警器-〈空〉	数量	个	4.000
		手动报警按钮-〈空〉	数量	个	6.000
		吸顶式扬声器-〈空〉	数量	个	8.000
	接线盒	JXH-1-86mm×86mm	数量	个	77.000

表 6-9 工程量清单汇总表

工程名称：专用宿舍楼　　　　专业：消防

序号	编码	项目名称	项目特征	单位	工程量
1	030901010001	室内消火栓	1. 名称：单栓消火栓 2. 安装方式：明装 3. 型号、规格：*DN*65 4. 附件材质、规格：水龙带/水枪	套	9.000
2	030901013001	灭火器	1. 形式：手提式灭火器箱明装 2. 规格、型号：MF/ABC3	具/组	8.000
3	030901003001	水喷淋(雾)喷头	1. 安装部位：吊顶型喷头 2. 材质、型号、规格：*DN*25 3. 连接形式：螺纹连接	个	124.000
4	030901002001	消火栓钢管	1. 安装部位：室内 2. 材质、规格：镀锌钢管-65 3. 连接形式：螺纹连接 4. 钢管镀锌设计要求：国标 5. 压力试验及冲洗设计要求：水冲洗及水压试验 6. 管道标识设计要求：有色面漆	m	13.470

续表

序号	编码	项目名称	项目特征	单位	工程量
5	030901002002	消火栓钢管	1. 安装部位:室内 2. 材质、规格:镀锌钢管 *DN*100 3. 连接形式:沟槽连接 4. 钢管镀锌设计要求:国标 5. 压力试验及冲洗设计要求:水冲洗及水压试验 6. 管道标识设计要求:有色面漆	m	114.876
6	030901001001	水喷淋钢管	1. 安装部位:室内 2. 材质、规格:内外热浸镀锌钢管 *DN*100 3. 连接形式:沟槽连接 4. 钢管镀锌设计要求:国标 5. 压力试验及冲洗设计要求:水冲洗及水压试验 6. 管道标识设计要求:有色面漆	m	51.784
7	030901001002	水喷淋钢管	1. 安装部位:室内 2. 材质、规格:内外热浸镀锌钢管 *DN*150 3. 连接形式:沟槽连接 4. 钢管镀锌设计要求:国标 5. 压力试验及冲洗设计要求:水冲洗及水压试验 6. 管道标识设计要求:有色面漆	m	4.435
8	030901001003	水喷淋钢管	1. 安装部位:室内 2. 材质、规格:内外热浸镀锌钢管 *DN*20 3. 连接形式:螺纹连接 4. 钢管镀锌设计要求:国标 5. 压力试验及冲洗设计要求:水冲洗及水压试验 6. 管道标识设计要求:有色面漆	m	0.200
9	030901001004	水喷淋钢管	1. 安装部位:室内 2. 材质、规格:内外热浸镀锌钢管 *DN*25 3. 连接形式:螺纹连接 4. 钢管镀锌设计要求:国标 5. 压力试验及冲洗设计要求:水冲洗及水压试验 6. 管道标识设计要求:有色面漆	m	164.478
10	030901001005	水喷淋钢管	1. 安装部位:室内 2. 材质、规格:内外热浸镀锌钢管 *DN*32 3. 连接形式:螺纹连接 4. 钢管镀锌设计要求:国标 5. 压力试验及冲洗设计要求:水冲洗及水压试验 6. 管道标识设计要求:有色面漆	m	131.898
11	030901001006	水喷淋钢管	1. 安装部位:室内 2. 材质、规格:内外热浸镀锌钢管 *DN*50 3. 连接形式:螺纹连接 4. 钢管镀锌设计要求:国标 5. 压力试验及冲洗设计要求:水冲洗及水压试验 6. 管道标识设计要求:有色面漆	m	14.400
12	030901001007	水喷淋钢管	1. 安装部位:室内 2. 材质、规格:内外热浸镀锌钢管 *DN*80 3. 连接形式:沟槽连接 4. 钢管镀锌设计要求:国标 5. 压力试验及冲洗设计要求:水冲洗及水压试验 6. 管道标识设计要求:有色面漆	m	28.800

续表

序号	编码	项目名称	项目特征	单位	工程量
13	031001005001	铸铁管	1. 安装部位:室外 2. 介质:水 3. 材质、规格:*DN*100 4. 连接形式:橡胶圈接口 5. 压力试验及吹、洗设计要求:水冲洗及水压试验	m	6.579
14	031001005002	铸铁管	1. 安装部位:室外 2. 介质:水 3. 材质、规格:*DN*150 4. 连接形式:橡胶圈接口 5. 压力试验及吹、洗设计要求:水冲洗及水压试验	m	1.630
15	031002001001	管道支架	1. 材质:沿墙安装单管托架 图集号:03S402 P51 页 2. 管架形式:非保温管架	kg/套	19.600
16	031201001001	管道刷油	1. 除锈级别:Sa1 级 轻度喷砂除锈 2. 油漆品种:沥青漆 3. 涂刷遍数、漆膜厚度:二遍	m^2/m	17.79
17	031201001002	管道刷油	1. 除锈级别:Sa1 级 轻度喷砂除锈 2. 油漆品种:银粉 3. 涂刷遍数、漆膜厚度:二遍	m^2/m	184.652
18	031003012001	倒流防止器	1. 型号、规格:*DN*100 2. 连接形式:法兰连接	套	2.000
19	031003003002	焊接法兰阀门	1. 类型:蝶阀 2. 规格、压力等级:*DN*100 3. 连接形式:法兰连接	个	10.000
20	031003003003	焊接法兰阀门	1. 类型:蝶阀 2. 规格、压力等级:*DN*65 3. 连接形式:法兰连接	个	4.000
21	031003001001	螺纹阀门	1. 类型:截止阀 2. 规格、压力等级:*DN*20 3. 连接形式:螺纹连接	个	2.000
22	030901008001	末端试水装置	1. 规格:*DN*25 2. 组装形式:末端试水阀	组	2.000
23	030901006001	水流指示器	1. 规格、型号:*DN*100 2. 连接形式:沟槽式连接	个	2.000
24	031003003004	焊接法兰阀门	1. 类型:信号阀 2. 规格、压力等级:*DN*100 3. 连接形式:沟槽连接	个	2.000
25	031003003005	焊接法兰阀门	1. 类型:闸阀 2. 规格、压力等级:*DN*100 3. 连接形式:沟槽连接	个	1.000
26	031003003006	焊接法兰阀门	1. 类型:止回阀 2. 规格、压力等级:*DN*100 3. 连接形式:沟槽连接	个	1.000
27	031003001002	螺纹阀门	1. 类型:自动排气阀 2. 规格、压力等级:*DN*20 3. 连接形式:螺纹连接	个	2.000

续表

序号	编码	项目名称	项目特征	单位	工程量
28	031201002001	设备与矩形管道刷油	1. 油漆品种：沥青漆 2. 涂刷遍数、漆膜厚度：二遍	m^2/m	1.32
29	031201002002	设备与矩形管道刷油	1. 油漆品种：银粉 2. 涂刷遍数、漆膜厚度：二遍	m^2/m	0.68
30	030901012001	消防水泵接合器	型号、规格：地上式 100	套	1.000
31	B001	卡箍	规格：*DN*100	个	94.000
32	B002	卡箍	规格：*DN*150	个	3.000
33	B003	卡箍	规格：*DN*80	个	8.000
34	B004	补充项目	机械三通，*DN*100×*DN*100×*DN*32	个	2.000
35	B005	补充项目	机械三通，*DN*100×*DN*100×*DN*65	个	4.000
36	B006	补充项目	机械三通，*DN*150×*DN*150×*DN*100	个	1.000
37	B007	补充项目	机械四通，*DN*100×*DN*100×*DN*32×*DN*32	个	12.000
38	B008	补充项目	机械四通，*DN*80×*DN*80×*DN*32×*DN*32	个	8.000
39	B009	补充项目	卡箍 *DN*100×*DN*100	个	1.000
40	B010	补充项目	卡箍 *DN*150×*DN*150	个	1.000
41	031002003001	套管	1. 名称、类型：一般填料套管 2. 规格：通过管道 *DN*100	个	17.000
42	031002003003	套管	1. 名称、类型：一般填料套管 2. 规格：通过管道 *DN*32	个	46.000
43	031002003004	套管	1. 名称、类型：一般填料套管 2. 规格：通过管道 *DN*50	个	1.000
44	031002003006	套管	1. 名称、类型：柔性防水套管 2. 规格：通过管道 *DN*100	个	2.000
45	031002003007	套管	1. 名称、类型：柔性防水套管 2. 规格：通过管道 *DN*150	个	1.000
46	031002003008	套管	1. 名称、类型：柔性防水套管 2. 规格：通过管道 *DN*65	个	1.000

表 6-10　工程量清单汇总表

工程名称：专用宿舍楼　　　　专业：消防

序号	编码	项目名称	项目特征	单位	工程量
1	030904008002	模块(模块箱)	1. 名称：SI 2. 类型：短路隔离器	个/台	4.000
2	030904006001	消防报警电话插孔(电话)	1. 名称：报警电话 2. 安装方式：挂装	个/部	1.000
3	030904001001	点型探测器	1. 名称：感烟探测器 2. 类型：探测器	个	58.000
4	030904008001	模块(模块箱)	1. 名称：监测模块 2. 类型：探测器	个/台	4.000
5	030904005001	声光报警器	名称：声光报警器	个	4.000
6	030904003001	按钮	名称：手动报警按钮	个	6.000

续表

序号	编码	项目名称	项目特征	单位	工程量
7	030904007001	消防广播(扬声器)	1. 名称:吸顶式扬声器 2. 安装方式:吸顶安装	个	8.000
8	030404032002	端子箱	1. 名称:广播端子箱 2. 规格:600×500×300 3. 安装部位:户内	台	1.000
9	030404032001	端子箱	1. 名称:火灾报警接线端子箱 2. 规格:600×500×300 3. 安装部位:户内	台	1.000
10	030904009001	区域报警控制箱	安装方式:壁挂式	台	1.000
11	030411001001	配管	1. 名称:钢管 2. 材质:SC 3. 规格:SC20 4. 配置形式:暗配	m	111.862
12	030411001002	配管	1. 名称:钢管 2. 材质:SC 3. 规格:SC40 4. 配置形式:埋地敷设	m	23.278
13	030411004001	配线	1. 名称:管内穿线 2. 型号:NHBV 3. 规格:NHBV-2.5 4. 材质:铜芯 5. 配线部位:暗敷	m	230.525
14	030411001003	配管	1. 名称:钢管 2. 材质:SC 3. 规格:SC15 4. 配置形式:暗配	m	371.169
15	030411001004	配管	1. 名称:钢管 2. 材质:SC 3. 规格:SC15 4. 配置形式:FC	m	120.054
16	030411003001	桥架	1. 名称:桥架 2. 规格:100×100 3. 材质:消防报警桥架	m	3.100
17	030411004002	配线	1. 名称:管内穿线 2. 型号:NHRVS 3. 规格:NHRVS-2×1.0 4. 配线部位:暗敷	m	127.956
18	030411004003	配线	1. 名称:管内穿线 2. 型号:NHRVS 3. 规格:NHRVS-2×1.5 4. 配线部位:暗敷	m	295.768
19	030408002001	控制电缆	1. 名称:管内穿线 2. 型号:NHRVV 3. 规格:NHRVV-3×1.5 4. 敷设方式、部位:CC	m	120.050

续表

序号	编码	项目名称	项目特征	单位	工程量
20	030411004004	配线	1. 型号:NHRVS 2. 规格:NHRVS-2×1.5 3. 配线部位:暗敷	m	1.400
21	030408002002	控制电缆	1. 型号:NHRVV 2. 规格:NHRVV-3×1.5 3. 敷设方式、部位:CC	m	1.400
22	030411006001	接线盒	1. 名称:JXH-1 2. 规格:86mm×86mm	个	77.000

第七章

采暖工程BIM计量实例

本章内容以专用宿舍楼案例工程暖通工程为例进行介绍，该采暖工程是采暖系统（地暖）部分。

第一节　采暖工程综述

在 BIM 安装算量 GQI2017 软件中采暖专业操作流程为：

新建工程—工程设置—楼层设置—添加图纸—分割图纸—图纸与楼层对应—定位图纸—绘图输入（采暖系统—地暖）—表格输入—汇总计算—报表打印。

本案例工程前面几部分“新建工程”—“楼层设置”—“图纸管理”操作步骤与给排水工程相同，在此不再一一赘述，详情请参见第四章第一节“给排水工程综述”，本节主要介绍“绘图输入”（采暖系统—地暖）—“表格输入”相关内容。

一、采暖工程图纸及业务分析

学习目标

学会分析图纸内容，准确提取算量关键信息。

学习要求

了解专业施工图的构成，具备专业图纸识图的能力。

（一）图纸业务分析

配套图纸为《BIM 算量一图一练 安装工程》专用宿舍楼案例工程，该工程为 2 层宿舍楼，每层层高 3.6m，对于预算人员如何从图纸中读取“预算关键信息”及如何入手算量工作，下面针对这些问题，结合案例图纸，从读图、列项等方面逐一进行图纸业务分析。

专用宿舍楼采暖工程施工图由暖通设计与施工说明（与通风空调工程共用）、一层采暖管线平面图、一层采暖平面图、二层采暖平面图、采暖系统图组成。

（1）暖施-01 暖通设计及施工说明

1）概念：采暖、通风、空调设计说明是对建筑物中预备安装的暖通设备、管道的总体说明。

2）包含的主要内容

① 工程概况：一般应包括建筑名称、建设地点、建筑面积、建筑基底面积、建筑高度

及层数。对比建筑设计说明来说，暖通设计及施工说明通常会比较粗略，有时候一些需要的信息找不到时，可以通过建筑设计说明来获取。

② 设计依据：设计所依据的标准、规定、文件等。

③ 采暖部分：工程采用的采暖方式、供暖负荷。

④ 管道、管材、试压及保温做法：对该工程的采暖管道、管材、试压及保温的相应要求。

⑤ 阀门、附件：对于该工程阀门、附件的类型要求、安装位置要求。

⑥ 试压及冲洗调试：对于该工程的水压试验、冲洗试验要求。

⑦ 油漆及保温：施工的刷漆、保温要求。

⑧ 机电工程抗震设计：施工中的套管、柔性连接、抗震支吊架的要求。

⑨ 图例：本工程用到的所有设备及管线在图纸中的表示方法。

⑩ 其他需要说明的问题。

3）计算工程量相关信息

① 采暖系统：采用低温地板辐射采暖，确认工程的采暖系统类型为地暖。

② 关注采暖管道的材质及连接方式、管径要求，这些信息对计价套取清单和定额项有影响，会影响预算单价；主干管、立管采用内外热浸镀锌钢管，$DN \leqslant 100$ 螺纹连接，$DN > 100$ 法兰连接。采暖地暖盘管采用 PE-RT 耐高温聚乙烯管，管径 $DN = 20$mm。分集水器与采暖供回水立管之间的管道采用 PB 耐高温聚丁烯管，管径 $DN = 32$mm。

③ 分、集水器：水平安装时，分水器在上，集水器在下，中心距为 200mm；集水器的距地距离不应小于 350mm，可以设置设备高度为层底标高＋0.35m。

④ 阀门、附件：供回水干管、立管管径小于等于 40mm 时采用铜质球阀，管径大于 40mm 时采用铜质对夹式蝶阀；管井内至分、集水器供水支管上一次设置铜质球形锁闭阀、过滤器及热量表，回水支管上设置铜质球形锁闭阀；管路最高点配置 WZ0.5-4 型自动排气阀（$DN20$），波纹补偿器 $DN \leqslant 50$ 采用轴向复式，$DN > 50$ 采用内压式和外平衡式。

⑤ 试压及冲洗调试。

⑥ 油漆及保温：油漆前除锈后刷红丹防锈漆两道（注：与图纸对应）；管道穿过非供暖区域（地沟内）时保温，保温材料采用 30mm 厚离心玻璃棉。

⑦ 穿墙壁或楼板应设置钢制套管，套管直径比管道直径大 2 号，采暖管道穿越防火墙处应设置钢套管。

（2）暖施-02/03/04 一层采暖管线平面图、一层/二层采暖平面图

① 根据平面图读取采暖供回水干管、立管位置，水平管根据标注的管径及标高计算其长度。

② 读取分、集水器配置数量及位置。

③ 通过平面图中立管标识及位置与系统图对照，计算立管长度。

④ 通过水平管道与墙、立管与楼板相交位置，计算套管、预留洞口数量及位置。

⑤ 根据管道变径、分支、转弯位置计算管件数量，根据其相接管道管径确定其管径组成。

⑥ 根据管道长度计算支架数量、刷油面积及保温体积。

（3）暖施-05 采暖系统图

① 从系统图读取供回水干管水平管标高及管径、立管标高及管径。

② 读取供回水各楼层入户管标高、水平管标高及立管管顶标高。

③ 读取自动排气阀安装位置及高度，计算连接其立管长度。

④ 读取消火栓系统阀门在立管上的安装位置及数量。

⑤ 与平面图对应确认分、集水器的安装位置与数量。

⑥ 地暖供暖辐射地板做法示意。

⑦ 分、集水器安装正视图、侧视图。

（二）本章任务说明

本章各节任务实施均以《BIM 算量一图一练 安装工程》中专用宿舍楼案例工程采暖工程的首层构件展开讲解，其他楼层请读者在学习本章之后自行完成。

二、采暖工程——新建工程

本采暖工程“新建工程、楼层管理”与给排水工程相同，在此不再一一赘述，详情请参见第四章第一节下的“给排水工程——新建工程”。

三、采暖工程——CAD 图纸管理

本采暖工程“CAD 图纸管理”与给排水工程相同，在此不再一一赘述，详情请参见第四章第一节下的“给排水工程——CAD 图纸管理”。

第二节　采暖系统（地暖）建模算量

二维码 57

一、设备建模

学习目标

1. 了解采暖设备的类型及计算规则。
2. 能够应用造价软件准确计算采暖设备工程量。

学习要求

1. 通过阅读图纸掌握分、集水器的安装部位和施工要求。
2. 通过平面图与系统图对照，快速读懂采暖设备的布置情况。

二维码 58

（一）任务说明

对“暖施-03 一层采暖平面图”建立分、集水器及采暖支管管道模型计算工程量。

（二）任务分析

1. 分析图纸

（1）专用宿舍楼案例工程中的分、集水器在各层采暖平面图中都有绘制，请查看暖施-03/暖施-04 一层、二层采暖平面图，该平面图明确了设备的布置位置和与之相连的管线走向和高度。同时，也要查看一下暖施-01 中关于分、集水器与采暖立管之间支管的描述，如图 7-1 所示。

2.1 加热管、连接管

采暖地热盘管采用PE-RT耐高温聚乙烯管，管径DN=20mm，壁厚2.3mm。分、集水器与采暖供回水立管之间的管道采用PB耐高温聚丁烯管，其外径为32mm、壁厚为2.9mm。

图 7-1

（2）继续查看水施-05 采暖系统图与分、集水器安装正视图、嵌墙安装侧视图等，然后结合各层平面图与系统图进行对比查看，确定采暖干管、地暖盘管与分、集水器的连接关系。

（3）接下来通过识别分、集水器及管道，快速建立模型并计算工程量。

2. 分析设备的识别方法

（1）分、集水器为点式构件，采用“图例识别”功能识别图例建模。

（2）采暖支管为线式构件，可采用“直线”功能绘制建模。

（三）任务实施

1. 识别分、集水器模型

（1）在“绘制”选项卡下，导航栏的树状列表中，选择“设备（暖）”，切换图纸到暖施-03 一层采暖平面图，单击“图例识别”功能按钮，此时“构件列表”会显示“设备（暖）”，“图例识别”功能按钮为选中状态，如图 7-2 所示。

（2）在绘图区中，将光标移到分、集水器图例上，光标变为回字形时左键单击选择，右键单击确认，弹出“选择要识别成的构件”窗体。

（3）单击“新建”，选择“新建设备”新建 QTSB-1，右侧显示属性项与属性值，按照图纸设计要求填入和更改默认属性值。标高按层底标高＋0.35m，设备高度按 200mm，按本工程图纸要求填入的属性值如图 7-3 所示。

二维码 59

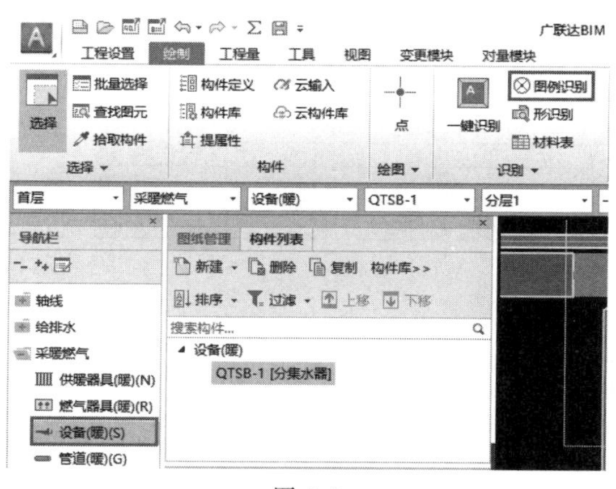

图 7-2

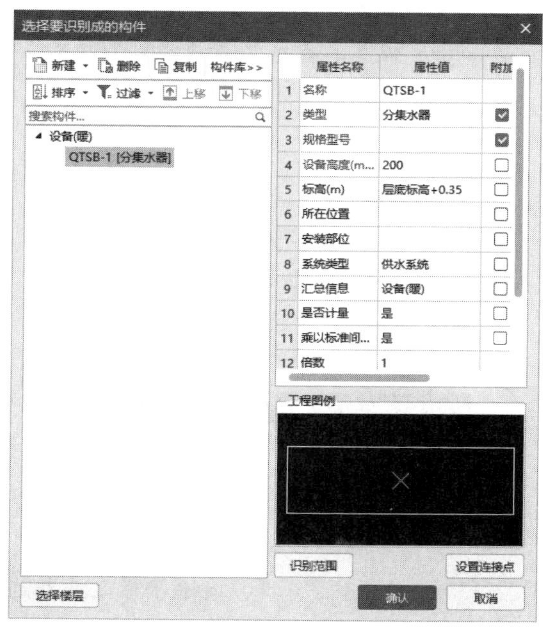

图 7-3

（4）点击“确定”按钮，软件进行图元识别。

2. 识别与分、集水器相连的供、回水支管

（1）在“绘制”选项卡下，导航栏的树状列表中，选择“管道（暖）”，此时在“构件列表”中单击“新建”，选择“新建管道”新建 GSG-1。接下来按照图纸设计要求，在“属性编辑器”填入属性值，系统类型按供水系统，材质按 PB，管径规格按 32mm，起点、终点标高按层底标高＋0.55m。重复“新建管道”新建 GSG-2，系统类型按回水系统，材质按

PB，管径规格按 32mm，起点、终点按层底标高＋0.35m。按本工程图纸要求完成新建构件的属性值如图 7-4 所示。

（2）点击功能“直线”，在“构件列表”中选择供水系统的 GSG-1 构件，移动鼠标光标，捕捉红色 CAD 线端点进行描图，绘制与分、集水器相连的供水管道，过程中可以结合软件窗体下方的状态栏中的“正交”功能。同样的方法，选择回水系统的 GSG-2 构件，按照黄色 CAD 线，绘制与分、集水器相连的回水管道，如图 7-5 所示。

构件列表

新建 · 删除 · 复制 · 构件库>>

排序 · 过滤 · 上移 · 下移

搜索构件...

- 管道(暖)
  - 供水系统
    - GSG-1 [供水系统 PB 32]
  - 回水系统
    - GSG-2 [回水系统 PB 32]

属性

	属性名称	属性值	附加
1	名称	GSG-2	
2	系统类型	回水系统	☑
3	系统编号	(GS1)	☐
4	材质	PB	☑
5	管径规格(m...	32	☑
6	起点标高(m)	层底标高+0.35	☐
7	终点标高(m)	层底标高+0.35	☐
8	管件材质	(塑料)	☐

图 7-4

3. 工程量参考

采暖工程分集水器工程量参考如图 7-6 所示。

总结拓展

本部分主要讲述了采暖系统（地暖）中的分、集水器的识别方法及属性定义方法，它们属于点式构件，主要使用“图例识别”或“形识别”这两种方法识别。

1. 采暖系统（散热器）中散热器的识别方法及属性定义方法与本节讲述方法类似，但构件类型需使用供暖器具（暖）。

2. 采暖系统（散热器）通常是先对散热器及供、回水的干管进行建模，然后使用“散热器连管”功能生成散热器与供、回水的干管之间相连的支管。

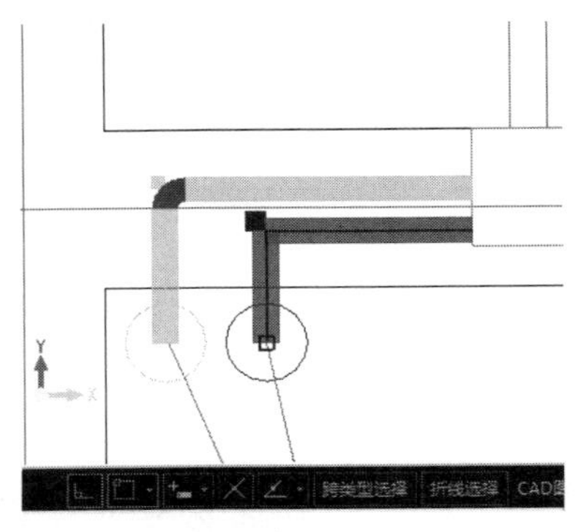

图 7-5

查看分类汇总工程量

构件类型　采暖燃气　设备(暖)

	分类条件			工程量
	名称	楼层	类型	数量(台)
1	QTSB-1	第2层	分集水器	5.000
2		首层	分集水器	5.000
3		总计		10.000

图 7-6

练习与思考

1. 采暖系统（地暖）中的分、集水器，属性定义时需要关注哪些属性？
2. 分、集水器与供、回水干管之间相连的支管有哪些建模方式？

二、管道建模

学习目标

1. 能够应用造价软件熟练定义管道构件并准确定义其属性。
2. 了解管道的清单计算规则。

学习要求

1. 掌握采暖管道在系统图上的表示方式。
2. 通过平面图与系统图对照，快速读懂管道布置情况。

3. 具备相应的手工计算知识。

（一）任务说明

完成“暖施-02 一层采暖管线平面图、暖施-03 一层采暖平面图”的采暖管道、地暖盘管的模型建立与工程量计算。

（二）任务分析

1. 分析图纸

（1）要计算采暖管道、地暖盘管工程量，首先需要采暖有关的图纸信息，请查看图纸暖施-01、暖施-02、暖施-03、暖施-04、暖施-05。

（2）暖施-01 设计说明信息中对管道明确了采暖主干管、立管材质及连接方式，还有地暖盘管的材质、管径，如图 7-7、图 7-8 所示，这些信息会影响管道的清单项及项目特征描述。

1. 管道
1.1 采暖主干管、立管采用内外热浸镀锌钢管DN≤80螺纹连接，DN>80法兰连接。

图 7-7

2.1 加热管、连接管
采暖地热盘管采用PE-RT耐高温聚乙烯管，管径DN=20mm，壁厚2.3mm。

图 7-8

（3）暖施-02 中明确管道的管径及安装高度，注意干管管径在三通处发生变径的情况；在暖施-05 的系统图中可以查到立管的管径及安装高度，同样注意立管管径在三通处发生变径的情况。

（4）对于暖施-03/04 中的地暖盘管，材质采用 PE-RT，管径为 20mm，标高按照层底标高。

2. 软件基本操作步骤

完成采暖管道建模步骤分建立水平管、建立立管、识别地暖盘管三部分。

① 通过识别 CAD 管线，建立水平管构件图元，修改标高使之符合设计要求。

② 建立立管构件，根据系统图要求进行立管布置。

③ 只显示地暖排管 CAD 图元，修改 CAD 识别选项，识别 CAD 管线，建立地暖盘管构件，生成图元。

3. 分析采暖管道的识别方法

软件中采暖水平管道的识别方法通常有“自动识别”和“选择识别”。绘制模型的方法，可以使用“直线”功能。修改管道标高属性的方法：“选中图元直接修改”“修改标注”。采暖立管的识别方法通常有：“布置立管”“立管识别”。地暖盘管通常配合“显示制定图层”功能，使用“选择识别”功能进行识别。

（三）任务实施

1. 识别采暖水平管

（1）在“绘制”选项卡下导航栏中选择“采暖专业”—“管道”，图纸切换到“一层采暖管线平面图”，点击“自动识别”功能按钮，如图 7-9 所示。

（2）将光标移到管道图例上，光标变为回字形时左键单击选择管道图例，选择代表供水系统的红色 CAD 线及其对应管径标识，此时管道与管径标识为蓝色选中状态，如图 7-10所示。此时，可放大或缩小绘图区图纸，检查此路径上的管线选择情况，确认无误后单击右键确定。

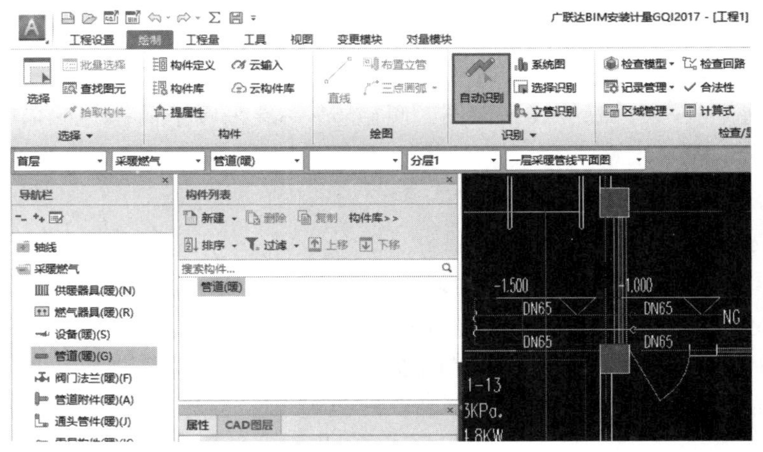

图 7-9

(3) 弹出“管道构件信息”窗体，在窗体中设置系统类型为“供水系统”，材质为“内外热浸镀锌钢管”，点击“建立/匹配构件”，软件会根据系统类型、材质、标识管径自动建立构件，并填入到构件名称列中，如图 7-11 所示。

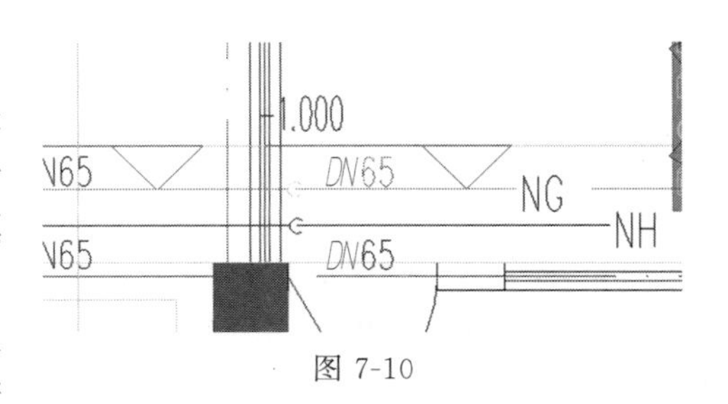

图 7-10

(4) 对于“没有对应标注的管线”，双击“反查”列的“路径 1”单元格，再点击出现的三点按钮，如图 7-12 所示，没有标注的管线会进行亮色闪烁显示，如图 7-13 所示。根据系统图判断，都是从干管分出连接立管的部分，管径为 $DN40$，右键退出反查，返回“管道构件信息”窗体。双击构件名称列下“没有对应标注的管线”对应的第一个单元格，再点击出现的三点按钮，如图 7-14 所示，弹出“选择要识别成的构件”窗体，选择供水系统中管径为 $DN40$ 的构件，点击确认，如图 7-15 所示。

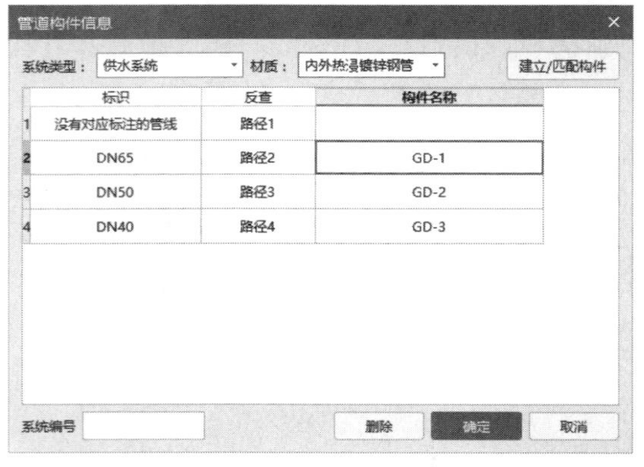

图 7-11

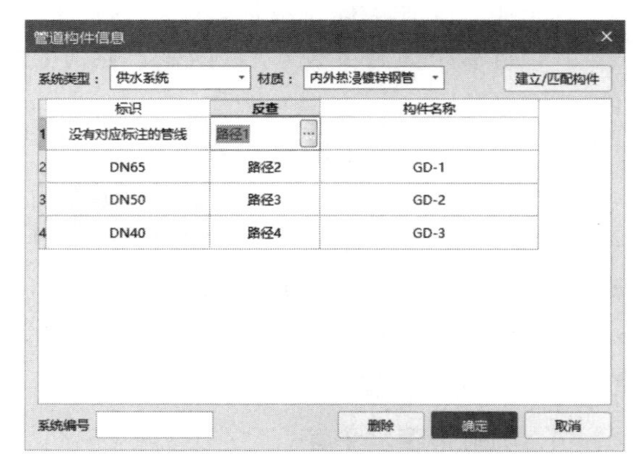

图 7-12

(5) 点击确定，生成管道模型图元。

(6) 按照同样的方法，识别代表“回水系统”管道的黄色 CAD 线。注意系统类型选择回水系统。

(7) 接下来按照图纸上标识的安装高度，对管道图元模型进行统一修改。经过观察得

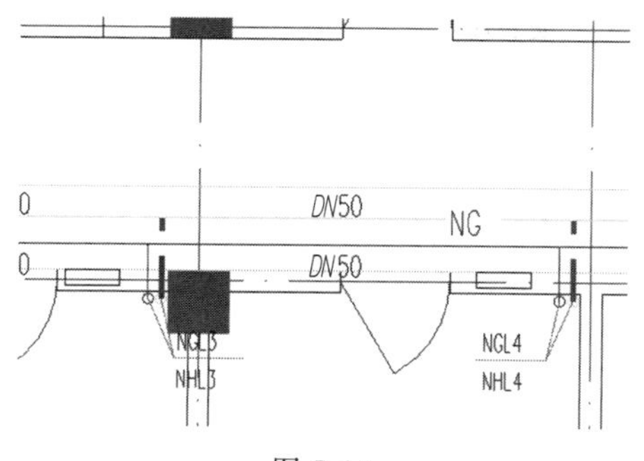

图 7-13

知，已经识别的图主要标高是“−1.000”，框选已经识别的全部管道（暖）图元，选中已经识别的全部管道，修改起点标高为“层底标高−1”，如图 7-16 所示，软件会自动联动终点标高属性也为“层底标高−1”，再只选中接入采暖供回水管网的管道图元，修改图元标高为“层底标高−1.5”。提示：按 ESC 键可以取消图元选中状态。

图 7-14

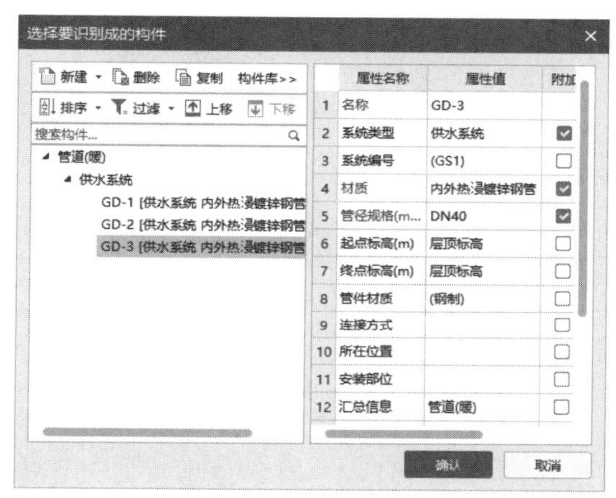

图 7-15

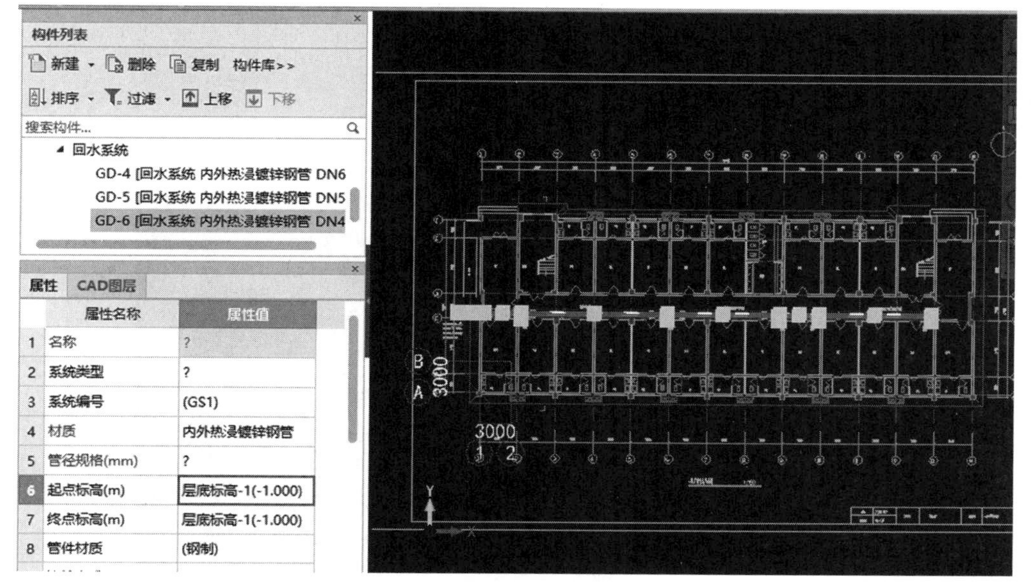

图 7-16

2. 识别采暖立管（图纸在 NGL-1、NHL-1 的位置有错误）

（1）通过系统图可以看出，采暖立管与水平支管连接后会进行变径，可以通过水平支管的安装高度计算出各管径的立管高度，如图 7-17 所示。供水系统 DN40 从－1.000 到1F＋0.55，DN32 从 1F＋0.55 到 2F＋0.55，DN20 从 2F＋0.55 到 2F＋1；回水系统 DN40 从－1.000 到 1F＋0.35，DN32 从1F＋0.35 到 2F＋0.35，DN20 从 2F＋0.35 到2F＋1。

（2）因为 DN40 的立管已经通过“自动识别”功能自动生成，就不用再次布置了，在构件列表“新建管道”构件，管径规格分别为 DN32、DN20，保证其他属性与设计要求一致，如图 7-18 所示。

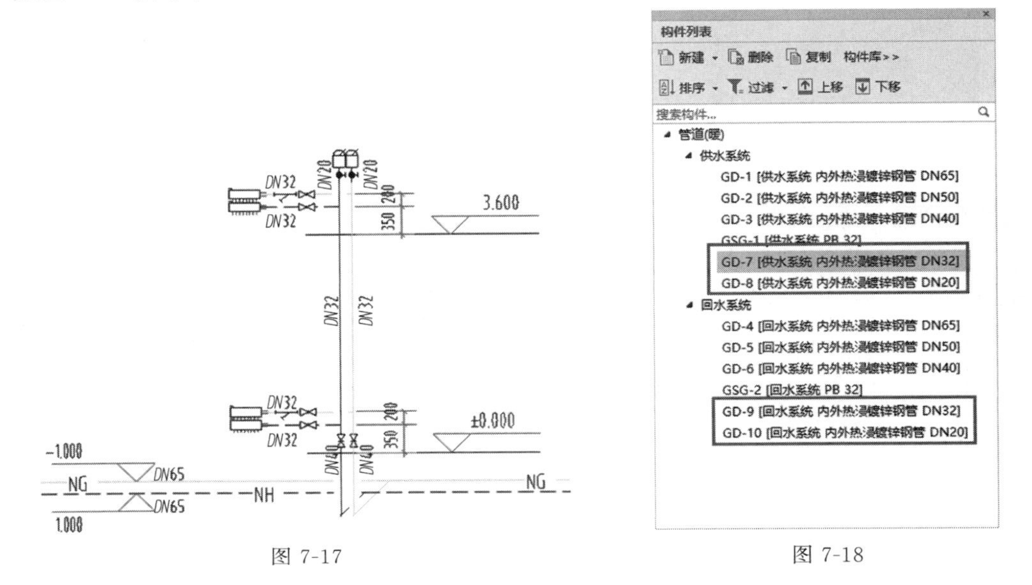

图 7-17　　　　图 7-18

（3）选择对应管径的构件名称，触发“布置立管”移动光标在绘图区进行立管点布，如图 7-19 所示。确定布置位置后，点击鼠标左键弹出“立管标高设置”窗体，如图 7-20 所示，按照前面的计算高度进行输入，点击确定生成立管。

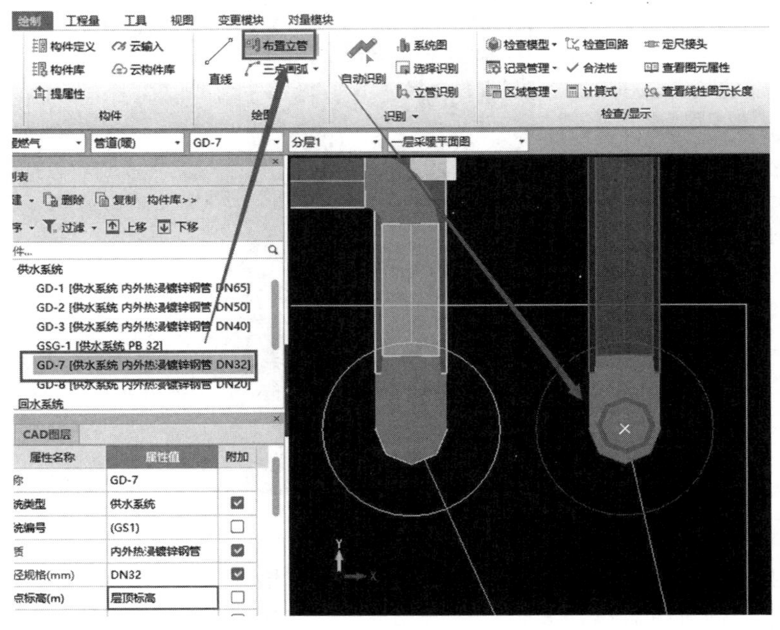

图 7-19

（4）重复上述步骤，完成立管模型的布置。注意供水系统与回水系统的标高设置不同。

3. **识别地暖盘管管道**

（1）在“CAD 图层”页签，单击“显示指定图层”功能按钮，移动光标在绘图区，单击代表地暖盘管的 CAD 线，如图 7-21所示。

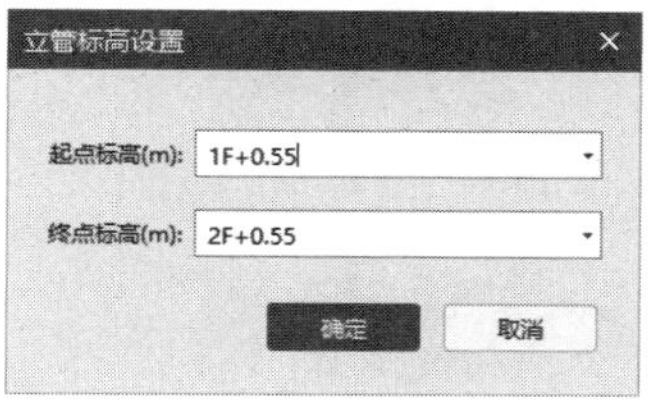

立管标高设置
起点标高(m): 1F+0.55
终点标高(m): 2F+0.55
确定　取消

图 7-20

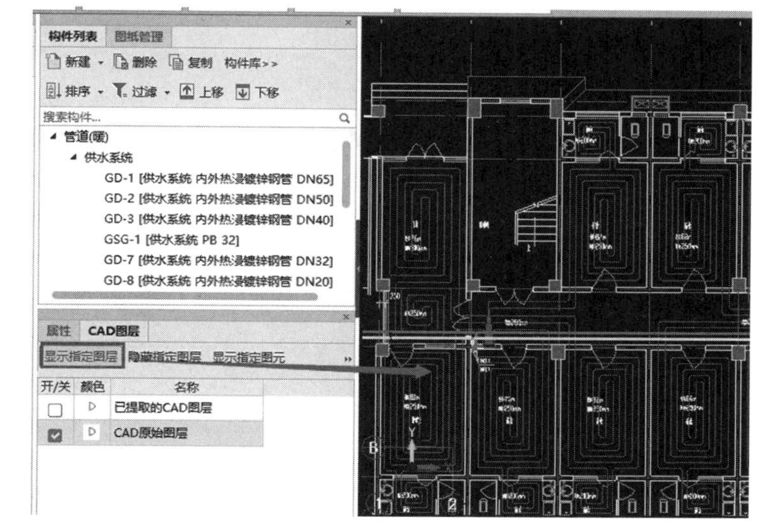

图 7-21

（2）点击右键，如图 7-22 所示，只显示选中 CAD 相同图层的图元，其他 CAD 线隐藏，这样可以便于管道的快速识别。

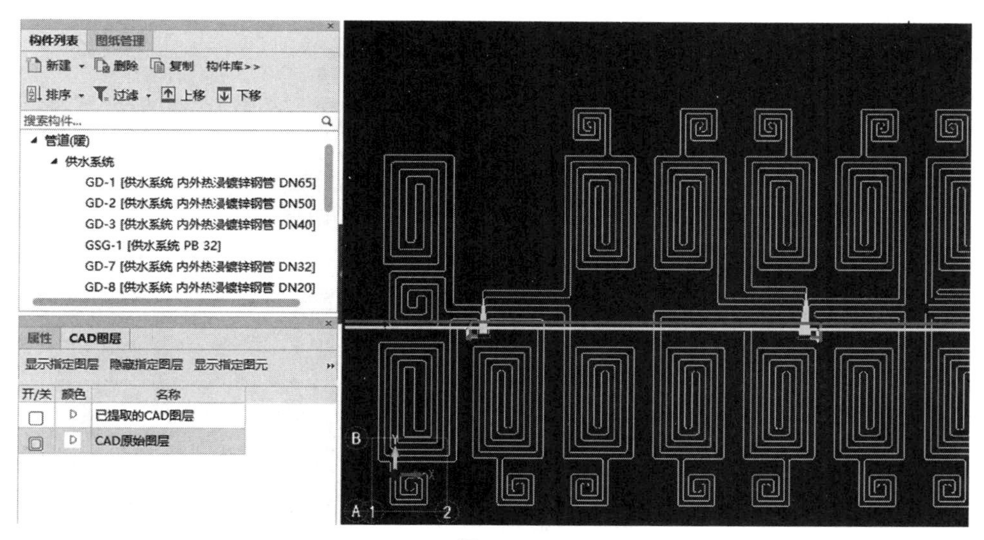

图 7-22

（3）在识别前，还需要通过“CAD 识别选项”功能调整“拉框选择操作中，允许选中 CAD 弧的最小直径（mm）”项为 0，如图 7-23 所示，回车确认后，点击确定使设置生效。这样就可以在使用识别功能时选中直径比较小的弧线。

（4）点击功能“选择识别”，移动光标，采用拉框选择的方法将绘图区显示的所有表示地暖盘管的 CAD 线选中，如图 7-24 所示。

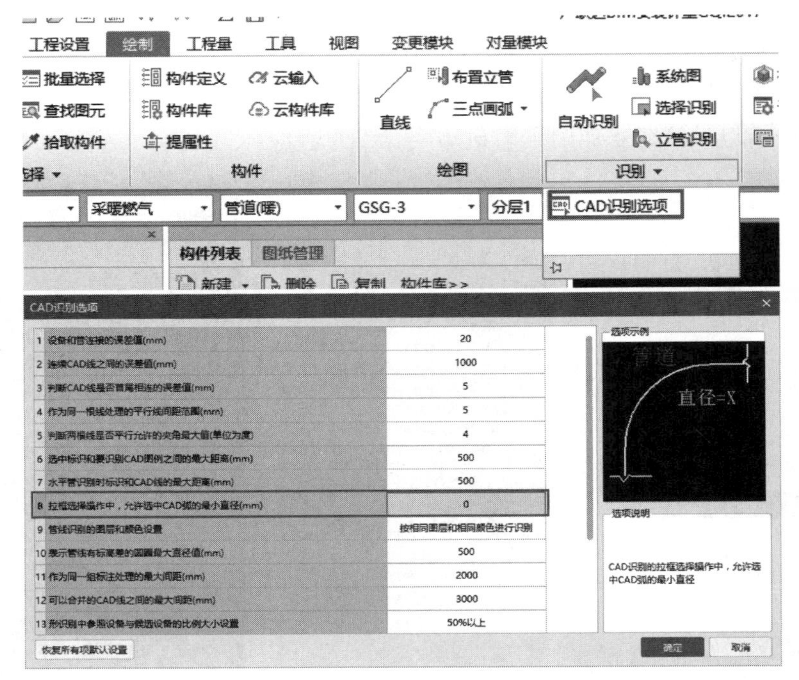

图 7-23

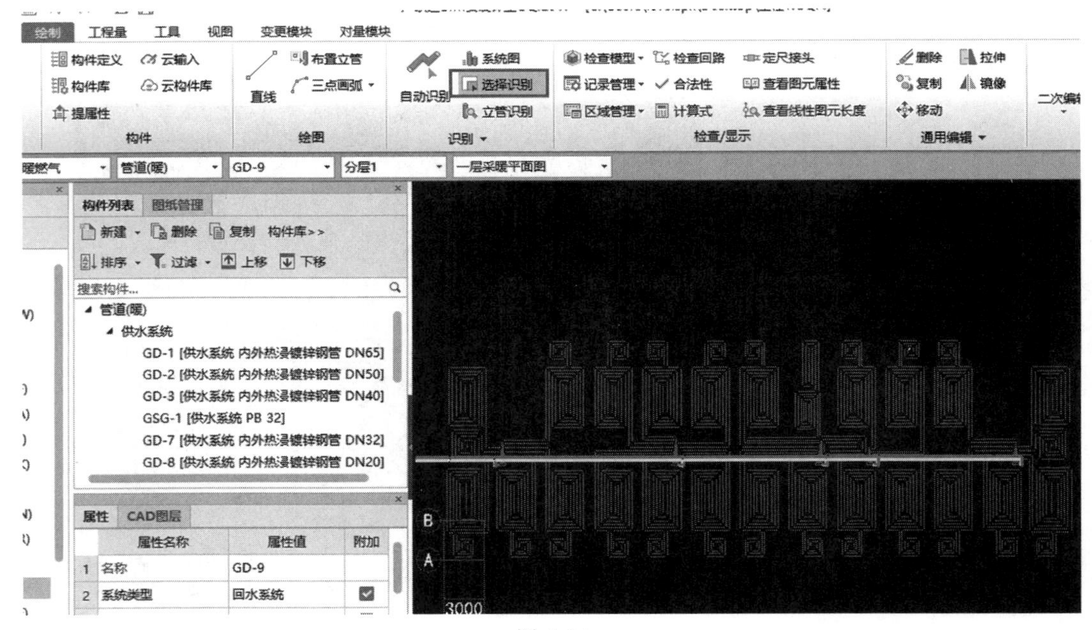

图 7-24

(5) 点击右键确认，弹出“选择要识别成的构件”对话框，在此新建管道，按照任务分析进行地暖盘管的属性输入，如图 7-25 所示，点击确认生成模型。

(6) 生成完毕后可将 CAD 图层全部显示，便于后续的图元查看，勾选“CAD 图层”—“CAD 原始图层”，如图 7-26 所示，将 CAD 图层全部显示。

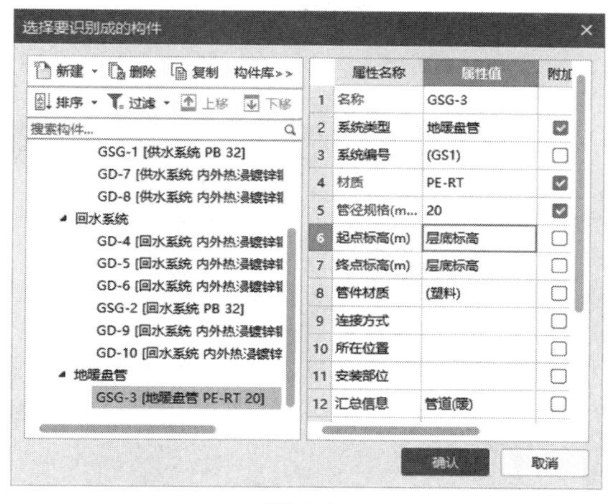

图 7-25

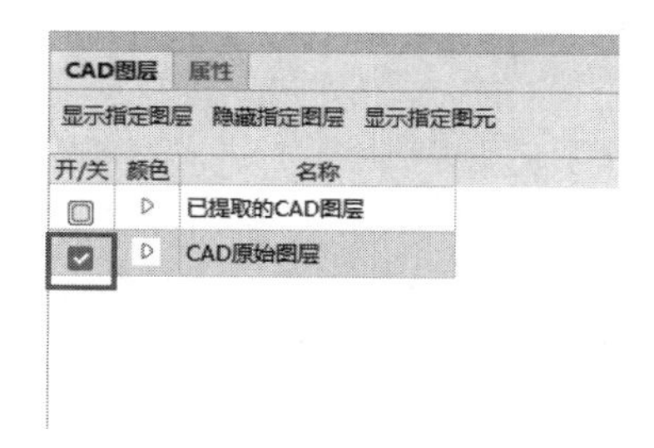

图 7-26

4. 工程量参考

采暖工程首层采暖管道、地暖盘管工程量参考如表 7-1 所列。

表 7-1

项目名称	长度/m
管道-基础层	
内外热浸镀锌钢管-DN40	37.799
内外热浸镀锌钢管-DN50	28.800
内外热浸镀锌钢管-DN65	40.914
管道-首层	
PB-32	4.663
PE-RT-20	1979.664
内外热浸镀锌钢管-DN32	31.500
内外热浸镀锌钢管-DN40	4.500

总结拓展

本部分主要讲述了采暖供、回水管道和地暖盘管的构件属性定义方式及识别方法。

1. 采暖供、回水的水平管使用“自动识别”功能，过程关注点是系统类型、材质、没有对应标识的管线，后面还要配合修改管道标高的功能对模型进行标高调整。这里也可以尝试使用“选择识别”“直线”功能进行建模。

2. 采暖供、回水立管使用“布置立管”功能进行分段布置，过程关注点是不同管径变径的位置标高、计算出立管全部管径的高度。由于立管提供的相似性，布置完成一整个立管后，可以使用“复制”功能，用对立管图元进行复制的方法进行建模。

3. 地暖盘管使用“选择识别”是一个比较快速的方法，需要注意的是地暖盘管是不计算通头工程量的，已经生产的通头可以后期删除，也可以保留，但是出量的时候人工忽略。

4. 对于地暖盘管与分、集水器的连接处，此处与实际连接有一定的差别，但工程量差较少，如需精细算量，建议删除自动生成的管道，使用二次编辑中的“延伸”功能，如图 7-27所示，选择与分、集水器图例相连的管道 CAD 线作为延伸边界线，对地暖盘管依次进行延伸操作，会自动生成立管，如图 7-28 所示。

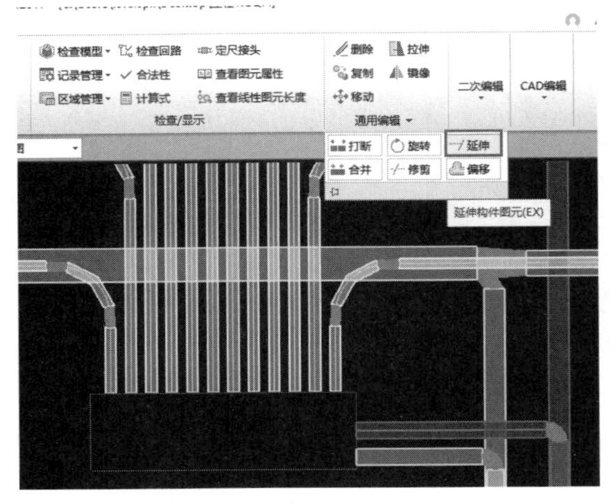

图 7-27

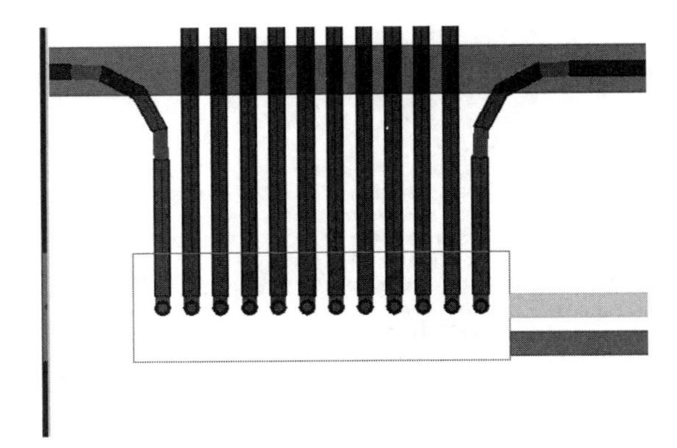

图 7-28

练习与思考

1. 管道构件的哪些属性影响工程量计算结果及套取清单定额？
2. 如何选中需要修改标高的管道？软件中有几种选择图元的方式呢？
3. 识别地暖盘管如何操作？

三、阀门附件建模

采暖工程的阀门附件建模方式，在分析图纸后采用与给排水专业阀门附件建模一样的“表格输入”，该功能操作步骤可参见第四章第二节下的“二、阀门附件建模”，在此不再详述。

采暖工程阀门附件工程量见图 7-29。

采暖燃气设备工程量汇总表

工程名称：工程 1

项目名称	工程量名称	单位	工程量
阀门			
过滤器-*DN*32	数量	个	10.000
球形锁闭阀-*DN*32	数量	个	20.000
热量计量表-*DN*65	数量	个	1.000
闸阀-*DN*40	数量	个	10.000
自动排气阀-*DN*20	数量	个	10.000

图 7-29

第三节　套清单做法

本采暖工程“套清单做法”与给排水工程相同，在此不再一一赘述，详情请参见第四章第三节“套清单做法”。

第四节　文件报表设置及工程量输出

一、报表格式设置

本采暖工程“报表格式设置”与给排水工程相同，在此不再一一赘述，详情请参见第四章第四节下的“报表格式设置”。

二、案例工程结果报表

专用宿舍楼案例工程采暖工程全部工程量计算结果及套清单做法报表见表 7-2～表 7-4。

表 7-2　采暖水管道汇总表

项目名称	长度/m	内表面积/m²	外表面积/m²
管道-基础层			
内外热浸镀锌钢管-*DN*40	37.799	4.750	4.750
内外热浸镀锌钢管-*DN*50	28.800	4.524	4.524
内外热浸镀锌钢管-*DN*65	40.914	8.355	8.355
管道-首层			
PB-32	4.663	0.000	0.469
PE-RT-20	1979.664	124.386	124.386
内外热浸镀锌钢管-*DN*32	31.500	3.167	3.167
内外热浸镀锌钢管-*DN*40	4.500	0.565	0.565
管道-第 2 层			
PB-32	4.663	0.000	0.469
PE-RT-20	1983.714	124.640	124.640
内外热浸镀锌钢管-*DN*20	5.500	0.346	0.346
内外热浸镀锌钢管-*DN*32	4.500	0.452	0.452

表 7-3　采暖水点式设备汇总表

项目名称	工程量名称	单位	工程量
阀门			
供水系统			
过滤器-*DN*32	数量	个	10.000
球形锁闭阀-*DN*32	数量	个	20.000
热量计量表-*DN*65	数量	个	1.000
闸阀-*DN*40	数量	个	10.000
自动排气阀-*DN*20	数量	个	10.000
设备			
供水系统			
QTSB-1-〈空〉	数量	个	10.000

表 7-4 工程量清单汇总表

工程名称:专用宿舍楼 专业:采暖燃气

序号	编码	项目名称	项目特征	单位	工程量
1	031005007001	热媒集配装置	1. 材质:不锈钢 2. 规格:*DN*20	台	10.000
2	031002001001	管道支架	1. 材质:不锈钢 2. 管架形式:保温管架	个	2.000
3	031001006001	塑料管	1. 安装部位:室内 2. 介质:水 3. 材质、规格:PB 耐高温聚丁烯管,*DN*32 4. 连接形式:热熔连接 5. 压力试验及吹洗设计要求:水压试验、水冲洗	m	11.523
4	031001006002	塑料管	1. 安装部位:室内 2. 介质:水 3. 材质、规格:PE-RT 耐高温聚丁烯管,*DN*20 4. 连接形式:热熔连接 5. 压力试验及吹洗设计要求:水压试验、水冲洗	m	3965.989
5	031001001001	镀锌钢管	1. 安装部位:室内 2. 介质:水 3. 规格、压力等级:*DN*20 内外热浸镀锌钢管 4. 连接形式:螺纹连接 5. 压力试验及吹洗设计要求:水压试验、水冲洗	m	25.5
6	031001001002	镀锌钢管	1. 安装部位:室内 2. 介质:水 3. 规格、压力等级:*DN*32 4. 连接形式:螺纹连接 5. 压力试验及吹洗设计要求:水压试验、水冲洗	m	36.000
7	031001001003	镀锌钢管	1. 安装部位:室内 2. 介质:水 3. 规格、压力等级:*DN*40 4. 连接形式:螺纹连接 5. 压力试验及吹洗设计要求:水压试验、水冲洗	m	42.298
8	031001001004	镀锌钢管	1. 安装部位:室内 2. 介质:水 3. 规格、压力等级:*DN*50 4. 连接形式:螺纹连接 5. 压力试验及吹洗设计要求:水压试验、水冲洗	m	28.800
9	031001001005	镀锌钢管	1. 安装部位:室内 2. 介质:水 3. 规格、压力等级:*DN*65 4. 连接形式:螺纹连接 5. 压力试验及吹洗设计要求:水压试验、水冲洗	m	40.914
10	031201001001	管道刷油	1. 除锈级别:Sa1 级 轻度喷砂除锈 2. 油漆品种:防锈漆 3. 涂刷遍数、漆膜厚度:两遍	m^2	32.336
11	031208002002	管道绝热	1. 绝热材料品种:离心玻璃棉保温 2. 绝热厚度:30mm 3. 管道外径:ϕ57 以下	m^3	0.419

续表

序号	编码	项目名称	项目特征	单位	工程量
12	031208002001	管道绝热	1. 绝热材料品种：离心玻璃棉保温 2. 绝热厚度：30mm 3. 管道外径：ϕ133 以下	m^3	0.373
13	031208007001	防潮层、保护层	1. 材料：玻璃钢壳 2. 厚度：2.0mm 3. 对象：管道	m^2	37.756
14	031003001001	螺纹阀门	1. 类型：闸阀 2. 材质：碳钢 3. 规格、压力等级：$DN40$ 4. 连接形式：螺纹连接	个	10.000
15	031003001002	螺纹阀门	1. 类型：球形锁闭阀 2. 材质：塑料 3. 规格、压力等级：$De32$ 4. 连接形式：螺纹连接	个	20.000
16	031201002001	设备与矩形管道刷油	1. 油漆品种：防锈漆 2. 涂刷遍数、漆膜厚度：两遍	m^2	0.264
17	031208004001	阀门绝热	1. 绝热材料：离心玻璃棉保温 2. 绝热厚度：30mm 3. 阀门规格：$DN40$	m^3	0.007
18	031208007002	防潮层、保护层	1. 材料：玻璃钢壳 2. 厚度：2.0mm 3. 对象：设备	m^2	0.340
19	031003008001	除污器(过滤器)	1. 材质：碳钢 2. 规格、压力等级：$De32$ 3. 连接形式：螺纹连接	个	10.000

第八章 通风空调工程BIM计量实例

本章内容以专用宿舍楼案例工程暖通工程为例进行介绍，该通风空调工程包括空调通风系统、空调水系统两部分。

第一节　通风空调工程综述

在 BIM 安装算量 GQI2017 软件中通风空调专业操作流程为：新建工程—工程设置—楼层设置—添加图纸—分割图纸—图纸与楼层对应—定位图纸—绘图输入（空调通风系统、空调水系统）—表格输入—汇总计算—报表打印。

本案例工程前面几部分“新建工程”—“楼层设置”—“图纸管理”操作步骤与给排水工程相同，在此不再一一赘述，详情请参见第四章第一节“给排水工程综述”，本节主要介绍“绘图输入”（空调通风系统、空调水系统）—“表格输入”相关内容。

一、通风空调工程图纸及业务分析

学习目标

学会分析图纸内容，准确提取算量关键信息。

学习要求

了解专业施工图的构成，具备专业图纸识图的能力。

（一）图纸业务分析

配套图纸为《BIM 算量一图一练 安装工程》专用宿舍楼案例工程，该工程为 2 层宿舍楼，每层层高 3.6m，对于预算人员如何从图纸中读取“预算关键信息”及如何入手算量工作，下面针对这些问题，结合案例图纸，从读图、列项等方面逐一进行图纸业务分析。

专用宿舍楼采暖工程施工图由暖通设计与施工说明（与采暖工程共用）、一层空调风管平面图、二层空调风管平面图、一层空调管路平面图、二层空调管路平面图、屋顶室外机布置图、空调系统原理图组成。

1. 暖施-01 暖通设计及施工说明

（1）概念：采暖、通风、空调设计说明是对建筑物中预备安装的暖通设备、管道的总体说明。

（2）包含的主要内容

① 工程概况：一般应包括建筑名称、建设地点、建筑面积、建筑基底面积、建筑高度

及层数。对比建筑设计说明来说，暖通设计及施工说明通常会比较粗略，有时候一些需要的信息找不到时，可以通过建筑设计说明来获取。

② 设计依据：设计所依据的标准、规定、文件等。

③ 空调部分：工程采用的空调系统、冷媒管安装要求、室外机安装要求、空气冷凝水管安装要求、系统安装工序、风管材质、风管保温、风管软接头、套管。

④ 图例：本工程用到的所有设备及管线在图纸中的表示方法。

（3）计算工程量相关信息

① 空调系统：采用直流变频多联式空调系统，确认工程的空调系统类型。

② 室外冷机设置于屋顶上。

③ 冷凝水管采用外热镀锌钢管，就近接入卫生间，应与排水地漏等有 10cm 距离。

④ 冷媒管采用 VRV 系统专用铜质管道。

⑤ 冷媒管保温一般为橡塑保温，厚度为 20mm。

⑥ 风管管道采用镀锌钢板制作，保温材料为难燃 B 级橡塑保温，厚度 10mm。

⑦ 穿墙壁或楼板应设置套管且保温不能间断，套管直径比管道保温后外径大 2 号。

2. 暖施-06/暖施-07 一层/二层空调风管平面图

（1）读取新风机、风机盘管数量及位置。

（2）区分风管尺寸，量取风管长度，计算风管展开面积。

（3）确定送风口、回风口的数量及位置。

3. 暖施-08/暖施-09 一层/二层空调管路平面图

（1）根据平面图读取冷媒管管径，计算冷媒管的长度。

（2）根据冷凝水管管径，计算冷凝水水管的长度。

4. 暖施-10 屋顶室外机布置图

（1）根据平面图确定室外机安装位置及冷媒管的连接位置。

（2）读取冷媒管管径，计算冷媒管的长度。

5. 暖施-11 空调系统原理图

（1）确定室内机、室外机设备规格、数量。

（2）确定冷媒管的管线管径。

（3）查看室内机安装剖面，关注吊顶距离楼板的距离。

（4）确定设备型号连接的出风管尺寸、送风管尺寸，以及送风口尺寸（双层活动百叶）、回风口尺寸（单层百叶）。

（5）查看通风设备表、空调设备表，确定各类设备的型号规格属性。

（二）本章任务说明

本章各节任务实施均以《BIM 算量一图一练 安装工程》中专用宿舍楼案例工程通风空调工程的首层构件展开讲解，其他楼层请读者在学习本章之后自行完成。

二、通风空调工程——新建工程

本通风空调工程“新建工程”—“楼层管理”与给排水工程相同，在此不再一一赘述，详情请参见第四章第一节下的“给排水工程——新建工程”。

三、通风空调案例工程——CAD 图纸管理

本通风空调工程“CAD 图纸管理”与给排水工程相同，在此不再一一赘述，详情请参

见第四章第一节下的“给排水工程——CAD 图纸管理”。

第二节 空调通风系统建模算量

一、通风设备建模

学习目标

1. 了解空调设备、通风设备的计算规则。
2. 能够应用造价软件识别各类通风设备构件并建模，准确计算工程量。

学习要求

1. 掌握空调设备、通风设备图例表示方法。
2. 通过平面图与系统图对照，快速掌握空调设备、通风设备布置情况。

（一）任务说明

完成首层空调设备、通风设备的工程量计算。

（二）任务分析

1. 分析图纸

（1）在图纸中首先查看图纸暖施-11，空调设备表、通风设备表信息对通风设备类型、型号规格进行了说明，如图 8-1 所示。通过室内机安装剖面图可以得出室内机的大致安装高度和安装要求，如图 8-2 所示。其安装方式会影响该清单项目特征描述，安装高度会决定与之相连的风管、空调冷媒管的安装高度。

空调设备表

序号	设备名称	型号规格	设备制冷量(kW)	设备制热量(kW)	DxWxH 外形尺寸(mm)	设备风量(m^3/h)	制冷额定功率(kW)	制热额定功率(kW)	额定功率(kW)	重量(kg)	(台)数量	备注
3	室内机薄型风管机ZF系列	HVR-36ZF	3.6	4.2	900x447x192	600/480/420	0.07		0.07	21	8	
2	室内机薄型风管机 ZF系列	HVR-28ZF	2.8	3.3	900x447x192	480/420/360	0.05		0.05	21	19	
1	室外机	HVR-1235W	123.5	137.5	750x3370x1720	555	34.85	35.48	42	863	1	
设备表												

通风设备表

设备编号	设备名称型号	风量(m ³/h)	全压(PYa)	电压(v)	电功率(KW)	噪音(dB)	数量(台)	重量(kg)	安装位置	功用	备注
XFJ-1	低噪声T-35轴流新风机	1500	253	380	0.18	70	2	15	卫生间吊顶内	宿舍送新风	安装详12N5-2-23页

图 8-1

（2）查看暖施-01 中的图例表，掌握室内机、室外机、风管的图例表达方式，如图 8-3、图 8-4 所示。

（3）查看暖施-06，通过平面图确定空调设备、通风设备的平面位置。

2. 软件基本操作步骤

在“空调通风专业—通风设备”构件类型下，识别 CAD 图中的通风、空调设备，输入构件属性，软件自动生成构件图元。

3. 分析通风设备的识别方法

软件中通风设备可以使用“自动识别”“图例识别”“形识别”的识别方法，通常通风设备都是采用相同图例＋不同标识的方式进行表达，可以采用“自动识别”功能识别图例建模。

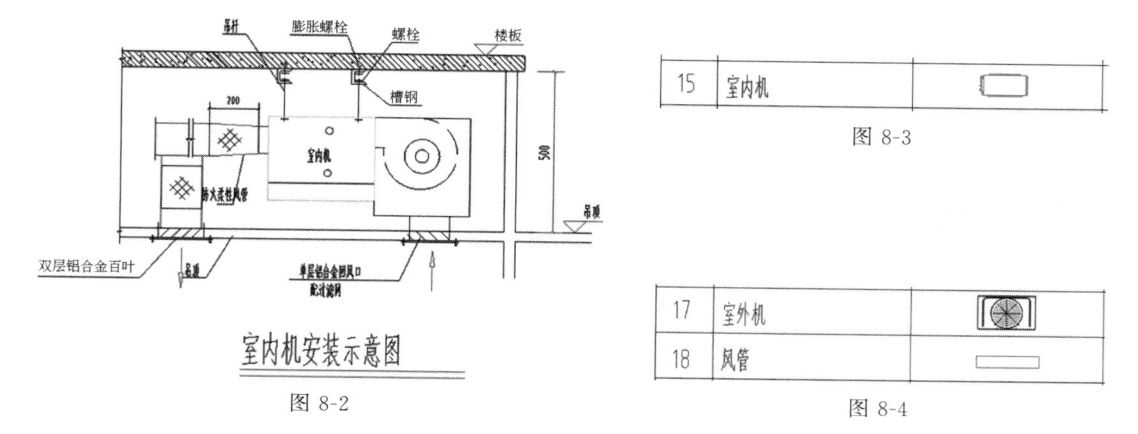

图 8-2

图 8-3

图 8-4

（三）任务实施

1. 识别“通风设备”模型

（1）图纸切换到“一层空调风管平面图”，在“绘图”选项卡下导航栏的树状列表中，选择“通风空调专业”—“通风设备”，单击“自动识别”功能按钮，此时“构件列表”会显示通风设备，“自动识别”功能按钮为选中状态，如图 8-5 所示。

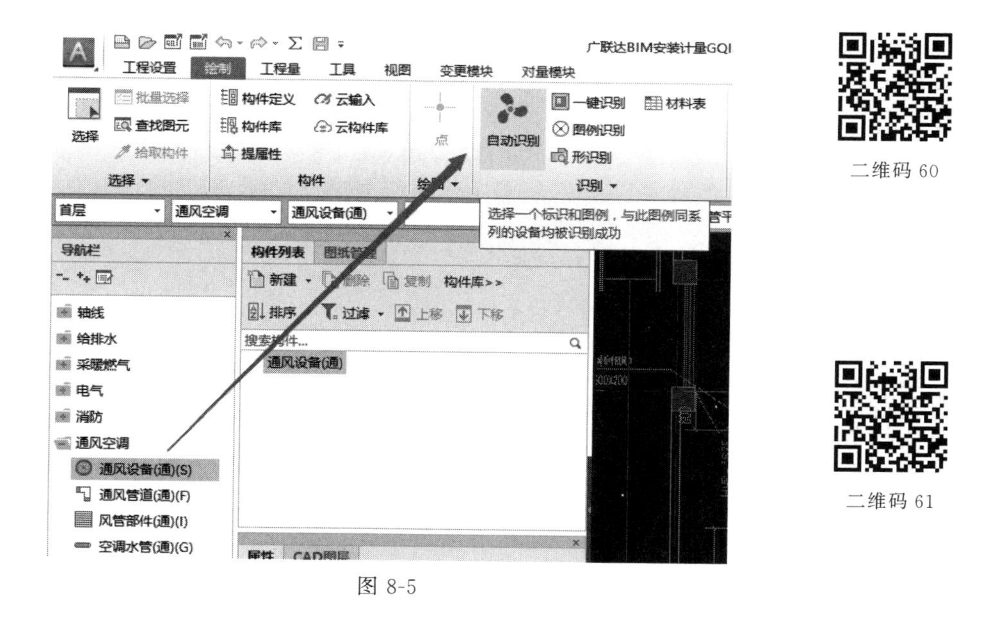

图 8-5

（2）在绘图区中，将光标移到空调设备图例及对应标识上，光标变为回字形时左键单击选择，右键单击确认，弹出“构件编辑窗口”，按图纸要求填入属性值，如图 8-6 所示。

（3）点击“确认”按钮，软件进行空调设备图元识别，模型识别数量如图 8-7 所示。

（4）对本层唯一的新风机设备采用同样的方法进行识别，按照图纸的要求输入属性，如图 8-8 所示。

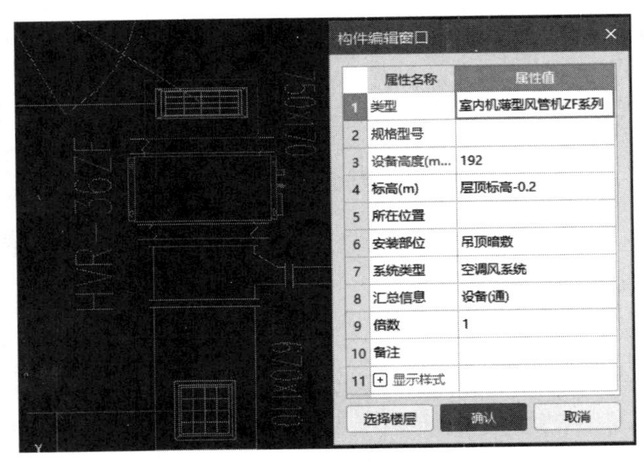

图 8-6

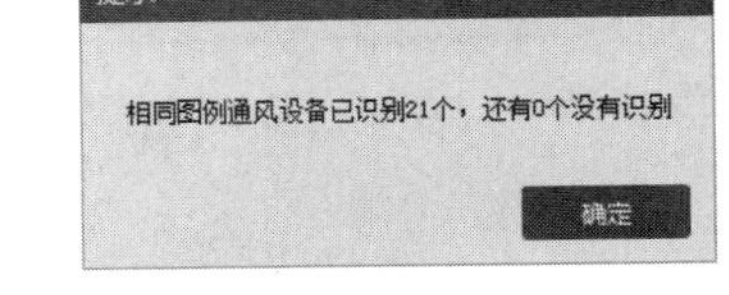

图 8-7

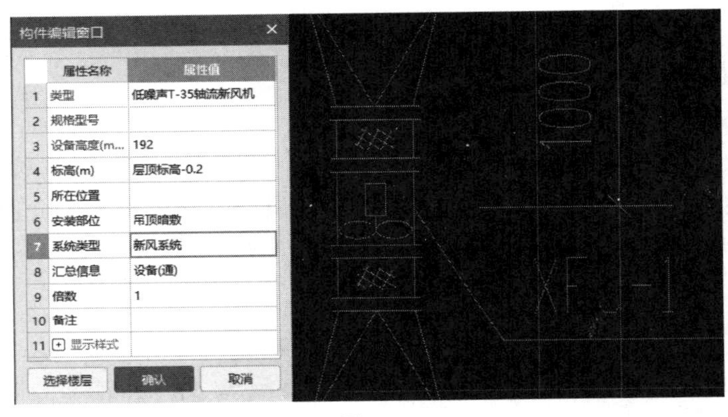

图 8-8

2. 工程量参考

通风空调工程通风设备工程量如图 8-9 所示。

总结拓展

本部分主要讲解了通风设备构件的属性定义方法及建模方法。通风设备属于点式构件，利用“图例识别”或“形识别”这两种方法也可以识别。

1. 在识别通风设备的过程中，有些图纸会出现图例与标识距离较远，不能识别的情况，或者图例与标识距离较近，图例找到了不属于它的标识，在软件中可以通过调整设置值的方式来解决这个问题。

（1）第一步：点击“绘制”选项卡下“识别”功能包下拉箭头，如图 8-10 所示。

（2）第二步：点击“CAD 识别选项”弹出对话框，如图 8-11 所示，可在此修改数值。当图例与标识距离较远时，可以调大该值；当设备与标识对应错误时，可以调小该值。这样调整后就可以更好地识别建模。

2. 通风设备在使用“自动识别”“图例识别”“形识别”功能进行识别时，可以使用“选择楼层”功能，如图 8-12 所示，选择想要识别的楼层、图纸名称，如图 8-13 所示，这样就可以进行多层批量识别。

练习与思考

1. 定义通风设备的属性时，安装方式和安装高度如何确认？

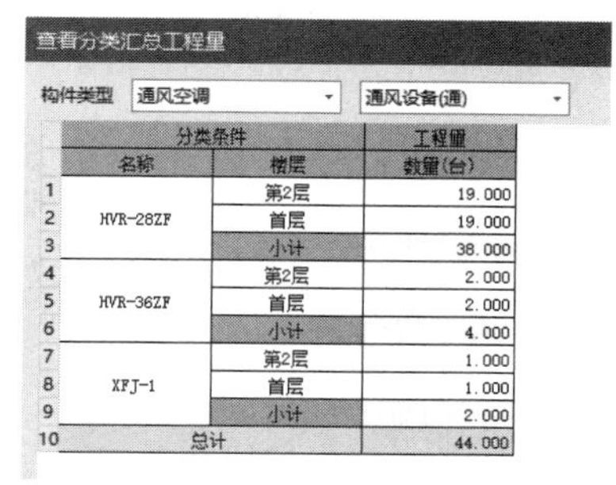

查看分类汇总工程量

构件类型　通风空调　通风设备(通)

	分类条件		工程量
	名称	楼层	数量(台)
1	HVR-28ZF	第2层	19.000
2		首层	19.000
3		小计	38.000
4	HVR-36ZF	第2层	2.000
5		首层	2.000
6		小计	4.000
7	XFJ-1	第2层	1.000
8		首层	1.000
9		小计	2.000
10	总计		44.000

图 8-9

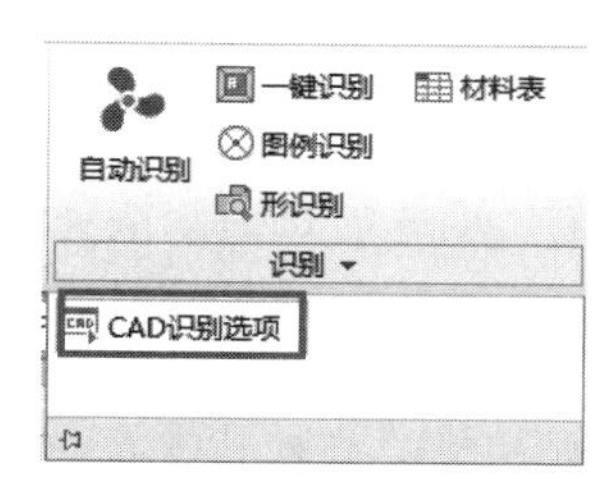

图 8-10

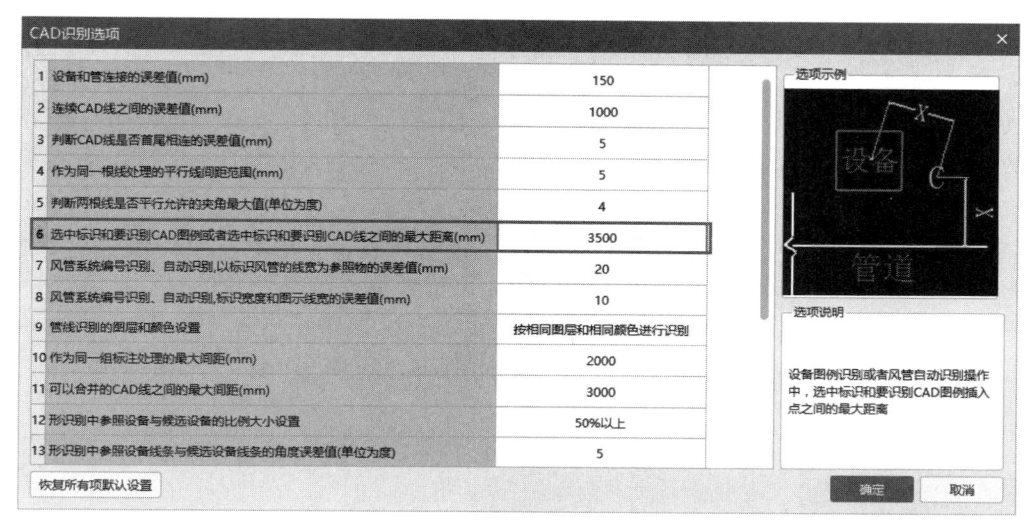

CAD识别选项

1	设备和管连接的误差值(mm)	150
2	连续CAD线之间的误差值(mm)	1000
3	判断CAD线是否首尾相连的误差值(mm)	5
4	作为同一根线处理的平行线间距范围(mm)	5
5	判断两根线是否平行允许的夹角最大值(单位为度)	4
6	选中标识和要识别CAD图例或者选中标识和要识别CAD线之间的最大距离(mm)	3500
7	风管系统编号识别、自动识别,以标识风管的线宽为参照物的误差值(mm)	20
8	风管系统编号识别、自动识别,标识宽度和图示线宽的误差值(mm)	10
9	管线识别的图层和颜色设置	按相同图层和相同颜色进行识别
10	作为同一组标注处理的最大间距(mm)	2000
11	可以合并的CAD线之间的最大间距(mm)	3000
12	形识别中参照设备与候选设备的比例大小设置	50%以上
13	形识别中参照设备线条与候选设备线条的角度误差值(单位为度)	5

选项示例　设备　管道

选项说明：设备图例识别或者风管自动识别操作中，选中标识和要识别CAD图例插入点之间的最大距离

恢复所有项默认设置　确定　取消

图 8-11

构件编辑窗口

	属性名称	属性值
1	类型	风机盘管
2	规格型号	
3	设备高度(m...	0
4	标高(m)	层顶标高
5	所在位置	
6	安装部位	
7	系统类型	空调风系统
8	汇总信息	设备(通)
9	倍数	1
10	备注	
11	+ 显示样式	

选择楼层　确认　取消

图 8-12

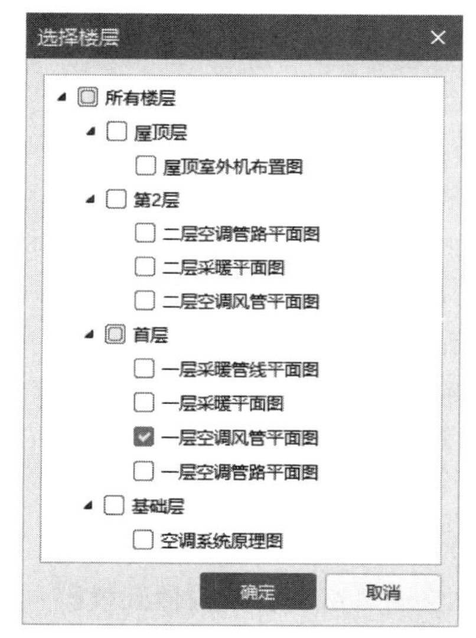

图 8-13

2. 通风设备的识别方法都有哪些?

二、通风管道建模

二维码 62

学习目标

1. 能够应用造价软件熟练新建通风管道构件并准确定义其属性。
2. 熟练掌握通风管道的识别方法并建立模型。
3. 了解通风管道的清单计算规则。

学习要求

1. 掌握通风管道在平面图上的表示方式。
2. 通过平面图快速读懂通风管道系统情况。
3. 具备相应的手工计算知识。

二维码 63

（一）任务说明

完成首层空调风管的模型建立与工程量计算。

（二）任务分析

1. 分析图纸

（1）查看图纸暖施-01，提取预算相关信息，设计说明信息中对风管明确了风管材质、保温材质、保温厚度，如图 8-14 所示。其材质会影响管道的清单项及项目特征描述，还提到了风管与机组相连时，应设置的软接头长度，如图 8-15 所示，通常设置为 200mm。

7. 冷媒管道采用VRV系统专用铜制管道；风系统管道采用镀锌钢板制作，厚度及做法详见《通风与空调工程施工及验收规范》。
8. 风管保温材料为难燃B级橡塑保温，厚度10mm，做法详见12N9-1-76。

图 8-14

10. 风管与机组进出口相连处，应设置长度为200~300mm的节能伸缩软管。

图 8-15

（2）通过暖施-06 确定通风管道的平面位置、风管尺寸，风管安装高度可根据设备的安装高度进行设置。

2. 软件基本操作步骤

在“空调通风专业”—“通风管道”构件类型下，识别 CAD 图中绘制的通风管道，输入构件属性，软件根据风管的尺寸反建构件，生成构件图元模型。

3. 分析通风管道的识别方法

软件中通风管道的识别方法有三种，即“自动识别”“系统编号”“选择识别”，本工程图纸适合“自动识别”。“系统编号”与“选择识别”可以作为补充识别的方式。识别完成风管后，还需要进行风管通头的识别，识别方法有两种，即“识别通头”“批量识别通头”，本次介绍“批量识别通头”。

（三）任务实施

1. 建立空调风系统管道构件及模型

（1）切换到“一层空调风管平面图”，在“绘制”选项卡下导航栏的树状列表中，选择“通风空调专业”—“通风管道”，在构件列表点击“新建矩形风管”，新建风管宽度、高度尺寸分别为 670mm×110mm、750mm×170mmm 两个风管构件，其他属性定义如图 8-16 所示，与设计要求一致。

（2）单击“自动识别”功能按钮，如图 8-17 所示，在绘图区中，将光标移到风管图例上，光标变为回字形时左键单击选择与空调设备相连的代表空调回风管的两条 CAD 线和对应的风管尺寸标注 750×170，此时管道与标识尺寸为蓝色选中状态，如图 8-18 所示。单击右键进行确认，生成本层全部空调回风管图元模型，并自动生成黄色风管表示风管软件头，如图 8-19 所示。

（3）空调送风管由于存在较大的设备与管连接的误差值，在识别前需要调整 CAD 识别选项。点击“绘制”选项卡下“识别”功能包下拉箭头，如图 8-20 所示；再点击“CAD 识别选项”弹出对话框，修改数值（图 8-21）。确认后，使用同“自动识别”的方法，进行空调设备送风管的建模，如图 8-22、图 8-23 所示。

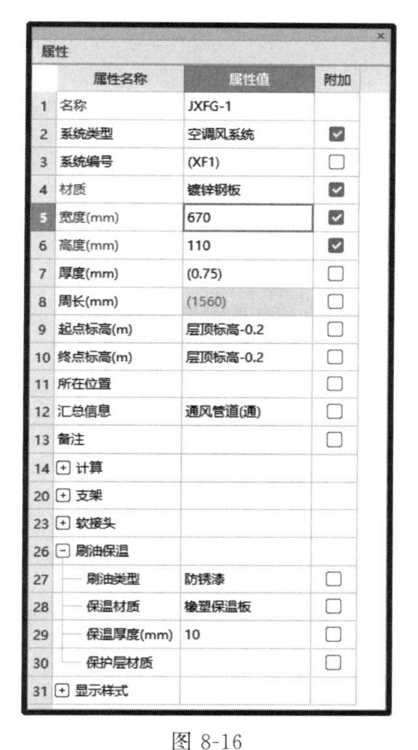

属性

	属性名称	属性值	附加
1	名称	JXFG-1	
2	系统类型	空调风系统	☑
3	系统编号	(XF1)	☐
4	材质	镀锌钢板	☑
5	宽度(mm)	670	☑
6	高度(mm)	110	☑
7	厚度(mm)	(0.75)	☐
8	周长(mm)	(1560)	☐
9	起点标高(m)	层顶标高-0.2	☐
10	终点标高(m)	层顶标高-0.2	☐
11	所在位置		☐
12	汇总信息	通风管道(通)	☐
13	备注		☐
14	+ 计算		
20	+ 支架		
23	+ 软接头		
26	− 刷油保温		
27	刷油类型	防锈漆	☐
28	保温材质	橡塑保温板	☐
29	保温厚度(mm)	10	☐
30	保护层材质		☐
31	+ 显示样式		

图 8-16

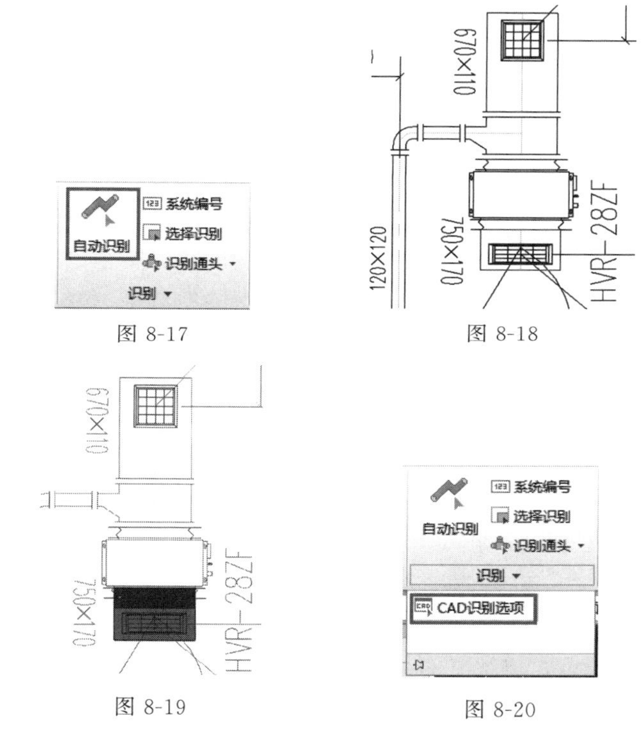

图 8-17　图 8-18

图 8-19　图 8-20

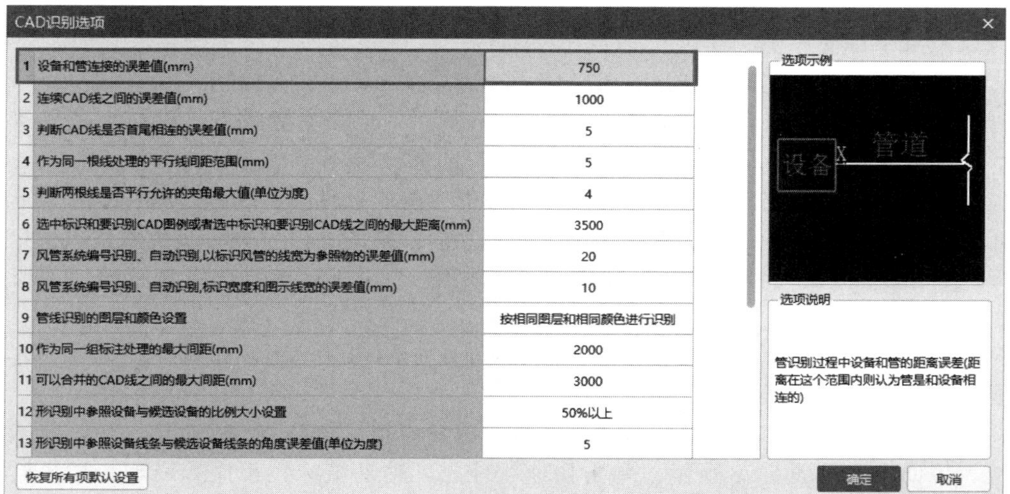

CAD识别选项

1	设备和管连接的误差值(mm)	750
2	连续CAD线之间的误差值(mm)	1000
3	判断CAD线是否首尾相连的误差值(mm)	5
4	作为同一根线处理的平行线间距范围(mm)	5
5	判断两根线是否平行允许的夹角最大值(单位为度)	4
6	选中标识和要识别CAD图例或者选中标识和要识别CAD线之间的最大距离(mm)	3500
7	风管系统编号识别、自动识别,以标识风管的线宽为参照物的误差值(mm)	20
8	风管系统编号识别、自动识别,标识宽度和图示线宽的误差值(mm)	10
9	管线识别的图层和颜色设置	按相同图层和相同颜色进行识别
10	作为同一组标注处理的最大间距(mm)	2000
11	可以合并的CAD线之间的最大间距(mm)	3000
12	形识别中参照设备与候选设备的比例大小设置	50%以上
13	形识别中参照设备线条与候选设备线条的角度误差值(单位为度)	5

选项示例

设备　X　管道

选项说明

管识别过程中设备和管的距离误差(距离在这个范围内则认为管是和设备相连的)

恢复所有项默认设置　确定　取消

图 8-21

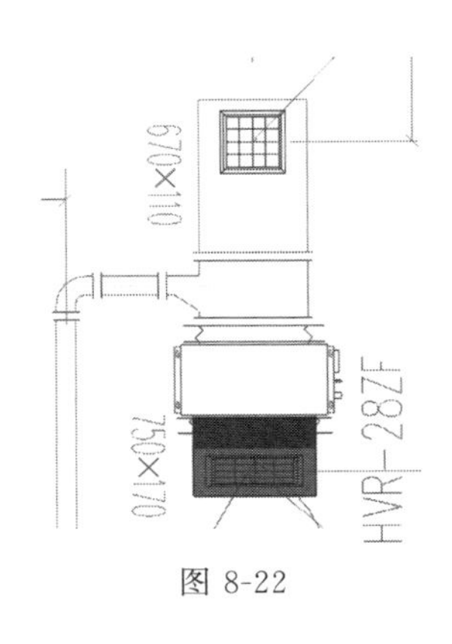

图 8-22

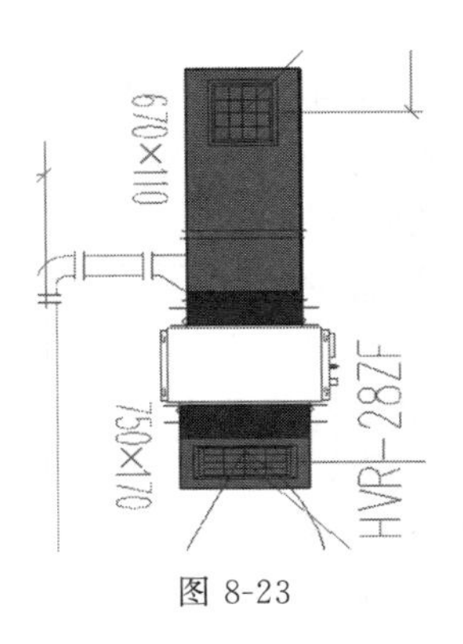

图 8-23

2. 建立新风系统管道构件及模型

（1）首先调整 CAD 识别选项，修改数值（图 8-24），确认后，使用同“自动识别”的方法进行新风系统送风管的建模。

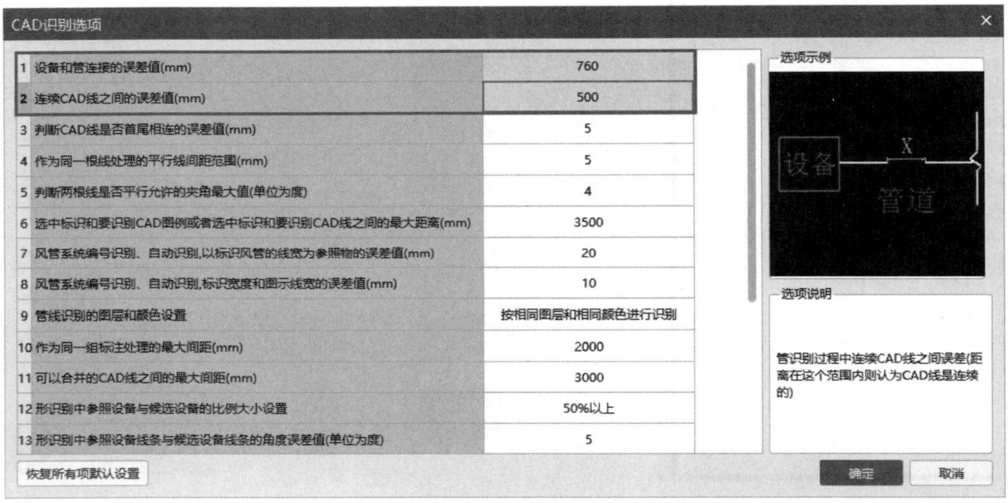

CAD识别选项

	选项	数值
1	设备和管连接的误差值(mm)	760
2	连续CAD线之间的误差值(mm)	500
3	判断CAD线是否首尾相连的误差值(mm)	5
4	作为同一根线处理的平行线间距范围(mm)	5
5	判断两根线是否平行允许的夹角最大值(单位为度)	4
6	选中标识和要识别CAD图例或者选中标识和要识别CAD线之间的最大距离(mm)	3500
7	风管系统编号识别、自动识别,以标识风管的线宽为参照物的误差值(mm)	20
8	风管系统编号识别、自动识别,标识宽度和图示线宽的误差值(mm)	10
9	管线识别的图层和颜色设置	按相同图层和相同颜色进行识别
10	作为同一组标注处理的最大间距(mm)	2000
11	可以合并的CAD线之间的最大间距(mm)	3000
12	形识别中参照设备与候选设备的比例大小设置	50%以上
13	形识别中参照设备线条与候选设备线条的角度误差值(单位为度)	5

选项示例：设备　X　管道

选项说明：管识别过程中连续CAD线之间误差(距离在这个范围内则认为CAD线是连续的)

恢复所有项默认设置　确定　取消

图 8-24

（2）单击“自动识别”功能按钮，在绘图区中，将光标移到风管图例和风管尺寸标注上，光标变为回字形时左键单击选择代表新风风管的两条 CAD 线和对应的风管尺寸标注，此时管道与标识尺寸为蓝色选中状态，如图 8-25 所示，单击右键进行确认，生成风管图元模型。

（3）使用“自动识别”时，在没有对应尺寸的风管时软件会自动进行构件新建，此时构件图元属性与设计要求不一致，需要选中已经识别的新风图元模型进行属性调整。这里可以使用 F3 快捷键，调出“批量选择”功能窗体，如图 8-26 所示，勾选新风系统下的所有构件，点击“确定”。

（4）软件将选中绘图区构件名称为 JXFG-3/4/5/6 的图元模型，如图 8-27 所示，再按照设计要求，在属性编辑器中修改属性。

（5）选中没有连接到空调送风管的新风管道图元模型，模型两端及中间部位会显示亮绿色的快速拉伸点，如图 8-28 所示。单击快速拉伸点，移动鼠标拉长风管模型，使风管连接到空调送风管的中心线位置，再次点击结束快速拉伸，如图 8-29 所示。

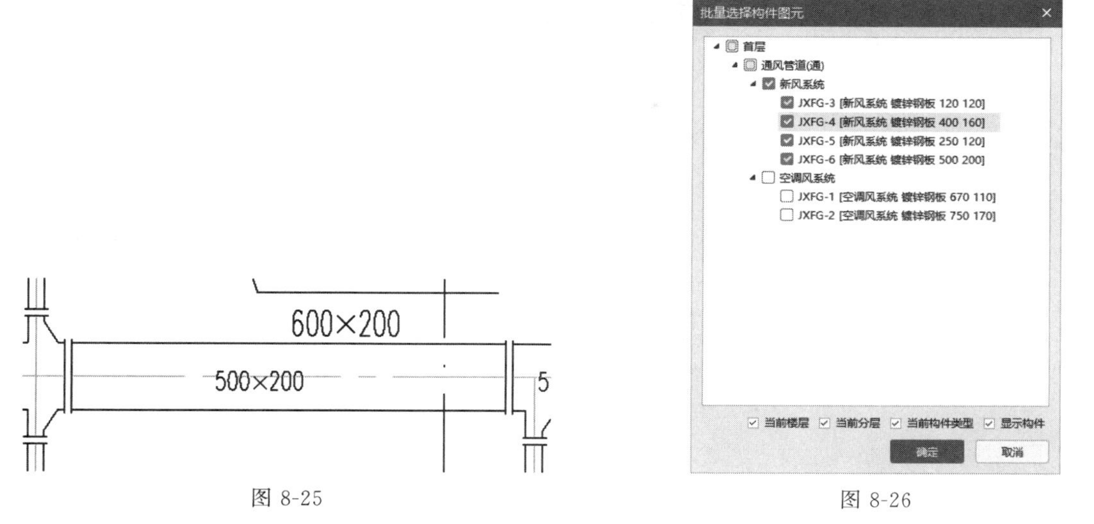

图 8-25

图 8-26

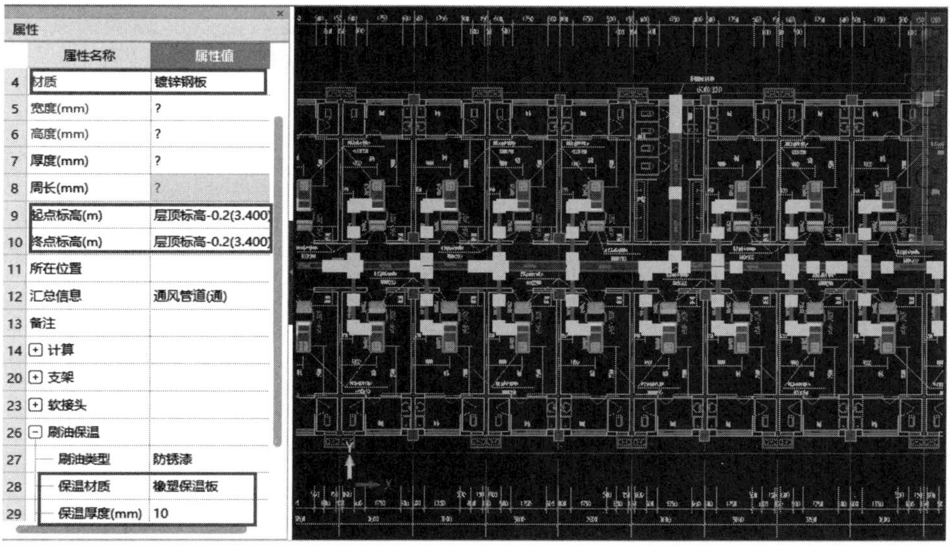

图 8-27

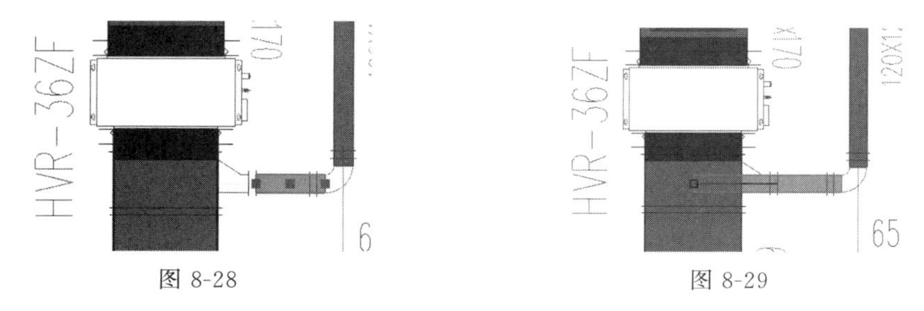

图 8-28

图 8-29

3. 识别风管通头模型

（1）在“绘制”选项卡下导航栏的树状列表中，选择“通风空调专业”—“通风管道”，先进行 CAD 识别选项的调整，如图 8-30 所示。

（2）单击“识别通头”后的三角按钮，选择点击“批量识别通头”，如图 8-31 所示。

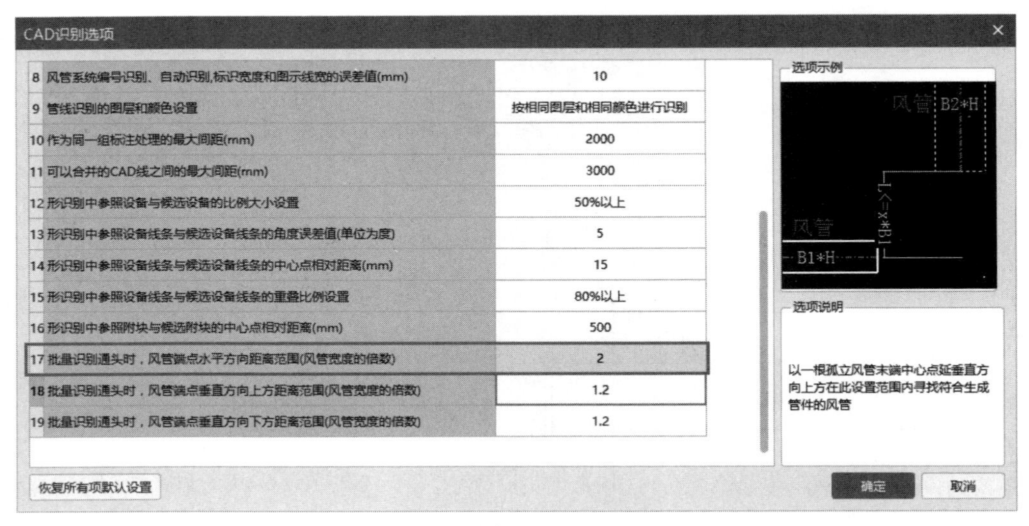

图 8-30

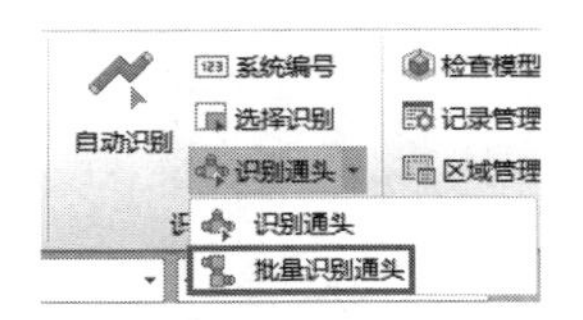

图 8-31

（3）在绘图区中，按住鼠标左键框选该层的全部新风管道后，点击右键批量生成该层的风管通头模型，如图 8-32 所示。

4. 工程量参考

通风空调工程首层风管工程量如表 8-1 所示。

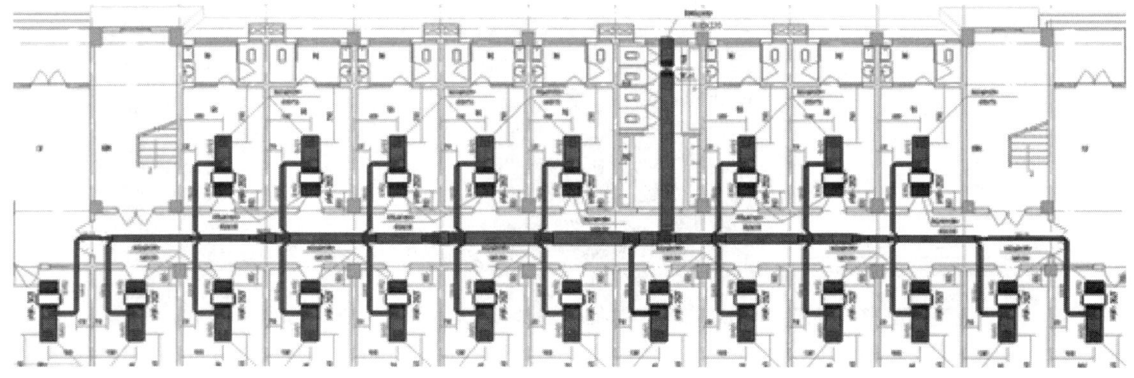

图 8-32

表 8-1

项目名称	长度/m	展开面积/m^2	软接头长度/m
风管-矩形风管			
空调风系统-首层			
镀锌钢板-670×110	28.103	43.840	0.000
镀锌钢板-750×170	6.300	11.592	0.000
新风系统-首层			
镀锌钢板-120×120	95.992	46.076	0.000
镀锌钢板-250×120	11.132	8.238	0.000

续表

项目名称	长度/m	展开面积/m²	软接头长度/m
镀锌钢板-400×160	15.131	16.947	0.000
镀锌钢板-500×200	17.657	24.720	0.000
软接头-矩形风管			
空调风系统-首层			
帆布-200	0.000	0.000	8.400
新风系统-首层			
帆布-200	0.000	0.000	0.400

总结拓展

本部分主要讲述了通风管道的构件属性定义方式及识别方法。

1. 通风管道的关键属性是系统类型、材质、标高、保温材质、保温厚度，这些属性需要依据设计说明信息，明确其属性值。

2. 在软件中通风管道的识别方法有三种，即“自动识别”“系统编号”“选择识别”。本节主要介绍的是“自动识别”。“系统编号”适用于通风系统较多的情况；“选择识别”适用于少量风管的识别，可以自行指定风管构件。

3. CAD 识别选项的调整需要根据不同图纸情况进行。具体的调整值需要先进行图纸误差的测量，可以使用软件中“工具”—“辅助工具”—“测量两点间距离”功能进行图纸测量。

4. 风管通头在清单计算规则中是不计算工程量的，风管通头建模主要是为了延伸风管模型，使风管中心线相交，这样风管工程量才能计算准确。

5. 对于建模不到位的风管，可以用“通用编辑”—“延伸”功能对没有连接到位的通风管道进行延伸操作。

(1) 选择“通风管道”构件类型，单击“延伸”功能，如图 8-33所示。

(2) 按鼠标左键先选择一条 CAD 线作为风管延伸边线，如图 8-34所示，再按鼠标左键点击选择需要延伸的构件图元，完成风管延伸操作，软件会自动生成黄色软接头，如图 8-35所示。

图 8-33

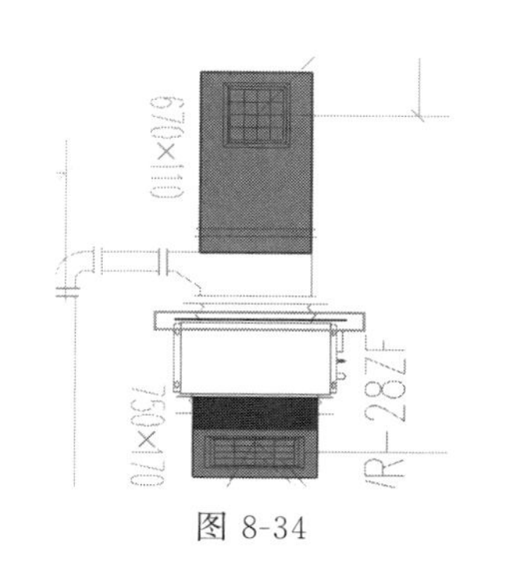

图 8-34

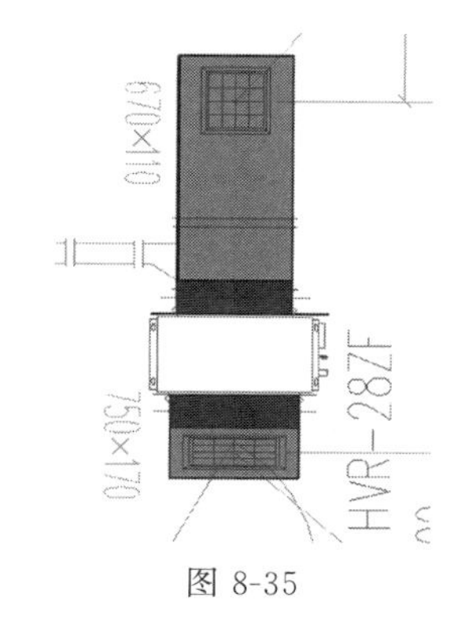

图 8-35

练习与思考

1. 新建管道构件时，构件的哪些属性影响工程量计算结果及套取清单定额？

2. CAD 识别选项对于识别结果有什么样的影响？请使用软件进行验证。

3. 风管通头建模的方式有哪几种？如何操作？

三、风管部件建模

二维码 64

学习目标

1. 能够应用造价软件熟练新建风管部件构件并准确定义其属性。
2. 熟练掌握风管部件的识别方法并建立模型。
3. 了解风管部件的清单计算规则。

学习要求

1. 掌握风管部件在平面图上的表示方式。
2. 通过安装示意图快速读懂风管部件的布置情况。

二维码 65

(一) 任务说明

完成首层风管部件的模型建立与工程量计算。

(二) 任务分析

1. 分析图纸

(1) 查看图纸暖施-11，通过室内机安装示意图（图 8-36），及各类设备的送风口、回风口尺寸表格（图 8-37），获得风口的规格、安装高度，风管部件在工程量计算中按“个”数计算。

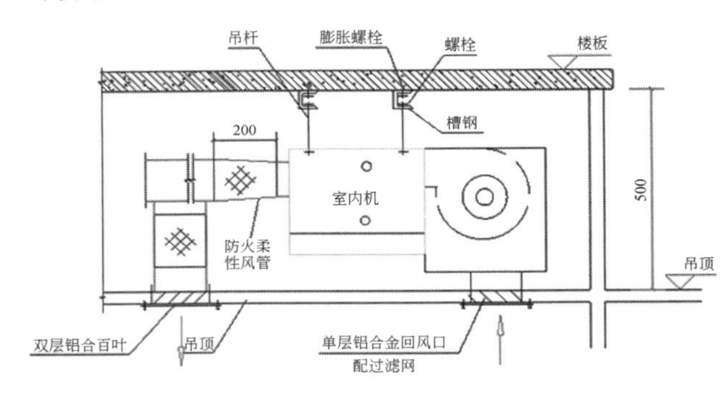

图 8-36

室内机风管、风口尺寸表（下送下回）

设备型号	送风管尺寸	回风管尺寸	送风口尺寸 双层活动百叶	回风口尺寸 单层百叶
HVR-28ZF	670×100	750×170	600×150	600×200
HVR-36ZF	670×100	750×170	600×150	600×200

图 8-37

(2) 通过暖施-06 确定风管部件的平面位置、尺寸。

2. 软件基本操作步骤

在“空调通风专业”—“风管部件”构件类型下，点击相应功能按钮，识别 CAD 图中绘制的各类风管部件，输入构件属性，生成构件图元模型。

3. 分析风管部件的识别方法

软件中风管部件的识别方法有三种，即“风口”“图例识别”“形识别”，本工程图纸的风管部件主要是风口，可以使用“风口”功能。

(三) 任务实施

1. 风管部件构件属性定义及模型生成

(1) 在“绘图”选项卡下导航栏的树状列表中，选择“通风空调专业—风管部件”，单击“风口”功能按钮，如图 8-38 所示。

（2）在绘图区中，将光标移到回风口图例上，光标变为回字形时左键单击选择代表空调回风口的图例，此时图例为蓝色选中状态，如图 8-39 所示，单击右键进行确认，弹出选择要识别成的构件窗体，如图 8-40 所示。

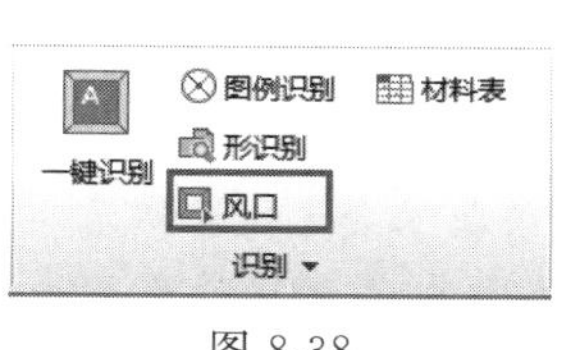

图 8-38

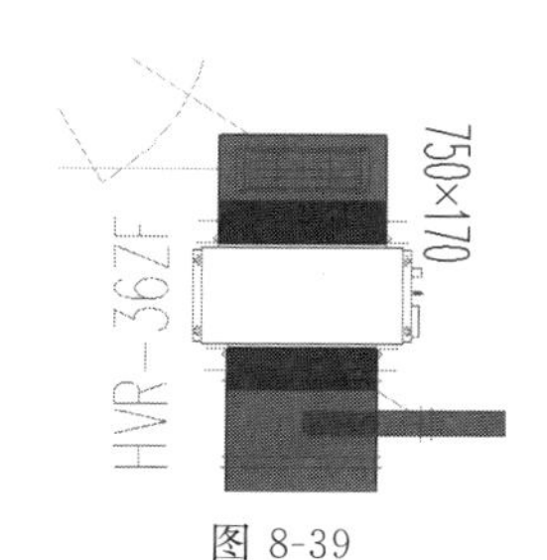

图 8-39

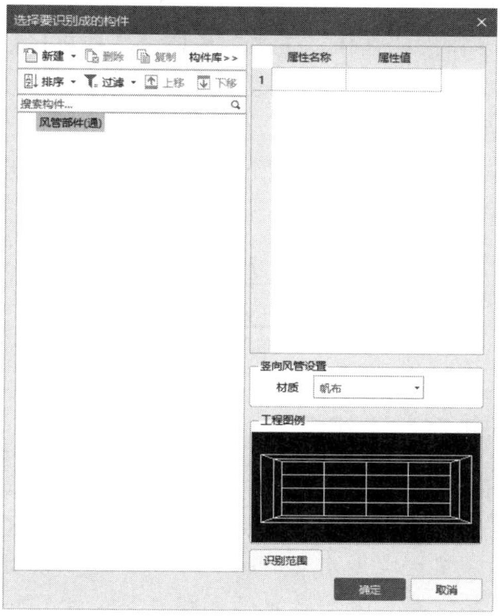

图 8-40

（3）点击“新建”，选择“新建风口”，新建 FK-1，规格型号为 600×200，层顶标高−0.5m，其他属性定义如图 8-41 所示，与设计要求一致，点击“确定”。

（4）点击“确定”按钮，软件进行风口模型、风口与水平风管之间的竖向风管模型的生成，识别数量如图 8-42 所示，送风口使用同样的方法建模。

2. 工程量参考

通风空调工程风口工程量如图 8-43 所示。

属性

	属性名称	属性值	附加
1	名称	FK-1	
2	类型	单层活动百叶回风口	☑
3	规格型号	600*200	☑
4	标高(m)	层顶标高-0.5	☐
5	所在位置		☐
6	系统类型	空调风系统	☐
7	汇总信息	风管部件(通)	☐
8	是否计量	是	☐
9	乘以标准间数量	是	☐
10	倍数	1	
11	备注		☐
12	+ 显示样式		
15	分组属性	风口	

图 8-41

图 8-42

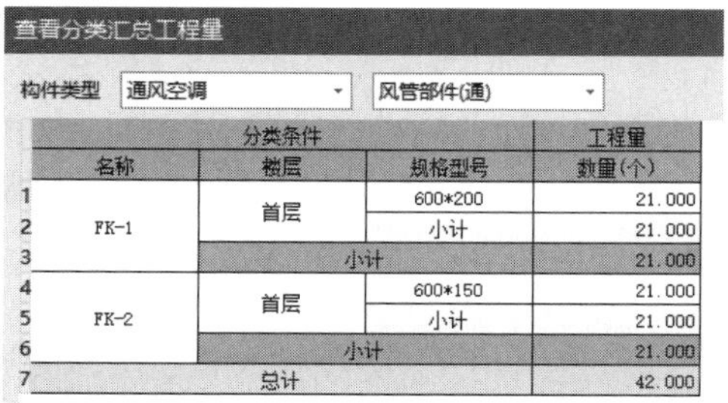

查看分类汇总工程量

构件类型　通风空调　风管部件(通)

	分类条件			工程量
	名称	楼层	规格型号	数量(个)
1	FK-1	首层	600*200	21.000
2			小计	21.000
3		小计		21.000
4	FK-2	首层	600*150	21.000
5			小计	21.000
6		小计		21.000
7	总计			42.000

图 8-43

总结拓展

本部分主要讲解了风口的构件属性定义方法及建模方法。风管部件属于点式构件，利用“图例识别”或“形识别”这两种方法也可以识别，但“风口”功能更能生成水平管与风口相连的竖向立管。

风管部件除风口外，还有各类风阀、静压箱、消声器，识别的方法与风口类似，在软件中需要新建不同的构件来进行建模。需要注意的是，在风管部件建模前，先完成风管的建模。

练习与思考

1. 定义风口的属性时，哪些属性项会影响连接管道的计算，哪些属性会影响套取清单定额？
2. 风管部件与通风管道之间有何关系？进行删除风管操作，与之相关的风管部件会如何？

第三节　空调水系统建模算量

一、空调水管建模

学习目标

1. 能够应用造价软件熟练新建空调水管构件并准确定义其属性。
2. 熟练掌握空调水管的识别方法并建立模型。
3. 了解空调水管的清单计算规则。

学习要求

1. 掌握空调水管在平面图上的表示方式。
2. 通过平面图与系统图对照，快速读懂空调水管跨层竖向连接情况。

（一）任务说明

完成首层空调水管的模型建立与工程量计算。

（二）任务分析

1. 分析图纸

（1）查看图纸暖施-01，提取预算相关信息。设计说明信息中明确空调系统采用直流变频多联式空调系统，冷媒管材质，冷凝水管材质，如图 8-44 所示，其材质会影响管道的清单项及项目特征描述。掌握室内机、分歧管、室外机、冷媒管、冷凝水管的图例，如图 8-45 所示。

2）冷凝水管采用内外热镀锌钢管，各机型排水管管径、安装坡度 0.01 坡向泄水点。镀锌钢管应按一定间距设置支（吊）架。冷凝水管就近接入卫生间，冷凝水不得直接连接排水管道，应与排水地漏等排水设施有 10cm 空气间隔。

图 8-44

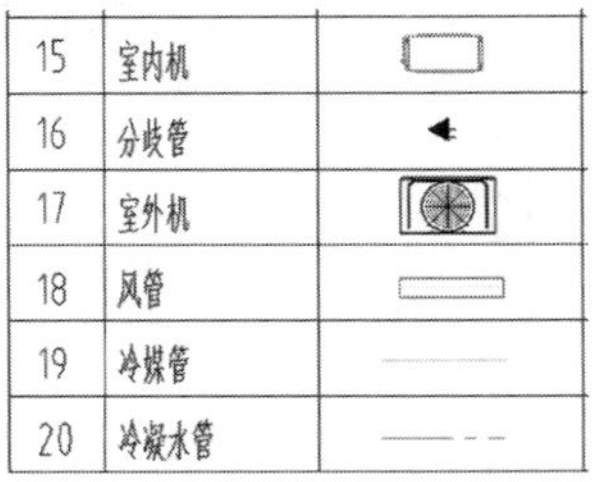

15	室内机	
16	分歧管	
17	室外机	
18	风管	
19	冷媒管	
20	冷凝水管	

图 8-45

（2）通过暖施-08 确定通风水管的平面位置、风管尺寸，安装高度可根据设备的安装高度进行设置。

2. 软件基本操作步骤

通过“图纸管理”设置“一层空调管路平面图”在“分层 2”，识别 CAD 代表的空调管路，建立空调水系统管道构件，生成图元。

3. 分析空调水管的识别方法

软件中对于多联机空调系统的识别方法为“冷媒管”，可补充识别的方式有“直线”与“选择识别”。

（三）任务实施

1. 建立冷媒管管道构件及模型

（1）使用“图纸管理”在绘图区加载显示“一层空调管路平面图”，并切换到“分层2”，在“绘图”选项卡下导航栏的树状列表中，选择“通风空调专业”—“空调水管”，单击“冷媒管”功能按钮，如图 8-46 所示。

（2）在绘图区中，将光标移到冷媒管图例上，光标变为回字形时左键单击选择 CAD 线，并选择一个管径 ϕ12.7/6.35 的分歧管图例，此时管道与管径标识为蓝色选中状态，此时，可放大或缩小绘图区图纸，检查路径上的管线选择情况，确认无误后右键单击确定，如图 8-47 所示。

（3）弹出“管道构件信息”窗体，在窗体中默认系统类型为“空调对联机系统”，材质为“脱氧亚磷无缝铜管”，点击“建立/匹配构件”，软件会根据系统类型、材质、标识管径自动建立冷媒管构件，并填入到构件名称列中，如图 8-48 所示。

图 8-46

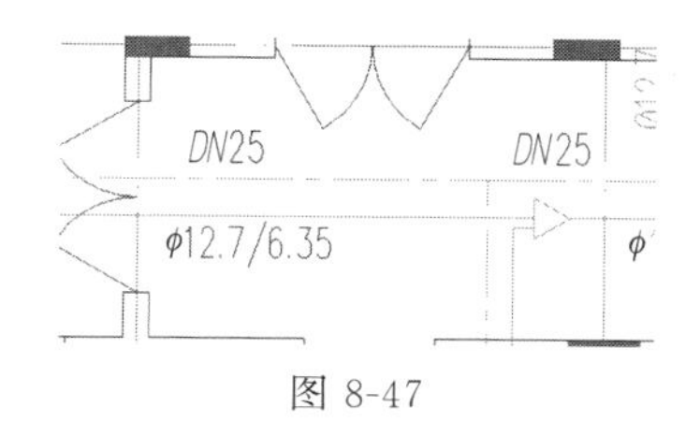

图 8-47

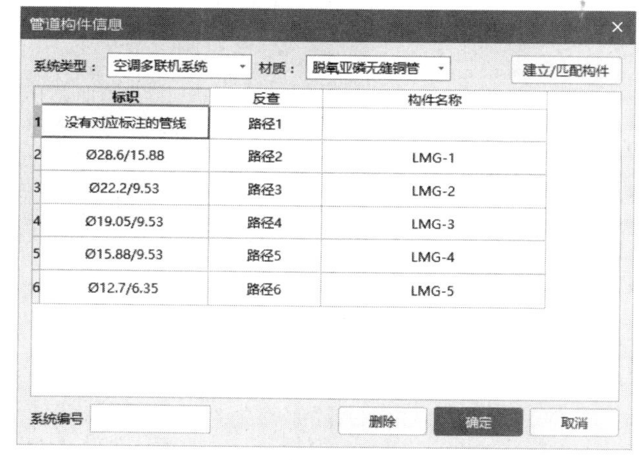

图 8-48

（4）对于“没有对应标注的管线”，双击反查列的“路径 1”单元格，再点击出现的三点按钮，如图 8-49 所示。没有标注的管线会进行亮色闪烁显示，根据平面图判断，这些管线分属于不同的管径标识，软件没有找到对应的标识，归到了没有对应标注的管线，可以后续通过补充识别的方式进行补充，右键退出反查，点击确认生成冷媒管图元模型。

图 8-49

（5）观察冷媒管模型没有连接的部位，通过平面图判断其应使用的构件，在构件列表中点选构件名称，再单击“直线”功能，捕捉模型的端点进行补充建模，如图 8-50 所示。

2. 建立冷凝水管道构件及模型

(1) 点击“自动识别”功能按钮，如图 8-51 所示，将光标移到管道图例上，光标变为回字形时左键单击选择代表冷凝水系统的蓝色 CAD 线及其对应管径标识，此时管道与管径标识为蓝色选中状态，此时，可放大或缩小绘图区图纸，检查此路径上的管线选择情况，确认无误后右键单击确定。

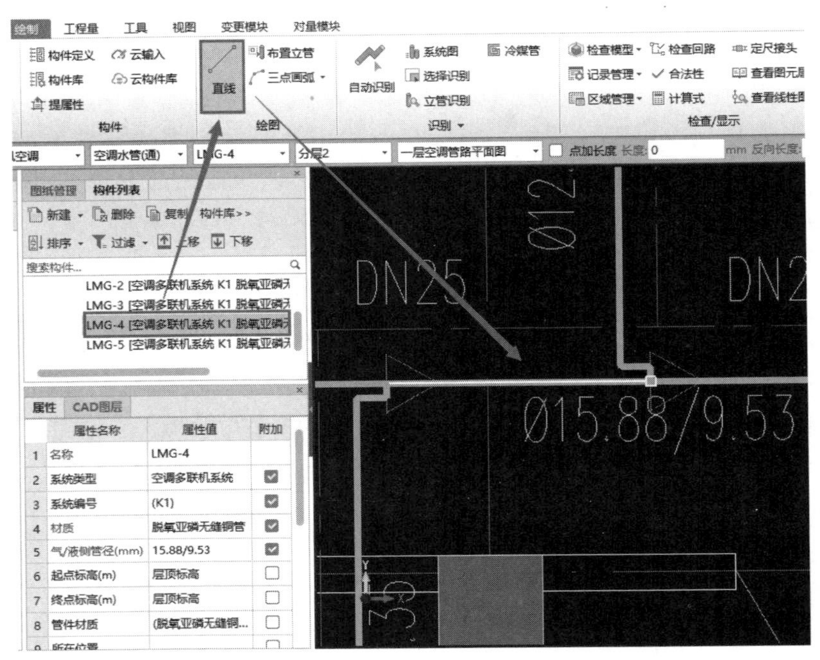

图 8-50

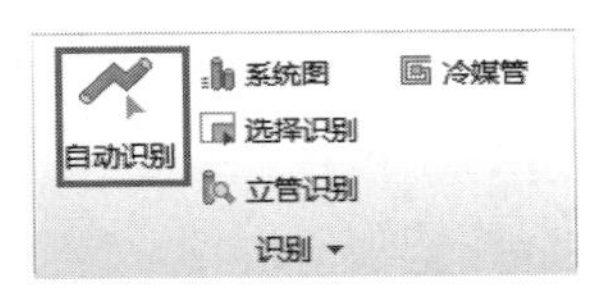

图 8-51

(2) 弹出“管道构件信息”窗体，在窗体中设置系统类型为“空调冷凝水系统”，材质为“内外热镀锌钢管”，点击“建立/匹配构件”，软件会根据系统类型、材质、标识管径自动建立构件，并填入到构件名称列中，如图 8-52 所示。

(3) 对于“没有对应标注的管线”，双击“反查”列的“路径 1”单元格，再点击出现的三点按钮，如图 8-53 所示。检查结果中没有标注的管线会进行亮绿色闪烁显示，如没有显示表示都找到标识，右键退出反查，点击“确定”生成管道图元。

(4) 接下来按照设备的安装高度对管道图元模型标高进行统一修改。选择已经识别的全部管道图元，修改起点标高为“层顶标高－0.2”，软件会自动联动终点标高属性也为“层顶标高－0.2”。

3. 工程量参考

通风空调工程首层空调水管管道工程量如表 8-2 所列。

表 8-2

项目名称	长度/m
冷媒管	
空调多联机系统	
脱氧亚磷无缝铜管-12.7	79.061

续表

项目名称	长度/m
脱氧亚磷无缝铜管-15.88	19.755
脱氧亚磷无缝铜管-19.05	13.901
脱氧亚磷无缝铜管-22.2	4.659
脱氧亚磷无缝铜管-28.6	1.435
脱氧亚磷无缝铜管-6.35	79.061
脱氧亚磷无缝铜管-9.53	36.880
水管	
空调冷凝水系统	
内外热镀锌钢管-*DN*25	88.648
内外热镀锌钢管-*DN*32	21.157

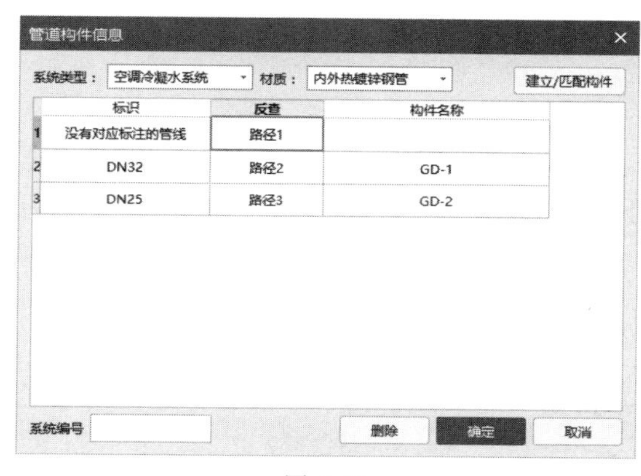

图 8-52

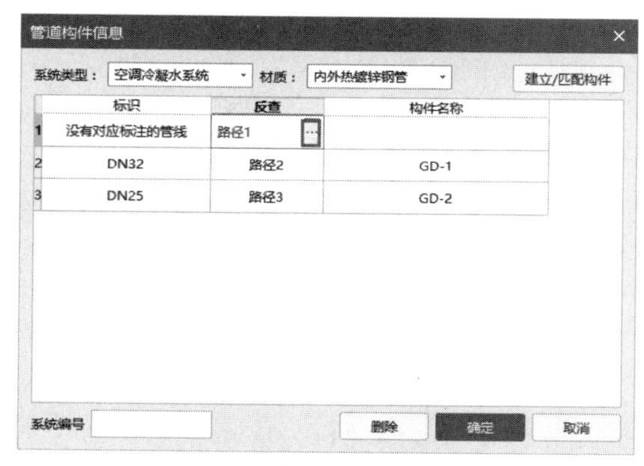

图 8-53

总结拓展

1. 本部分主要讲解了空调水管的构件属性定义方法及建模方法。

2. 空调机组使用的冷热源不同，使用的空调管路也是不同的，本部分主要介绍了多联机系统冷媒管的识别方法。其他情况与普通水管的识别方式类似，请参照冷凝水管的识别方式。

3. 空调水管图纸中，通常没有阀门部件等，如果需要建模，可以使用水管部件进行建模。

练习与思考

1. 定义空调水管属性时，哪些属性会影响套取清单定额？

2. 空调水管生成立管模型的方式可以使用什么功能？如何操作？

二、套管建模

通风空调专业套管建模方式与给排水专业套管建模方式相同，在此不再详述，具体操作请参见“给排水专业——套管建模”。

通风空调工程首层套管工程量见图 8-54。

查看分类汇总工程量

构件类型 通风空调 零星构件(通)

	分类条件			工程量	
	系统类型	类型	规格型号	数量(个)	展开面积(m2)
1	空调多联机系统	套管(水)	DN40	12.000	0.000
2	空调冷凝水系统	套管(水)	DN40	19.000	0.000
3			DN50	1.000	0.000
4	新风系统	矩形套管(风)	220*220	19.000	4.013
5			600*300	1.000	0.432
6	总计			52.000	4.445

图 8-54

第四节 套清单做法

本通风空调工程“套清单做法”与给排水工程相同，在此不再一一赘述，详情请参见第四章第三节“套清单做法”。

第五节 文件报表设置及工程量输出

一、报表格式设置

本通风空调工程“报表格式设置”与给排水工程相同，在此不再一一赘述，详情请参见第四章第四节下的“报表格式设置”。

二、案例工程结果报表

通风空调工程全部工程量计算结果及清单做法汇总量见表 8-3～表 8-6。

表 8-3 通风管道系统汇总表

项目名称	长度/m	展开面积/m^2	软接头长度/m	软接头展开面积/m^2
风管-矩形风管				
空调风系统-首层				
镀锌钢板-600×150	1.155	1.733	0.000	0.000
镀锌钢板-600×200	1.785	2.856	0.000	0.000
镀锌钢板-670×110	28.103	43.840	0.000	0.000
镀锌钢板-750×170	6.300	11.592	0.000	0.000
帆布-600×150	6.300	9.450	0.000	0.000
帆布-600×200	6.300	10.080	0.000	0.000
空调风系统-第 2 层				
镀锌钢板-600×150	1.155	1.733	0.000	0.000
镀锌钢板-600×200	1.785	2.856	0.000	0.000
镀锌钢板-670×110	28.103	43.840	0.000	0.000

续表

项目名称	长度/m	展开面积/m²	软接头长度/m	软接头展开面积/m²
镀锌钢板-750×170	6.300	11.592	0.000	0.000
帆布-600×150	6.300	9.450	0.000	0.000
帆布-600×200	6.300	10.080	0.000	0.000
新风系统-首层				
镀锌钢板-120×120	95.992	46.076	0.000	0.000
镀锌钢板-250×120	11.132	8.238	0.000	0.000
镀锌钢板-400×160	15.131	16.947	0.000	0.000
镀锌钢板-500×200	17.657	24.720	0.000	0.000
新风系统-第 2 层				
镀锌钢板-120×120	95.992	46.076	0.000	0.000
镀锌钢板-250×120	11.132	8.238	0.000	0.000
镀锌钢板-400×160	15.131	16.947	0.000	0.000
镀锌钢板-500×200	17.657	24.720	0.000	0.000
软接头-矩形风管				
空调风系统-首层				
帆布-200	0.000	0.000	8.400	14.280
空调风系统-第 2 层				
帆布-200	0.000	0.000	8.400	14.280
新风系统-首层				
帆布-200	0.000	0.000	0.400	0.560
新风系统-第 2 层				
帆布-200	0.000	0.000	0.400	0.560

表 8-4　空调水管系统汇总表

项目名称	长度/m	内表面积/m²	外表面积/m²
冷媒管			
空调多联机系统			
脱氧亚磷无缝铜管-12.7	159.002	0.000	0.000
脱氧亚磷无缝铜管-15.88	42.791	0.000	0.000
脱氧亚磷无缝铜管-19.05	28.523	0.000	0.000
脱氧亚磷无缝铜管-22.2	9.238	0.000	0.000
脱氧亚磷无缝铜管-28.6	6.471	0.000	0.000
脱氧亚磷无缝铜管-38.1	1.202	0.000	0.000
脱氧亚磷无缝铜管-6.35	159.002	0.000	0.000
脱氧亚磷无缝铜管-9.53	72.880	0.000	0.000
水管			
空调冷凝水系统			
内外热镀锌钢管-*DN*25	177.297	13.925	13.925
内外热镀锌钢管-*DN*32	42.314	4.254	4.254

表 8-5 通风设备系统汇总表

项目名称	工程量名称	单位	工程量
侧风口			
新风系统			
防雨铝合金百叶风口-600×320	数量	个	2.000
风口			
空调风系统			
FK-1-600×200	数量	个	42.000
FK-2-600×150	数量	个	42.000
套管			
空调多联机系统			
TG-3-*DN*40	数量	个	12.000
空调冷凝水系统			
TG-3-*DN*40	数量	个	19.000
TG-4-*DN*50	数量	个	1.000
新风系统			
TG-1-220×220	数量	个	19.000
	套管展开面积	m^2	4.013
TG-2-600×300	数量	个	1.000
	套管展开面积	m^2	0.432
通风设备			
空调风系统			
HVR-28ZF-〈空〉	数量	个	38.000
HVR-36ZF-〈空〉	数量	个	4.000
空调水系统			
HVR-1235W-〈空〉	数量	个	1.000
新风系统			
XFJ-1-〈空〉	数量	个	2.000
通头管件			
空调多联机系统			
LMT-1-(15.88×12.7×12.7)(9.53×6.35×6.35)	数量	个	4.000
LMT-1-(15.88×15.88×12.7)(9.53×9.53×6.35)	数量	个	10.000
LMT-1-(15.88×15.88×15.88)(9.53×9.53×9.53)	数量	个	4.000
LMT-1-(19.05×15.88×12.7)(9.53×9.53×6.35)	数量	个	3.000
LMT-1-(19.05×19.05×12.7)(9.53×9.53×6.35)	数量	个	6.000
LMT-1-(19.05×19.05×15.88)(9.53×9.53×9.53)	数量	个	1.000
LMT-1-(19.05×19.05×19.05)(9.53×9.53×9.53)	数量	个	4.000
LMT-1-(22.2×19.05×12.7)(9.53×9.53×6.35)	数量	个	1.000
LMT-1-(22.2×19.05×19.05)(9.53×9.53×9.53)	数量	个	1.000

续表

项目名称	工程量名称	单位	工程量
LMT-1-(22.2×22.2×12.7)(9.53×9.53×6.35)	数量	个	3.000
LMT-1-(22.2×22.2×22.2)(9.53×9.53×9.53)	数量	个	1.000
LMT-1-(28.6×22.2×19.05)(15.88×9.53×9.53)	数量	个	2.000
LMT-1-(28.6×28.6)(15.88×15.88)	数量	个	1.000
LMT-1-(38.1×28.6×28.6)(19.05×15.88×15.88)	数量	个	1.000
LMT-1-(38.1×38.1)(19.05×19.05)	数量	个	1.000

表 8-6 工程量清单汇总表

工程名称:工程 1　　　　专业:通风空调

序号	编码	项目名称	项目特征	单位	工程量
1	030701003001	空调器	1. 名称:多联机室外机 HVR-1235W 2. 规格:750×3370×1720 3. 安装形式:落地式 4. 质量:1.0t 以内	台	1.000
2	030701004001	风机盘管	1. 名称:风机盘管 HVR-28ZF 2. 规格:900×447×192 3. 安装形式:吊顶式 4. 减振器、支架形式、材质:型钢制作安装 5. 试压要求:真空试验	台	38.000
3	030701004002	风机盘管	1. 名称:风机盘管 HVR-36ZF 2. 规格:900×447×192 3. 安装形式:吊顶式 4. 减振器、支架形式、材质:型钢制作安装 5. 试压要求:真空试验	台	4.000
4	030701003002	空调器	1. 名称:低噪声 T-35 轴流新风机 2. 安装形式:吊顶式 3. 质量:0.15t 以内	个	3.000
5	030702001001	碳钢通风管道	1. 材质:薄钢板风管 2. 形状:矩形 3. 规格:120×120、250×120 4. 板材厚度:0.5 5. 管件、法兰等附件及支架设计要求:型材制作安装 6. 接口形式:焊接法兰	m^2	106.059
6	030702001002	碳钢通风管道	1. 材质:薄钢板风管 2. 形状:圆形 3. 规格:300 4. 板材厚度:0.5 5. 管件、法兰等附件及支架设计要求:型材制作安装 6. 接口形式:焊接法兰	m^2	1.999
7	030702001003	碳钢通风管道	1. 材质:薄钢板风管 2. 形状:矩形 3. 规格:400×160、500×200、600×150、600×200 4. 板材厚度:0.6 5. 管件、法兰等附件及支架设计要求:型材制作安装 6. 接口形式:焊接法兰	m^2	89.51

续表

序号	编码	项目名称	项目特征	单位	工程量
8	030702001004	碳钢通风管道	1. 材质:薄钢板风管 2. 形状:矩形 3. 规格:670×110、750×170 4. 板材厚度:0.75 5. 管件、法兰等附件及支架设计要求:型材制作安装 6. 接口形式:焊接法兰	m^2	111.71
9	030703019003	柔性接口	1. 名称:柔性接口 2. 规格:600×150、600×200、670×110 3. 材质:帆布 4. 类型:矩形	m^2	32.322
10	030703019001	柔性接口	1. 名称:柔性接口 2. 规格:300 3. 材质:帆布 4. 类型:圆形	m^2	0.754
11	030703019002	柔性接口	1. 名称:柔性接口 2. 规格:750×170 3. 材质:帆布 4. 类型:矩形	m^2	15.456
12	031201001001	管道刷油	1. 油漆品种:防锈漆 2. 涂刷遍数、漆膜厚度:两遍	m^2	328.808
13	030703007001	碳钢风口、散流器、百叶窗	1. 名称:双层百叶风口 600×150 2. 规格:600mm 以内 3. 类型:双层百叶风口	个	42.000
14	030703007002	碳钢风口、散流器、百叶窗	1. 名称:单层百叶风口 600×200 2. 规格:600mm 以内 3. 类型:单层百叶风口	个	42.000
15	030703011001	铝及铝合金风口、散流器	1. 名称:防雨铝合金百叶风口 600×320 2. 规格:600mm 以内 3. 类型:防雨铝合金百叶风口	个	2.000
16	031001001001	镀锌钢管	1. 安装部位:室内 2. 介质:水 3. 规格、压力等级:$DN25$ 4. 连接形式:螺纹连接 5. 压力试验及吹、洗设计要求:水冲洗	m	177.297
17	031001001002	镀锌钢管	1. 安装部位:室内 2. 介质:水 3. 规格、压力等级:$DN32$ 4. 连接形式:螺纹连接 5. 压力试验及吹、洗设计要求:水冲洗	m	42.314
18	031208002001	管道绝热	1. 绝热材料品种:橡塑海绵 2. 绝热厚度:20mm 3. 管道外径:$\phi57$ 以下	m^3	0.993
19	031001004001	铜管	1. 安装部位:室内 2. 介质:冷媒 3. 规格、压力等级:12.7 4. 连接形式:氧乙炔焊 5. 压力试验及吹、洗设计要求:空气吹扫	m	159.882

续表

序号	编码	项目名称	项目特征	单位	工程量
20	031001004002	铜管	1. 安装部位:室内 2. 介质:冷媒 3. 规格、压力等级:15.88 4. 连接形式:氧乙炔焊 5. 压力试验及吹、洗设计要求:空气吹扫	m	42.551
21	031001004003	铜管	1. 安装部位:室内 2. 介质:冷媒 3. 规格、压力等级:19.05 4. 连接形式:氧乙炔焊 5. 压力试验及吹、洗设计要求:空气吹扫	m	28.243
22	031001004004	铜管	1. 安装部位:室内 2. 介质:冷媒 3. 规格、压力等级:22.2 4. 连接形式:氧乙炔焊 5. 压力试验及吹、洗设计要求:空气吹扫	m	9.158
23	031001004005	铜管	1. 安装部位:室内 2. 介质:冷媒 3. 规格、压力等级:28.6 4. 连接形式:氧乙炔焊 5. 压力试验及吹、洗设计要求:空气吹扫	m	6.551
24	031001004006	铜管	1. 安装部位:室内 2. 介质:冷媒 3. 规格、压力等级:38.1 4. 连接形式:氧乙炔焊 5. 压力试验及吹、洗设计要求:空气吹扫	m	1.402
25	031001004007	铜管	1. 安装部位:室内 2. 介质:冷媒 3. 规格、压力等级:6.35 4. 连接形式:氧乙炔焊 5. 压力试验及吹、洗设计要求:空气吹扫	m	159.882
26	031001004008	铜管	1. 安装部位:室内 2. 介质:冷媒 3. 规格、压力等级:9.53 4. 连接形式:氧乙炔焊 5. 压力试验及吹、洗设计要求:空气吹扫	m	72.000

第九章

BIM安装工程计价案例实务

第一节　招标控制价编制要求

学习目标

1. 了解工程概况及招标范围。
2. 了解招标控制价编制依据。
3. 了解造价编制要求。
4. 掌握工程量清单样表。

学习要求

1. 具备相应招投标理论知识。
2. 了解编制招标控制价的程序及要求。

一、工程概况及招标范围

1. 工程概况

工程名称为专用宿舍楼工程，总建筑面积为 1675.62m^2，基底面积为 810.4m^2，建筑高度为 7.650m，地上主体为两层，室内外高差为 0.45m，本工程采用现浇混凝土框架结构；工程地点为北京市区（五环内）。

2. 招标范围

安装施工图全部内容。本工程计划工期为 120 天，质量标准为合格。

二、 招标控制价编制依据

该工程的招标控制价依据《建设工程工程量清单计价规范》（GB 50500—2013）、《房屋建筑与装饰工程工程量计算规范》（GB 50854—2013）和《北京市建设工程计价依据—预算定额》（2012 版）及配套解释、相关规定，结合工程设计及相关资料、施工现场情况、工程特点及合理的施工方法，以及建设工程项目的相关标准、规范、技术资料等进行编制。

三、造价编制要求

取费及价格约定：

（1）管理费费率为 60.3%。

（2）利润率为 24％。

（3）总价措施费。

总价措施费计取安全文明施工费（环境保护费、文明施工费、安全施工费、临时设施费）、施工垃圾场外运输和消纳费、夜间施工增加费、非夜间施工增加费、二次搬运费、冬雨季施工增加费、已完工程及设备保护费，其他项目不计。其中：

① 安全文明施工费按通用安装工程第 1～4、6～12 册五环路以内规定的费率计取。

② 施工垃圾场外运输和消纳费取费条件同安全文明施工费。

③ 夜间施工增加费按 0.1％计取。

④ 冬雨季施工增加费按 0.1％计取。

⑤ 已完工程及设备保护费按 0.05％计取。

四、工程量清单样表

1. 甲供材含税单价一览表（表 9-1）

表 9-1　甲供材含税单价一览表

序号	名称	规格型号	单位	单价/元
1	UPVC 给水管	*DN*160	m	441.9
2	UPVC 给水管	*DN*110	m	212
3	UPVC 给水管	*DN*75	m	84.7
4	UPVC 给水管	*DN*50	m	37.69
5	阀门	*DN*100	个	837.6
6	闸阀	*DN*75	个	401.7
7	闸阀	*DN*50	个	273.5

2. 暂估价材料含税价一览表（表 9-2）

表 9-2　暂估价材料含税价一览表

序号	名称	规格型号	单位	单价/元
1	洗脸盆		件	1607
2	消火栓	*DN*65	套	452.59
3	消防水泵接合器	*DN*100	套	432.76
4	水流指示器	*DN*100	个	1034
5	水表	*DN*32	块	57.26

3. 计日工表（表 9-3）

表 9-3　计日工表

序号	名称	工程量	单位	单价/元	备注
1	人工				
	安装工	20	工日	83	
2	材料				
	砂子	500	kg	0.097	
	水泥	500	kg	0.43	
3	施工机械				
	载重汽车 10t	1	台班	776.7	

4. 评分办法表（表 9-4）

表 9-4 评分办法表

序号	评标内容	分值范围	说明
1	工程造价	70	不可竞争费单列（样表参考见《报价单》）
2	工程工期	5	按招标文件要求工期进行评定
3	工程质量	5	按招标文件要求质量进行评定
4	施工组织设计	20	按招标工程的施工要求、性质等进行评审

5. 报价表（表 9-5）

表 9-5 报价表

工程名称：　　　　　　　　　　　　标段：

序号	汇总内容	金额/元	暂估价/元
1	分部分项工程		
1.1	其中：人工费		
1.2	其中：材料（设备）暂估价		
2	措施项目		
2.1	其中：人工费		
2.2	其中：安全文明施工措施费		
2.3	其中：施工垃圾场外运输和消纳费		
3	其他项目		
3.1	其中：暂列金额		
3.2	其中：专业工程暂估价		
3.3	其中：计日工		
3.4	其中：总承包服务费		
4	规费		
5	税金		
工程量清单合计＝1＋2＋3＋4＋5			

6. 工程量清单样表

参见《建设工程工程量清单计价规范》（GB 50500—2013）及京建发〔2017〕440 号文要求。

工程量清单计价样表的内容如下。

① 封面：封-1、扉-1。

② 总说明。

③ 分部分项工程和单价措施项目清单与计价表。

④ 总价措施项目清单与计价表。

⑤ 其他项目清单与计价汇总表。

⑥ 暂列金额表。

⑦ 材料和工程设备暂估价表。

⑧ 专业工程暂估价表。

⑨ 计日工表。

⑩ 总承包服务费计价表。

⑪ 规费、税金项目清单与计价表。

⑫ 发包人提供材料和工程设备一览表。

⑬ 承包人提供主要材料和工程设备一览表。

第二节　新编招标控制价

学习目标

1. 了解算量软件导入计价软件的基本流程。
2. 掌握计价软件的常用功能。
3. 运用计价软件完成预算工作。

一、新建招标项目结构

学习目标

1. 会建立建设项目、单项工程及单位工程。
2. 会编辑修改工程属性。

学习要求

掌握建设项目、单项工程及单位工程概念及其之间的联系。

（一）基础知识

1. 基本建设项目的组成

基本建设项目按照合理确定工程造价和基本建设管理工作的要求，划分为建设项目、单项工程、单位工程、分部工程、分项工程五个层次。

（1）建设项目

建设项目指在一个总体范围内，由一个或几个单项工程组成，经济上实行独立核算，行政上实行统一管理，并具有法人资格的建设单位。例如一所学校、一个工厂等。

（2）单项工程

单项工程是指在一个建设项目中，具有独立的设计文件，能够独立组织施工，竣工后可以独立发挥生产能力或效益的工程。例如一所学校的教学楼、实验楼、图书馆等。

（3）单位工程

单位工程指竣工后不可以独立发挥生产能力或效益，但具有独立设计，能够独立组织施工的工程。例如土建、电器照明、给水排水等。

（4）分部工程

分部工程按照工程部位、设备种类和型号、使用材料的不同划分。例如：基础工程、砖石工程、混凝土及钢筋混凝土工程、装修工程、屋面工程等。

（5）分项工程

分项工程按照不同的施工方法、不同的材料、不同的规格划分。例如：砖石工程可分为砖砌体、毛石砌体两类，其中砖砌体可按部位不同分为内墙、外墙、女儿墙。分项工程是计算工、料及资金消耗的最基本的构造要素。

确定工程造价顺序：单位工程造价—单项工程造价—建设项目工程造价。一般最小单位是以单位工程为对象编制确定工程造价。

2. “营改增”概述

营业税改征增值税（以下简称“营改增”）是指以前缴纳营业税的应税项目改成缴纳增值税，增值税只对产品或者服务的增值部分纳税，减少了重复纳税的环节。

北京地区营改增文件如下。

(1) 京建发〔2016〕116 号文：北京市住房和城乡建设委员会关于印发《关于建筑业营业税改征增值税调整北京市建设工程计价依据的实施意见》的通知。

执行时间：2016 年 5 月 1 日。

具体内容：

一、实施时间及适用范围

（一）执行《建设工程工程量清单计价规范》、北京市《房屋修缮工程工程量清单计价规范》（以下简称“清单计价规范”）和（或）2012 年《北京市建设工程计价依据——预算定额》、2012 年《北京市房屋修缮工程计价依据——预算定额》、2014 年《北京市城市轨道交通运营改造工程计价依据——预算定额》及配套定额（以下简称“预算定额”）的工程，按以下规定执行：

1. 凡在北京市行政区域内且《建筑工程施工许可证》注明的合同开工日期或未取得《建筑工程施工许可证》的建筑工程承包合同注明的开工日期（以下简称“开工日期”）在 2016 年 5 月 1 日（含）后的房屋建筑和市政基础设施工程（以下简称“建筑工程”），应按本实施意见执行。

2. 开工日期在 2016 年 4 月 30 日前的建筑工程，在符合《关于全面推开营业税改征增值税试点的通知》（财税〔2016〕36 号）等财税文件规定前提下，参照原合同价或营改增前的计价依据执行。

（二）执行 2001 年《北京市建设工程预算定额》、2005 年《北京市房屋修缮工程预算定额》及配套定额且开工日期在 2016 年 4 月 30 日前的建筑工程，可按原合同价或营改增前的计价依据执行。

（三）按 2004 年《北京市建设工程概算定额》及配套定额编制设计概算的建筑工程，按营改增前的计价依据执行。

(2) 京建发〔2018〕191 号文：北京市住房和城乡建设委员会关于建筑垃圾运输处置费用单独列项计价的通知。

执行时间：2018 年 5 月 1 日。

具体内容：

根据《财政部 税务总局关于调整增值税税率的通知》（财税〔2018〕32 号）和《住房城乡建设部办公厅关于调整建设工程计价依据增值税税率的通知》（建办标〔2018〕20 号）的要求，现对调整北京市建设工程计价依据（含北京市房屋修缮工程计价依据）中增值税税率的有关事项通知如下：

一、现行北京市建设工程计价依据中增值税税率由 11%调整为 10%。

二、现行北京市建设工程计价依据中以“元”为单位的要素价格和以费率形式计取的有关费用标准不变。

三、实施时间

（一）2018 年 5 月 1 日（含 5 月 1 日）以后开标或签订施工合同的建设工程项目，招标人或发包人应按照本通知执行。

（二）2018 年 4 月 30 日（含 4 月 30 日）前已开标或已签订施工合同的建设工程，发、承包双方按照友好协商的原则，调整合同价款。

（三）自本通知发布之日起执行。

3. **估概预结审全业务概述**

投资控制是工程项目管理的重点和难点，在工程项目的不同阶段，项目投资有估算、概算、预算、结算和决算等不同称呼，这些“算”的依据和作用不同，其准确性也“渐进明细”，一个比一个更真实地反映项目的实际投资。如图9-1所示。

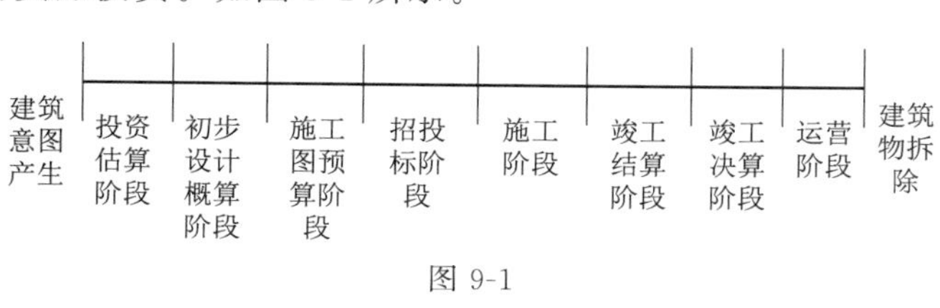

图9-1

（1）估算也叫投资估算，发生在项目建议书和可行性研究阶段；估算的依据是项目规划方案（方案设计），对工程项目可能发生的工程费用（含建安工程、室外工程、设备和安装工程等）、工程建设其他费用、预备费用和建设期利息（如果有贷款）进行计算，用于计算项目投资规模和融资方案选择，供项目投资决策部门参考；估算时要注意准确而全面地计算工程建设其他费用，这部分费用地区性和政策性较强。

（2）概算也叫设计概算，发生在初步设计或扩大初步设计阶段；概算需要具备初步设计或扩大初步设计图纸，对项目建设费用计算确定工程造价；编制概算要注意不能漏项、缺项或重复计算，标准要符合定额或规范。

（3）预算也叫施工图预算，发生在施工图设计阶段；预算需要具备施工图纸，汇总项目的人、机、料的预算，确定建安工程造价；编制预算关键是计算工程量、准确套用预算定额和取费标准。

（4）结算也叫竣工结算，发生在工程竣工验收阶段；结算一般由工程承包商（施工单位）提交，根据项目施工过程中的变更洽商情况，调整施工图预算，确定工程项目最终结算价格；结算的依据是施工承包合同和变更洽商记录（注意各方签字），准确计算暂估价和实际发生额的偏差，对照有关定额标准，计算施工图预算中的漏项和缺项部分的应得工程费用。

一般情况下，结算是决算的组成部分，是决算的基础。决算不能超过预算，预算不能超过概算，概算不能超过估算。

（5）工程造价审计是指按照国家或行业建筑工程预算定额的编制顺序或施工的先后顺序，逐一对全部项目进行审查的方法，包括预算审核和结算审核。审核是工程造价控制的最后一关，工程造价审核质量的好坏是多种因素综合作用的结果，若不能严格把关的话将会造成不可挽回的损失。

（二）任务说明

结合专用宿舍楼案例工程（该项目为2018年5月1日开工，为增值税项目工程），建立招标项目并完成招标控制价的编制。

（三）任务分析

本招标项目标段为专用宿舍楼，依据招标文件的要求建立招标项目结构并完成招标控制价的编制。

（四）任务实施

编制招标工程的招标控制价，以前是由GBQ4.0软件来完成的，实行营改增后，广联达公司开发了云计价平台GCCP5.0，该计价平台涵盖了概算、预算、结算、审核四个业务模块，同时增加了云端存储、智能组价、云检测等云应用功能。云计价平台是一个可以处理全业务计价工作，以大数据和云技术为依托，多终端应用的一款平台型计价产品，以下的操作均在 GCCP5.0 云计价软件中进行。

1. 新建项目

双击桌面图标打开云计价平台进入软件登录界面，登录或点击离线使用软件后，进入广联达云计价平台 GCCP5.0。单击“新建项目”，如图 9-2 所示。

点击“新建”，进入新建工程界面，如图 9-3 所示。

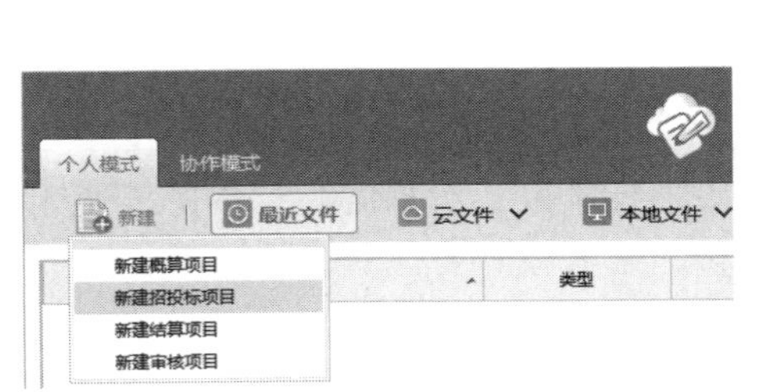

图 9-2

图 9-3

本项目采用的计价方式为清单计价、招标，采用的招标工程接口标准为“北京 13 清单计价规范（增值税）”。

项目名称：专用宿舍楼。项目编号：20180501。

2. 新建招标项目

点击图 9-3 中“新建招标项目”，输入项目名称和项目编码，并通过价格文件后的“浏览”按钮查找需要的价格文件，如图 9-4 所示。

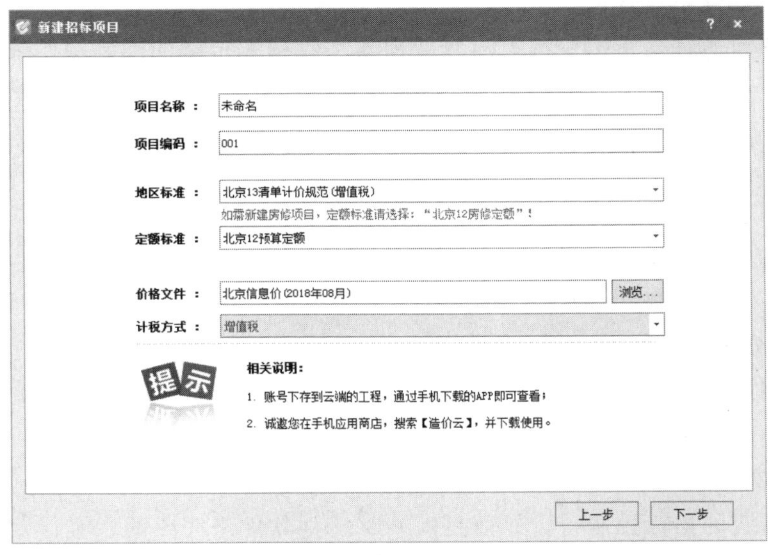

图 9-4

点击“下一步”，进入“新建单项工程”和“新建单位工程”界面，如图9-5所示。

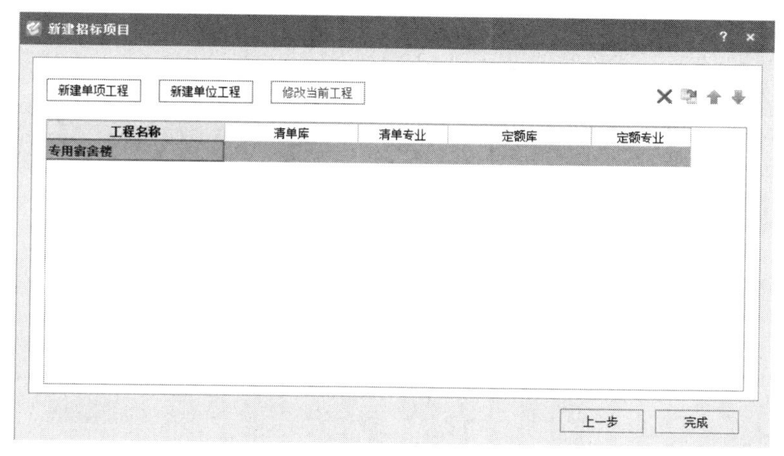

图 9-5

3. 新建单项工程

点击“新建单项工程”，进入新建工程界面，输入单项工程名称为“专用宿舍楼”，勾选对应的单位工程专业“安装”，如图9-6所示。

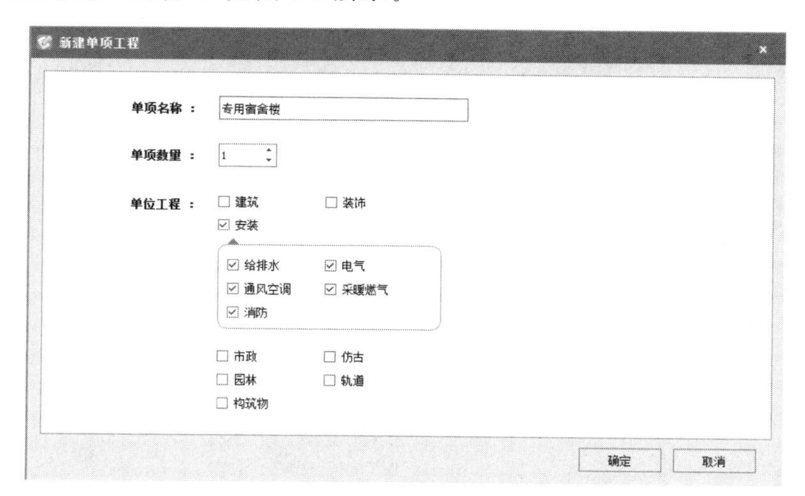

图 9-6

4. 完成新建工程

点击“确定”，招标项目的三级项目结构如图9-7所示。

如果想修改单位工程的名称“给排水”，可通过点击“修改当前工程”按钮，在弹出的“修改单位工程”对话框中，输入单位工程的名称，如“专用宿舍楼-给排水”，点击“确定”后，点击“完成”按钮，软件自动切换到“编制”模块下的“项目信息”页签，如图9-8所示。

注：在“新建招标项目”界面，可以新建单项工程，也可以新建单位工程。

5. 取费设置

GCCP5.0云计价平台要求在项目三级结构建立之后进行所有费率的设置。点击“取费设置”页签，在界面中按照造价编制的要求，直接输入或选择工程类别、工程所在地、计税方式、取费专业、管理费费率、利润率、各种措施费率、规费费率和税率，如图9-9所示。

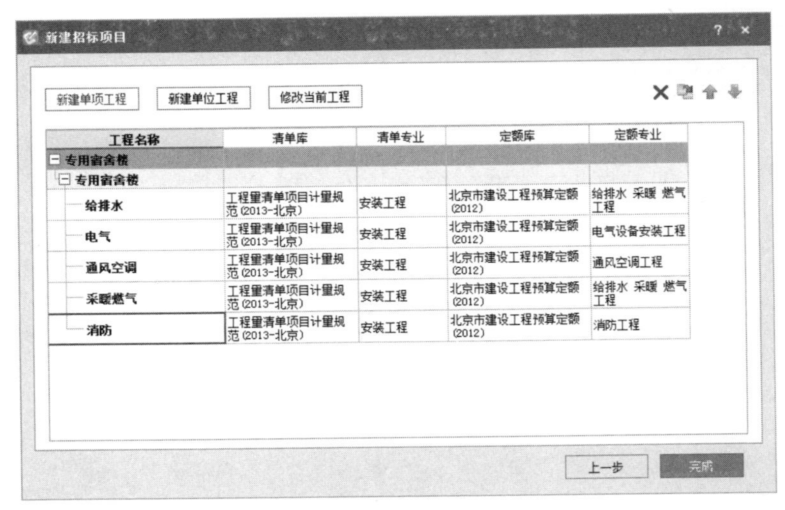
新建招标项目
新建单项工程
新建单位工程
修改当前工程
工程名称
清单库
清单专业
定额库
定额专业
专用宿舍楼
给排水
电气
通风空调
采暖燃气
消防
工程量清单项目计量规范(2013-北京)
安装工程
北京市建设工程预算定额(2012)
给排水 采暖 燃气工程
电气设备安装工程
通风空调工程
消防工程
上一步
完成

图 9-7

编制
调价
报表
指标
电子标
项目自检
费用查看
计算器
工具
智能组价
云检查
新建
导入导出
专用宿舍楼
专用宿舍楼-给排水
专用宿舍楼-采暖
专用宿舍楼-通风空调
专用宿舍楼-电气
专用宿舍楼-消防
造价分析
项目信息
取费设置
人材机汇总
造价一览
编制说明
造价工程师
名称
内容
基本信息
项目编号
20180501
项目名称
使用功能
建设单位
单位编码
设计单位
设计单位负责人
监理单位
施工单位
质量标准
定额工期（天）
招标、计划或合同工…
实际工期（天）

图 9-8

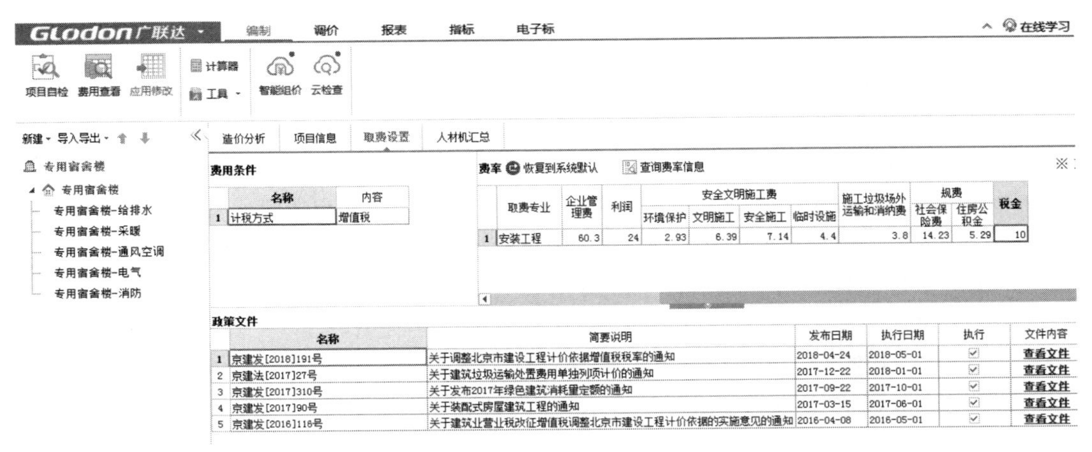
在线学习
应用修改
费用条件
计税方式
增值税
费率
恢复到系统默认
查询费率信息
取费专业
企业管理费
利润
安全文明施工费
环境保护
文明施工
安全施工
临时设施
施工垃圾场外运输和消纳费
规费
社会保险费
住房公积金
税金
安装工程
60.3
24
2.93
6.39
7.14
4.4
3.8
14.23
5.29
10
政策文件
简要说明
发布日期
执行日期
执行
文件内容
京建发[2018]191号
关于调整北京市建设工程计价依据增值税税率的通知
2018-04-24
2018-05-01
查看文件
京建法[2017]27号
关于建筑垃圾运输处置费用单独列项计价的通知
2017-12-22
2018-01-01
京建发[2017]310号
关于发布2017年绿色建筑消耗量定额的通知
2017-09-22
2017-10-01
京建发[2017]90号
关于装配式房屋建筑工程的通知
2017-03-15
2017-06-01
京建发[2016]116号
关于建筑业营业税改征增值税调整北京市建设工程计价依据的实施意见的通知
2016-04-08
2016-05-01

图 9-9

（五）总结拓展

1. 标段结构保护

项目结构建立完成之后，为防止失误操作更改项目结构内容，可右击项目名称，选择“标段结构保护”对项目结构进行保护，如图 9-10 所示。

2. 编辑

在项目结构中进入单位工程进行编辑时，可直接单击项目结构中的单位工程名称。

图 9-10

二、导入土建算量工程文件

学习目标

1. 会导入图形算量文件。
2. 会进行清单项整理，完善项目特征描述。
3. 会增加补充清单项。

学习要求

熟悉工程量清单的五个要素。

（一）基础知识

工程量清单是表现拟建工程的分部分项工程项目、措施项目、其他项目、规费项目和税金项目的名称和相应数量等的明细清单。

工程量清单是依据招标文件规定、施工设计图纸、计价规范（规则）计算分部分项工程量，并列在清单上作为招标文件的组成部分，可提供编制标底和供投标单位填报单价。

工程量清单是工程量清单计价的基础，是编制招标标底（工程量清单、招标最高限价）、投标报价、计算工程量、调整工程量、支付工程款、调整合同价款、办理竣工结算以及工程索赔等的依据。

分部分项工程量清单由构成工程实体的分部分项项目组成，分部分项工程量清单应包括项目编码、项目名称（项目特征）、计量单位和工程数量。分部分项工程量清单应根据附录“实体项目”中规定的项目编码、项目名称、项目特征、计量单位和工程量计算规则（五个要素）进行编制。

（二）任务说明

结合专用宿舍楼案例工程，将算量文件导入到计价软件，并对清单进行初步整理，添加塑料管工程量清单及相应的塑料管工程量。

（三）任务分析

BIM 土建算量与计价软件进行对接，直接将土建算量软件计算得出的工程量导入计价软件中，再将塑料管工程量清单录入计价软件中。

（四）任务实施

导入 BIM 土建算量文件

（1）进入单位工程界面，切换到“分部分项”页签，单击“导入”，点击“导入算量文件”，如图 9-11 所示。

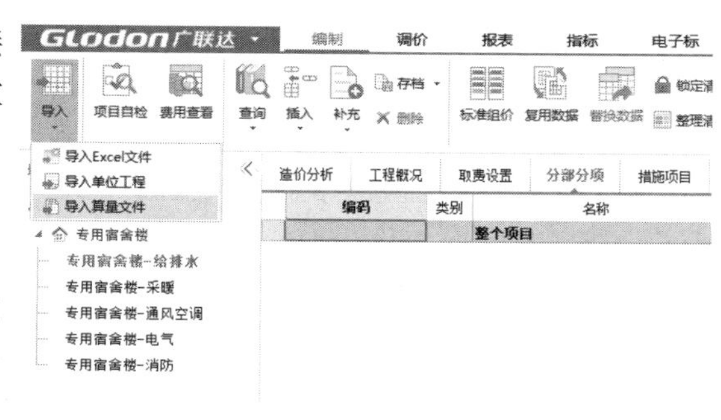

图 9-11

（2）导入图形算量文件

在弹出的打开文件对话框中，找到算量文件所在的位置，点击打开，出现“算量工程文件导入”对话框，如图 9-12 所示，选择需要导入的“清单项目”和“措施项目”中的清单和定额项目后，点击“导入”按钮，完成图形算量文件的导入。

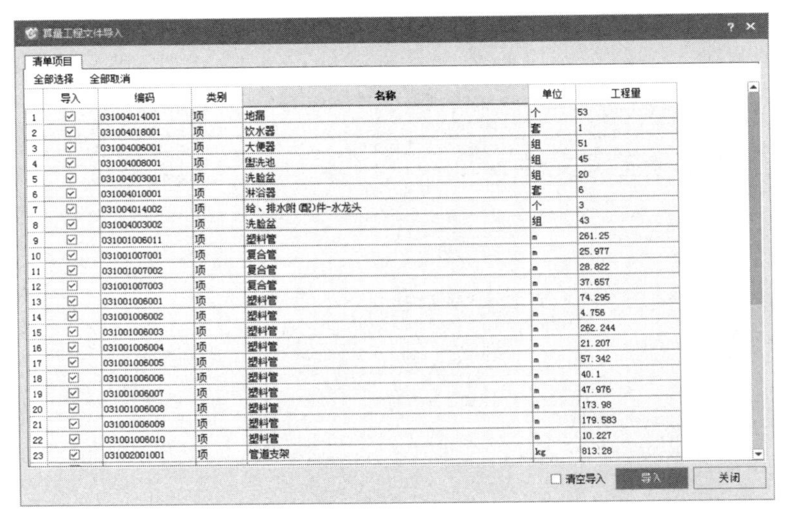

	导入	编码	类别	名称	单位	工程量
1	☑	031004014001	项	地漏	个	53
2	☑	031004018001	项	饮水器	套	1
3	☑	031004006001	项	大便器	组	51
4	☑	031004008001	项	盥洗池	组	45
5	☑	031004003001	项	洗脸盆	组	20
6	☑	031004010001	项	淋浴器	套	6
7	☑	031004014002	项	给、排水附(配)件-水龙头	个	3
8	☑	031004003002	项	洗脸盆	组	43
9	☑	031001006011	项	塑料管	m	261.25
10	☑	031001007001	项	复合管	m	25.977
11	☑	031001007002	项	复合管	m	28.822
12	☑	031001007003	项	复合管	m	37.657
13	☑	031001006001	项	塑料管	m	74.295
14	☑	031001006002	项	塑料管	m	4.756
15	☑	031001006003	项	塑料管	m	262.244
16	☑	031001006004	项	塑料管	m	21.207
17	☑	031001006005	项	塑料管	m	57.342
18	☑	031001006006	项	塑料管	m	40.1
19	☑	031001006007	项	塑料管	m	47.976
20	☑	031001006008	项	塑料管	m	173.98
21	☑	031001006009	项	塑料管	m	179.583
22	☑	031001006010	项	塑料管	m	10.227
23	☑	031002001001	项	管道支架	kg	813.28

图 9-12

三、分部分项清单

学习目标

1. 会进行分部分项清单项整理，完善项目特征描述。
2. 会增加补充清单项，主要包括塑料管工程量清单。
3. 会进行定额子目的调整和换算。

学习要求

1. 根据工程实际，能手工编清单，并完整描述项目特征。
2. 根据项目特征的描述，准确套用定额子目并进行换算。

（一）基础知识

工程量清单五要素的确定如下：

（1）分部分项工程量清单项目按规定编码。分部分项工程量清单项目编码以五级设置，用 12 位数字表示，前 9 位全国统一，不得变动，后 3 位是清单项目名称顺序码，由清单编制人设置，同一招标工程的项目编码不得有重码。

（2）分部分项工程量清单的项目名称与项目特征应结合拟建工程的实际情况确定。

项目名称原则上以形成工程实体而命名。分部分项工程量清单项目名称的设置应考虑三个因素：一是计算规范中的项目名称；二是计算规范中的项目特征；三是拟建工程的实际情况（计算规范中的工作内容）。

项目特征是构成分部分项工程量清单项目、措施项目自身价值的本质特征。分部分项工程量清单项目特征应按《房屋建筑与装饰工程工程量计算规范》（GB 50854—2103）中规定的项目特征，考虑该项目的规格、型号、材质等特征要求，结合拟建工程的实际情况，使其工程量项目名称具体化、细化，对影响工程造价的因素都应予以描述。

（3）分部分项工程量清单的计量单位按规定的计量单位确定。工程量的计量单位均采用基本单位计量。它与定额的计量单位不一样，编制清单或报价时按规定的计量单位计量。

长度计量：m，面积计量：m^2，体积计量：m^3，质量计量：t、kg，自然计量：台、套、个、组。

当计量单位有两个或两个以上时，应根据所编工程量清单项目特征要求，选择最适宜表现该项目特征并方便计量的单位。

（4）实物数量（工程量）严格按清单工程量计算规则计算。

（二）任务说明

结合专用宿舍楼案例工程，将导入的计价软件清单项进行初步整理，并添加钢筋工程清单及相应的钢筋工程量，完善项目特征描述。

（三）任务分析

对分部分项清单进行整理，完善项目特征的描述，对分部分项工程清单定额套用做法进行检查与分部整理，结合清单的项目特征对照分析是否需要进行换算。

（四）任务实施

1. 整理清单

（1）在分部分项界面进行分部分项整理清单项。单击“整理清单”→“分部整理”，如图 9-13 所示，弹出分部整理对话框，如图 9-14 所示。

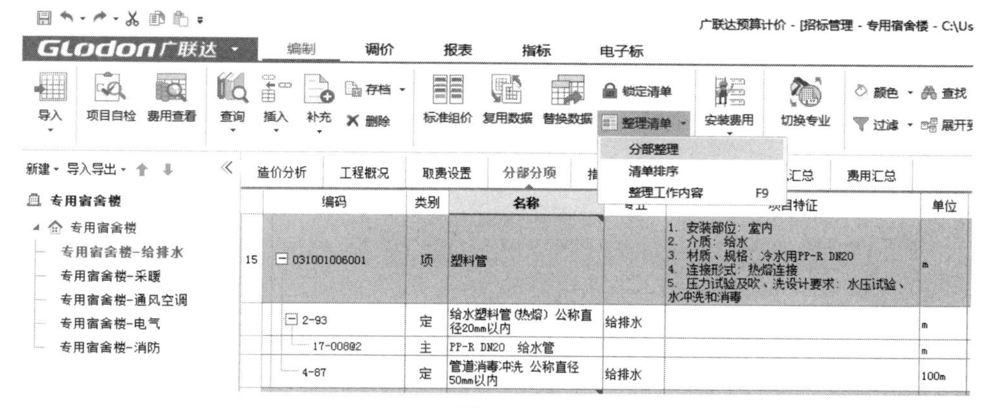

图 9-13

（2）选择按专业、章、节整理后，单击“确定”按钮。

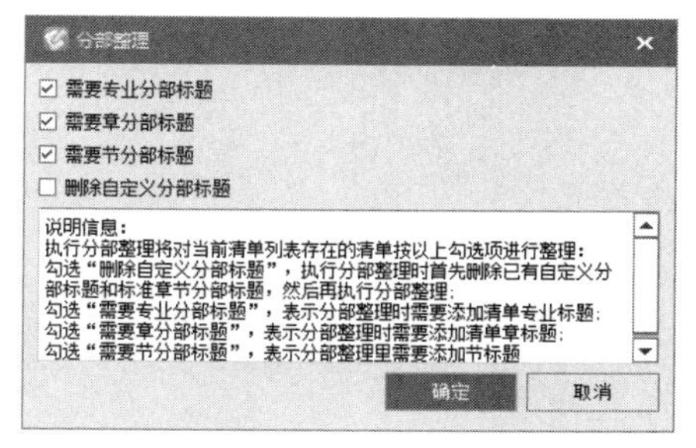

图 9-14

（3）清单整理完成后，如图 9-15 所示。

2. 项目特征描述

项目特征描述主要有 3 种方法：

（1）BIM 土建算量中已包含项目特征描述的，软件默认将其全部导入到云计价平台中。

（2）选择清单项，在“特征及内容”界面可以进行添加或修改来完善项目特征，如图 9-16所示。

（3）直接单击“项目特征”对话框进行修改或添加，如图 9-17 所示。

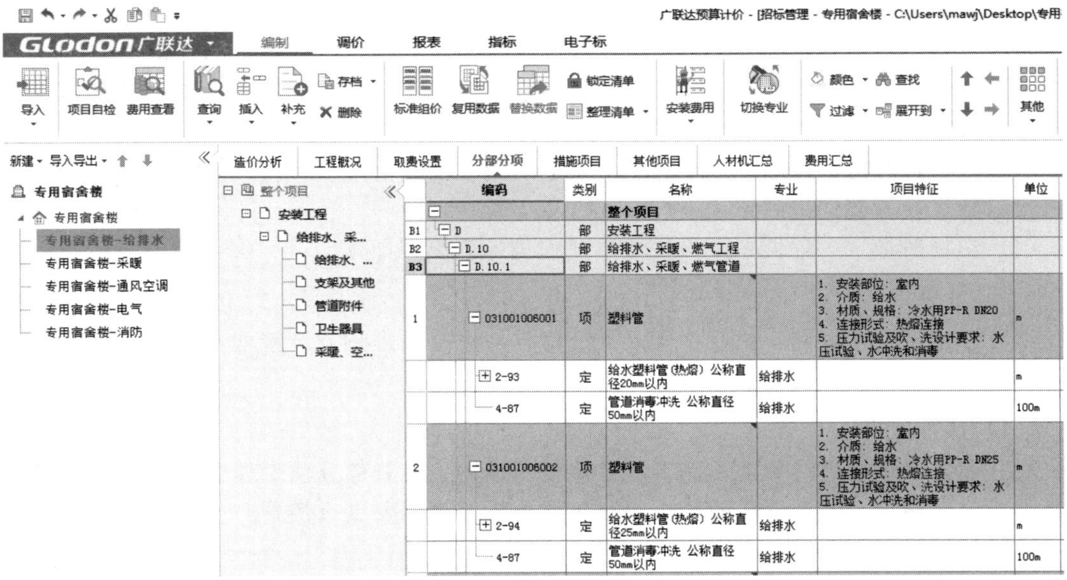

	编码	类别	名称	专业	项目特征	单位
			整个项目			
B1	D	部	安装工程			
B2	D.10	部	给排水、采暖、燃气工程			
B3	D.10.1	部	给排水、采暖、燃气管道			
1	031001006001	项	塑料管		1. 安装部位：室内 2. 介质：给水 3. 材质、规格：冷水用PP-R DN20 4. 连接形式：热熔连接 5. 压力试验及吹、洗设计要求：水压试验、水冲洗和消毒	m
	2-93	定	给水塑料管(热熔) 公称直径20mm以内	给排水		m
	4-87	定	管道消毒冲洗 公称直径50mm以内	给排水		100m
2	031001006002	项	塑料管		1. 安装部位：室内 2. 介质：给水 3. 材质、规格：冷水用PP-R DN25 4. 连接形式：热熔连接 5. 压力试验及吹、洗设计要求：水压试验、水冲洗和消毒	m
	2-94	定	给水塑料管(热熔) 公称直径25mm以内	给排水		m
	4-87	定	管道消毒冲洗 公称直径50mm以内	给排水		100m

图 9-15

	工作内容	输出
1	管道安装	☑
2	管件安装	☑
3	塑料卡固定	☑
4	阻火圈安装	☑
5	压力试验	☑
6	吹扫、冲洗	☑
7	警示带铺设	☑

	特征	特征值	输出
1	安装部位	室内	☑
2	介质	污水	☑
3	材质、规格	UPVC螺旋管De110	☑
4	连接形式	热熔连接	☑
5	阻火圈设计要求	高15mm阻水圈共计50个	☑
6	压力试验及吹、洗设计要求	水压试验、水冲洗和消毒	☑
7	警示带形式		☐

图 9-16

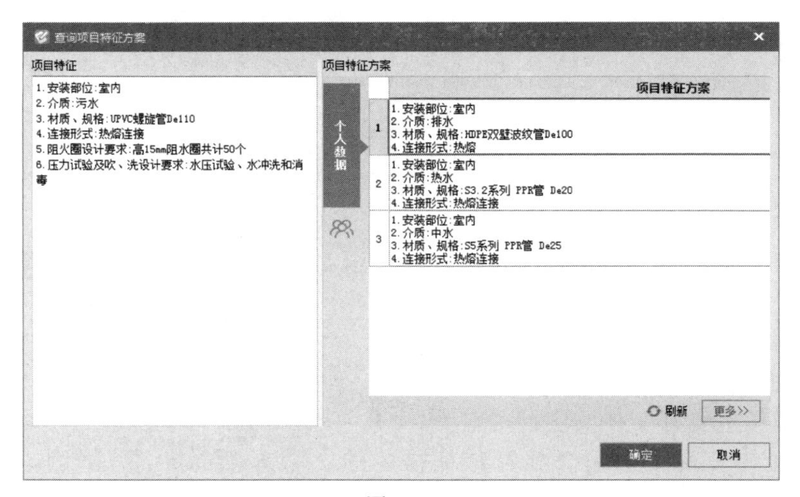

图 9-17

3. 补充清单项

（1）完善分部分项清单，将项目特征补充完整，方法如下：

方法一：单击“插入”，选择“插入清单”和“插入子目”，如图 9-18 所示。

方法二：单击右键选择“插入清单”和“插入子目”，如图 9-19 所示。

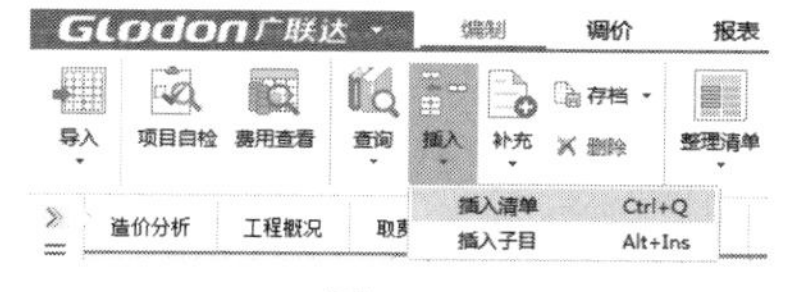

图 9-18

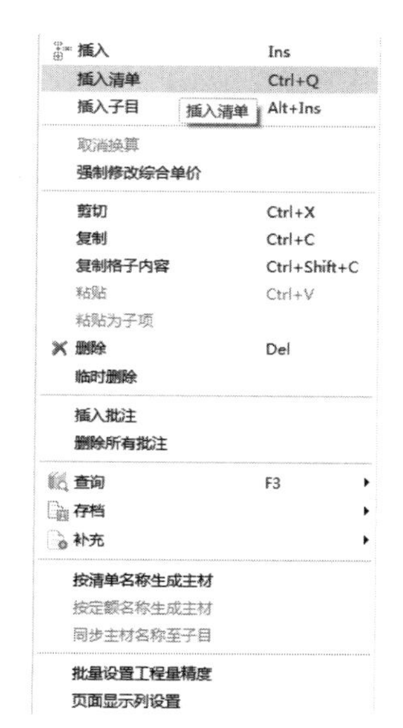

图 9-19

（2）该工程需补充的清单子目如增加塑料管工程量清单，如图 9-20 所示。

造价分析 | 工程概况 | 取费设置 | 分部分项 | 措施项目 | 其他项目 | 人材机汇总 | 费用汇总

	编码	类别	名称	专业	项目特征	单位	含量	工程量表达式	工程量	锁定含量	单价
15	031001006001	项	塑料管		1. 安装部位：室内 2. 介质：给水 3. 材质、规格：冷水用PP-R DN20 4. 连接形式：热熔连接 5. 压力试验及吹、洗设计要求：水压试验、水冲洗和消毒	m		74.295	74.295	□	
	2-93	定	给水塑料管(热熔) 公称直径20mm以内	给排水		m	1	QDL	74.295		17.74
	4-87	定	管道消毒冲洗 公称直径50mm以内	给排水		100m	0.0100007	QDL	0.743		53.27
16	031001006002	项	塑料管		1. 安装部位：室内 2. 介质：给水 3. 材质、规格：冷水用PP-R DN25 4. 连接形式：热熔连接 5. 压力试验及吹、洗设计要求：水压试验、水冲洗和消毒	m		4.756	4.756	□	
	2-94	定	给水塑料管(热熔) 公称直径25mm以内	给排水		m	1.000841	QDL	4.76		18.92
	4-87	定	管道消毒冲洗 公称直径50mm以内	给排水		100m	0.0100084	QDL	0.0476		53.27

图 9-20

4. 检查与整理

（1）整体检查

① 对分部分项的清单与定额的套用做法进行检查，看是否有误。

② 查看整个的分部分项中是否有空格，如有要进行删除。

③ 按清单项目特征描述校核套用定额的一致性，并进行修改。

④ 查看清单工程量与定额工程量的数据差别是否正确。

（2）整体进行分部整理　对于分部整理完成后出现的“补充分部”清单项，可以调整专业章节位置至应该归类的分部，操作如下：右键单击清单项编辑界面，选择“页面显示列设置”，在弹出的对话框下选择“指定章节位置”。

5. 单价构成

此页签的主要作用是查看或修改分部分项清单和定额子目单价的构成，也适合单价措施项目清单和定额子目的单价构成的查看和修改，具体操作如下：

（1）点击“单价构成”页签，如图 9-21 所示。

工料机显示 | 单价构成 | 标准换算 | 换算信息 | 安装费用 | 特征及内容 | 工程量明细 | 反查图形工程量 | 说明信息 | 组价方案

	序号	费用代号	名称	计算基数	基数说明	费率(%)	单价	合价	费用类别	备注
1	1	A	人工费	RGF	人工费		13.39	994.81	人工费	
2	2	B	材料费	CLF+ZCF+SBF	材料费+主材费+设备费		7.02	521.55	材料费	
3	3	C	机械费	JXF	机械费		2.39	177.57	机械费	
4	4	D	直接费	A+B+C	人工费+材料费+机械费		22.8	1693.93	直接费	
5	5	E	企业管理费	A	人工费	60.3	8.07	599.56	企业管理费	按不同工程类别、不同檐高取不同的费率
6	6	F	利润	A + E	人工费+企业管理费	24	5.15	382.62	利润	
7	7	G	风险费用			0	0	0	风险	
8	8		综合单价	D + E + F + G	直接费+企业管理费+利润+风险费用		36.02	2676.11	工程造价	

图 9-21

（2）修改计费基数　根据清单计价规范和计价定额的有关规定修改计费基数，如图 9-22 所示。

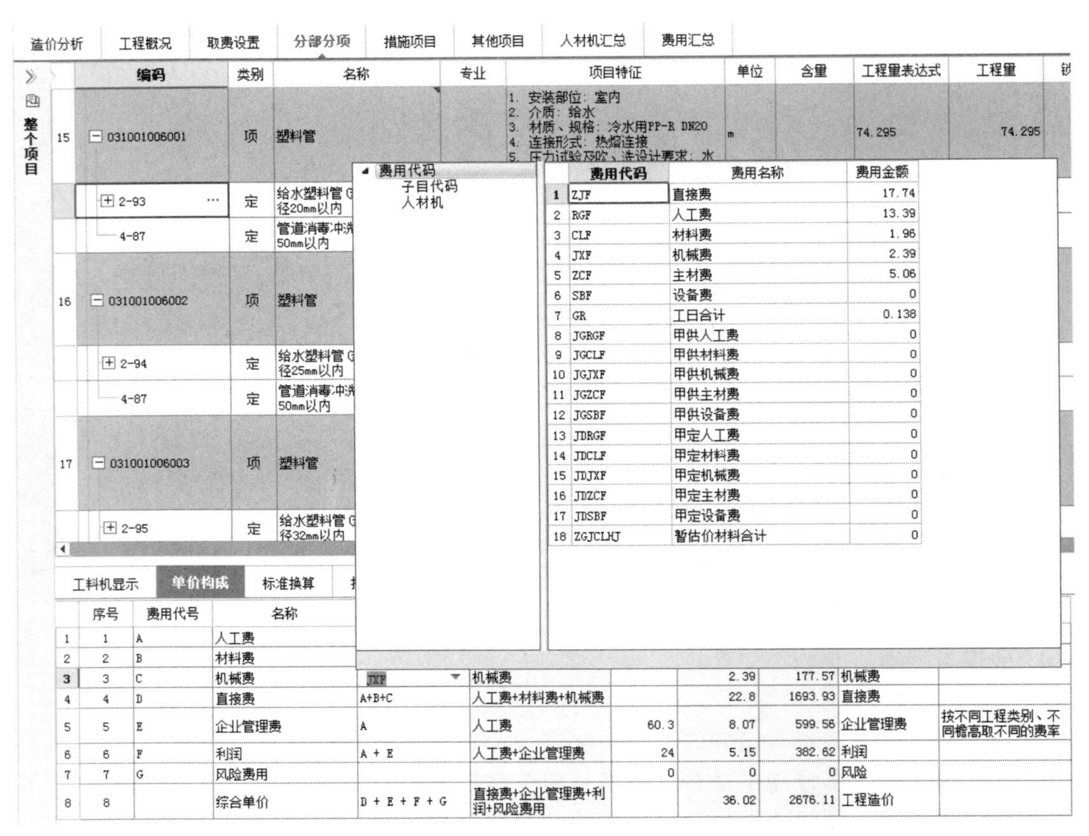

图 9-22

（3）修改费率　根据专业修改管理费和利润的取费费率，如图 9-23 所示。

6. 计价换算

（1）替换子目　根据清单项目特征描述校核套用定额的一致性，如果套用子目不合适，可单击“查询”→“查询定额”，选择相应子目进行“替换”，如图 9-24 所示。

（2）子目换算　按清单描述进行子目换算时，主要包括 3 个方面的换算，下面介绍常用的 2 个。

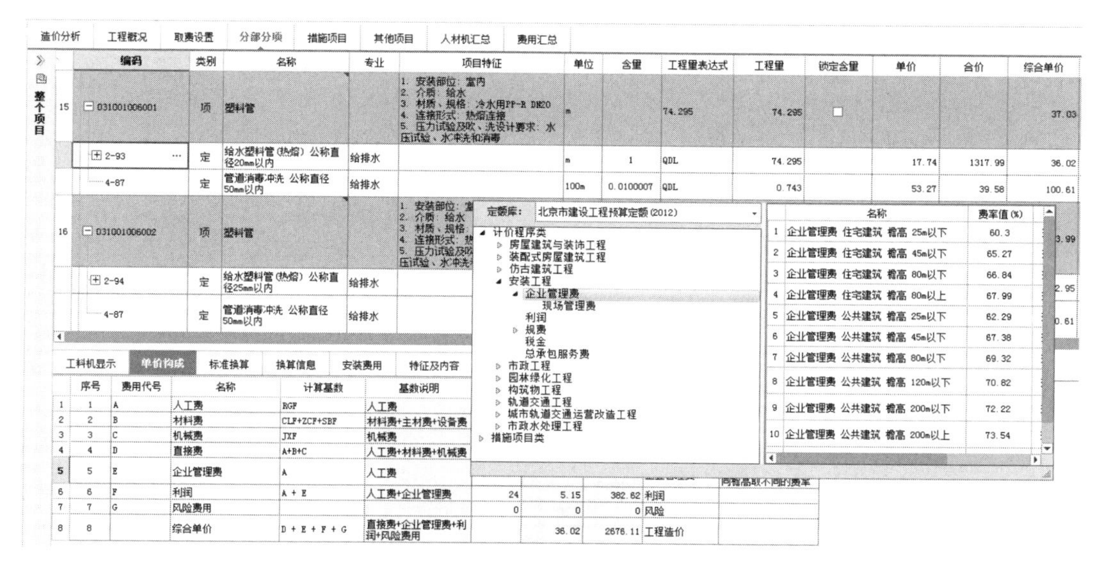

图 9-23

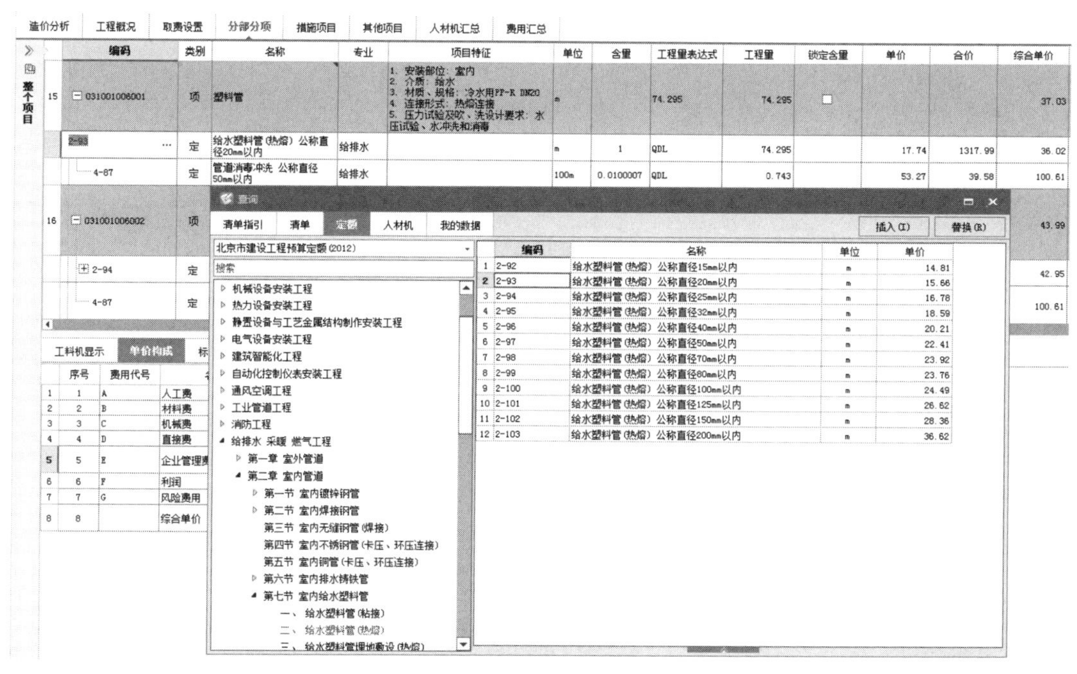

图 9-24

① 调整人材机系数

a. 直接输入。下面以挖基坑土方为例，介绍调整人材机系数的操作方法。需要人工配合机械挖土，且人工挖土的数量不得超过总土方量的10%，人工需要乘以系数2，如图9-25所示。

b. 批量系数换算。当清单中的材料进行换算的系数相同时，可选中所有换算内容相同的清单项，单击常用功能中的“其他”→“批量换算”对材料进行换算，如图9-26所示。

② 材料替换。当项目特征中要求材料与子目相对应人材机材料不相符时，需要对材料

造价分析 | 工程概况 | 取费设置 | 分部分项 | 措施项目 | 其他项目 | 人材机汇总 | 费用汇总

整个项目

	编码	类别	名称	专业	项目特征	单位	含量	工程量表达式	工程量
15	031001006001	项	塑料管		1. 安装部位：室内 2. 介质：给水 3. 材质、规格：冷水用PP-R DN20 4. 连接形式：热熔连接 5. 压力试验及吹、洗设计要求：水压试验、水冲洗和消毒	m		74.295	74.295
	2-93 R*2	换	给水塑料管(热熔) 公称直径20mm以内 人工*2	给排水		m	1	QDL	74.295
	4-87	定	管道消毒冲洗 公称直径50mm以内	给排水		100m	0.0100007	QDL	0.743
16	031001006002	项	塑料管		1. 安装部位：室内 2. 介质：给水 3. 材质、规格：冷水用PP-R DN25 4. 连接形式：热熔连接 5. 压力试验及吹、洗设计要求：水压试验、水冲洗和消毒	m		4.756	4.756
	2-94	定	给水塑料管(热熔) 公称直径25mm以内	给排水		m	1.000841	QDL	4.76
	4-87	定	管道消毒冲洗 公称直径50mm以内	给排水		100m	0.0100084	QDL	0.0476

工料机显示 | 单价构成 | 标准换算 | 换算信息 | 安装费用 | 特征及内容 | 工程量明细 | 反查图形工程量 | 说明信息 | 组价方案

	换算串	说明	来源
1	R*2	人工*系数2	直接输入

图 9-25

批量换算

替换人材机　删除人材机　恢复

	编码	类别	名称	规格型号	单位	调整系数前数量	调整系数后数量	含税预算价	不含税市场价	含税市场价	税率
1	870005	人	综合工日		工日	18.1292	18.1292	78.7	94	94	0
改	010033	材	普通钢板	δ=16~20	kg	2.2736	2.2736	4.49	2.71	2.71	0
3	250051	材	压力表(带弯、带阀)	0~1.6MPa	套	0.1486	0.1486	153.1	153.1	153.1	0
4	840004	材	其他材料费		元	20.061	20.061	1	1	1	0
改	010053	材	镀锌钢管	15	m	75.4145	75.4145	6.78	5.063	5.063	0
6	180229	材	室外镀锌钢管接头零件(丝接)	15	个	17.3862	17.3862	0.79	0.79	0.79	0
7	800064	机	套丝机	φ150	台班	0.4532	0.4532	14.4	14.4	14.4	0
8	800018	机	试压泵(综合)		台班	0.1115	0.1115	8.46	8.46	8.46	0
9	840023	机	其他机具费		元	27.4167	27.4167	1	1	1	0

设置工料机系数

人工：1　材料：1　机械：1　设备：1　主材：1　单价：1　高级

确定　取消

图 9-26

进行替换。在工料机操作界面，点开材料名称进行查询，选择需要的材料后，点击“替换”按钮，完成修改，如图 9-27 所示。有时工程中需要用到定额中不存在的材料，则可以在需要替换的材料名称、规格型号处直接修改即可。

总结拓展

在所有清单补充完整之后，可运用“锁定清单”对所有清单项进行锁定，锁定之后的清

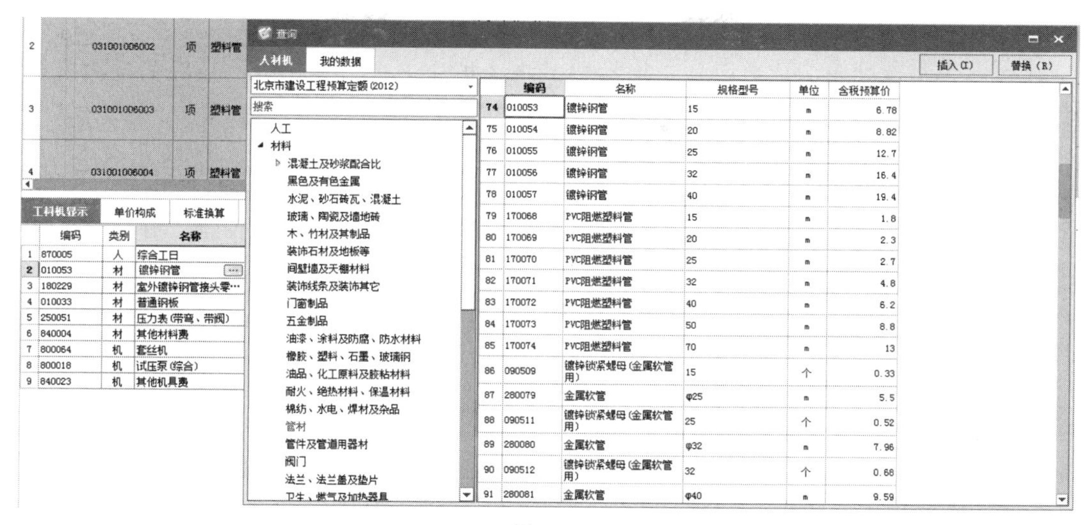

图 9-27

单项将不能再进行添加和删除等操作。若要进行修改，需先对清单项进行解锁，如图9-28所示。

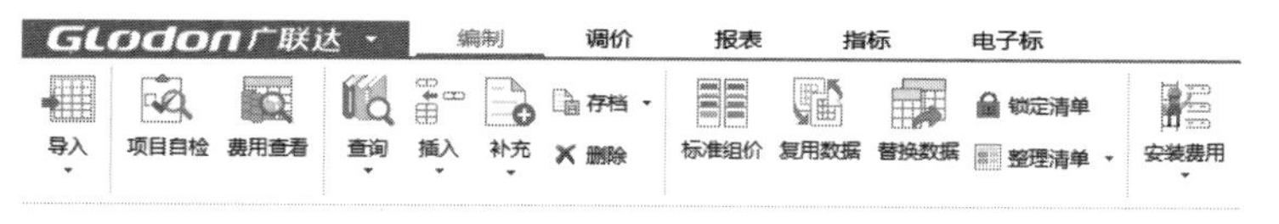

图 9-28

四、措施项目清单

学习目标

1. 利用计价软件编制安全文明施工措施费。

2. 利用计价软件编制脚手架、模板、大型机械进退场等技术措施费。

学习要求

熟悉措施费的构成。

（一）基础知识

措施费是指为完成工程项目施工，发生于该工程施工前和施工过程中非工程实体项目的费用。根据现行工程量清单计算规范，措施项目费分为单价措施项目费与总价措施项目费。

（1）单价措施项目是指在现行工程量清单计算规范中有对应工程量计算规则，按人工费、材料费、施工机具使用费、管理费和利润形式组成综合单价的措施项目。安装工程专业单价措施项目包括脚手架使用费、高层建筑施工增加费、安装与生产同时进行施工增加费、在有害身体健康的环境中施工增加费等。

① 脚手架使用费包括场内、场外材料搬运，搭、拆脚手架，拆除脚手架后材料的堆放以及脚手架租赁费。

② 高层建筑施工增加费包括高层施工引起的人工工效降低以及由人工工效降低引起的机械降效、通信联络设备的使用及摊销。

③ 安装与生产同时进行施工增加费是指改扩建工程在生产车间或装置内施工，因生产

操作或生产条件限制干扰了安装工程正常进行而增加的费用。

④ 在有害身体健康的环境中施工增加费是指改扩建工程由于车间、装置范围内有害气体或高分贝的噪声超过国家标准以致影响身体健康而增加的费用。

(2) 总价措施项目是指在现行工程量计算规范中无工程量计算规则，以总价（或计算基础乘费率）计算的措施项目。其中各专业都可能发生的通用的总价措施项目如下：

1) 安全文明施工费：在工程施工期间按照国家、地方现行的环境保护、建筑施工安全（消防）、施工现场环境与卫生标准等法规与条例的规定，购置和更新施工安全防护用具及设施、改善现场安全生产条件和作业环境所需要的费用，包括环境保护费、文明施工费、安全施工费、临时设施费等。

① 环境保护费：现场施工机械设备降低噪声、防扰民措施费用；水泥和其他易飞扬细颗粒建筑材料密闭存放或采取覆盖措施等费用；工程防扬尘洒水费用；土石方、建渣外运车辆冲洗、防洒漏等费用；现场污染源的控制、生活垃圾清理外运、场地排水排污措施的费用；其他环境保护措施费用。

② 文明施工费："五牌一图"的费用；现场围挡的墙面美化（包括内外粉刷、刷白、标语等)、压顶装饰费用；现场厕所便槽刷白、贴面砖、水泥砂浆地面或地砖费用，建筑物内临时便溺设施费用；其他施工现场临时设施的装饰装修、美化措施费用；现场生活卫生设施费用；符合卫生要求的饮水设备、淋浴、消毒等设施费用；生活用洁净燃料费用；防煤气中毒、防蚊虫叮咬等措施费用；施工现场操作场地的硬化费用；现场绿化费用、治安综合治理费用、现场电子监控设备费用；现场配备医药保健器材、物品费用和急救人员培训费用；用于现场工人的防暑降温费，购买电风扇、空调等设备及用电费用；其他文明施工措施费用。

③ 安全施工费：安全资料、特殊作业专项方案的编制，安全施工标志的购置及安全宣传的费用；"三宝"(安全帽、安全带、安全网)、"四口"（楼梯口、电梯井口、通道口、预留洞口)、"五临边"(阳台围边、楼板围边、屋面围边、槽坑围边、卸料平台两侧)、水平防护架、垂直防护架、外架封闭等防护的费用；施工安全用电的费用，包括配电箱三级配电、两级保护装置要求、外电防护措施；起重机、塔吊等起重设备（含井架、门架）及外用电梯的安全防护措施（含警示标志）费用及卸料平台的临边防护、层间安全门、防护棚等设施费用；建筑工地起重机械的检验检测费用；施工机具防护棚及其围栏的安全保护设施费用；施工安全防护通道的费用；工人的安全防护用品、用具购置费用；消防设施与消防器材的配置费用；电气保护、安全照明设施费；其他安全防护措施费用。

④ 临时设施费：施工现场采用彩色定型钢板、砖、混凝土砌块等围挡的安砌、维修、拆除费或摊销费；施工现场临时建筑物、构筑物的搭设、维修、拆除或摊销费用，如临时宿舍、办公室、食堂、厨房、厕所、诊疗所、临时文化福利用房、临时仓库、加工场、搅拌台、临时简易水塔、水池等；施工现场临时设施的搭设、维修、拆除或摊销的费用，如临时供水管道、临时供电管线、小型临时设施等；施工现场规定范围内临时简易道路铺设费用，临时排水沟、排水设施安砌、维修、拆除费用；其他临时设施搭设、维修、拆除或摊销费用。

2) 施工垃圾场外运输和消纳费：房屋建筑和市政基础设施工程（以下简称"建设工程"）的新建、改建、扩建、装饰装修、修缮等产生的施工垃圾场外运输和消纳费用、渣土运输和消纳费用、弃土（石）方运输和经专家论证应消纳处置的弃土（石）方消纳费用，其中：

① 弃土（石）方运输处置费用是指土（石）方工程或地基基础工程等施工中产生的除

现场留存土、渣土外所有外运土（石）方运输和（或）消纳费用。

② 渣土运输处置费用是指建设工程的维修改造或局部拆除、地下障碍物拆除、土（石）方工程或地基基础工程等施工产生的废弃物运输和消纳费用。

③ 施工垃圾运输处置费用是指建设工程中除弃土（石）方和渣土项目外施工产生的建筑废料和废弃物、办公生活垃圾、现场临时设施拆除废弃物和其他弃料等的运输和消纳费用。

3）夜间施工增加费：为保证工程进度需要，夜间施工所发生的夜间补助费（含夜间交通补助费）等。

4）非夜间施工照明费：为保证工程施工正常进行，在如地下室等特殊施工部位施工时所采用的照明设备的安拆、维护及照明用电等费用。

5）二次搬运费：因各种原因而造成的材料、构件、配件、成品、半成品不能直接运至施工现场所发生的材料二次搬运费用。

6）冬雨季施工增加费：施工期间如遇雨、雪天气，为保证施工质量以及防雨、防雪、防滑、保温等为保证工程质量所采取措施的费用以及冬雨季的人工降效费用。

7）已完工程及设备保护费：对已完工程及设备采取的覆盖、包裹、封闭、隔离等必要保护措施所发生的费用。

（二）任务说明

结合专用宿舍楼案例工程，编制措施项目清单并进行相应的取费。

（三）任务分析

明确措施项目中按计量与计项两种措施费的计算方法，并进行调整。

（四）任务实施

1. 总价措施项目费（编制招标控制价时，所有费率按编标要求给定值计取）

安全文明施工费为必须计取的总价措施费，招投标编制要求工程需考虑环境保护、文明施工、安全施工、临时设施等费用。在每项费用中的费率中点选即可，以环境保护费为例，该工程为 2.93%，如图 9-29 所示。

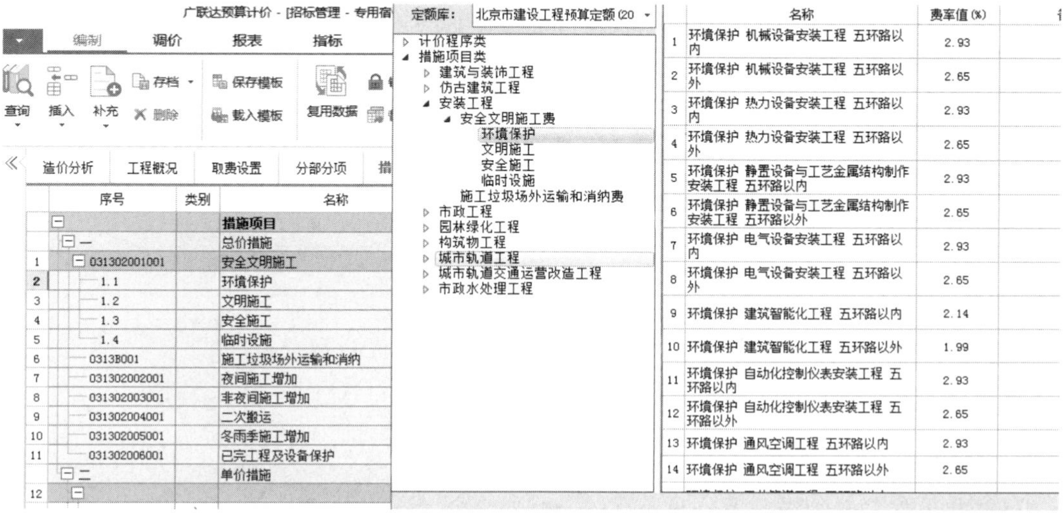

图 9-29

2. 安装费用的计算

在分部分项或措施项目界面中执行“安装费用”功能，弹出窗口，根据实际工程需要勾选各项安装费用，如脚手架使用费、高层建筑施工增加费等，如图 9-30 所示。点击“确定”即完成脚手架使用费、高层建筑施工增加费等的编制，如图 9-31 所示。

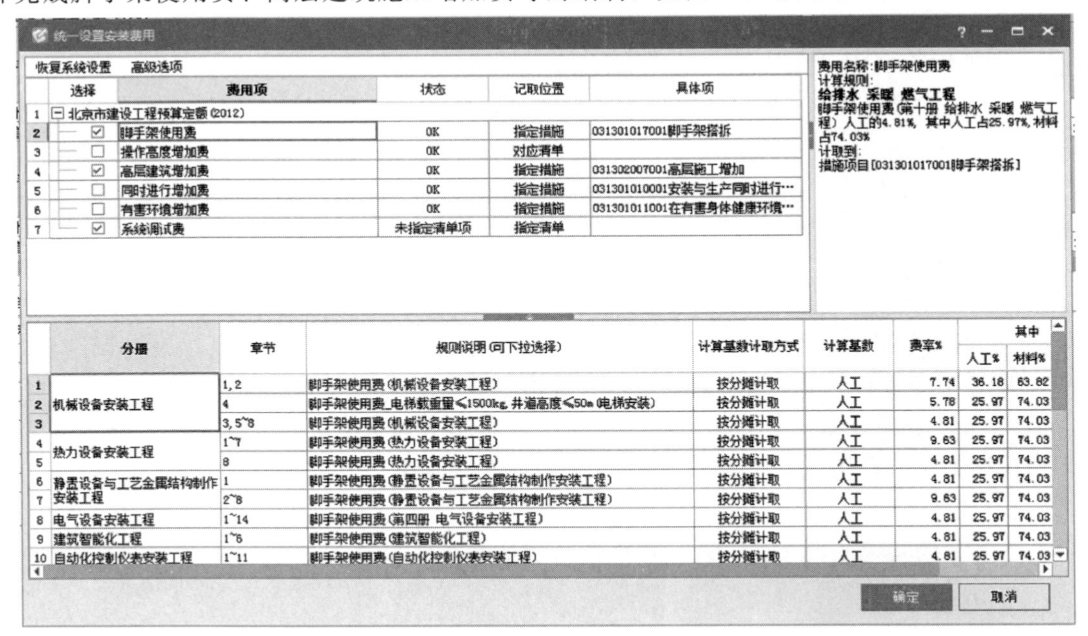

统一设置安装费用

恢复系统设置 高级选项

	选择	费用项	状态	记取位置	具体项
1	⊟ 北京市建设工程预算定额(2012)				
2	☑	脚手架使用费	OK	指定措施	031301017001脚手架搭拆
3	☐	操作高度增加费	OK	对应清单	
4	☑	高层建筑增加费	OK	指定措施	031302007001高层施工增加
5	☐	同时进行增加费	OK	指定措施	031301010001安装与生产同时进行…
6	☐	有害环境增加费	OK	指定措施	031301011001在有害身体健康环境…
7	☑	系统调试费	未指定清单项	指定清单	

费用名称：脚手架使用费
计算规则：
给排水 采暖 燃气工程
脚手架使用费(第十册 给排水 采暖 燃气工程)人工的4.81%，其中人工占25.97%，材料占74.03%
计取到：
措施项目[031301017001脚手架搭拆]

	分册	章节	规则说明(可下拉选择)	计算基数计取方式	计算基数	费率%	其中 人工%	其中 材料%
1	机械设备安装工程	1,2	脚手架使用费(机械设备安装工程)	按分摊计取	人工	7.74	36.18	63.82
2		4	脚手架使用费_电梯载重量≤1500kg,井道高度≤50m(电梯安装)	按分摊计取	人工	5.78	25.97	74.03
3		3,5~8	脚手架使用费(机械设备安装工程)	按分摊计取	人工	4.81	25.97	74.03
4	热力设备安装工程	1~7	脚手架使用费(热力设备安装工程)	按分摊计取	人工	9.63	25.97	74.03
5		8	脚手架使用费(热力设备安装工程)	按分摊计取	人工	4.81	25.97	74.03
6	静置设备与工艺金属结构制作安装工程	1	脚手架使用费(静置设备与工艺金属结构制作安装工程)	按分摊计取	人工	4.81	25.97	74.03
7		2~8	脚手架使用费(静置设备与工艺金属结构制作安装工程)	按分摊计取	人工	9.63	25.97	74.03
8	电气设备安装工程	1~14	脚手架使用费(第四册 电气设备安装工程)	按分摊计取	人工	4.81	25.97	74.03
9	建筑智能化工程	1~6	脚手架使用费(建筑智能化工程)	按分摊计取	人工	4.81	25.97	74.03
10	自动化控制仪表安装工程	1~11	脚手架使用费(自动化控制仪表安装工程)	按分摊计取	人工	4.81	25.97	74.03

确定 取消

图 9-30

造价分析 工程概况 取费设置 分部分项 措施项目 其他项目 人材机汇总 费用汇总

	序号	类别	名称	单位	项目特征	计算基数	费率(%)	工程量	综合单价	综合合价	取费专业
	⊟		措施项目							30456.13	
	⊟ 一		总价措施							22220.29	
1	⊟ 031302001001		安全文明施工	项				1	18586.25	18586.25	安装工程
2	1.1		环境保护	项		RGF	2.93	1	2610.62	2610.62	
3	1.2		文明施工	项		RGF	6.39	1	5693.48	5693.48	
4	1.3		安全施工	项		RGF	7.14	1	6361.74	6361.74	
5	1.4		临时设施	项		RGF	4.4	1	3920.41	3920.41	
6	0313B001		施工垃圾场外运输和消纳	项		RGF	3.8	1	3432.17	3432.17	安装工程
7	031302002001		夜间施工增加	项		RGF	0.1	1	80.75	80.75	
8	031302003001		非夜间施工增加	项		RGF	0	1	0	0	
9	031302004001		二次搬运	项		RGF	0	1	0	0	
10	031302005001		冬雨季施工增加	项		RGF	0.1	1	80.75	80.75	
11	031302006001		已完工程及设备保护	项		RGF	0.05	1	40.37	40.37	
	⊟ 二		单价措施							8235.84	
12	⊟ 031301017001		脚手架搭拆	项				1	4517.13	4517.13	安装工程
	BM164	安	脚手架使用费(第十册 给排水 采暖 燃气工程)	元				1	4517.13	4517.13	安装工程
13	⊟ 031302007001		高层施工增加	项				1	3718.71	3718.71	安装工程
	BM169	安	高层建筑增加费_檐高45m以下(第十册 给排水 采暖 燃气工程)	元				1	3718.71	3718.71	安装工程

图 9-31

总结拓展

造价人员要时刻关注信息动态，保证按照最新的费率进行调整。

五、其他项目清单

学习目标

1. 能利用计价软件编制其他项目费。
2. 能利用计价软件编制暂列金、专业工程暂估价、计日工等费用。

学习要求

熟悉其他费用的基本构成。

（一）基础知识

1. 暂列金额

建设单位在工程量清单中暂定并包括在工程合同价款中的一笔款项，用于施工合同签订时尚未确定或者不可预见的所需材料、工程设备、服务的采购，施工中可能发生的工程变更、合同约定调整因素出现时的工程价款调整以及发生的索赔、现场签证确认等的费用。

2. 计日工费用

在施工过程中，施工企业完成建设单位提出的施工图纸以外的零星项目或工作所需的费用。

3. 总承包服务费

总承包人为配合、协调建设单位进行的专业工程发包，对建设单位自行采购的材料、工程设备等进行保管以及施工现场管理、竣工资料汇总整理等服务所需的费用。

（二）任务说明

结合专用宿舍楼案例工程，编制其他项目清单费用。

（三）任务分析

编制暂列金额、专业工程暂估价及计日工费用。

根据招标文件所述编制其他项目清单：按本工程控制价编制要求，本工程暂列金额为15 万元。

（四）任务实施

1. 添加暂列金额

单击“其他项目”→“暂列金额”，如图 9-32 所示。按招标文件要求暂列金额为 150000元，在名称中输入“暂列金额”，在计量单位中输入“元”，在含税金额中输入“150000”，在税金中输入“25500”，则自动计算出除税金额。

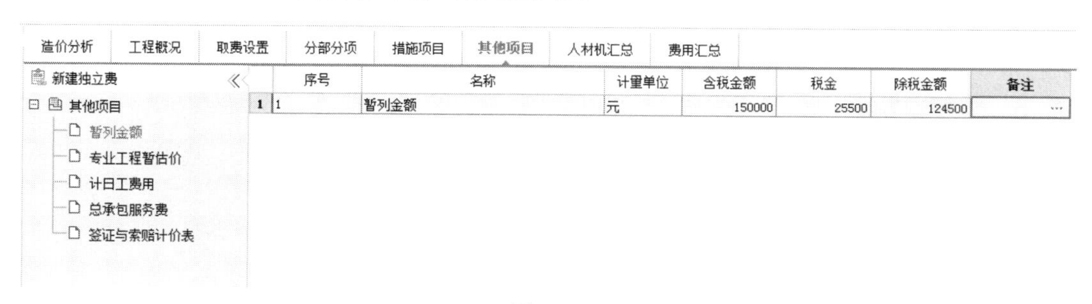

图 9-32

2. 添加计日工费用

单击“其他项目”→“计日工费用”，如图 9-33 所示。按招标文件要求，本项目有计日工费用，需要添加计日工，人工为 83 元 /日，还有材料费用和机械费用，均按招标文件要求填写。

总结拓展

工程结算时，暂列金额应予以取消，另根据工程实际发生项目增加费用。

造价分析 工程概况 取费设置 分部分项 措施项目 其他项目 人材机汇总 费用汇总

新建独立费
其他项目
暂列金额
专业工程暂估价
计日工费用
总承包服务费
签证与索赔计价表

	序号	名称	单位	数量	单价	合价	综合单价	综合合价	取费文件	备注
1		计日工						2701.7		
2	一	劳务(人工)						1660	人工模板	
3	1	安装工	工日	20	83	1660	83	1660	人工模板	
4	二	材料						265	材料模板	
5	1	砂子	kg	500	0.097	48.5	0.1	50	材料模板	
6	2	水泥	kg	500	0.43	215	0.43	215	材料模板	
7	三	施工机械						776.7	机械模板	
8	1	载重汽车 10t	台班	1	776.7	776.7	776.7	776.7	机械模板	

图 9-33

六、人材机汇总

学习要求

1. 调整定额工日、材料价格。
2. 增加甲供材料、暂估材料。

(一) 基础知识

熟悉定额工日、甲供材料的基本概念。

(二) 任务说明

根据招标文件所述导入信息价，按招标要求修正人材机价格。

(三) 任务分析

按照招标文件规定，计取相应的人工费；材料价格按“北京市 2018 年 8 月信息价”调整；根据招标文件，编制甲供材料及暂估材料。

(四) 任务实施

(1) 在“人材机汇总”界面下，点击常用工具中的“载价”→“批量载价”，在弹出的对话框中选择招标文件要求的“北京市 2018 年 8 月”信息价载入，如图 9-34 所示。点击“下一步”，信息价中与定额中完全匹配的材料的价格出现在待载价格列中，如图 9-35 所示；点击下一步之前需要先点击右上角“未关联材料除税”功能，再点击“下一步”，出现材料信息价载入后的材料费用变化率，并显示人材机占总费用的比例，如图 9-36 所示。点击“完成”按钮，材料信息价载入成功。对于未载入的材料价格还需逐一调整市场价，最后输入所有市场价格发生变化的材料的税率。

图 9-34

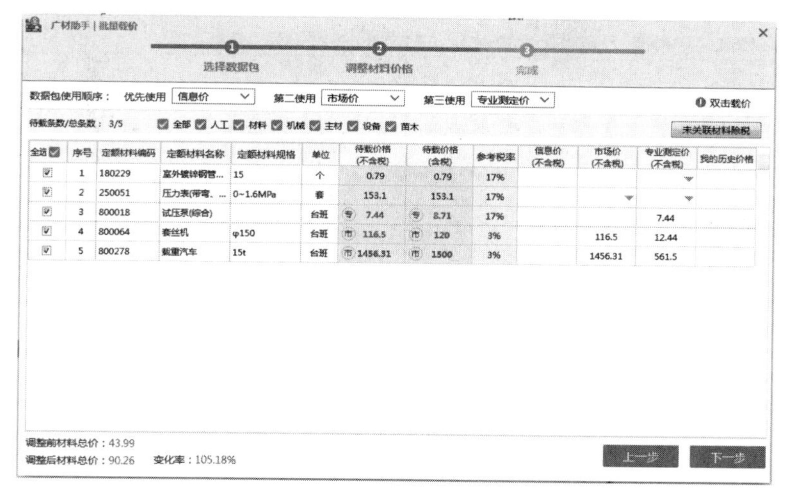

图 9-35

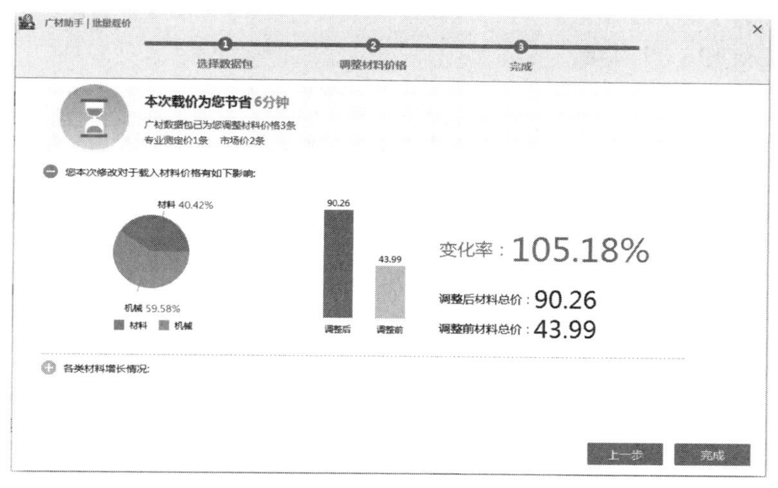

图 9-36

（2）按照招标文件的要求，对于甲供材料可以在“供货方式”处选择“甲供材料”，如图 9-37 所示。

造价分析 工程概况 取费设置 分部分项 措施项目 其他项目 人材机汇总 费用汇总

新建 删除

所有人材机
- 人工表
- 材料表
- 机械表
- 设备表
- 主材表

主要材料表
暂估材料表
发包人供应材料和…
承包人主要材料和…

	编码	类别	名称	规格型号	单位	数量	含税预算价	不含税市场价	供货方式	甲供数量
98	19-00105	主	闸阀 DN50	公称直径50mm以内	个	1.01	273.5	273.5	甲供材料	1.01
99	19-00106	主	闸阀 DN75	公称直径70mm以内	个	12	401.7	401.7	甲供材料	12
100	19-00107	主	阀门	公称直径15mm以内	个	2.02	74.64	74.64	自行采购	
101	21-003	主	洗脸盆		件	20.2	1607	1607	自行采购	
102	21-00301	主	洗脸盆		件	43.43	350	350	自行采购	
103	21-00901	主	蹲式脚踏式		件	51.51	407.692	407.692	自行采购	
104	21-022	主	控制器		套	45.45	22413.8	22413.8	自行采购	
105	21-032	主	洗脸盆托架含胀栓		套	63.63	258.62	258.62	自行采购	
106	25-00401	主	水表 DN32	公称直径32mm以内	块	43	57.26	57.26	自行采购	
107	S00379	设	电开水器		台	1	4310.34	4310.34	自行采购	

图 9-37

（3）按照招标文件要求，对于暂估材料表中要求的暂估材料，可以在“人材机汇总”中将暂估材料选中，此时可锁定市场价，如图 9-38 所示。

造价分析 | 工程概况 | 取费设置 | 分部分项 | 措施项目 | 其他项目 | 人材机汇总 | 费用汇总

新建 删除

所有人材机：人工表、材料表、机械表、设备表、主材表；主要材料表；暂估材料表；发包人供应材料和…；承包人主要材料和…

	编码	类别	名称	规格型号	单位	产地	厂家	是否暂估
81	21-003	主	洗脸盆		件			☑
82	21-009	主	大便器		件			☐
83	21-021	主	水嘴及给排水配件		套			☐
84	21-024	主	水箱及配件		套			☐
85	21-032	主	洗脸盆托架含胀栓		套			☐
86	25-004@1	主	水表 DN32	公称直径32mm以内	块			☑
87	S00379	设	电开水器		台			☐
88	800011	机	电焊机	(综合)	台班		北京鸿实盛丰工程机械租赁有限公司	
89	800018	机	试压泵(综合)		台班			
90	800028	机	普通车床	φ400	台班			
91	800048	机	管子切断套丝机	159	台班			

图 9-38

总结拓展

1. 市场价锁定

对于招标文件要求的，如甲供材料表、暂估材料表中涉及的材料价格是不能进行调整的，为了避免在调整其他材料价格时出现操作失误，可使用“市场价锁定”对修改后的材料价格进行锁定，如图 9-39 所示。

造价分析 | 工程概况 | 取费设置 | 分部分项 | 措施项目 | 其他项目 | 人材机汇总 | 费用汇总　　不含税市场价合计:498703.66

新建 删除

所有人材机：人工表、材料表、机械表、设备表、主材表；主要材料表；暂估材料表；发包人供应材料和…；承包人主要材料和…

	编码	类别	名称	规格型号	单位	市场价锁定	输出标记	三材类别	三材系数	产地	厂家	是否暂估
80	19-001@6	主	闸阀 DN75	公称直径70mm以内	个	☐	☑		0			☐
81	21-003	主	洗脸盆		件	☑	☑		0			☑
82	21-009	主	大便器		件	☐	☑		0			☐
83	21-021	主	水嘴及给排水配件		套	☐	☑		0			☐
84	21-024	主	水箱及配件		套	☐	☑		0			☐
85	21-032	主	洗脸盆托架含胀栓		套	☐	☑		0			☐
86	25-004@1	主	水表 DN32	公称直径32mm以内	块	☑	☑		0			☑
87	S00379	设	电开水器		台	☐	☑		0			☐
88	800011	机	电焊机	(综合)	台班	☐	☑		0		北京鸿实盛丰工程机械租赁有限公司	
89	800018	机	试压泵(综合)		台班	☐	☑		0			
90	800028	机	普通车床	φ400	台班	☐	☑		0			
91	800048	机	管子切断套丝机	159	台班	☐	☑		0			

图 9-39

2. 显示对应子目

对于人材机汇总中出现材料名称异常或数量异常的情况，可直接右击相应材料，选择显示相应子目，在分部分项中对材料进行修改，如图 9-40 所示。

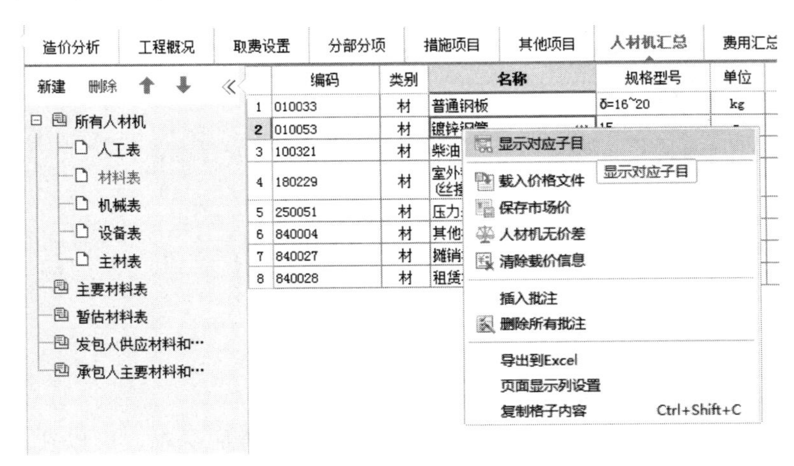

图 9-40

3. 市场价存档

对于同一个项目的多个标段，发包方会要求所有标段的材料价保持一致，在调整好一个标段的材料价后可利用“市场价存档”将此材料价运用到其他标段，此处选择“保存 Excel 市场价文件”，如图 9-41 所示。

在其他标段的人材机汇总中使用该市场价文件时，可运用“载入市场价”，此处选用已经保存好的 Excel 市场价文件，如图 9-42 所示。

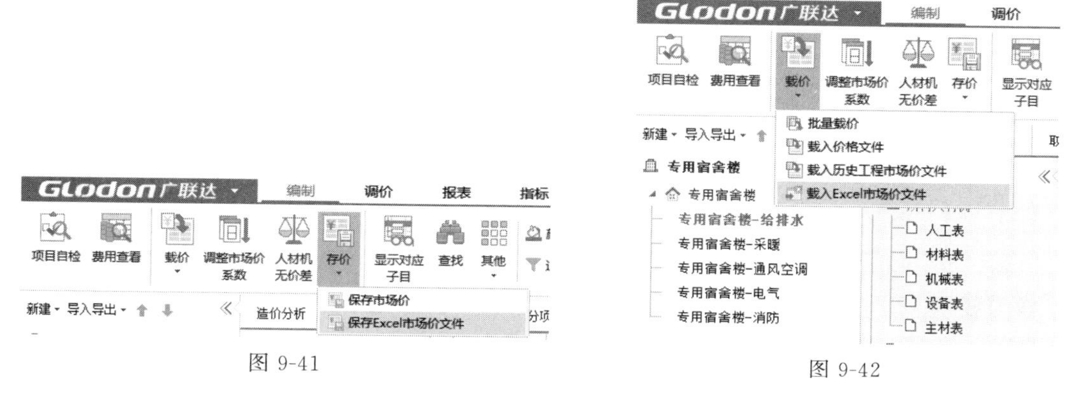

图 9-41　　　　图 9-42

在导入 Excel 市场价文件时，先在弹出的对话框中选择 Excel 表所在的位置，然后再选择市场价文件，最后点击打开按钮，如图 9-43 所示。

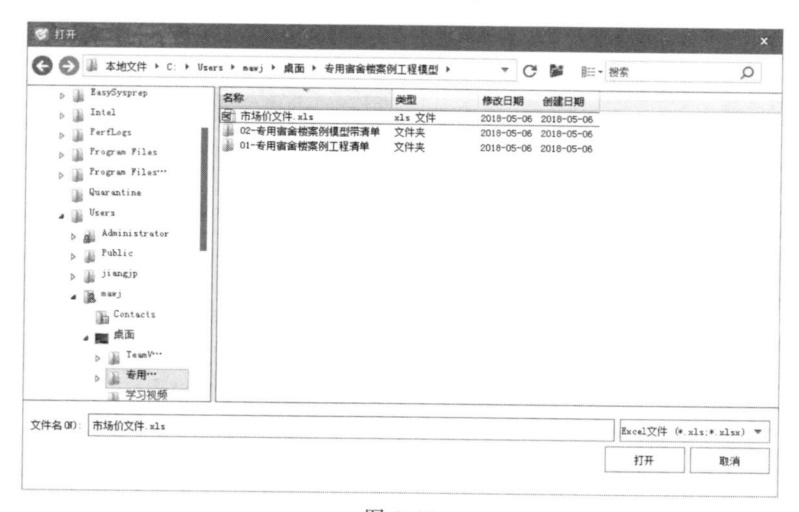

图 9-43

导入 Excel 市场价文件之后，需要先识别材料号、名称、规格、单位、单价等信息，识别完所需要的信息之后，需要选择匹配选项，然后导入即可，如图 9-44 所示。

七、费用汇总

学习目标

1. 会载入相应专业费用文件模板。
2. 会调整费用、计取税金。
3. 会对项目进行自检。

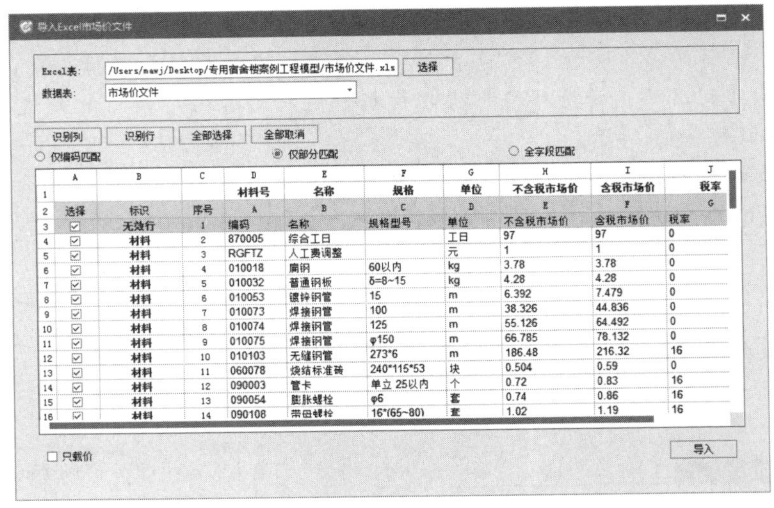

图 9-44

学习要求

熟悉工程造价的构成。

(一) 基础知识

北京市综合单价法计价程序如图 9-45 所示。图中各项费用的计算方法为计算基数×费率，依据北京市住房和城乡建设委员会办公室发布的“京建发〔2012〕538 号”“京建发〔2013〕7 号”“京建发〔2014〕101 号”“京建发〔2016〕116 号”“京建发〔2017〕27 号”“京建发〔2018〕191 号”等文（具体文件详情可查看云计价中帮助下文件汇编）。费率为空默认为按 100%取费。

造价分析 | 工程概况 | 取费设置 | 分部分项 | 措施项目 | 其他项目 | 人材机汇总 | 费用汇总

	序号	费用代号	名称	计算基数	基数说明	费率(%)
1	1	A	分部分项工程	FBFXHJ	分部分项合计	
2	1.1	A1	其中：人工费	RGF	分部分项人工费	
3	1.2	A2	其中：材料(设备)暂估价	ZGCLF	暂估材料费(从人材机汇总表汇总)	
4	2	B	措施项目	CSXMHJ	措施项目合计	
5	2.1	B1	其中：人工费	ZZCS_RGF+JSCS_RGF-AQWMSG_RGF-SGLJCWYS_RGF	组织措施项目人工费+技术措施项目人工费-安全文明施工人工费-施工垃圾场外运输人工费	
6	2.2	B2	其中：安全文明施工费	AQWMSGF	安全文明施工费	
7	2.3	B3	其中：施工垃圾场外运输和消纳费	SGLJCWYSF	施工垃圾场外运输和消纳费	
8	3	C	其他项目	QTXMHJ	其他项目合计	
9	3.1	C1	其中：暂列金额	暂列金额	暂列金额	
10	3.2	C2	其中：专业工程暂估价	专业工程暂估价	专业工程暂估价	
11	3.3	C3	其中：计日工	计日工	计日工	
12	3.3.1	C31	其中：计日工人工费	JRGRGF	计日工人工费	
13	3.4	C4	其中：总承包服务费	总承包服务费	总承包服务费	
14	4	D	规费	D1 + D2	社会保险费+住房公积金费	
15	4.1	D1	社会保险费	A1 + B1 + C31	其中：人工费+其中：人工费+其中：计日工人工费	14.23
16	4.2	D2	住房公积金费	A1 + B1 + C31	其中：人工费+其中：人工费+其中：计日工人工费	5.29
17	4.3	D3	其中：农民工工伤保险费			
18	5	E	税金	A + B + C + D	分部分项工程+措施项目+其他项目+规费	10
19	6		工程造价	A + B + C + D + E	分部分项工程+措施项目+其他项目+规费+税金	

图 9-45

(二) 任务说明

根据招标文件所述内容和定额规定计取规费、税金，进行报表预览。

(三) 任务分析

载入模板，根据招标文件所述内容和定额规定计取规费、税金，选择招标方报表。

(四) 任务实施

1. 费用汇总

点击“费用汇总”界签，软件则根据“取费设置”页签填写好的费率计算各项费用，如图 9-46 所示。

造价分析 | 工程概况 | 取费设置 | 分部分项 | 措施项目 | 其他项目 | 人材机汇总 | 费用汇总

	序号	费用代号	名称	计算基数	基数说明	费率(%)	金额	费用类别	备注
1	1	A	分部分项工程	FBFXHJ	分部分项合计		1,466,737.92	分部分项工程费	
2	1.1	A1	其中：人工费	RGF	分部分项人工费		80,749.27	分部分项人工费	
3	1.2	A2	其中：材料(设备)暂估价	ZGCLF	暂估材料费(从人材机汇总表汇总)		34,923.58	材料暂估价	
4	2	B	措施项目	CSXMHJ	措施项目合计		30,456.13	措施项目费	
5	2.1	B1	其中：人工费	ZZCS_RGF+JSCS_RGF-AQWMSG_RGF-SGLJCWYS_RGF	组织措施项目人工费+技术措施项目人工费-安全文明施工人工费-施工垃圾场外运输人工费		2,428.49	措施人工费	不包括安全文明施工费中人工费和施工垃圾场外运输费中人工费
6	2.2	B2	其中：安全文明施工费	AQWMSGF	安全文明施工费		18,586.25	安全文明施工费	安全文明施工费仅限于在措施项目界面计取
7	2.3	B3	其中：施工垃圾场外运输和消纳费	SGLJCWYSF	施工垃圾场外运输和消纳费		3,432.17	施工垃圾场外运输和消纳费	
8	3	C	其他项目	QTXMHJ	其他项目合计		127,201.70	其他项目费	
9	3.1	C1	其中：暂列金额	暂列金额	暂列金额		124,500.00	暂列金额	
10	3.2	C2	其中：专业工程暂估价	专业工程暂估价	专业工程暂估价		0.00	专业工程暂估价	
11	3.3	C3	其中：计日工	计日工	计日工		2,701.70	计日工	
12	3.3.1	C31	其中：计日工人工费	JRGRGF	计日工人工费		1,660.00	计日工人工费	
13	3.4	C4	其中：总承包服务费	总承包服务费	总承包服务费		0.00	总承包服务费	
14	4	D	规费	D1 + D2	社会保险费+住房公积金费		16,560.33	规费	
15	4.1	D1	社会保险费	A1 + B1 + C31	其中：人工费+其中：人工费+其中：计日工人工费	14.23	12,072.41	社会保险费	社会保险费包括：基本医疗保险基金、基本养老保险费、失业保险基金、工伤保险基金、残疾人就业保险金、生育保险
16	4.2	D2	住房公积金费	A1 + B1 + C31	其中：人工费+其中：人工费+其中：计日工人工费	5.29	4,487.92	住房公积金费	
17	4.3	D3	其中：农民工工伤保险费				0.00	农民工工伤保险	根据京人社工发[2015]218号文…
18	5	E	税金	A + B + C + D	分部分项工程+措施项目+其他项目+规费	10	164,095.61	税金	
19	6		工程造价	A + B + C + D + E	分部分项工程+措施项目+其他项目+规费+税金		1,805,051.69	工程造价	…

图 9-46

2. 项目自检

① 点击常用工具中的“项目自检”功能，如图 9-47 所示。

图 9-47

② 弹出“项目自检”功能窗口，在左侧“设置检查项”界面选择需要检查的项，如图 9-48所示。

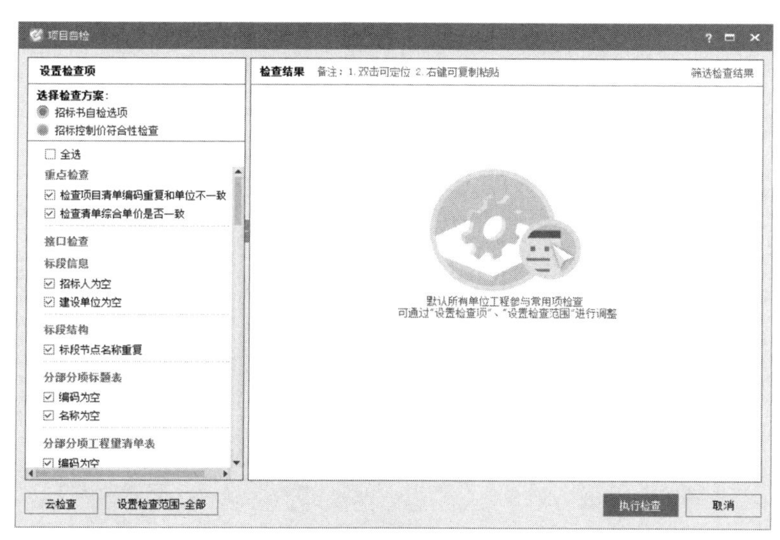

图 9-48

③ 点击“执行检查”按钮，根据生成的“检查结果”对单位工程中的内容进行修改，检查结果如图 9-49 所示。

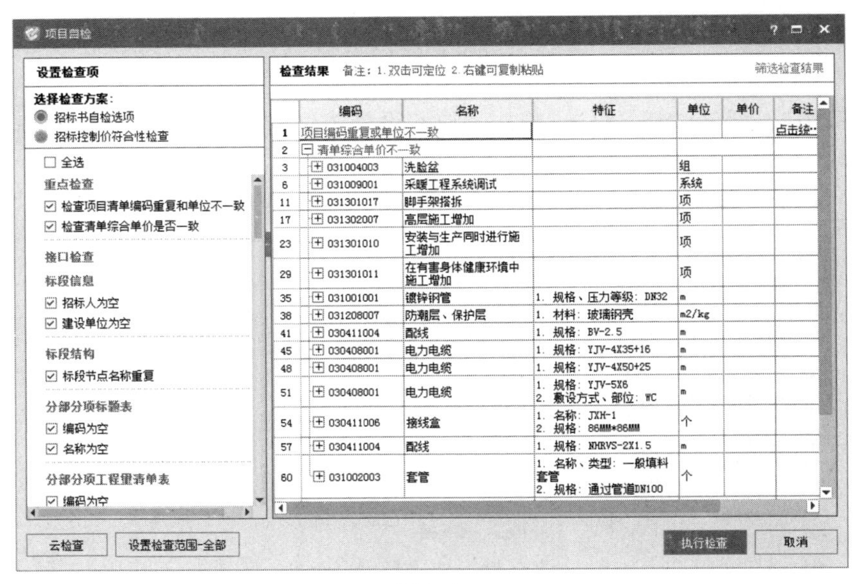

图 9-49

3. 报表预览

点击“报表”菜单，各种报表出现在预览区，根据需要可以点击需要预览的报表进行查看，点击屏幕左上角的“批量导出 Excel”，则可以选择需要导出的报表，如图 9-50 所示。

批量导出Excel

报表类型 招标控制价　◉ 全部　○ 已选　○ 未选　展开到　□ 全选

	名称	选择
1	专用宿舍楼	□
2	封-2 招标控制价封面	□
3	扉-2 招标控制价扉页	□
4	表-01 总说明	□
5	表-02 工程项目招标控制价汇总表	□
6	1.4竣工结算总价	□
7	标段招标控制价汇总表	□
8	表一03 单项工程招标控制价汇总表	□
9	单项工程招标控制价汇总表	□
10	单项招标控制价汇总表	□
11	项目工程招标控制价汇总表	□
12	专用宿舍楼	□
13	表-03 单项工程招标控制价汇总表	□
14	单项工程招标控制价汇总表	□
15	单项工程费用汇总分析表	□
16	给排水	□
17	封-2 招标控制价封面	□
18	扉-2 招标控制价扉页	□
19	表-01 总说明	□
20	表-04 单位工程招标控制价汇总表	□
21	表-08 分部分项工程和单价措施项目清单与计价表	□
22	表-09 综合单价分析表	□
23	表-09 综合单价分析表（增值税下）	□

上移　下移　选择同名报表　取消同名报表

导出设置　导出选择表

图 9-50

总结拓展

如对报表有特殊要求，进入“报表”界面，选择“招标控制价”，单击需要输出的报表，右键选择“报表设计”，或直接点击报表设计器，进入报表设计器后，调整列宽及行距，如图9-51所示。

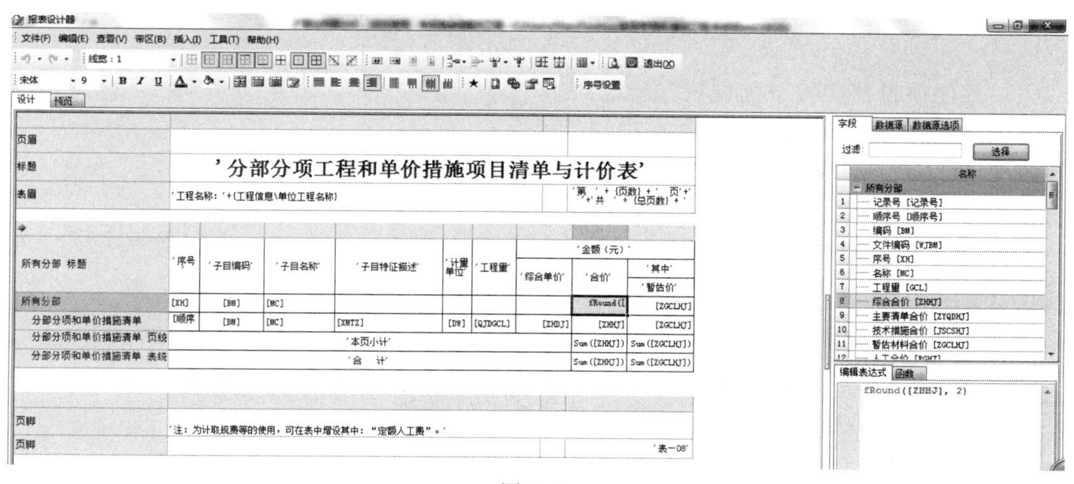

图 9-51

八、生成电子招标文件

学习目标

1. 运用“招标书自检”，会进行修改。
2. 运用软件生成招标书。

学习要求

熟悉招标控制价的概念及编制要点。

（一）基础知识

1. 编制招标控制价的一般规定

（1）招标控制价应由具有编制能力的招标人，或受其委托具有相应资质的工程造价咨询人编制。

（2）工程造价咨询人接受招标人委托编制招标控制价，不得再就同一工程接受投标人委托编制投标报价。

（3）招标控制价应在招标时公布，不应上调或下浮，招标人应将招标控制价及有关资料报送工程所在地工程造价管理机构备查。

2. 编制与复核

（1）编制依据

① 建设工程工程量清单计价规范；
② 国家或省级、行业建设主管部门颁发的计价定额和计价办法；
③ 招标文件中的工程量清单及有关要求；
④ 与建设项目相关的标准、规范、技术资料；
⑤ 工程造价管理机构发布的工程造价信息，工程造价信息没有发布的参照市场价；
⑥ 其他的相关资料。

(2) 综合单价中应包括招标文件中要求投标人承担的风险费用。

(3) 分部分项工程和措施项目中的单价项目，应根据拟定的招标文件和招标工程量清单项目中的特征描述及有关要求确定综合单价计算。

(4) 措施项目中的总价项目应根据拟定的招标文件和常规施工方案按规定计价，其中安全文明施工费、规费和税金必须按国家或省级行业建设主管部门的规定计算，不得作为竞争性费用。

(5) 其他项目费应按下列规定计价

① 暂列金额应按招标工程量清单中列出的金额填写；

② 暂估价中的材料单价应按招标工程量清单中列出的单价计入综合单价；

③ 暂估价中的专业工程金额应按招标工程清单中列出的金额填写；

④ 计日工应按招标工程清单中列出的项目根据工程特点和有关计价依据确定综合单价计算；

⑤ 总承包服务费应根据招标工程量清单列出的内容和要求估算。

(二) 任务说明

根据招标文件所述内容进行招标书自检并生成招标书。

(三) 任务分析

根据招标文件所述内容生成招标控制价相关文件。

(四) 任务实施

(1) 点击"电子标"菜单进入电子标模块，如图 9-52 所示。

(2) 点击"生成招标书"，弹出提示框，如图 9-53 所示。

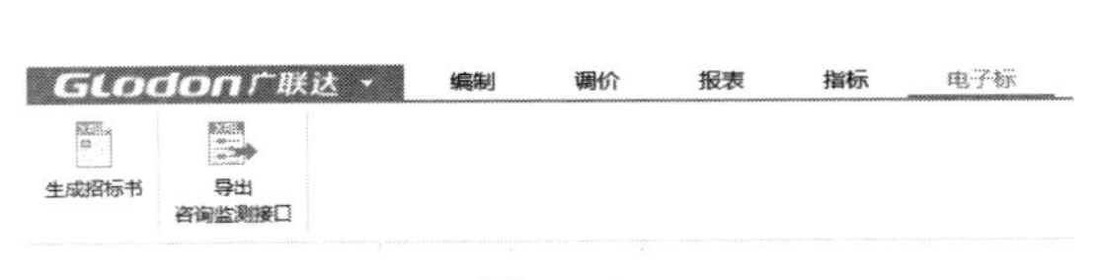

图 9-52

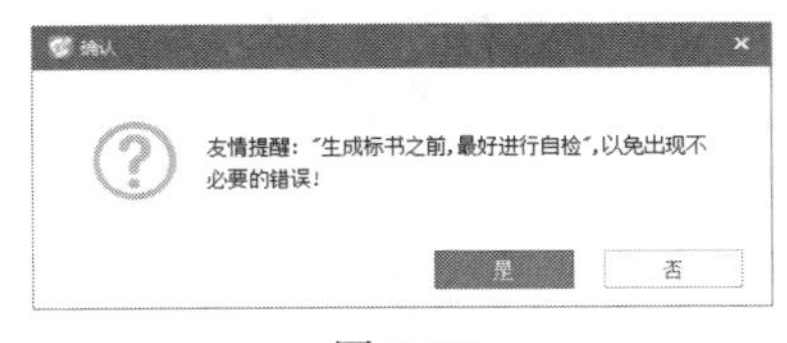

图 9-53

(3) 选择导出标书的存储位置和导出内容。

如果在"费用汇总"模块未进行项目自检，此时点击"是"按钮，软件开始进行自检，自检完成后，按照检查结果进行修改，修改完成后再点击"生成招标书"；如果已经完成自检并且修改了所有错误，则直接点击"否"按钮，弹出如图 9-54 所示界面，选择招标书的导出位置，同时选择是否需要导出招标控制价（接口标准选择默认最新的即可）。

(4) 生成招标书。点击"确定"按钮，完成招标书的生成，如图 9-55 所示。

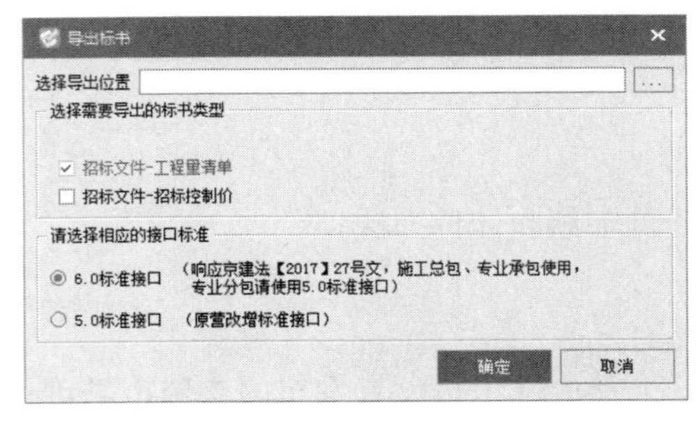

图 9-54

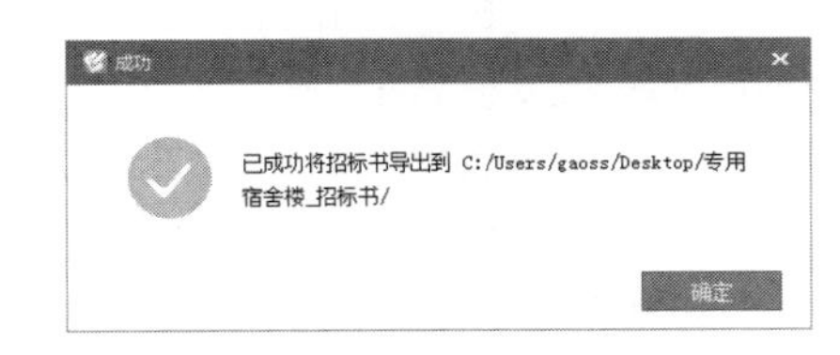

图 9-55

第三节 案例项目报表实例

学习目标

能利用软件导出所需要的表格。

学习要求

熟悉编制招标控制价需要的具体表格。

一、基础知识

按照《建设工程工程量清单计价规范》（GB 50500—2013）和京建发〔2017〕440号文的规定，计价表格由八大类构成，包括封面（封1～封4）、总说明、汇总表、分部分项工程量清单与计价表、措施项目清单与计价表、其他项目清单与计价表、规费、税金项目清单与计价表和工程款支付申请（核准）表，表格名称及样式详见规范“计价表格组成”。

GCCP5.0软件已经根据各地区的具体情况内置了各个阶段需要的各种报表，北京市常用报表分为工程量清单报表、招标控制价报表、投标方报表和其他报表四种，其中编制招标控制价常用表格如图9-56所示（报表名称后带后缀名——“增值税下”的报表为增值税一般计税所需报表）。

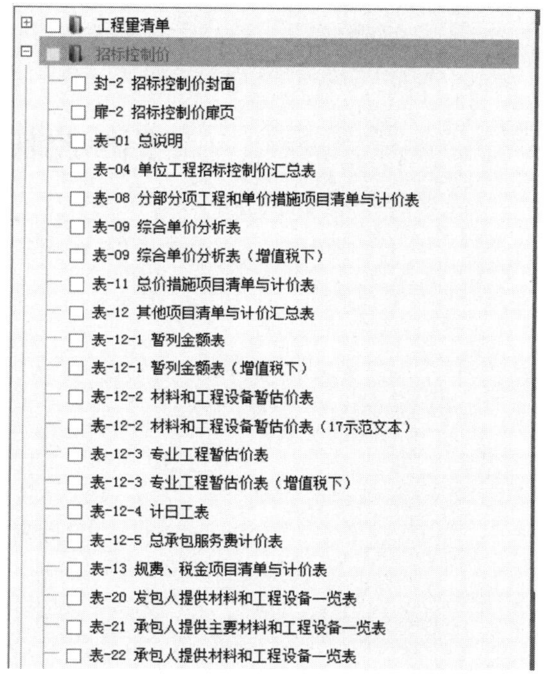

图9-56

二、任务说明

按照招标文件的要求，导出并打印相应的报表，装订成册。

三、任务分析

按照招标文件的内容和格式规定，检查打印前的报表是否符合要求。

四、任务实施

招标控制价实例的相关报表主要有以下几类：

（1）招标控制价封面（图9-57）。

（2）单项工程招标控制价汇总表（表9-6）。

（3）单位工程招标控制价汇总表（表9-7）。

（4）分部分项工程和单价措施项目清单与计价表（表9-8）。

（5）综合单价分析表（以给排水塑料管为例，见表9-9）。

专用宿舍楼 **工程**

招标控制价

招　标　人：　×××有限公司
(单位盖章)

造价咨询人：
(单位盖章)

年　月　日

图 9-57　招标控制价封面

表9-6　单项工程招标控制价汇总表

工程名称:专用宿舍楼

序号	单位工程名称	金额/元	其中					占造价比例/%	建筑面积	单方造价
			分部分项合计/元	措施项目合计/元	其他项目合计/元	规费/元	税金/元			
1	专用宿舍楼-给排水	1805051.69	1466737.92	30456.13	127201.7	16560.33	164095.61	52.87		
2	专用宿舍楼-采暖	158290.47	132978.61	7229.12		3692.7	14390.04	4.64		
3	专用宿舍楼-通风空调	530628.96	450155.35	21019.76		11214.85	48239	15.54		
4	专用宿舍楼-电气	732124.68	600173.67	42938.2		22456.02	66556.79	21.44		
5	专用宿舍楼-消防	188092.37	153168.08	11499.65		6325.33	17099.31	5.51		
合计		3414188.17	2803213.63	113142.86	127201.7	60249.23	310380.75			

注:本表适用于单项工程招标控制价或投标报价的汇总。暂估价包括分部分项工程中的暂估价和专业工程中的暂估价。

表9-7　单位工程招标控制价汇总表

工程名称:专用宿舍楼-给排水

序号	汇总内容	金额/元	其中:暂估价/元
1	分部分项工程	1466737.92	34923.58
	其中 :弃土或渣土运输和消纳费		
2	措施项目	30456.13	
2.1	其中:安全文明施工费	18586.25	
2.2	其中:施工垃圾场外运输和消纳费	3432.17	
3	其他项目	127201.7	
3.1	其中:暂列金额(不包括计日工)	124500	
3.2	其中:专业工程暂估价		
3.3	其中:计日工	2701.7	
3.4	其中:总承包服务费		
4	规费	16560.33	
5	税金	164095.61	
招标控制价汇总合计=1+2+3+4+5		1805051.69	34923.58

表9-8　分部分项工程和单价措施项目清单与计价表

工程名称:专用宿舍楼-给排水

序号	子目编码	子目名称	子目特征描述	计量单位	工程量	金额/元		
						综合单价	合价	其中:暂估价
		整个项目					1466737.92	34923.58
1	031004014001	地漏	1. 名称:地漏 2. 型号、规格:*De*50	个/组	53.000	82.59	4377.27	

续表

序号	子目编码	子目名称	子目特征描述	计量单位	工程量	金额/元		
						综合单价	合价	其中:暂估价
2	031004018001	饮水器	1. 型号、规格:DAY-T814,容积 50L,功能 9kW 2. 名称:电开水器	套	1.000	4395.83	4395.83	
3	031004006001	大便器	1. 材质:陶瓷 2. 规格、类型:蹲式 3. 组装形式:脚踏式	组	51.000	568.53	28995.03	
4	031004008001	盥洗池	1. 材质:陶瓷 2. 附件名称、数量:感应式冲洗阀	组	45.000	22796.14	1025826.3	
5	031004003001	洗脸盆	1. 材质:陶瓷 2. 规格、类型:立式 3. 组装形式:冷水	组	20.000	2052.37	41047.4	32461.4
6	031004010001	淋浴器	1. 材质、规格:不锈钢 2. 组装形式:成品淋浴器,单管	套	6.000	127.32	763.92	
7	031004014002	给、排水附(配)件——水龙头	1. 材质:陶瓷片密封水嘴 2. 型号、规格:$DN25$	个/组	3.000	30.7	92.1	
8	031004003002	洗脸盆	1. 材质:陶瓷 2. 规格、类型:台式 3. 组装形式:冷水	组	43.000	782.8	33660.4	
9	031001006011	塑料管	1. 安装部位:室内 2. 介质:污水 3. 材质、规格:UPVC 螺旋管 $De110$ 4. 连接形式:热熔连接 5. 阻火圈设计要求:高15mm,阻水圈共计 50 个 6. 压力试验及吹、洗设计要求:水压试验、水冲洗和消毒	m	261.250	117.91	30803.99	
10	031001007001	复合管	1. 安装部位:室内 2. 介质:给水 3. 材质、规格:钢塑复合管 $DN50$ 4. 连接形式:螺纹连接 5. 压力试验及吹、洗设计要求:水压试验、水冲洗和消毒	m	25.977	106.74	2772.78	
11	031001007002	复合管	1. 安装部位:室内 2. 介质:给水 3. 材质、规格:钢塑复合管 $DN65$ 4. 连接形式:螺纹连接 5. 压力试验及吹、洗设计要求:水压试验、水冲洗和消毒	m	28.822	122.5	3530.7	

续表

序号	子目编码	子目名称	子目特征描述	计量单位	工程量	金额/元		
						综合单价	合价	其中:暂估价
12	031001007003	复合管	1. 安装部位:室内 2. 介质:给水 3. 材质、规格:钢塑复合管 DN75 4. 连接形式:螺纹连接 5. 压力试验及吹、洗设计要求:水压试验、水冲洗和消毒	m	37.657	122.52	4613.74	
13	031001006001	塑料管	1. 安装部位:室内 2. 介质:给水 3. 材质、规格:冷水用 PP-R DN20 4. 连接形式:热熔连接 5. 压力试验及吹、洗设计要求:水压试验、水冲洗和消毒	m	74.295	37.03	2751.14	
14	031001006002	塑料管	1. 安装部位:室内 2. 介质:给水 3. 材质、规格:冷水用 PP-R DN25 4. 连接形式:热熔连接 5. 压力试验及吹、洗设计要求:水压试验、水冲洗和消毒	m	4.756	43.99	209.22	
15	031001006003	塑料管	1. 安装部位:室内 2. 介质:给水 3. 材质、规格:冷水用 PP-R DN32 4. 连接形式:热熔连接 5. 压力试验及吹、洗设计要求:水压试验、水冲洗和消毒	m	262.244	54.87	14389.33	
16	031001006004	塑料管	1. 安装部位:室内 2. 介质:给水 3. 材质、规格:冷水用 PP-R DN40 4. 连接形式:热熔连接 5. 压力试验及吹、洗设计要求:水压试验、水冲洗和消毒	m	21.207	68.62	1455.22	
17	031001006005	塑料管	1. 安装部位:室内 2. 介质:给水 3. 材质、规格:冷水用 PP-R DN50 4. 连接形式:热熔连接 5. 压力试验及吹、洗设计要求:水压试验、水冲洗和消毒	m	57.342	87.76	5032.33	

续表

序号	子目编码	子目名称	子目特征描述	计量单位	工程量	金额/元		
						综合单价	合价	其中:暂估价
18	031001006006	塑料管	1. 安装部位:室内 2. 介质:给水 3. 材质、规格:冷水用 PP-R *DN*75 4. 连接形式:热熔连接 5. 压力试验及吹、洗设计要求:水压试验、水冲洗和消毒	m	40.100	138.75	5563.88	
19	031001006007	塑料管	1. 安装部位:室内 2. 介质:污水 3. 材质、规格:挤出成型 UPVC *De*160 4. 连接形式:热熔连接 5. 压力试验及吹、洗设计要求:水冲洗、灌水与通球试验	m	47.976	516.36	24772.89	
20	031001006008	塑料管	1. 安装部位:室内 2. 介质:污水 3. 材质、规格:挤出成型 PVC-U *De*110 4. 连接形式:热熔连接 5. 压力试验及吹、洗设计要求:水冲洗、灌水与通球试验	m	173.980	273.73	47623.55	
21	031001006009	塑料管	1. 安装部位:室内 2. 介质:污水 3. 材质、规格:挤出成型 PVC-U *De*50 4. 连接形式:热熔连接 5. 压力试验及吹、洗设计要求:水冲洗、灌水与通球试验	m	179.583	90.25	16207.37	
22	031001006010	塑料管	1. 安装部位:室内 2. 介质:污水 3. 材质、规格:挤出成型 PVC-U *De*75 4. 连接形式:热熔连接 5. 压力试验及吹、洗设计要求:水冲洗、灌水与通球试验	m	10.227	140.98	1441.8	
23	031002001001	管道支架	1. 材质:沿墙安装单管托架,图集号:03S402,P51 页 2. 管架形式:非保温管架	kg/套	813.28	35.8	29115.42	
24	031003001002	螺纹阀门	1. 名称:截止阀 2. 材质:铜芯 3. 规格、压力等级:*DN*32	个	43.000	167.36	7196.48	

续表

序号	子目编码	子目名称	子目特征描述	计量单位	工程量	金额/元		
						综合单价	合价	其中:暂估价
25	031003001001	螺纹阀门	1. 名称:截止阀 2. 材质:铜芯 3. 规格、压力等级:DN50	个	2.000	98.31	196.62	
26	031003013001	水表	1. 名称:水表 2. 安装部位(室内外):室内 3. 型号、规格:DN32 4. 连接形式:螺纹连接	组/个	43.000	219.82	9452.26	2462.18
27	031003001003	螺纹阀门	1. 类型:闸阀 2. 规格、压力等级:DN50 3. 连接形式:螺纹连接	个	1.000	341.46	341.46	
28	031003002001	螺纹法兰阀门	1. 类型:闸阀 2. 规格、压力等级:DN75 3. 连接形式:法兰连接	个	6.000	601.19	3607.14	
29	031003001004	螺纹阀门	1. 类型:止回阀 2. 规格、压力等级:DN50 3. 连接形式:螺纹连接	个	1.000	341.46	341.46	
30	031003002002	螺纹法兰阀门	1. 类型:止回阀 2. 规格、压力等级:DN75 3. 连接形式:法兰连接	个	6.000	601.19	3607.14	
31	031002003001	套管	1. 名称、类型:TG-1 普通钢制套管 2. 规格:DN100	个	22.000	409.29	9004.38	
32	031002003002	套管	1. 名称、类型:TG-2-50 普通钢制套管 2. 规格:DN80	个	9.000	348.84	3139.56	
33	031002003003	套管	1. 名称、类型:TG-4-32 普通钢制套管 2. 规格:DN50	个	53.000	256.37	13587.61	
34	031002003004	套管	1. 名称、类型:TG-5-40 普通钢制套管 2. 规格:DN65	个	5.000	348.84	1744.2	
35	031002003005	套管	1. 名称、类型:柔性防水套管-50,柔性防水套管 2. 规格:DN80	个	1.000	665.9	665.9	
36	031002003006	套管	1. 名称、类型:柔性防水套管-75,柔性防水套管 2. 规格:DN100	个	6.000	810.32	4861.92	
37	031002003007	套管	1. 名称、类型:柔性防水套管-出屋面,柔性防水套管 2. 规格:DN160	个	25.000	1142.21	28555.25	
38	031002003008	套管	1. 名称、类型:柔性防水套管-进户,柔性防水套管 2. 规格:DN160	个	25.000	1142.21	28555.25	

续表

序号	子目编码	子目名称	子目特征描述	计量单位	工程量	金额/元		
						综合单价	合价	其中:暂估价
39	031002003009	阻火圈	1. 名称、类型:阻火圈 2. 规格:*De*110	个	50	215.98	10799	
40	031009001001	采暖工程系统调试		系统	1	11640.68	11640.68	
		分部小计					1466737.92	34923.58
		措施项目					8235.84	
41	031301017001	脚手架搭拆		项	1	4517.13	4517.13	
42	031302007001	高层施工增加		项	1	3718.71	3718.71	
		分部小计					8235.84	
合　计							1474973.76	34923.58

注:为计取规费等的使用,可在表中增设其中:"定额人工费"。

表 9-9　综合单价分析表

工程名称:专用宿舍楼-给排水

子目编码	031001006001	子目名称	塑料管	计量单位	m	工程量	74.295

定额编号	定额子目名称	定额单位	数量	单价/元					合价/元				
				人工费	材料费	机械费	企业管理费	利润	人工费	材料费	机械费	企业管理费	利润
2-93	给水塑料管(热熔)公称直径20mm以内	m	1	13.39	1.96	2.39	8.07	5.15	13.39	1.96	2.39	8.07	5.15
4-87	管道消毒冲洗公称直径50mm以内	100m	0.01	47.92	0.32	5.03	28.9	18.44	0.48	0	0.05	0.29	0.18
人工单价		小计							13.87	1.96	2.44	8.36	5.33
综合工日97元/工日		未计价材料费							5.06				
清单子目综合单价									37.03				

材料费明细	主要材料名称、规格、型号	单位	数量	单价/元	合价/元	暂估单价/元	暂估合价/元
	压力表(带弯、带阀)0～1.6MPa	套	0.002	153.1	0.31		0
	PP-R *DN*20　给水管	m	1.02	4.96	5.06		0
	其他材料费			—	1.65	—	0
	材料费小计			—	7.02	—	0

注:1. 如不使用省级或行业建设主管部门发布的计价定额,可不填定额项目、编号等。
2. 表中人工费、材料费、机械费、企业管理费、利润均以不包含增值税(可抵扣进项税额)的价格计算。

（6）总价措施项目清单与计价表（表 9-10）。

表 9-10　总价措施项目清单与计价表

工程名称：专用宿舍楼-给排水

序号	项目编码	子目名称	计算基础	费率/%	金额/元	备注
1	031302001001	安全文明施工			18586.25	
2	0313B001	施工垃圾场外运输和消纳	分部分项人工费	3.8	3432.17	
3	031302002001	夜间施工增加	分部分项人工费	0.1	80.75	
4	031302003001	非夜间施工增加	分部分项人工费	0		
5	031302004001	二次搬运	分部分项人工费	0		
6	031302005001	冬雨季施工增加	分部分项人工费	0.1	80.75	
7	031302006001	已完工程及设备保护	分部分项人工费	0.05	40.37	
合　计					22220.29	

注：1.“计价基础”中安全文明施工费可为“定额基价”“定额人工费”或“定额人工费＋定额机械费”，其他项目可为“定额人工费”或“定额人工费＋定额机械费”。

2. 按施工方案计算的措施费，若无“计算基础”和“费率”的数值，也可只填“金额”数值，但应在表“措施项目报价组成分析表”中列明施工方案出处及计算方法。

（7）其他项目清单与计价汇总表（表 9-11）。

表 9-11　其他项目清单与计价汇总表

工程名称：专用宿舍楼-给排水

序号	子目名称	计量单位	金额/元	备注
1	暂列金额（不包括计日工）	项	124500	明细详见表 9-12
2	暂估价			
2.1	材料和工程设备暂估价		34923.58	
2.2	专业工程暂估价			
3	计日工		2701.7	明细详见表 9-13
4	总承包服务费			
合　计			127201.7	—

注：材料和工程设备暂估单价进入清单子目综合单价，此处不汇总。

（8）暂列金额明细表（表 9-12）。

表 9-12　暂列金额明细表

工程名称：专用宿舍楼-给排水

序号	子目名称	计量单位	暂列金额			备注
			除税金额/元	税金/元	含税金额/元	
1	暂列金额	元	124500	25500	150000	
合　计			124500	25500	150000	—

注：此表由招标人填写，不包括计日工。暂列金额项目部分如不能详列明细，也可只列暂列金额项目总金额，投标人在计取税金前应将上述“暂列金额”的“除税金额”计入投标价格中。

（9）计日工表（表 9-13）。

表 9-13 **计日工表**

工程名称：专用宿舍楼-给排水

编号	子目名称	单位	暂定数量	综合单价/元	合价/元
一	劳务(人工)				
1	安装工	工日	20	83	1660
人工小计					1660
二	材料				
1	砂子	kg	500	0.1	50
2	水泥	kg	500	0.43	215
材料小计					265
上述材料表中未列出的材料设备，投标人计取的包括企业管理费、利润（不包括规费和税金）在内的固定百分比					%
三	施工机械				
1	载重汽车 10t	台班	1	776.7	776.7
施工机械小计					776.7
合计					2701.7

注：1. 此表暂定项目、暂定数量由招标人填写，编制招标控制价时，单价由招标人按有关计价规定确定。

2. 投标时，子目和数量按招标人提供数据计算，单价由投标人自主报价，按暂定数量计算合价计入投标总价中。

3. 此表总计的计日工金额应当作为暂列金额的一部分，计入表 9-12 中。

（10）规费、税金项目清单与计价表（表 9-14）。

表 9-14 **规费、税金项目清单与计价表**

工程名称：专用宿舍楼-给排水

序号	项目名称	计算基础	计算基数	费率/%	金额/元
1	规费	社会保险费＋住房公积金费	16560.33		16560.33
1.1	社会保险费	其中：人工费＋其中：人工费＋其中：计日工人工费	84837.76	14.23	12072.41
1.2	住房公积金费	其中：人工费＋其中：人工费＋其中：计日工人工费	84837.76	5.29	4487.92
2	税金	分部分项工程＋措施项目＋其他项目＋规费	1640956.08	10	164095.61
合计					180655.94

（11）发包人提供材料和工程设备一览表（表 9-15）。

表 9-15 **发包人提供材料和工程设备一览表**

工程名称：专用宿舍楼-给排水

序号	材料(工程设备)名称、规格、型号	单位	数量	单价/元	交货方式	送达地点	备注
1	UPVC *DN*160 给水管	m	48.9396	441.9			
2	闸阀 *DN*75	个	12	401.7			
3	闸阀 *DN*50	个	1.01	273.5			
4	UPVC *DN*110 给水管	m	177.4596	212			
5	UPVC *DN*75 给水管	m	10.4346	84.7			
6	UPVC *DN*50 给水管	m	183.1716	37.69			

注：此表由招标人填写，供投标人在投标报价时确定总承包服务费时参考。

总结拓展

云计价中报表输出有以下三种方式："批量导出Excel""批量导出PDF""批量打印"，可根据实际情况选择。"批量导出Excel"后可以在Excel中继续调整报表格式等；"批量导出PDF"方便查看及存档；"批量打印"能更快捷高效地打印出纸质文档，如图9-58所示。

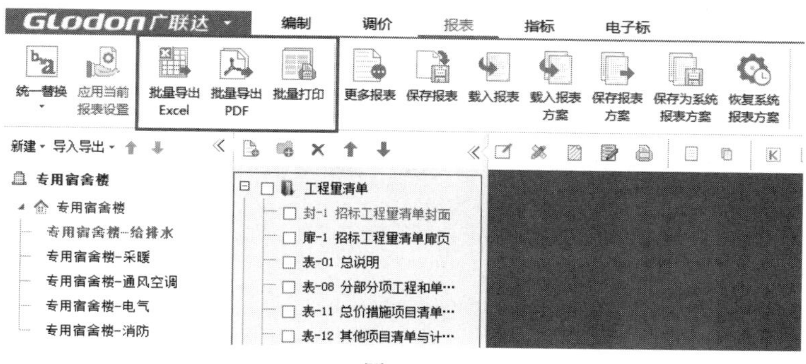

图 9-58

第十章

安装工程BIM计量案例实训

第一节　电气照明工程

【实训目标】

基于员工宿舍楼案例实训工程，利用广联达安装算量软件可以：

(1) 掌握图纸的导入与分割定位。

(2) 掌握灯具、开关插座、设备的识别。

(3) 掌握电气系统图的识别、配管配线的生成。

(4) 了解管线根数及管道长度的检查。

(5) 能够汇总计算得出工程总量，并导出清单。

【实训任务】

1. 完成员工宿舍楼案例实训工程设备的识别。
2. 完成员工宿舍楼案例实训工程管线识别。
3. 完成员工宿舍楼案例实训工程汇总计算，并导出清单 Excel 表格。

一、实训步骤及方法

电气安装算量软件操作的一般步骤见表10-1。

表10-1　广联达电气安装算量软件操作的一般步骤

步骤	内容	说明
第一步	导入图纸、分割定位	添加图纸，并确保每层图纸上下对应
第二步	识别设备	识别灯具、开关插座等设备
第三步	识别桥架	计算桥架长度，为动力回路做准备
第四步	识别系统图	根据配电线信息和回路编号新建构件
第五步	识别墙体	靠墙设备的图元，管线可以算至墙体中心
第六步	识别管线	计算管线长度
第七步	生成接线盒	根据设备数量生成接线盒
第八步	防雷接地	计算防雷接地工程量
第九步	汇总计算	汇总各构件，得出总量
第十步	套取清单	套取清单和定额

二、实训指导

(一) 导入图纸、分割定位

1. 导入图纸

(1) 具体步骤：【工程设置】⟶【图纸管理】⟶【添加】。见图 10-1。

(2) 注意事项

① 如果图纸较大，可先利用 CAD 对图纸进行分割。

② 如果图纸是一个图块，可以先进行分解。

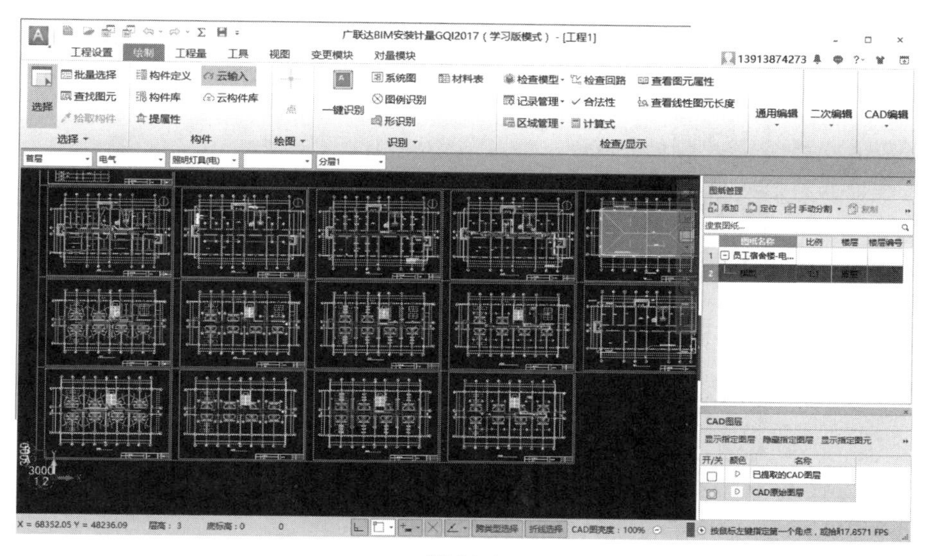

图 10-1

2. 分割定位

(1) 具体步骤：【工程设置】⟶【图纸管理】⟶【分割】、【定位】。见图 10-2。

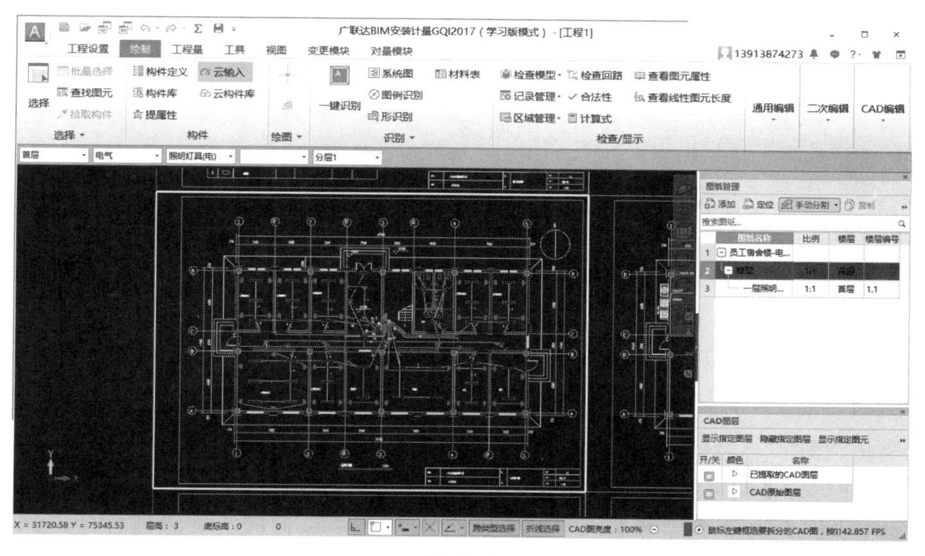

图 10-2

（2）注意事项

① 先分割，再定位。

② 分割要注意正框和反框，确保整张平面图都选中。

③ 定位，可以利用交点功能键以轴线交点作为定位点。

（二）识别设备

1. 一键识别

（1）具体步骤：【照明灯具】⟶【绘制】⟶【一键识别】。见图 10-3。

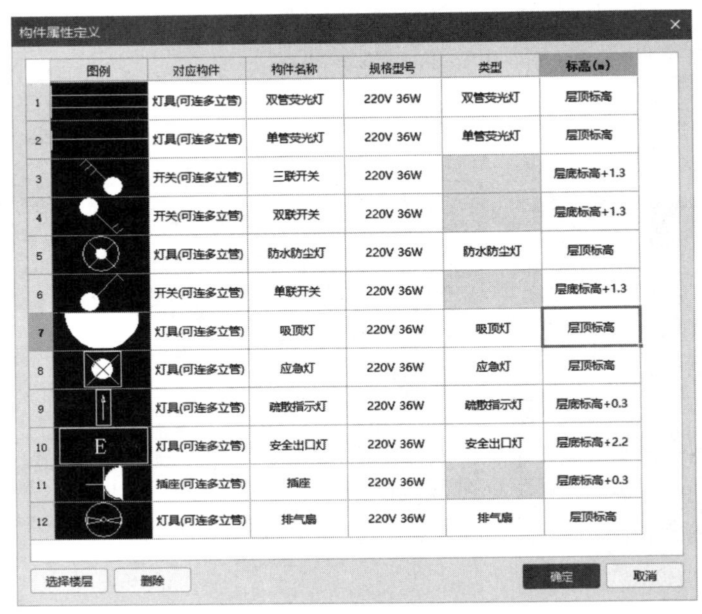

构件属性定义

	图例	对应构件	构件名称	规格型号	类型	标高(m)
1		灯具(可连多立管)	双管荧光灯	220V 36W	双管荧光灯	层顶标高
2		灯具(可连多立管)	单管荧光灯	220V 36W	单管荧光灯	层顶标高
3		开关(可连多立管)	三联开关	220V 36W		层底标高+1.3
4		开关(可连多立管)	双联开关	220V 36W		层底标高+1.3
5		灯具(可连多立管)	防水防尘灯	220V 36W	防水防尘灯	层顶标高
6		开关(可连多立管)	单联开关	220V 36W		层底标高+1.3
7		灯具(可连多立管)	吸顶灯	220V 36W	吸顶灯	层顶标高
8		灯具(可连多立管)	应急灯	220V 36W	应急灯	层顶标高
9		灯具(可连多立管)	疏散指示灯	220V 36W	疏散指示灯	层底标高+0.3
10	E	灯具(可连多立管)	安全出口灯	220V 36W	安全出口灯	层底标高+2.2
11		插座(可连多立管)	插座	220V 36W		层底标高+0.3
12		灯具(可连多立管)	排气扇	220V 36W	排气扇	层顶标高

选择楼层　删除　确定　取消

图 10-3

（2）注意事项

① 不同设备选择不同的构件类型，比如灯具选择照明灯具对应构件，开关插座选择开关插座构件。

② 一键识别只能够识别图例是图块的设备。

③ 一键识别只能够识别单图元组成的图例。

2. 图例识别

（1）具体步骤：选择对应的构件【照明灯具】/【开关插座】⟶【绘制】⟶【图例识别】。见图 10-4。

（2）注意事项

① 不是图块组成的图例一键识别未识别出来，利用图例识别计算。

② 图例有重叠的时候，先识别复杂的图例，再识别简单的图例。

③ 图例识别时，点击选择楼层，把全部楼层都选中。

3. 配电箱识别

（1）具体步骤：【配电箱】⟶【绘制】⟶【自动识别】。见图 10-5。

（2）注意事项：选择箱体和箱体名称，与此箱体名称类似的所有箱体都会识别。

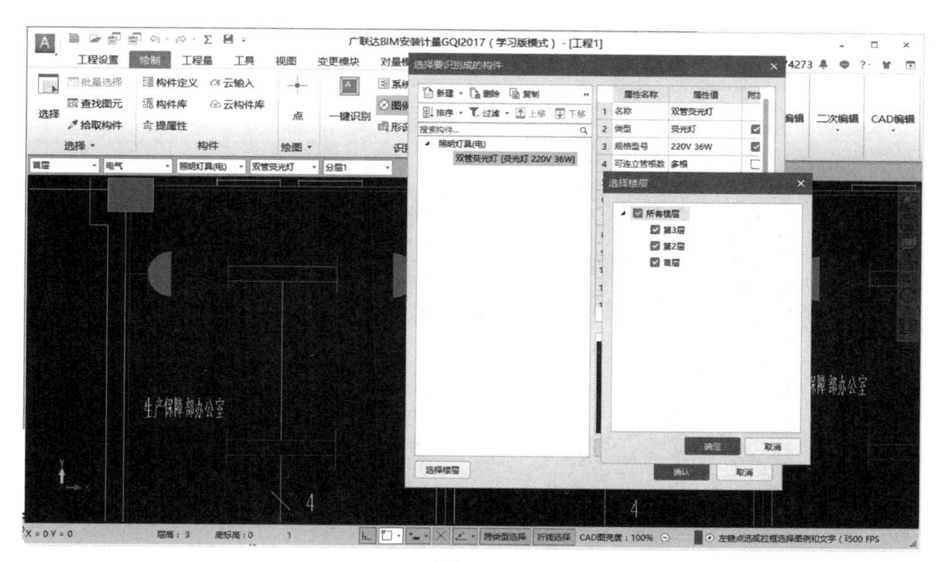

图 10-4

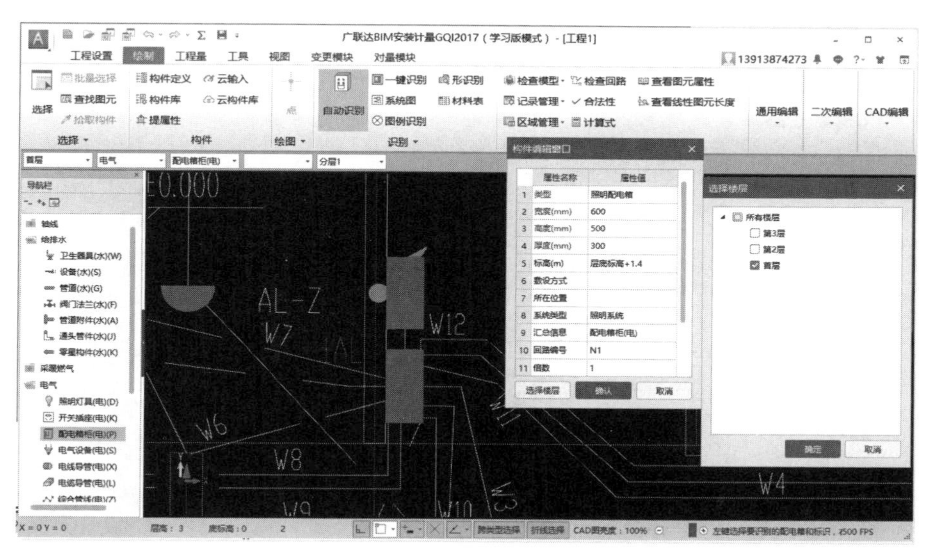

图 10-5

（三）识别桥架

1. 识别桥架

（1）具体步骤：【电线导管】/【电缆导管】⟶【绘制】⟶【识别桥架】。见图 10-6。

（2）注意事项

① 点击桥架两条边线，有标注点击标注，没有标注软件会根据两条边线的距离判断桥架的宽度生成桥架。

② 自动生成的桥架标高默认是层顶标高，根据要求自行修改。

2. 直线绘制

（1）具体步骤：【电线导管】/【电缆导管】⟶【绘制】⟶【直线】。见图 10-7。

（2）注意事项：有些部位利用识别桥架没有识别成功的，可以用直线绘制进行补画。

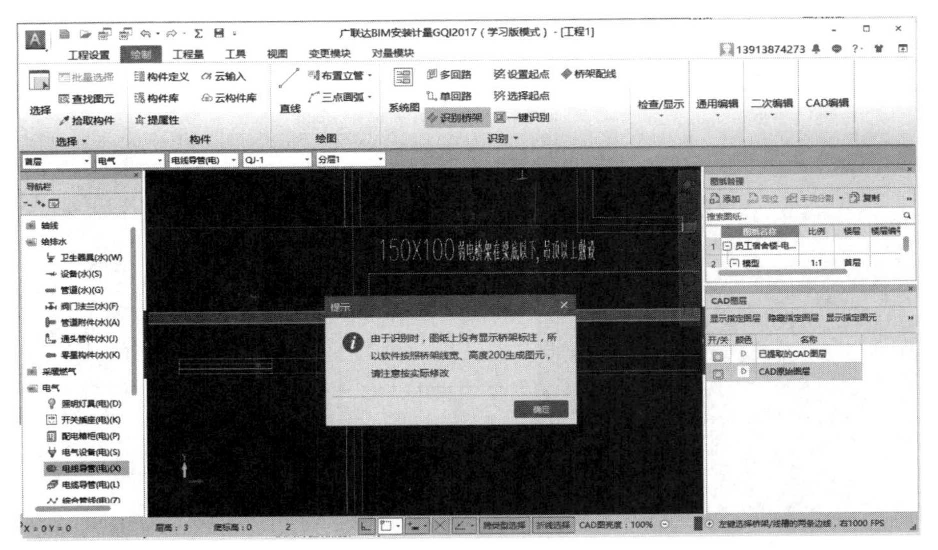

图 10-6

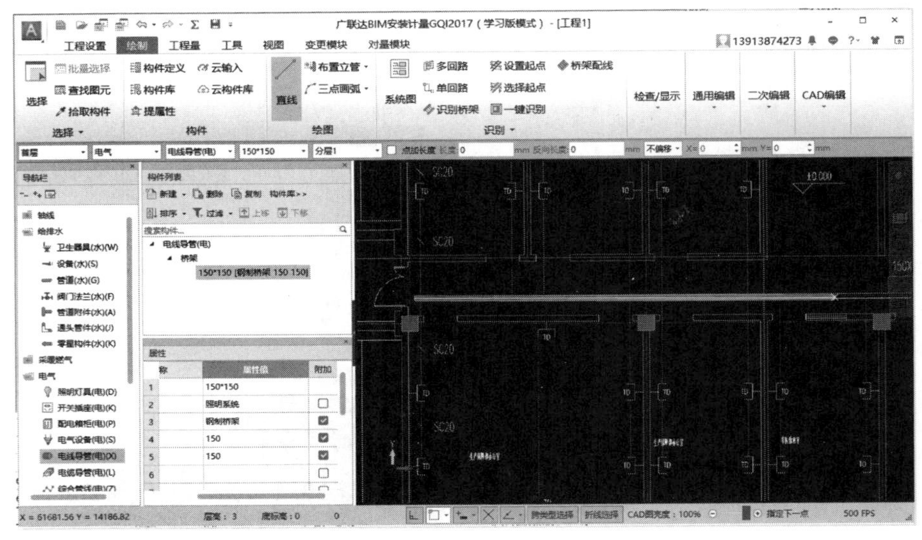

图 10-7

（四）识别系统图

识别系统图的具体步骤和注意事项如下。

1. 具体步骤

【电线导管】/【电缆导管 】⟶【绘制】⟶【系统图】⟶【读系统图】。见图 10-8。

2. 注意事项

① 如果读系统时，平面图上没有系统图，可以回到【图纸管理】中的模型中提取系统图。

② 框选配管及配管线规格、回路编号等主要属性。

（五）识别墙体

识别墙体的具体步骤和注意事项如下。

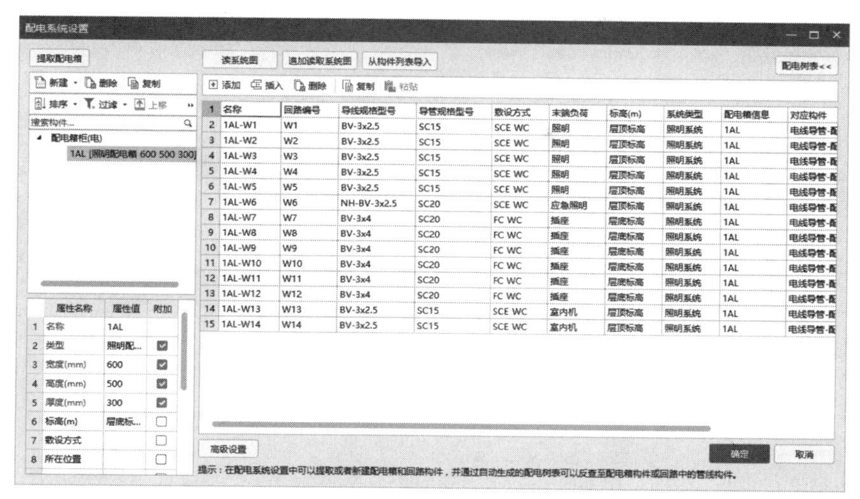

图 10-8

（1）具体步骤：【建筑结构】⟶【墙体】⟶【墙体 】⟶【自动识别】。见图 10-9。

（2）注意事项：选择两条墙边线可以自动识别墙体，墙体不计算总量，所以墙体可以多识别，不要识别少了。

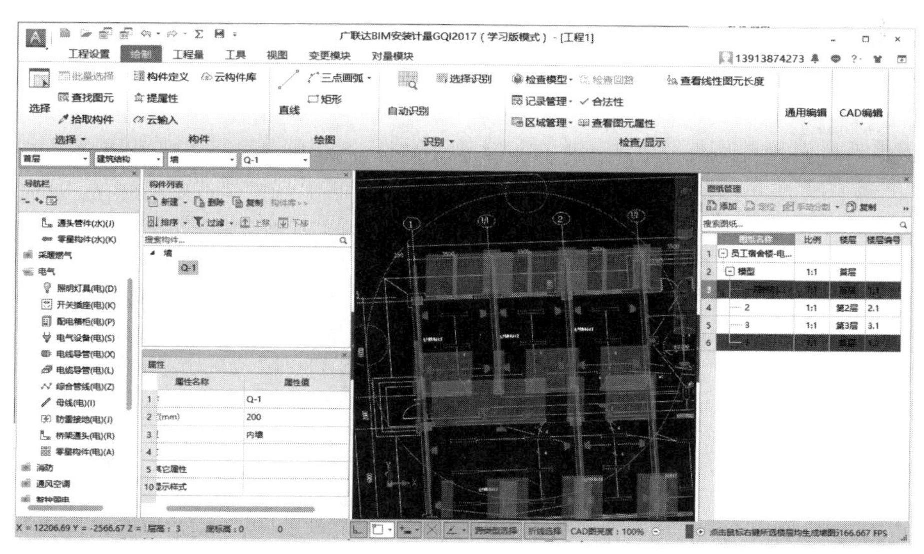

图 10-9

（六）识别管线

1. 多回路

（1）具体步骤：【电线导管】/【电缆导管 】⟶【绘制】⟶【多回路】。见图 10-10。

（2）注意事项

① 选择回路的一条线和回路标识，按回路选择对应的构件。

② 选择一条线段后，要确定整条回路是否全部选中。如果有多选、漏选，再点击鼠标左键选中或者取消。

③ 在多回路界面可以设置根数对应的配管。

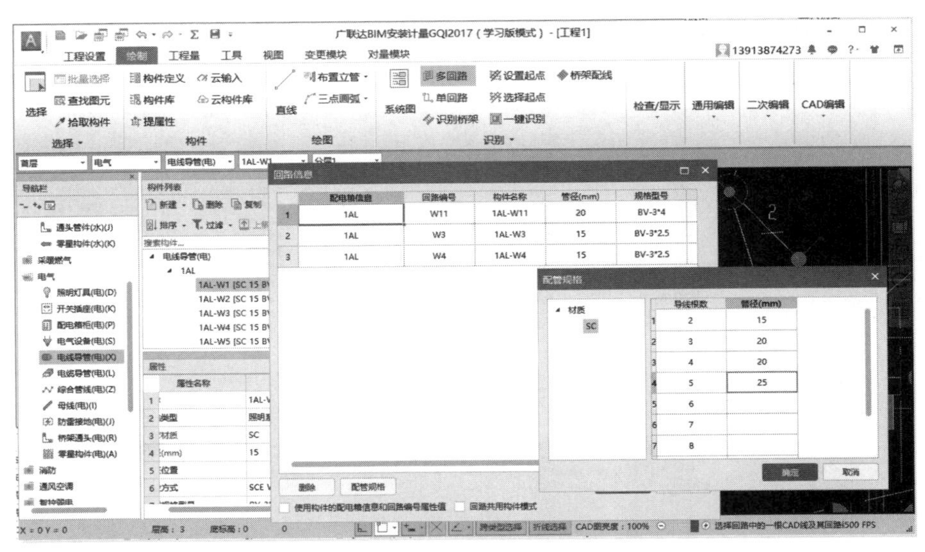

图 10-10

2. 直线绘制

（1）具体步骤：【电线导管】/【电缆导管 】⟶【绘制】⟶【直线】。见图 10-11。

（2）注意事项：画图元时要先选择对应的构件，可以使用拾取构件快速选择构件。

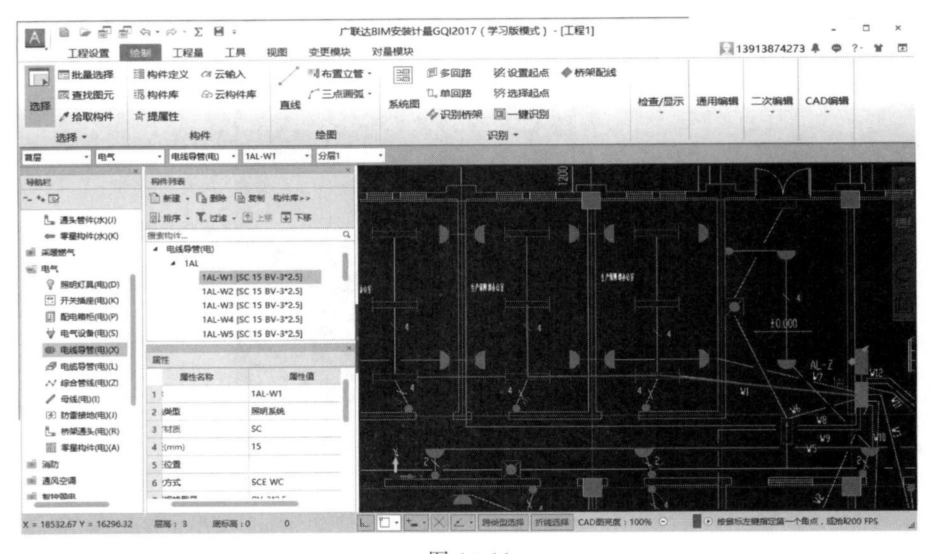

图 10-11

3. 电线穿配管和桥架敷设

（1）具体步骤：【电线导管】/【电缆导管 】⟶【设置起点】⟶【选择起点】。见图 10-12。

（2）注意事项

① 起点是配电箱和桥架连接的端点，终点是和桥架连接的第一段配管。

② 如果操作成功，终点的管道会变成黄色。

③ 如果操作不成功，主要有三点原因：桥架上没有起点；选择的管道不是和桥架连接的第一段管道；桥架中间有断开部分。

④ 如果是跨楼层敷设，在选择起点时候，要选择对应的楼层方可操作。

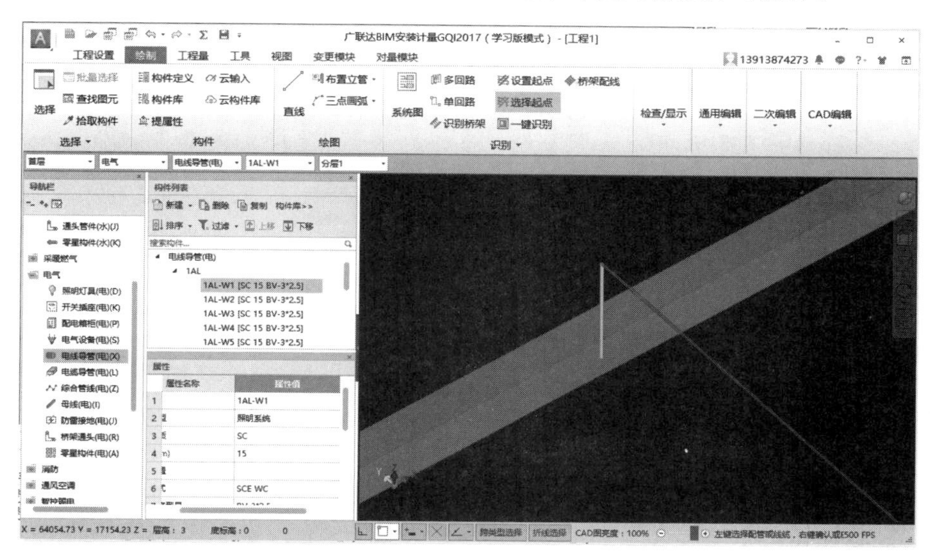

图 10-12

（七）生成接线盒

生成接线盒的具体步骤和注意事项如下。

（1）具体步骤：【零星构件】⟶【绘制】⟶【生成接线盒】。见图 10-13。

（2）注意事项：根据灯具、开关插座设备生成接线盒。

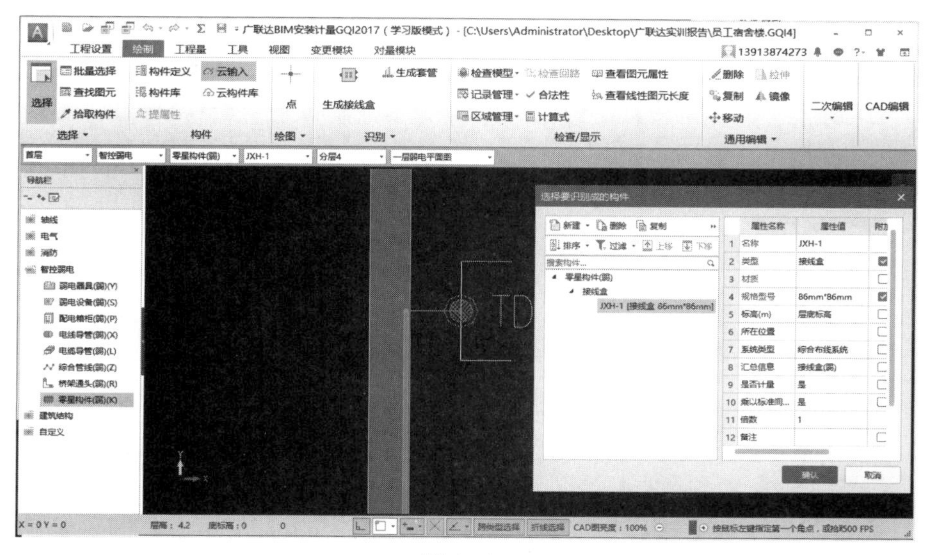

图 10-13

（八）防雷接地

防雷接地的具体步骤和注意事项如下。

（1）具体步骤：【防雷接地】⟶【绘制】⟶【防雷接地】。见图 10-14。

（2）注意事项：根据接地母线，基础接地，避雷带等分别选择对应构件来识别。

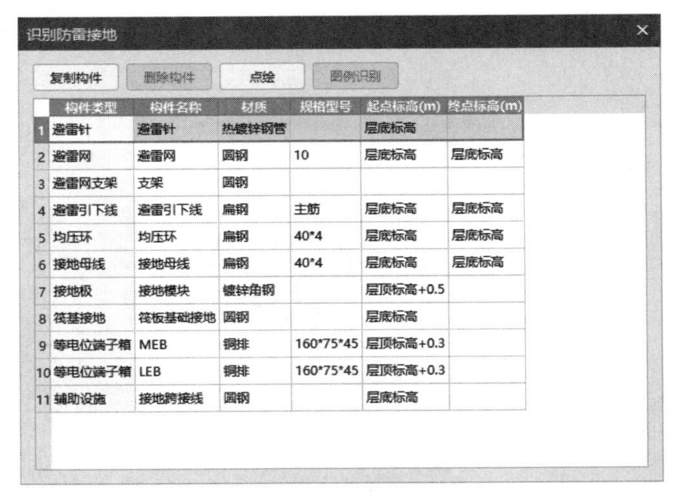

识别防雷接地

复制构件 删除构件 点绘 图例识别

	构件类型	构件名称	材质	规格型号	起点标高(m)	终点标高(m)
1	避雷针	避雷针	热镀锌钢管		层底标高	
2	避雷网	避雷网	圆钢	10	层底标高	层底标高
3	避雷网支架	支架	圆钢			
4	避雷引下线	避雷引下线	扁钢	主筋	层底标高	层底标高
5	均压环	均压环	扁钢	40*4	层底标高	层底标高
6	接地母线	接地母线	扁钢	40*4	层底标高	层底标高
7	接地极	接地模块	镀锌角钢		层顶标高+0.5	
8	筏基接地	筏板基础接地	圆钢		层底标高	
9	等电位端子箱	MEB	铜排	160*75*45	层顶标高+0.3	
10	等电位端子箱	LEB	铜排	160*75*45	层顶标高+0.3	
11	辅助设施	接地跨接线	圆钢		层底标高	

图 10-14

（九）汇总计算

汇总计算的具体步骤和注意事项如下。

（1）具体步骤：【工程量】⟶【汇总计算】⟶【报表预览】。见图 10-15。

（2）注意事项

① 工程量每修改一次，报表总量不会调整，需要再进行汇总。

② 设置分类及工程量可以根据不同属性进行汇总。

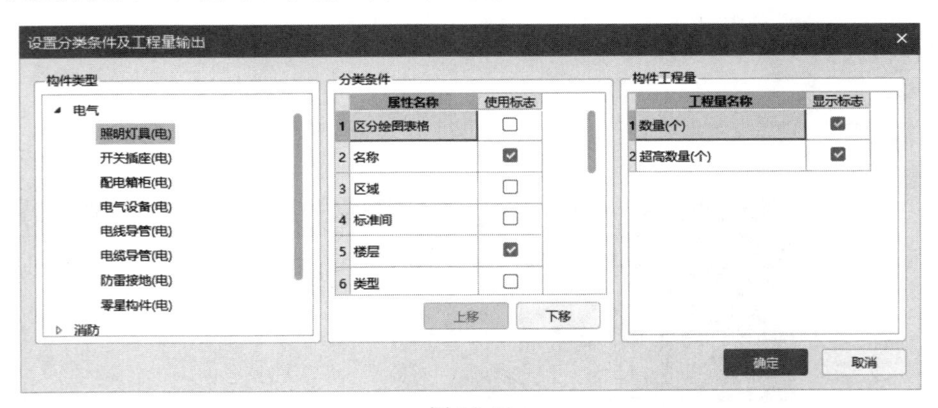

图 10-15

（十）套取清单

套取清单的具体步骤和注意事项如下。

（1）具体步骤：【工程量】⟶【套做法】⟶【自动套用清单】⟶【匹配项目特征】⟶【选择定额】。见图 10-16。

（2）注意事项

① 自动套用清单软件根据构件名称自动匹配，如果没有匹配上，单独添加清单。

② 匹配项目特征根据构件规格型号自动匹配，如匹配不对，自行修改。

图 10-16

第二节 给排水、采暖工程

给排水工程和采暖工程的软件操作过程基本相同，此处以给排水工程为例。

【实训目标】

基于员工宿舍楼案例实训工程，利用广联达安装算量软件可以：

(1) 掌握图纸的导入与分割定位。

(2) 掌握卫生洁具的识别。

(3) 掌握卫生间比例设置和标准间用法。

(4) 掌握管道的绘制和套管的生成。

(5) 能够汇总计算得出工程总量，并导出清单。

【实训任务】

1. 完成员工宿舍楼案例实训工程卫生洁具、阀门、套管的识别。
2. 完成比例的设置以及标准间的布置。
3. 完成员工宿舍楼案例实训工程管道的绘制。
4. 完成员工宿舍楼案例实训工程汇总计算，并导出清单 Excel 表格。

一、实训步骤及方法

给排水安装算量软件操作的一般步骤见表 10-2。

表 10-2 广联达给排水安装算量软件操作的一般步骤

步骤	内容	说明
第一步	导入图纸、分割定位	添加图纸，并确保每层图纸上下对应
第二步	设置比例	卫生间比例与其他楼层不同，要单独设置
第三步	识别设备	计算卫生洁具
第四步	识别管道	计算管道长度
第五步	识别墙体	管道穿墙生成套管
第六步	识别套管	根据管道规格，大两号生成套管

续表

步骤	内容	说明
第七步	识别阀门	根据管道规格生成阀门
第八步	设置标准间	相同的卫生间乘以倍数
第九步	设置管道	设置横管与卫生洁具的立管长度
第十步	汇总计算	汇总各构件，得出总量
第十一步	套取清单	套取清单和定额

二、给排水实训指导

（一）导入图纸、分割定位

1. 导入图纸

（1）具体步骤：【工程设置】⟶【图纸管理】⟶【添加】。

（2）注意事项

① 如果图纸较大，可先利用 CAD 对图纸进行分割。

② 如果图纸是一个图块，可以先进行分解。

2. 分割定位

（1）具体步骤：【工程设置】⟶【图纸管理】⟶【分割】、【定位】。见图 10-17。

（2）注意事项

① 先分割，再定位。

② 分割要注意正框和反框，确保整张平面图都选中。

③ 定位时，可以利用交点功能键以轴线交点作为定位点。

④ 给排水要单独设置一层卫生间层。

（二）设置比例

修改卫生间比例的具体步骤和注意事项如下。

（1）具体步骤：【工程设置】⟶【设置比例】。见图 10-17。

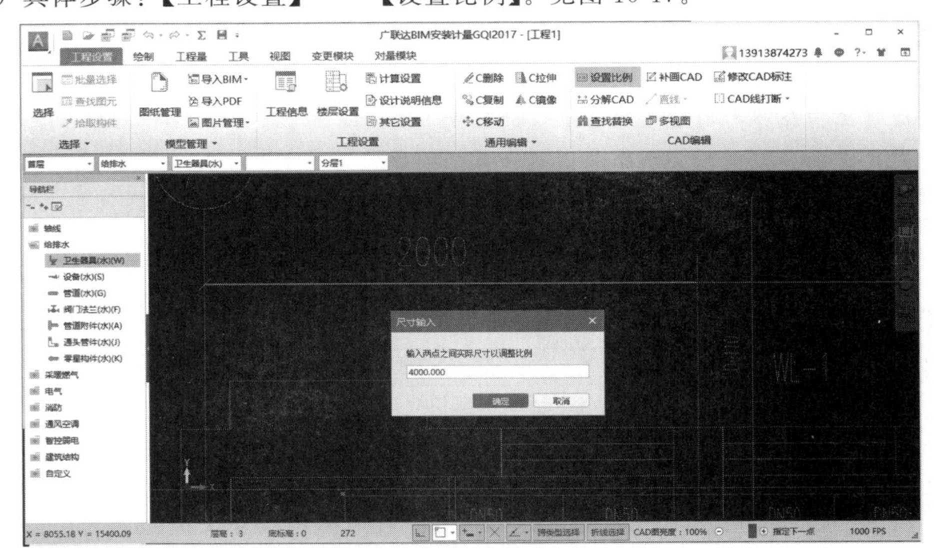

图 10-17

（2）注意事项

① 必须要先设置比例再进行管道绘制。

② 设置比例之前可以用【工具】⟶【测量两点间距离】，确定尺寸是否有问题。

（三）识别设备

图例识别的具体步骤和注意事项如下。

（1）具体步骤：选择对应的构件【卫生器具】⟶【绘制】⟶【图例识别】。

（2）注意事项

① 不是图块组成的图例一键识别未识别出来，利用图例识别计算。

② 图例有重叠的时候，先识别复杂的图例，再识别简单的图例。

③ 图例识别时，点击选择楼层，把全部楼层都选中，但是如果在卫生间层识别卫生洁具，不可再把各楼层的也识别了，避免重复计算。

（四）识别管道

1. 直线绘制

（1）具体步骤：【管道】⟶【绘制】⟶【直线】。见图 10-18。

（2）注意事项：根据图示线段用直线绘制，如管道和设备相交，软件会自动生成立管，立管的规格同所画管道规格。

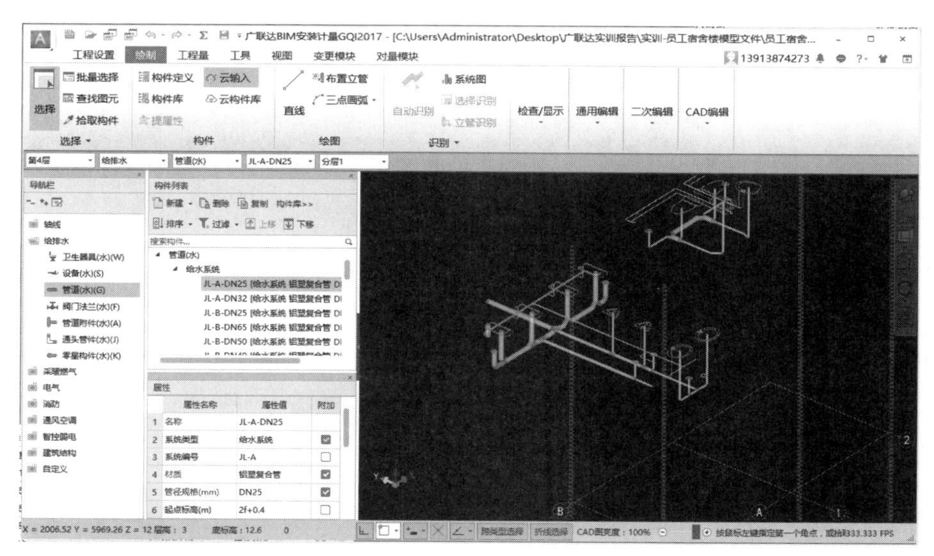

图 10-18

2. 选择识别

（1）具体步骤：【管道】⟶【绘制】⟶【选择识别】。

（2）注意事项：选择线段后右击选择对应构件，如果管道和设备没有相交，需要自己用直线补画线段。

3. 自动识别

（1）具体步骤：【管道】⟶【绘制】⟶【自动识别】。

（2）注意事项：选择线段和标识，管道会自动识别，此功能只针对平面图中标识管径的。

（五）识别墙体

识别墙体的具体步骤和注意事项如下。

（1）具体步骤：【建筑结构】⟶【墙体】⟶【墙体】⟶【自动识别】。

（2）注意事项：选择两条墙边线可以自动识别墙体，墙体不计算总量，所以墙体可以多识别，不要识别少了。

（六）识别套管

识别套管的具体步骤和注意事项如下。

（1）具体步骤：【零星构件 】⟶【绘制】⟶【生成套管】。见图 10-19。

（2）注意事项：当管道和墙体相交时，会自动生成套管，套管规格默认比管道大两号。

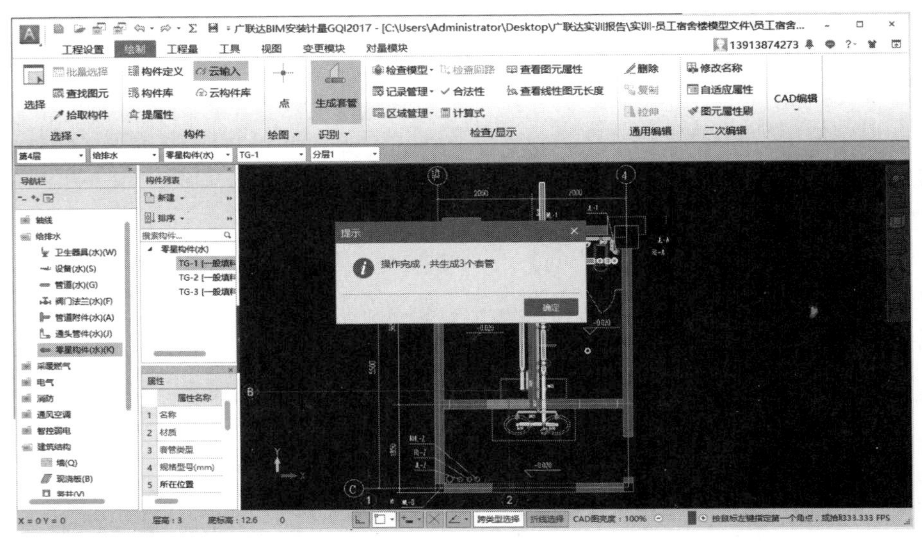

图 10-19

（七）识别阀门

识别阀门的具体步骤和注意事项如下。

（1）具体步骤：【阀门法兰】⟶【绘制】⟶【图例识别】。见图 10-20。

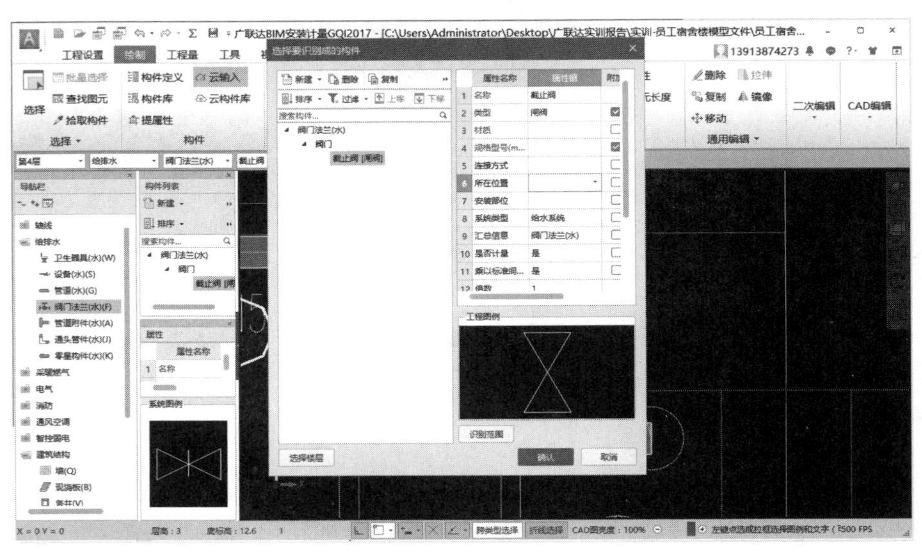

图 10-20

（2）注意事项：点击阀门识别，软件会根据阀门所在管道规格自动生成与其一样的阀门。所以阀门识别需在管道识别之后。

（八）设置标准间

设置标准间的具体步骤和注意事项如下。

（1）具体步骤：【建筑结构】⟶【标准间】⟶【绘制】⟶【矩形】。见图 10-21。

（2）注意事项：用矩形把卫生间整个选中，然后编辑倍数，那么标准间内的工程量都会乘此倍数。

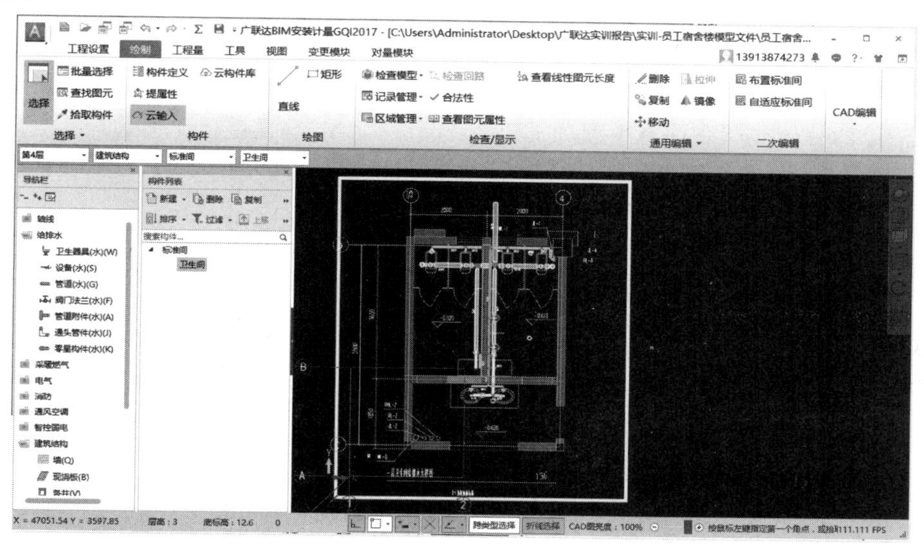

图 10-21

（九）设置管道

设置管道的具体步骤和注意事项如下。

（1）具体步骤：【工程设置】⟶【计算设置】⟶【给排水】⟶【给水支管高度计算方式】/【排水支管高度计算方式】⟶选择【管道与卫生洁具标高差值】。见图 10-22。

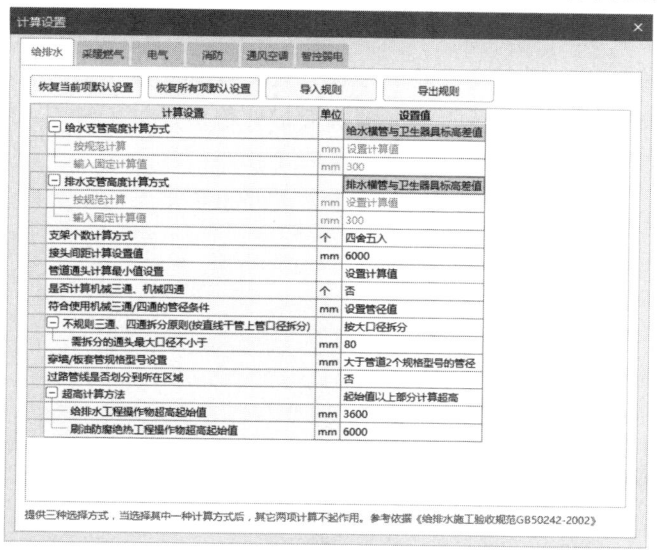

计算设置

给排水　采暖燃气　电气　消防　通风空调　智控弱电

恢复当前项默认设置　恢复所有项默认设置　导入规则　导出规则

计算设置	单位	设置值
给水支管高度计算方式		给水横管与卫生器具标高差值
按规范计算	mm	设置计算值
输入固定计算值	mm	300
排水支管高度计算方式		排水横管与卫生器具标高差值
按规范计算	mm	设置计算值
输入固定计算值	mm	300
支架个数计算方式	个	四舍五入
接头间距计算设置值	mm	6000
管道通头计算最小值设置		设置计算值
是否计算机械三通、机械四通	个	否
符合使用机械三通/四通的管径条件	mm	设置管径值
不规则三通、四通拆分原则(按直线干管上管口径拆分)		按大口径拆分
需拆分的通头最大口径不小于	mm	80
穿墙/板套管规格型号设置	mm	大于管道2个规格型号的管径
过路管线是否划分到所在区域		否
超高计算方法		起始值以上部分计算超高
给排水工程操作物超高起始值	mm	3600
刷油防腐绝热工程操作物超高起始值	mm	6000

提供三种选择方式，当选择其中一种计算方式后，其它两项计算不起作用。参考依据《给排水施工验收规范GB50242-2002》

图 10-22

(2) 注意事项：如果按照默认设置，卫生洁具的竖向管道长度是按照规范生成的，按此设置生成之后，竖向管道长度是按照横管和卫生洁具高差长度计算的。

(十) 汇总计算

汇总计算的具体步骤和注意事项如下。

(1) 具体步骤：【工程量】⟶【汇总计算】⟶【报表预览】。

(2) 注意事项

① 工程量每修改一次，报表总量不会调整，需要再进行汇总。

② 设置分类及工程量可以根据不同属性进行汇总。

(十一) 套取清单

套取清单的具体步骤和注意事项如下。

(1) 具体步骤：【工程量】⟶【套做法】⟶【自动套用清单】⟶【匹配项目特征】⟶【选择定额】。

(2) 注意事项

① 自动套用清单软件根据构件名称自动匹配，如果没有匹配上，单独添加清单。

② 匹配项目特征根据构件规格型号自动匹配，如匹配不对，自行修改。

第三节 消防工程

【实训目标】

基于员工宿舍楼案例实训工程，利用广联达安装算量软件可以：

(1) 掌握图纸的导入与分割定位。

(2) 掌握消火栓、喷头、火灾报警设备的识别。

(3) 掌握消火栓和喷淋管道的自动识别功能。

(4) 掌握火灾报警构件的建立和电线配管绘制。

(5) 能够汇总计算得出工程总量，并导出清单。

【实训任务】

1. 完成员工宿舍楼案例实训消火栓、喷头、火灾报警设备的识别。
2. 完成员工宿舍楼案例实训消火栓和喷淋管道的绘制，以及阀门、套管的识别。
3. 完成员工宿舍楼案例实训火灾报警的工程量绘制。
4. 完成员工宿舍楼案例实训工程汇总计算，并导出清单Excel表格。

一、喷淋

(一) 喷淋实训步骤及方法

广联达喷淋算量的一般步骤见表10-3。

表10-3 广联达喷淋算量的一般步骤

步骤	内容	说明
第一步	导入图纸、分割定位	添加图纸，并确保每层图纸上下对应
第二步	识别设备	计算喷头

续表

步骤	内容	说明
第三步	识别管道	计算管道长度
第四步	识别墙体	管道穿墙生成套管
第五步	识别套管	根据管道规格，大两号生成套管
第六步	识别阀门	根据管道规格生成阀门
第七步	汇总计算	汇总各构件，得出总量
第八步	套取清单	套取清单和定额

（二）喷淋实训指导

1. 导入图纸、分割定位

（1）导入图纸

① 具体步骤：【工程设置】⟶【图纸管理】⟶【添加】。

② 注意事项

a. 如果图纸较大，可先利用 CAD 对图纸进行分割。

b. 如果图纸是一个图块，可以先进行分解。

（2）分割定位

① 具体步骤：【工程设置】⟶【图纸管理】⟶【分割】、【定位】。

② 注意事项

a. 先分割，再定位。

b. 分割要注意正框和反框，确保整张平面图都选中。

c. 定位，可以利用交点功能键以轴线交点作为定位点。

2. 识别设备

图例识别的具体步骤和注意事项如下。

（1）具体步骤：选择对应的构件【喷头】⟶【绘制】⟶【图例识别】。见图 10-23。

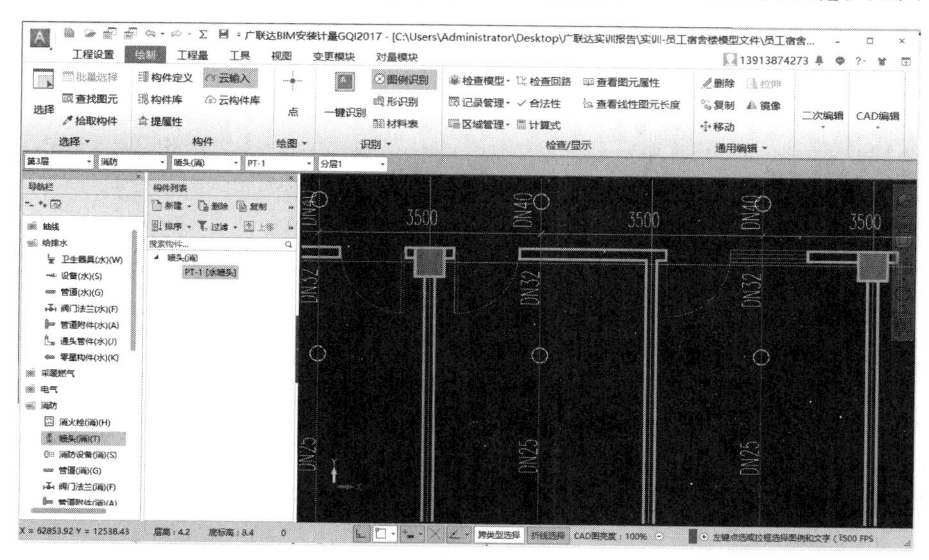

图 10-23

（2）注意事项

① 不是图块组成的图例一键识别未识别出来，利用图例识别计算。

② 图例有重叠的时候，先识别复杂的图例，再识别简单的图例。

3. 识别管道

（1）自动识别

① 具体步骤：【管道】⟶【绘制】⟶【自动识别】⟶【按喷淋头个数识别】。见图 10-24。

② 注意事项：先选择干管，一般是水流指示器位置，然后根据喷头个数选择对应的管径。

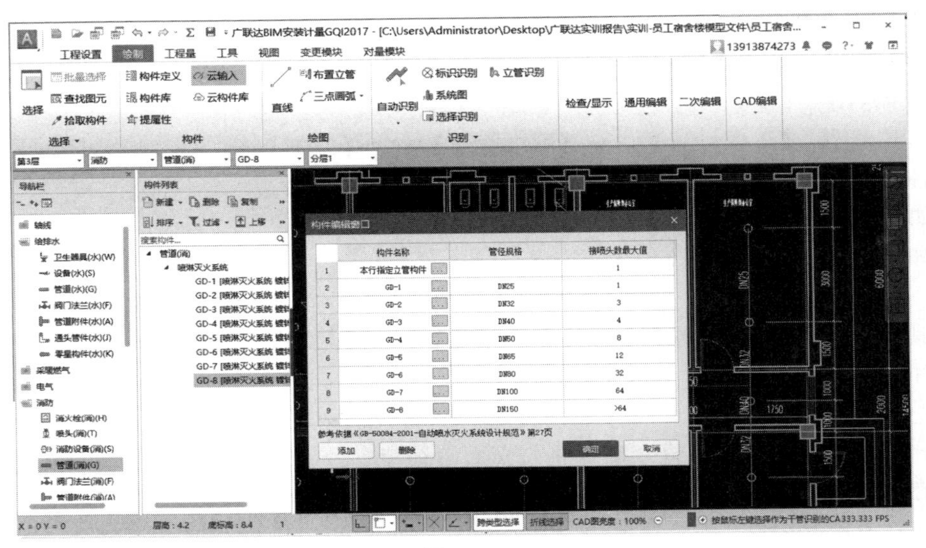

图 10-24

（2）直线绘制

① 具体步骤：【管道】⟶【绘制】⟶【直线】。

② 注意事项：根据图示线段用直线绘制，如管道和设备相交，软件会自动生成立管，立管的规格同所画管道规格。

（3）选择识别

① 具体步骤：【管道】⟶【绘制】⟶【选择识别】。

② 注意事项：选择线段后右击选择对应构件，如果管道和设备没有相交，需要自己用直线补画线段。

4. 识别墙体

识别墙体的具体步骤和注意事项如下。

（1）具体步骤：【建筑结构】⟶【墙体】⟶【墙体】⟶【自动识别】。

（2）注意事项：选择两条墙边线可以自动识别墙体，墙体不计算总量，所以墙体可以多识别，不要识别少了。

5. 识别套管

识别套管的具体步骤和注意事项如下。

（1）具体步骤：【零星构件 】⟶【绘制】⟶【生成套管】。

（2）注意事项：当管道和墙体相交时，会自动生成套管，套管规格默认比管道大两号。

6. 识别阀门

识别阀门的具体步骤和注意事项如下。

（1）具体步骤：【阀门法兰】⟶【绘制】⟶【图例识别】。

（2）注意事项：点击阀门识别，软件会根据阀门所在管道规格自动生成与其一样的阀门。所以阀门识别需在管道识别之后。

7. 汇总计算

汇总计算的具体步骤和注意事项如下。

（1）具体步骤：【工程量】⟶【汇总计算】⟶【报表预览】。

（2）注意事项

① 工程量每修改一次，报表总量不会调整，需要再进行汇总。

② 设置分类及工程量可以根据不同属性进行汇总。

8. 套取清单

套取清单的具体步骤和注意事项如下。

（1）具体步骤：【工程量】⟶【套做法】⟶【自动套用清单】⟶【匹配项目特征】⟶【选择定额】。

（2）注意事项

① 自动套用清单软件根据构件名称自动匹配，如果没有匹配上，单独添加清单。

② 匹配项目特征根据构件规格型号自动匹配，如匹配不对，自行修改。

二、火灾报警

（一）火灾报警实训步骤及方法

火灾报警安装算量软件操作的一般步骤见表 10-4。

表 10-4　广联达火灾报警安装算量软件操作的一般步骤

步骤	内容	说明
第一步	导入图纸、分割定位	添加图纸，并确保每层图纸上下对应
第二步	识别设备	识别消防器具
第三步	识别桥架	计算桥架长度，为动力回路做准备
第四步	识别墙体	靠墙设备的图元，管线可以算至墙体中心
第五步	处理图纸	让图纸更加清晰，方便识别管线
第六步	识别管线	计算管线长度
第七步	生成接线盒	根据设备数量生成接线盒
第八步	汇总计算	汇总各构件，得出总量
第九步	套取清单	套取清单和定额

（二）实训指导

1. 导入图纸、分割定位

（1）导入图纸

① 具体步骤：【工程设置】⟶【图纸管理】⟶【添加】。

② 注意事项

a. 如果图纸较大，可先利用 CAD 对图纸进行分割。

b. 如果图纸是一个图块，可以先进行分解。

（2）分割定位

① 具体步骤：【工程设置】⟶【图纸管理】⟶【分割】、【定位】。

② 注意事项

a. 先分割，再定位。

b. 分割要注意正框和反框，确保整张平面图都选中。

c. 定位，可以利用交点功能键以轴线交点作为定位点。

2. 识别设备

（1）一键识别

① 具体步骤：【消防器具】⟶【绘制】⟶【一键识别】。见图 10-25。

② 注意事项

a. 火灾报警设备都属于消防器具构建。

b. 一键识别只能够识别图例是图块的设备。

c. 一键识别只能够识别单图元组成的图例。

构件属性定义

	图例	对应构件	构件名称	规格型号	类型	标高(m)
1		消防器具(只连单立管)	感烟探测器		感烟探测器	层顶标高
2	I	消防器具(只连单立管)	输入模块1		输入模块1	层顶标高
3	L	管道附件	水流指示器(组)1		水流指示器(组)1	层顶标高
4		管道附件	水流指示器1		水流指示器1	层顶标高
5		消防器具(只连单立管)	带电话插孔的手动报警按钮		带电话插孔的手动报警按钮	层底标高+1.5
6		消防器具(只连单立管)	火灾声光警报器		火灾声光警报器	层底标高+2.5
7		消防器具(只连单立管)	报警电话		报警电话	层底标高+1.5
8	Z	消火栓	区域型火灾报警控制器1		区域型火灾报警控制器1	层底标高+1.1
9		消防器具(只连单立管)	火灾警报扬声器		火灾警报扬声器	层顶标高

选择楼层　删除　确定　取消

图 10-25

（2）图例识别

① 具体步骤：选择对应的构件【消防器具】⟶【绘制】⟶【图例识别】。

② 注意事项

a. 不是图块组成的图例一键识别未识别出来，利用图例识别计算。

b. 图例有重叠的时候，先识别复杂的图例，再识别简单的图例。

c. 图例识别时，点击选择楼层，把全部楼层都选中。

3. 识别桥架

（1）识别桥架

① 具体步骤：【电线导管】/【电缆导管 】⟶【绘制】⟶【识别桥架】。见图 10-26。

② 注意事项

a. 点击桥架两条边线，有标注点击标注，没有标注软件会根据两条边线的距离判断桥架的宽度生成桥架。

b. 自动生成的桥架标高默认是层顶标高，根据要求自行修改。

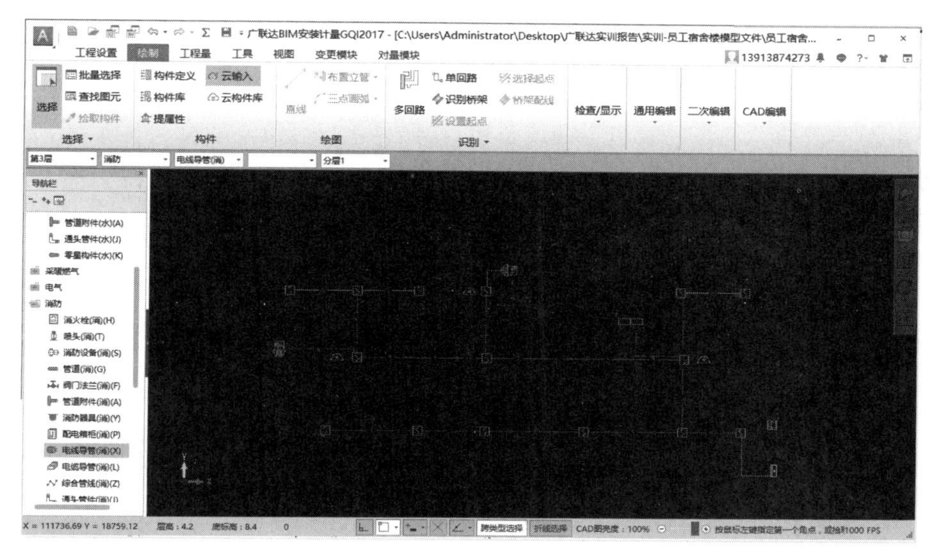

图 10-26

（2）直线绘制

① 具体步骤：【电线导管】/【电缆导管 】⟶【绘制】⟶【直线】。

② 注意事项：有些部位利用识别桥架没有识别成功的，可以用直线绘制进行补画。

4. 识别墙体

识别墙体的具体步骤和注意事项如下。

（1）具体步骤：【建筑结构】⟶【墙体】⟶【墙体】⟶【自动识别】。

（2）注意事项：选择两条墙边线可以自动识别墙体，墙体不计算总量，所以墙体可以多识别，不要识别少了 。

5. 处理图纸

显示指定图层的具体步骤和注意事项如下。

（1）具体步骤：【视图】⟶【CAD 图层】⟶【显示指定图层】。

（2）注意事项：此功能可以把图纸中某一种线段单独显示，可以让图纸更加清晰，如果想让图纸全部显示，把 CAD 原始图层全部点开。

6. 识别管线

（1）多回路

① 具体步骤：【电线导管】/【电缆导管 】⟶【绘制】⟶【多回路】。

② 注意事项

a. 选择回路的一条线和回路标识，按回路选择对应的构件。

b. 选择一条线段后，要确定整条回路是否全部选中。如果有多选、漏选，再点击鼠标左键选中或者取消。

c. 在多回路界面可以设置根数对应的配管。

（2）直线绘制

① 具体步骤：【电线导管】/【电缆导管 】⟶【绘制】⟶【直线】。

② 注意事项：画图元时要先选择对应的构件，可以使用拾取构件快速选择构件。

（3）电线穿配管和桥架敷设

① 具体步骤：【电线导管】/【电缆导管 】⟶【设置起点】⟶【选择起点】。

② 注意事项

a. 起点是配电箱和桥架连接的端点，终点是和桥架连接的第一段配管。

b. 如果操作成功，终点的管道会变成黄色。

c. 如果操作不成功，主要有三点原因：桥架上没有起点；选择的管道不是和桥架连接的第一段管道；桥架中间有断开部分；如果是跨楼层敷设，在选择起点时，要选择对应的楼层方可操作。

（4）电线走桥架

① 具体步骤：【电线导管】/【电缆导管 】⟶【绘制】⟶【桥架配线】。

② 注意事项

a. 执行桥架配线，需要先建立电线或电缆构件。

b. 选择桥回路桥架的起点，再选择桥架的终点。可以一次性选中整条回路。

7. 生成接线盒

生成接线盒的具体步骤和注意事项如下。

（1）具体步骤：【零星构件】⟶【绘制】⟶【生成接线盒】。

（2）注意事项：根据灯具、开关插座设备生成接线盒。

8. 汇总计算

汇总计算的具体步骤和注意事项如下。

（1）具体步骤：【工程量】⟶【汇总计算】⟶【报表预览】。

（2）注意事项

① 工程量每修改一次，报表总量不会调整，需要再进行汇总。

② 设置分类及工程量可以根据不同属性进行汇总。

9. 套取清单

套取清单的具体步骤和注意事项如下。

（1）具体步骤：【工程量】⟶【套做法】⟶【自动套用清单】⟶【匹配项目特征】⟶【选择定额】。

（2）注意事项

① 自动套用清单软件根据构件名称自动匹配，如果没有匹配上，单独添加清单。

② 匹配项目特征根据构件规格型号自动匹配，如匹配不对，自行修改。

第四节 通风空调工程

【实训目标】

基于员工宿舍楼案例实训工程，利用广联达安装算量软件可以：

（1）掌握图纸的导入与分割定位。

（2）掌握风机等设备的识别。

(3) 掌握风管的绘制和自动识别方法。
(4) 掌握风管阀门等附件的识别。
(5) 掌握冷媒管道的绘制。
(6) 能够汇总计算得出工程总量，并导出清单。

【实训任务】

1. 完成员工宿舍楼案例实训通风设备的识别。
2. 完成员工宿舍楼案例实训通风管道的识别。
3. 完成员工宿舍楼案例实训管道附件的识别。
4. 完成员工宿舍楼案例实训冷媒管道的识别。
5. 完成员工宿舍楼案例实训工程汇总计算，并导出清单 Excel 表格。

一、通风实训步骤及方法

通风安装算量软件操作的一般步骤见表 10-5。

表 10-5 广联达通风安装算量软件操作的一般步骤

步骤	内容	说明
第一步	导入图纸、分割定位	添加图纸，并确保每层图纸上下对应
第二步	识别风机	识别通风机
第三步	识别风管	计算风管长度
第四步	识别风管部件	计算阀门、风口数量
第五步	识别冷媒管道	计算空调水管长度
第六步	汇总计算	汇总各构件，得出总量
第七步	套取清单	套取清单和定额

二、实训指导

(一) 导入图纸、分割定位

1. 导入图纸

(1) 具体步骤：【工程设置】⟶【图纸管理】⟶【添加】。
(2) 注意事项
① 如果图纸较大，可先利用 CAD 对图纸进行分割。
② 如果图纸是一个图块，可以先进行分解。

2. 分割定位

(1) 具体步骤：【工程设置】⟶【图纸管理】⟶【分割】、【定位】。
(2) 注意事项
① 先分割，再定位。
② 分割要注意正框和反框，确保整张平面图都选中。
③ 定位，可以利用交点功能键以轴线交点作为定位点。

(二) 识别风机

识别风机的具体步骤和注意事项如下。
(1) 具体步骤：【通风设备】⟶【绘制】⟶【自动识别】。见图 10-27。

（2）注意事项：选择风机图例和名称可以批量识别。

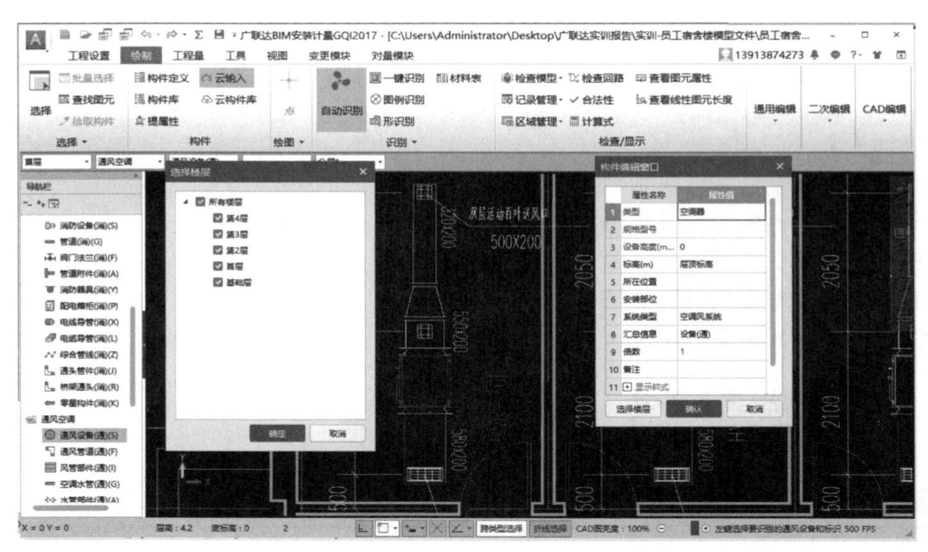

图 10-27

（三）识别风管

识别风管的具体步骤和注意事项如下。

（1）具体步骤：【通风管道】⟶【绘制】⟶【自动识别】。见图 10-28。

（2）注意事项：选择风管两条边线，有标注选择标注，没有标注的软件不会生成风管，弹出窗口自己设定没有标注的风管属性。

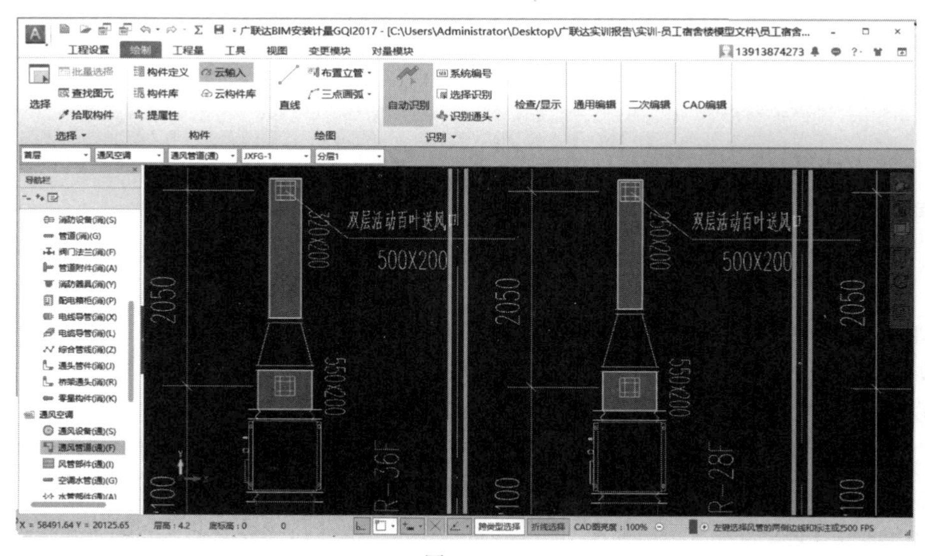

图 10-28

（四）识别风管部件

1. 识别风管部件

（1）具体步骤：【通风部件】⟶【绘制】⟶【一键识别】。

（2）注意事项：风管阀门规格和所在管道规格相同，所以要识别阀门必须要先识别管道。

2. **识别风管风口**

（1）具体步骤：【通风部件】——→【绘制】——→【风口】。见图 10-29。

（2）注意事项：用此功能可以生成风口和水平水管之间的立管，立管规格同风口规格。

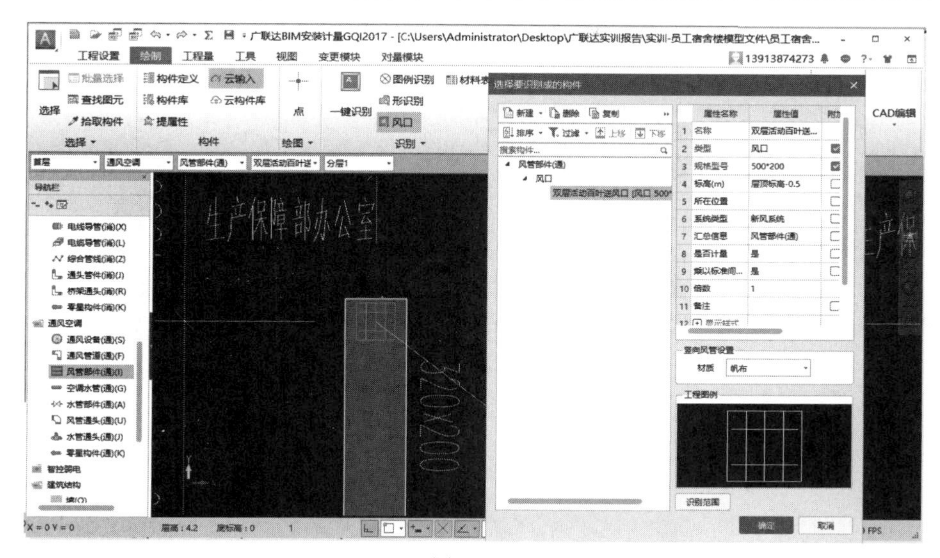

图 10-29

（五）识别冷媒管道

识别冷媒管道的具体步骤和注意事项如下。

（1）具体步骤：【空调水管】——→【冷媒管】。见图 10-30。

（2）注意事项：识别的时候，要选中分歧器和管道线标识，软件可以自动生成管道和分歧器。

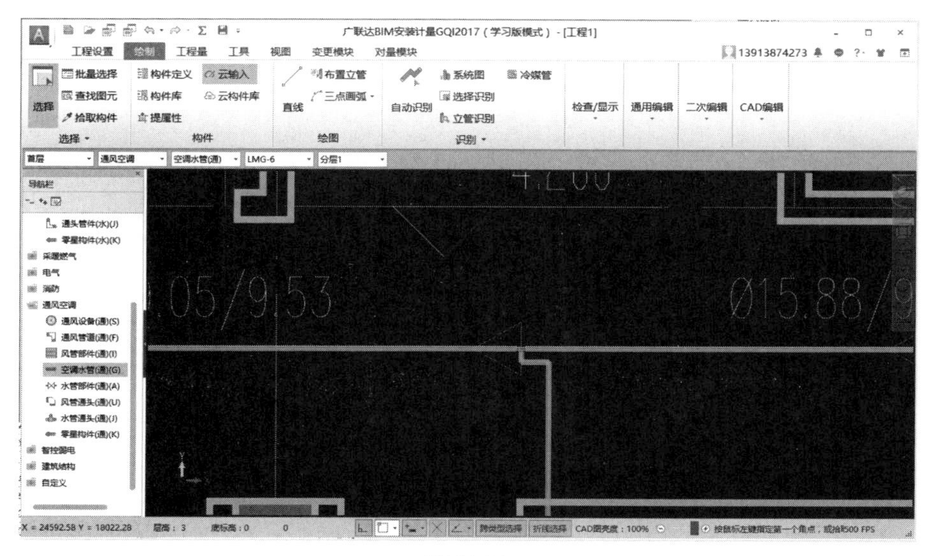

图 10-30

（六）汇总计算

汇总计算的具体步骤和注意事项如下。

（1）具体步骤：【工程量】⟶【汇总计算】⟶【报表预览】。

（2）注意事项

① 工程量每修改一次，报表总量不会调整，需要再进行汇总。

② 设置分类及工程量可以根据不同属性进行汇总。

（七）套取清单

套取清单的具体步骤和注意事项如下。

（1）具体步骤：【工程量】⟶【套做法】⟶【自动套用清单】⟶【匹配项目特征】⟶【选择定额】。

（2）注意事项

① 自动套用清单软件根据构件名称自动匹配，如果没有匹配上，单独添加清单。

② 匹配项目特征根据构件规格型号自动匹配，如匹配不对，自行修改。

第十一章 安装工程BIM计量评测实例

第一节　BIM 安装评分测评软件应用

BIM 安装计量评分软件是以标准案例工程实操工程文件为蓝本，依托构件属性及图元位置，围绕各专业分部分项构件工程量快速评测，从而降低实操案例工程评测难题，提升学习及工作效率。BIM 安装计量评分软件以选定工程作为评分标准工程，通过计算结果的对比，按照一定的评分规则，最终可计算出学员工程的得分。该软件的主要功能包括“评分设置”“导入评分工程”“计算得分”“导出评分结果”“导出评分报告”等。

一、安装计量工程评测使用场景

利用评分软件可以评测不同角色对广联达安装算量软件的应用水平。

① 学校老师——学生学习软件效果进行评测。

② 企业——工程造价业务人员软件应用技能测评。

③ 算量大赛——参赛选手软件应用技能测评。

④ 学生——自评、小组互评。

二、安装计量工程评测使用要求

① 不同版本的评分软件支持广联达安装算量软件版本也不同。如 GQIPF2013 评分软件支持广联达安装算量软件 GQI2013 版本，GQIPF2015 评分软件支持广联达 BIM 安装算量软件 GQI2015 版本，GQIPF2017 评分软件支持广联达 BIM 安装算量软件 GQI2017 版本。

② 针对相同版本的安装算量结果进行评分。

③ 要求提交工程文件前进行计算保存，否则会产生计算的结果与报表内容中数据不一致的情况，从而影响评分结果。

④ 要求在进行评分时，能够确保被评工程的楼层划分与构件划分保持一致，对有灵活处理方式的构件给予明确规定。

三、BIM 安装计量评分软件操作实例

1. 操作基本流程

BIM 安装计量评分软件的操作基本流程见图 11-1。

图 11-1　BIM 安装计量评分软件操作基本流程

2. 基于专用宿舍楼案例工程 BIM 计量评分实操

（1）启动软件

点击桌面快捷图标 或是通过单击【开始】→【所有程序】→【广联达建设工程造价管理整体解决方案】→【广联达 BIM 安装算量评分软件 GQIPF2017】即可。

（2）设置评分标准

第一步，点击“评分设置”功能按钮，软件会弹出评分设置对话框，如图 11-2 所示。

图 11-2　评分设置对话框

第二步，点击“导入评分标准”，找到专用宿舍楼标准工程文件，导入进来，见图 11-3。

第三步，对各构件类型项进行分数比例分配及得分范围、满分范围设定。

① 将标准工程导入后，软件根据图元数量自动分配各清单项、各楼层、各构件类型的得分。如需要调整分数，可在构件类型对应的“分配分数”单元格进行修改，并勾选锁定按钮。

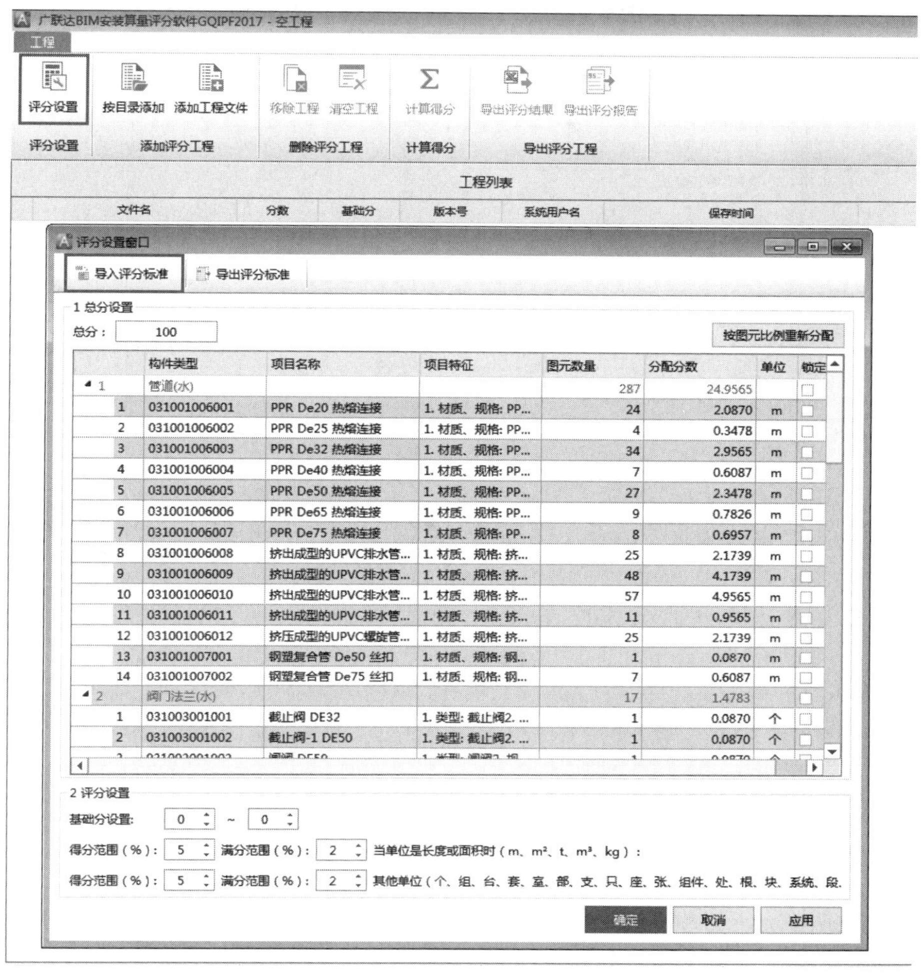

图 11-3

② 修改完毕确认后，点击“确定”按钮。

注意事项：

① 设置评分，软件按 100 分计算。

② 各类构件按标准工程中所绘制图元的数量进行分数分配，分配的原则是每个图元分数＝100 分/工程图元总数，清单项分数＝图元数量×每个图元分数，楼层分数＝清单项分数汇总之和。

③ 只有构件类型一级可以对分数进行调整，构件类型下各层及各清单项的得分由软件按图元数量自动分配，不可以手动进行调整。

④ 分数调整后需要进行锁定，锁定时，软件自动按图元数量分配剩余的分数。

⑤ 在“评分设置”区域点击右键，可以将该区域内容进行快速折叠与展开，见图 11-4。

第四步，点击“确定”退出该窗体，评分标准设定完毕；

（3）评分

通过点击按钮 按目录添加 或 添加工程文件 导入需要评分的专用宿舍楼 BIM 安装计量工程。

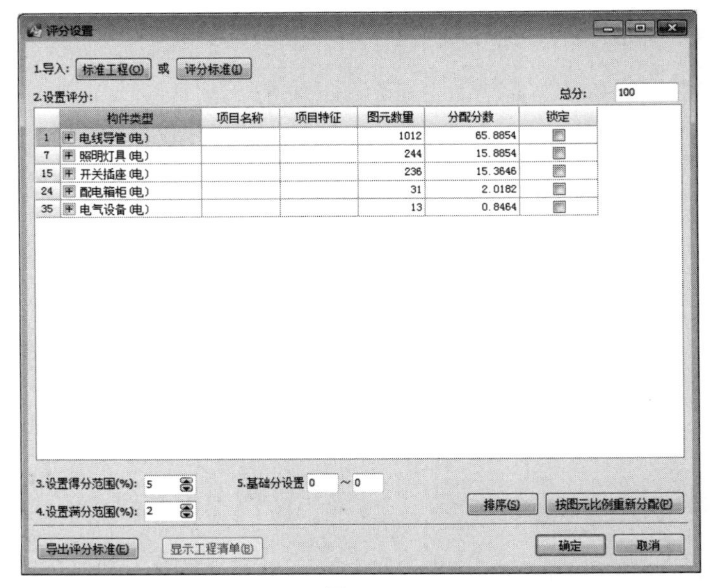

图 11-4

方法一：按目录添加

利用该功能可以选中一个目录，将一个目录下的所有工程全部添加，操作方法如下：

① 点击“按目录添加”按钮，如图 11-5 所示；

图 11-5

② 弹出“浏览文件夹”对话框，选择需要进行评分的 GQI2015 工程文件目录，点击确定，这时就将该目录下所有文件进行载入，如图 11-6 所示。

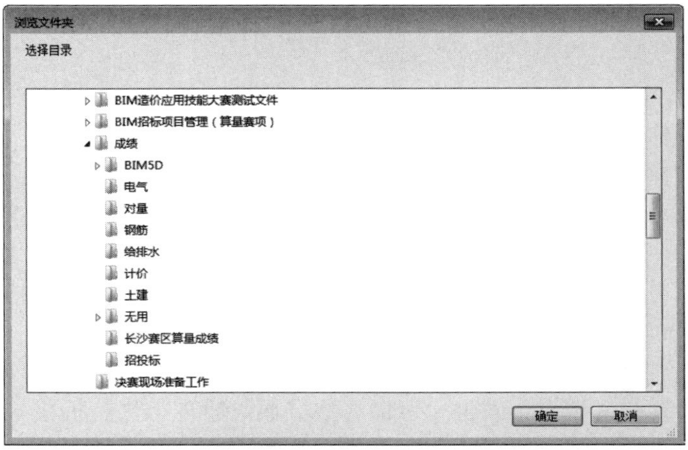

图 11-6

方法二：批量添加

利用该功能可批量选中需要评分的工程文件，操作方法如下：

① 点击“批量添加”功能按钮，如图11-7所示；

图 11-7

② 弹出“打开”对话框，选择需要进行评分的广联达安装工程文件，点击确定，如图11-8和图11-9所示。

广联达安装算量评分软件 GQIPF2015(专业版)

评分设置(S) 评分(P) 导出(E) 帮助(H) 版本号(B)

评分设置 按目录添加 批量添加 移除工程 Σ 计算得分 导出评分结果 导出评分报告

工程列表

	文件名	分数	选中	备注	版本号	系统
1	D:\2017年工作\2017年校园大赛\决赛\成绩\电气\2017004	66.26		66.26	6.4.1.2088	zm
2	D:\2017年工作\2017年校园大赛\决赛\成绩\电气\2017009	31.11		31.11	6.4.1.2088	Admini
3	D:\2017年工作\2017年校园大赛\决赛\成绩\电气\2017016	100.00		100.00	6.4.1.2088	mac
4	D:\2017年工作\2017年校园大赛\决赛\成绩\电气\2017022	100.00		100.00	6.4.1.2088	Admini
5	D:\2017年工作\2017年校园大赛\决赛\成绩\电气\2017023	99.87		99.87	6.4.1.2088	卢冲
6	D:\2017年工作\2017年校园大赛\决赛\成绩\电气\2017036	95.31		95.31	6.4.1.2088	Bond
7	D:\2017年工作\2017年校园大赛\决赛\成绩\电气\2017038	95.74		95.74	6.4.1.2088	Admini
8	D:\2017年工作\2017年校园大赛\决赛\成绩\电气\2017044	49.88		49.88	6.4.1.2088	user
9	D:\2017年工作\2017年校园大赛\决赛\成绩\电气\2017045	69.56		69.56	6.4.1.2088	Admini
10	D:\2017年工作\2017年校园大赛\决赛\成绩\电气\2017046	67.06		67.06	6.4.1.2088	qiao
11	D:\2017年工作\2017年校园大赛\决赛\成绩\电气\2017047	68.23		68.23	6.4.1.2088	Admini
12	D:\2017年工作\2017年校园大赛\决赛\成绩\电气\2017052	91.69		91.69	6.4.1.2088	yg
13	D:\2017年工作\2017年校园大赛\决赛\成绩\电气\2017055	50.57		50.57	6.4.1.2088	Admini
14	D:\2017年工作\2017年校园大赛\决赛\成绩\电气\2017056	0.33		0.33	6.4.1.2088	哆啦A梦
15	D:\2017年工作\2017年校园大赛\决赛\成绩\电气\2017061	0.00		0.00	6.4.1.2088	lenovo
16	D:\2017年工作\2017年校园大赛\决赛\成绩\电气\2017063	64.89		64.89	6.4.1.2088	lenovo
17	D:\2017年工作\2017年校园大赛\决赛\成绩\电气\2017082	61.27		61.27	6.4.1.2088	Admini
18	D:\2017年工作\2017年校园大赛\决赛\成绩\电气\2017090	11.90		11.90	6.4.1.2088	ZhangX
19	D:\2017年工作\2017年校园大赛\决赛\成绩\电气\2017093	55.66		55.66	6.4.1.2088	Admini
20	D:\2017年工作\2017年校园大赛\决赛\成绩\电气\2017098	0.39		0.39	6.4.1.2088	abc
21	D:\2017年工作\2017年校园大赛\决赛\成绩\电气\2017099	52.23		52.23	6.4.1.2088	Admini
22	D:\2017年工作\2017年校园大赛\决赛\成绩\电气\2017107	69.15		69.15	6.4.1.2088	V075
23	D:\2017年工作\2017年校园大赛\决赛\成绩\电气\2017113	100.00		100.00	6.4.1.2088	44490

评分报告

	构件类型	清单名称	标准工程量	工程量	偏差(%)	基准分	得分	得分
1	030411001001	配管 PC 20 CC	393.186	398.521	1.36	11.3932	11.3932	
2	030411001002	配管 PC 20 FC	569.593	563.885	1	21.5495	21.5495	
3	030411004001	配线 BV-2.5 CC	1297.551	1320.243	1.75	11.3932	11.3932	
4	030411004002	配线 BV-2.5 FC	1074.823	1075.567	0.07	16.0156	16.0156	
5	030411004003	配线 BV-4	684.115	674.529	1.4	5.5339	5.5339	
6	030412001001	吸顶灯	96.000	72.000	25	4.6875	0.0000	计算误
7	030412001002	镜前灯	1.000	1.000	0	0.0651	0.0651	
8	030412004001	安全出口标志灯	8.000	6.000	25	0.3906	0.0000	计算误
9	030412004002	单向疏散指示灯	12.000	8.000	33.33	0.5208	0.0000	计算误
10	030412004003	双向疏散指示灯	3.000	2.000	33.33	0.1302	0.0000	计算误
11	030412005001	双管荧光灯	199.000	149.000	25.13	9.7005	0.0000	计算误
12	030412005002	自带蓄电池应急灯	8.000	6.000	25	0.3906	0.0000	计算误
13	030404034001	单联暗开关	44.000	33.000	25	2.1484	0.0000	计算误
14	030404034002	三联暗开关	33.000	25.000	24.24	1.6276	0.0000	计算误
15	030404034003	声光延时开关	14.000	10.000	28.57	0.6510	0.0000	计算误
16	030404034004	双联暗开关	16.000	12.000	25	0.7813	0.0000	计算误
17	030404035001	挂机插座	7.000	5.000	28.57	0.3255	0.0000	计算误
18	030404035002	柜机插座	32.000	24.000	25	1.5625	0.0000	计算误
19	030404035003	普通插座	167.000	126.000	24.55	8.2031	0.0000	计算误
20	030404035004	卫生间插座	1.000	1.000	0	0.0651	0.0651	
21	030404017001	1AL1配电箱	1.000	0.000	100	0.0651	0.0000	未画图
22	030404017002	1AL2配电箱	1.000	0.000	100	0.0651	0.0000	未画图
23	030404017003	2AL1配电箱	1.000	0.000	100	0.0651	0.0000	未画图
24	030404017004	2AL2配电箱	1.000	0.000	100	0.0651	0.0000	未画图
25	030404017005	3AL1、4AL1配电箱	2.000	0.000	100	0.0651	0.0000	未画图
26	030404017006	3AL2、4AL2配电箱	2.000	0.000	100	0.0651	0.0000	未画图
27	030404017007	BG1配电箱	25.000	26.000	4	1.2370	0.2474	
28	030404017008	BG2配电箱	6.000	4.000	33.33	0.2604	0.0000	计算误
29	030404017009	BG3配电箱	1.000	2.000	100	0.0651	0.0000	计算误
30	030404017010	FS-XF配电箱	1.000	0.000	100	0.0651	0.0000	未画图

未汇总计算0人， 未画图元/未套清单1人， 误差过大0人， 工程错误0人

图 11-8

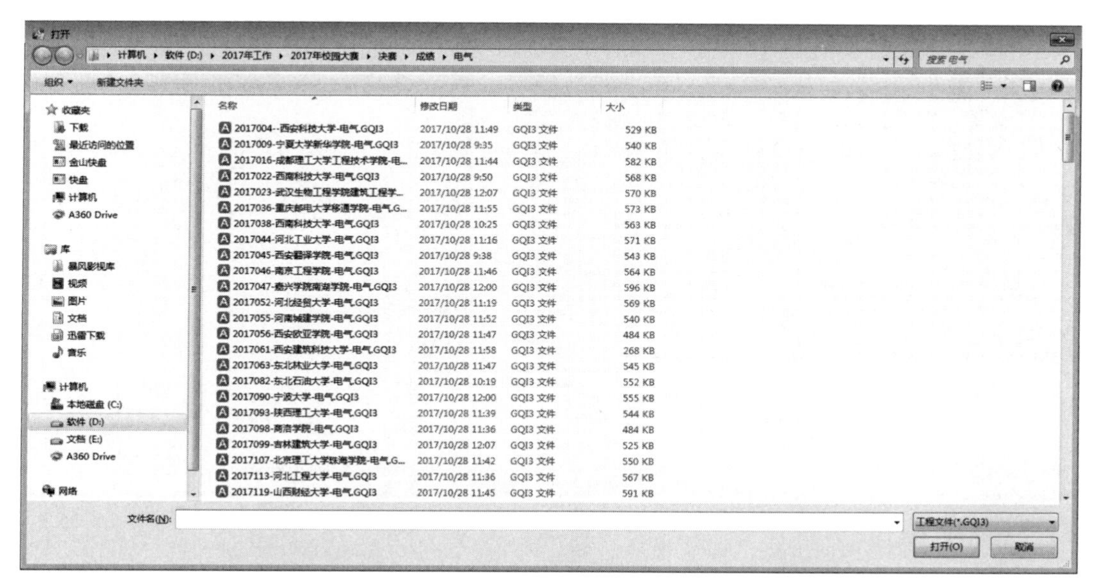

图 11-9

(4) 计算得分

点击“计算得分”功能按钮，这时软件就按设定的评分标准条件对各工程进行评分。当

需要评分的GQI工程添加后，需要对这些工程进行汇总计算以计算得分，这时可以利用此功能。

① 点击“计算得分”功能按钮，这时软件对各分部按设定标准条件进行评分，如图11-10所示。

广联达安装算量评分软件 GQIPF2015(专业版)

评分设置(S) 评分(P) 导出(E) 帮助(H) 版本号(B)

评分设置 | 按目录添加 | 批量添加 | 移除工程 | Σ 计算得分 | 导出评分结果 | 导出评分报告

工程列表

	文件名	分数	选中	备注	版本号	系统F
1	D:\2017年工作\2017年校园大赛\决赛\成绩\电气\2017004	66.26		66.26	6.4.1.2088	zm
2	D:\2017年工作\2017年校园大赛\决赛\成绩\电气\2017009	31.11		31.11	6.4.1.2088	Admini
3	D:\2017年工作\2017年校园大赛\决赛\成绩\电气\2017016	100.00		100.00	6.4.1.2088	mac
4	D:\2017年工作\2017年校园大赛\决赛\成绩\电气\2017022	100.00		100.00	6.4.1.2088	Admini
5	D:\2017年工作\2017年校园大赛\决赛\成绩\电气\2017023	99.87		99.87	6.4.1.2088	卢冲
6	D:\2017年工作\2017年校园大赛\决赛\成绩\电气\2017036	95.31		95.31	6.4.1.2088	Bond
7	D:\2017年工作\2017年校园大赛\决赛\成绩\电气\2017038	95.74		95.74	6.4.1.2088	Admini
8	D:\2017年工作\2017年校园大赛\决赛\成绩\电气\2017044	49.88		49.88	6.4.1.2088	user
9	D:\2017年工作\2017年校园大赛\决赛\成绩\电气\2017045	69.56		69.56	6.4.1.2088	Admini
10	D:\2017年工作\2017年校园大赛\决赛\成绩\电气\2017046	67.06		67.06	6.4.1.2088	qiao
11	D:\2017年工作\2017年校园大赛\决赛\成绩\电气\2017047	68.23		68.23	6.4.1.2088	Admini
12	D:\2017年工作\2017年校园大赛\决赛\成绩\电气\2017052	91.69		91.69	6.4.1.2088	yg
13	D:\2017年工作\2017年校园大赛\决赛\成绩\电气\2017055	50.57		50.57	6.4.1.2088	Admini
14	D:\2017年工作\2017年校园大赛\决赛\成绩\电气\2017056	0.33		0.33	6.4.1.2088	哆啦A
15	D:\2017年工作\2017年校园大赛\决赛\成绩\电气\2017061	0.00		0.00	6.4.1.2088	lenovo
16	D:\2017年工作\2017年校园大赛\决赛\成绩\电气\2017063	64.89		64.89	6.4.1.2088	lenovo
17	D:\2017年工作\2017年校园大赛\决赛\成绩\电气\2017082	61.27		61.27	6.4.1.2088	Admini
18	D:\2017年工作\2017年校园大赛\决赛\成绩\电气\2017090	11.90		11.90	6.4.1.2088	ZhangX
19	D:\2017年工作\2017年校园大赛\决赛\成绩\电气\2017093	55.66		55.66	6.4.1.2088	Admini
20	D:\2017年工作\2017年校园大赛\决赛\成绩\电气\2017098	0.39		0.39	6.4.1.2088	abc
21	D:\2017年工作\2017年校园大赛\决赛\成绩\电气\2017099	52.23		52.23	6.4.1.2088	Admini
22	D:\2017年工作\2017年校园大赛\决赛\成绩\电气\2017107	69.15		69.15	6.4.1.2088	V075
23	D:\2017年工作\2017年校园大赛\决赛\成绩\电气\2017113	100.00		100.00	6.4.1.2088	44490

图11-10

② 这时需要评分的各GQI2017文件得分会在左侧区域显示，如图11-11所示。

评分报告

	构件类型	清单名称	标准工程量	工程量	偏差(%)	基准分	得分	得分
1	030411001001	配管 PC 20 CC	393.186	398.521	1.36	11.3932	11.3932	
2	030411001002	配管 PC 20 FC	569.593	563.885	1	21.5495	21.5495	
3	030411004001	配线 BV-2.5 CC	1297.551	1320.243	1.75	11.3932	11.3932	
4	030411004002	配线 BV-2.5 FC	1074.823	1075.567	0.07	16.0156	16.0156	
5	030411004003	配线 BV-4	684.115	674.529	1.4	5.5339	5.5339	
6	030412001001	吸顶灯	96.000	72.000	25	4.6875	0.0000	计算误
7	030412001002	镜前灯	1.000	1.000	0	0.0651	0.0651	
8	030412004001	安全出口标志灯	8.000	6.000	25	0.3906	0.0000	计算误
9	030412004002	单向疏散指示灯	12.000	8.000	33.33	0.5208	0.0000	计算误
10	030412004003	双向疏散指示灯	3.000	2.000	33.33	0.1302	0.0000	计算误
11	030412005001	双管荧光灯	199.000	149.000	25.13	9.7005	0.0000	计算误
12	030412005002	自带蓄电池应急灯	8.000	6.000	25	0.3906	0.0000	计算误
13	030404034001	单联暗开关	44.000	33.000	25	2.1484	0.0000	计算误
14	030404034002	三联暗开关	33.000	25.000	24.24	1.6276	0.0000	计算误
15	030404034003	声光延时开关	14.000	10.000	28.57	0.6510	0.0000	计算误
16	030404034004	双联暗开关	16.000	12.000	25	0.7813	0.0000	计算误
17	030404035001	挂机插座	7.000	5.000	28.57	0.3255	0.0000	计算误
18	030404035002	柜机插座	32.000	24.000	25	1.5625	0.0000	计算误
19	030404035003	普通插座	167.000	126.000	24.55	8.2031	0.0000	计算误
20	030404035004	卫生间插座	1.000	1.000	0	0.0651	0.0651	
21	030404017001	1AL1配电箱	1.000	0.000	100	0.0651	0.0000	未画图
22	030404017002	1AL2配电箱	1.000	0.000	100	0.0651	0.0000	未画图
23	030404017003	2AL1配电箱	1.000	0.000	100	0.0651	0.0000	未画图
24	030404017004	2AL2配电箱	1.000	0.000	100	0.0651	0.0000	未画图
25	030404017005	3AL1、4AL1配电箱	2.000	0.000	100	0.0651	0.0000	未画图
26	030404017006	3AL2、4AL2配电箱	2.000	0.000	100	0.0651	0.0000	未画图
27	030404017007	BG1配电箱	25.000	26.000	4	1.2370	0.2474	
28	030404017008	BG2配电箱	6.000	4.000	33.33	0.2604	0.0000	计算误
29	030404017009	BG3配电箱	1.000	2.000	100	0.0651	0.0000	计算误
30	030404017010	PS-XP配电箱	1.000	0.000	100	0.0651	0.0000	未画图

未汇总计算0人，未画图元/未套清单1人，误差过大0人，工程错误0人

图11-11

(5) 导出评分结果

点击“导出评分结果”功能按钮，这时将各工程计算结果导出到Excel文件中，并且点击“导出评分报告”按钮，会将各工程详细的得分情况导出到Excel文件中，便于详细核对（图11-12）。

评分报告

	构件类型	清单名称	标准工程量	工程量	偏差(%)	基准分	得分	得分
1	030411001001	配管 PC 20 CC	393.186	398.521	1.36	11.3932	11.3932	
2	030411001002	配管 PC 20 FC	569.593	563.885	1	21.5495	21.5495	
3	030411004001	配线 BV-2.5 CC	1297.551	1320.243	1.75	11.3932	11.3932	
4	030411004002	配线 BV-2.5 FC	1074.823	1075.567	0.07	16.0156	16.0156	
5	030411004003	配线 BV-4	684.115	674.529	1.4	5.5339	5.5339	
6	030412001001	吸顶灯	96.000	72.000	25	4.6875	0.0000	计算误
7	030412001002	镜前灯	1.000	1.000	0	0.0651	0.0651	
8	030412004001	安全出口标志灯	8.000	6.000	25	0.3906	0.0000	计算误
9	030412004002	单向疏散指示灯	12.000	8.000	33.33	0.5208	0.0000	计算误
10	030412004003	双向疏散指示灯	3.000	2.000	33.33	0.1302	0.0000	计算误
11	030412005001	双管荧光灯	199.000	149.000	25.13	9.7005	0.0000	计算误
12	030412005002	自带蓄电池应急灯	8.000	6.000	25	0.3906	0.0000	计算误
13	030404034001	单联暗开关	44.000	33.000	25	2.1484	0.0000	计算误
14	030404034002	三联暗开关	33.000	25.000	24.24	1.6276	0.0000	计算误
15	030404034003	声光延时开关	14.000	10.000	28.57	0.6510	0.0000	计算误
16	030404034004	双联暗开关	16.000	12.000	25	0.7813	0.0000	计算误
17	030404035001	挂机插座	7.000	5.000	28.57	0.3255	0.0000	计算误
18	030404035002	柜机插座	32.000	24.000	25	1.5625	0.0000	计算误
19	030404035003	普通插座	167.000	126.000	24.55	8.2031	0.0000	计算误
20	030404035004	卫生间插座	1.000	1.000	0	0.0651	0.0651	
21	030404017001	1AL1配电箱	1.000	0.000	100	0.0651	0.0000	未画图
22	030404017002	1AL2配电箱	1.000	0.000	100	0.0651	0.0000	未画图
23	030404017003	2AL1配电箱	1.000	0.000	100	0.0651	0.0000	未画图
24	030404017004	2AL2配电箱	1.000	0.000	100	0.0651	0.0000	未画图
25	030404017005	3AL1、4AL1配电箱	2.000	0.000	100	0.0651	0.0000	未画图
26	030404017006	3AL2、4AL2配电箱	2.000	0.000	100	0.0651	0.0000	未画图
27	030404017007	BG1配电箱	25.000	26.000	4	1.2370	0.2474	
28	030404017008	BG2配电箱	6.000	4.000	33.33	0.2604	0.0000	计算误
29	030404017009	BG3配电箱	1.000	2.000	100	0.0651	0.0000	计算误
30	030404017010	PS-XF配电箱	1.000	0.000	100	0.0651	0.0000	未画图

图 11-12

第二节　BIM 安装对量分析软件应用

学习目标

1. 熟练掌握安装对量软件中对量模式、审量模式两种对量业务模式的操作流程。
2. 能使用安装对量软件快速对量。

学习要求

1. 熟悉广联达安装对量软件的基本功能。
2. 熟悉广联达算量软件基本操作流程。
3. 熟悉对量流程。

一、BIM 安装对量检查应用场景

实际工程中，需要对量的主要是工程的招投标、施工、结算阶段，不同阶段，对量业务不同。

1. 结算阶段

对量方式和合同形式有关系。

（1）单价合同：合同签订时约定了综合单价，工程量主要靠竣工结算时对比。这是最常见的一种形式，甲方委托咨询与施工方来竣工结算对量。

（2）总价合同：前期订合同，约定了合同工程量，但施工过程中有变更，导致工程量的差别，在最后需要将结算工程和前期合同工程进行对比，主要看合同变更的工程量，也就是合同价款的变更索赔费用的计算这方面的业务。

2. 招投标阶段

（1）甲方自己不算，委托咨询单位来做标底，这样就需要和甲方对。

（2）如果是两家咨询，一个主做，一个主审，会和另一个咨询来对。

（3）另外有的中介内部也会有多级审核，包括为了怕有偏差，可以找之前的工程数据来进行相似工程的参考价值。如果预算员是新人，可能会找两个人同时做，内部核对一下把把关。

3. 施工阶段

如果是全过程控制的业务，很多咨询单位就会在工地常驻成本核算部，完成一个标段结一个标段，按实结算。如工程有设计变更，需要对设计变更前后的工程量增减做对比、和图纸做对比。因此，各个环节都涉及对量，对量场景如此灵活、如此多，贯穿整个施工阶段。

二、工程计量手工对量流程

对于双方不同人做的两个工程，计算的工程量往往差别很大，量差存在是必然的，没有量差是不可能的。通常手工对量的时候，都是采用先总后分、先粗后细的原则。手工对量时一般先看双方的总量，后查分量，反复加加减减计算不同层级的量差。双方找到量差原因后需要确定正确结果，此时要回归图纸找到依据。这时就要找出 CAD 或蓝图同位置确认。确认后错误一方要回到算量工程中找到该图元位置进行修改，修改后重新汇总查看结果是否一致，如不一致则跳回第一个问题阶段加减工程量重新找量差，分析原因，解决问题。如此反复循环直到量差趋近调平或进入双方可接受范围内则对量过程结束。由此看出，手工对量工作量大、效率低，而且大量的数据反复加减汇总很容易出错。

三、BIM 对量软件应用效率

软件对量只需要将送审工程和审核工程加载到对量软件中，点击对比计算，便得到所有量差，按从总到分展示，如图 11-13 所示。

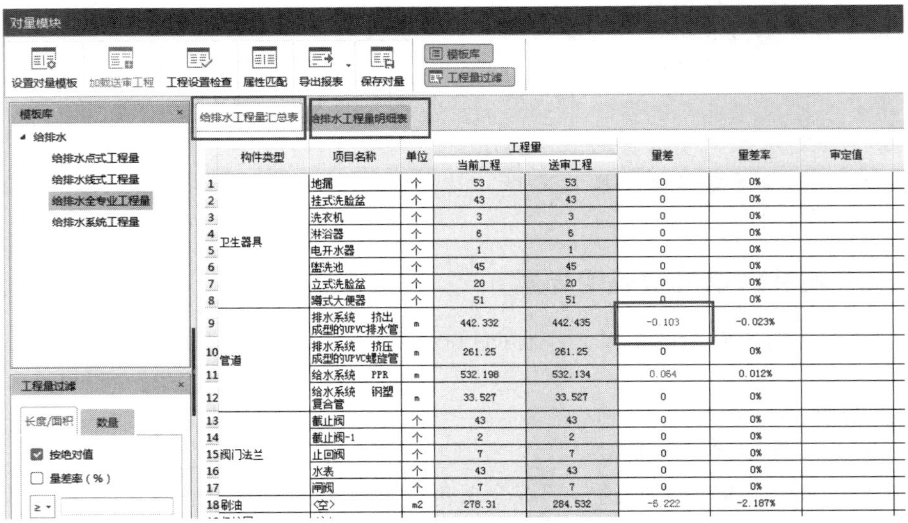

	构件类型	项目名称	单位	工程量		量差	量差率	审定值
				当前工程	送审工程			
1	卫生器具	地漏	个	53	53	0	0%	
2		挂式洗脸盆	个	43	43	0	0%	
3		洗衣机	个	3	3	0	0%	
4		淋浴器	个	6	6	0	0%	
5		电开水器	个	1	1	0	0%	
6		盥洗池	个	45	45	0	0%	
7		立式洗脸盆	个	20	20	0	0%	
8		蹲式大便器	个	51	51	0	0%	
9	管道	排水系统 挤出成型的UPVC排水管	m	442.332	442.435	-0.103	-0.023%	
10		排水系统 挤压成型的UPVC螺旋管	m	261.25	261.25	0	0%	
11		给水系统 PPR	m	532.198	532.134	0.064	0.012%	
12		给水系统 钢塑复合管	m	33.527	33.527	0	0%	
13	阀门法兰	截止阀	个	43	43	0	0%	
14		截止阀-1	个	2	2	0	0%	
15		止回阀	个	7	7	0	0%	
16		水表	个	43	43	0	0%	
17		闸阀	个	7	7	0	0%	
18	刷油	〈空〉	m2	278.31	284.532	-6.222	-2.187%	

图 11-13

还可以通过量差过滤排序，直观得到想关注的主要量差，这也是整个对量的最核心的部分。而且应用软件操作起来一点也不难，也可以抓大放小重点审查，关注自己量差量多大以上的量，满足不同精度要求（图 11-14），大大提高对量工作效率，简化了对量程序。不仅如此，广联达对量软件还提供了审量功能，实现了工程与 CAD 图纸核查，满足更多工程对量使用要求，从而保障工程量的准确。

四、基于专用宿舍楼案例 BIM 对量检查软件实例

1. 操作流程

BIM 对量检查软件的操作流程如图 11-15 所示。

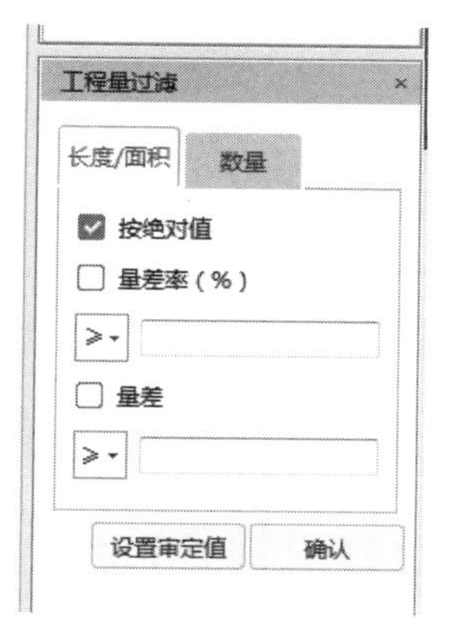

图 11-14

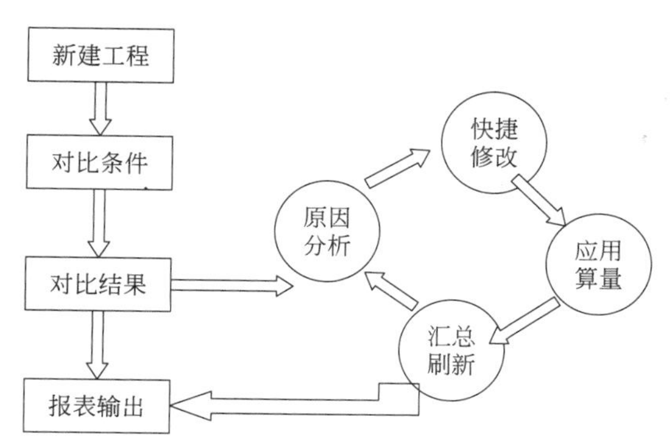

图 11-15　BIM 对量检查软件操作流程

2. 具体操作步骤

第一步，打开专用宿舍楼工程，如图 11-16 所示。

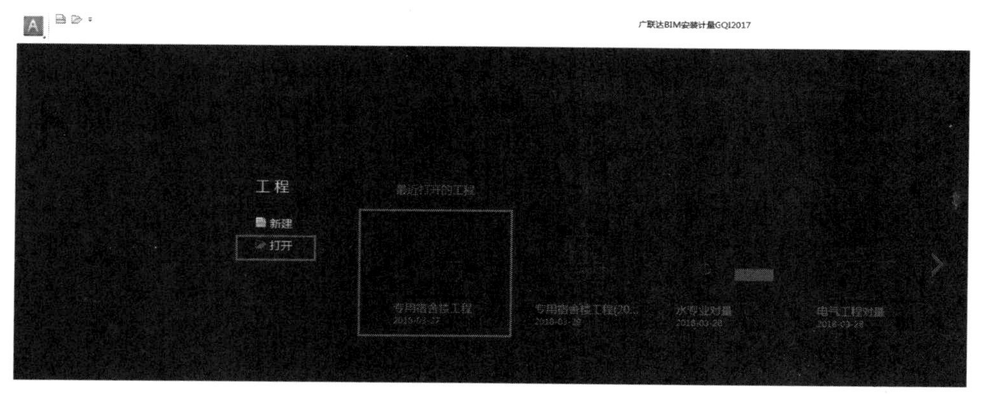

图 11-16

第二步，点击“对量模块”，如图 11-17 所示。

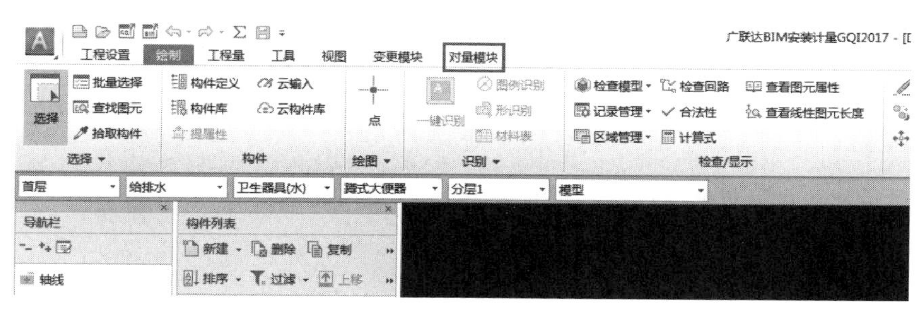

图 11-17

第三步，点击“编辑对量”，如图 11-18 所示。

第四步，选择工程中需要对比的工程，这里选择“给排水”，点击“确认”，如图 11-19 所示。

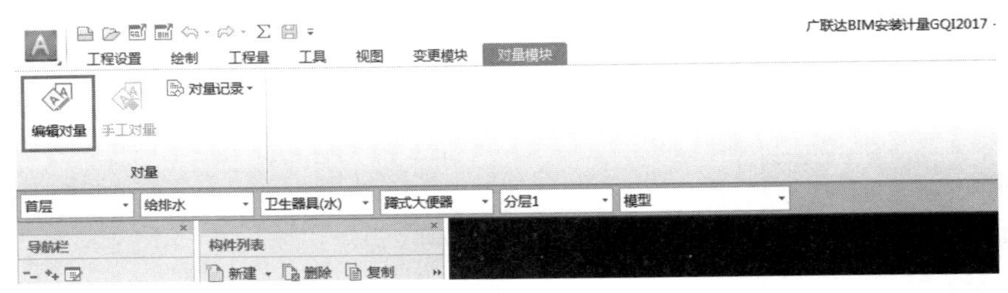

图 11-18

第五步，点击“加载送审工程”，将“水专业对量”工程加载进来，如图 11-20 所示。

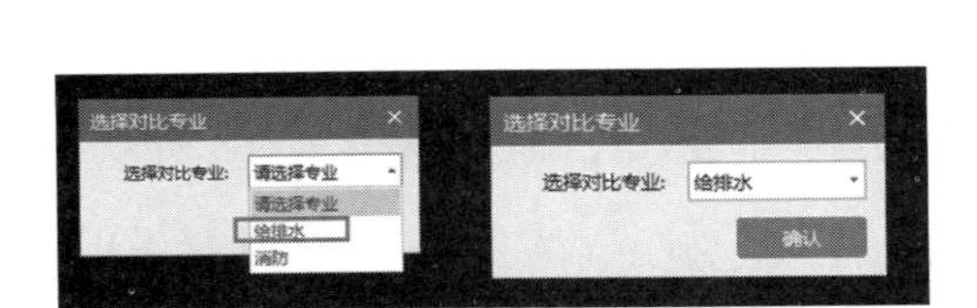

图 11-19

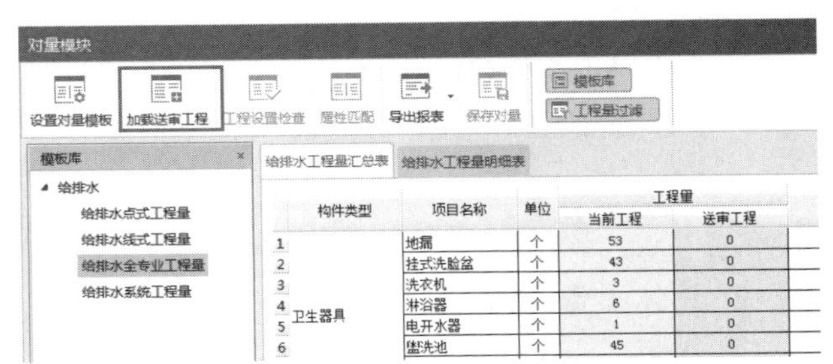

图 11-20

第六步，针对“对量工程属性匹配”，查看两个工程的工程属性信息是否一致，不同颜色代表不同功能的匹配，可参考图 11-21 的提示进行查看，无问题点击“确定”按钮，得出如图 11-22 所示的对比结果。

对量工程属性匹配

过滤已匹配

- 给排水
  - 卫生器具
  - 管道
  - 阀门法兰
  - 通头管件
  - 零星构件

	当前工程		送审工程		匹配结果	匹配到
	属性名称	属性值	属性名称	属性值		构件类型
1	名称		名称			
2		淋浴器		淋浴器	已匹配	卫生器具
3		立式洗脸盆		立式洗脸盆	已匹配	卫生器具
4		洗衣机		洗衣机	已匹配	卫生器具
5		地漏		地漏	已匹配	卫生器具
6		蹲式大便器		蹲式大便器	已匹配	卫生器具
7		电开水器		电开水器	已匹配	卫生器具
8		盥洗池		盥洗池	已匹配	卫生器具
9		挂式洗脸盆		挂式洗脸盆	已匹配	卫生器具
10		盥洗池-1		盥洗池-1	已匹配	卫生器具
11	类型		类型			
12		淋浴器		淋浴器	已匹配	卫生器具
13		立式洗脸盆		立式洗脸盆	已匹配	卫生器具
14		洗衣机		洗衣机	已匹配	卫生器具
15		地漏		地漏	已匹配	卫生器具
16		蹲式大便器		蹲式大便器	已匹配	卫生器具
17		电开水器		电开水器	已匹配	卫生器具
18		盥洗池		盥洗池	已匹配	卫生器具
19		挂式洗脸盆		挂式洗脸盆	已匹配	卫生器具

提示：1、匹配结果浅黄色为手动修改为已匹配及联动匹配项，浅蓝色为跨构件类型匹配结果，请确认！
2、红色匹配条目表示该属性名称不适合用于提量，请更换模板中对应属性!

确定

图 11-21

第七步，不同工程量之间量差会通过红色明显标注，以及量差率的百分比，右键点击有量差的项目，出现“展开明细”，点击后出现具体工程量的误差，点击计算式中的任意工程

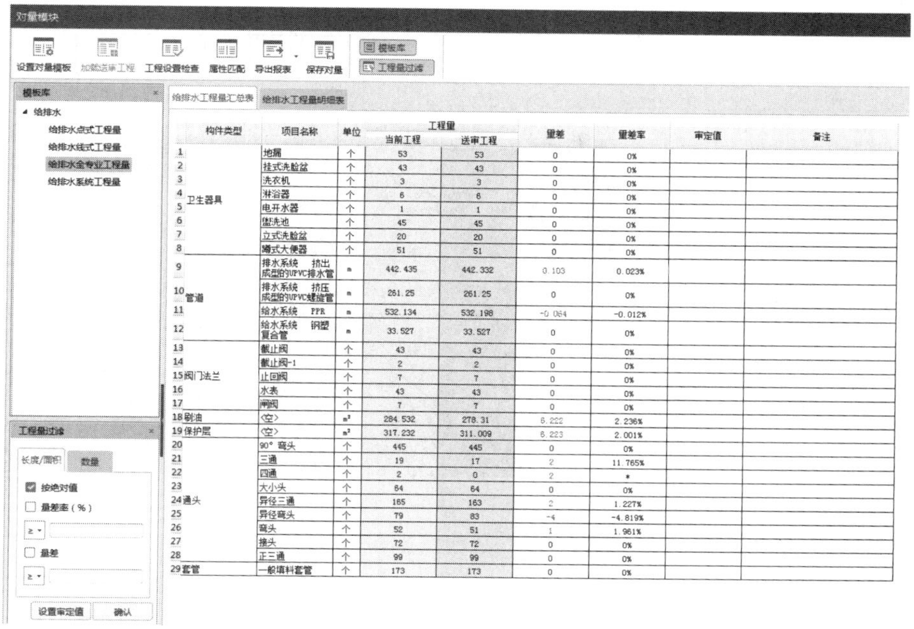

	构件类型	项目名称	单位	工程量		量差	量差率	审定值	备注
				当前工程	送审工程				
1	卫生器具	地漏	个	53	53	0	0%		
2		挂式洗脸盆	个	43	43	0	0%		
3		洗衣机	个	3	3	0	0%		
4		淋浴器	个	6	6	0	0%		
5		电开水器	个	1	1	0	0%		
6		盥洗池	个	45	45	0	0%		
7		立式洗脸盆	个	20	20	0	0%		
8		蹲式大便器	个	51	51	0	0%		
9	管道	排水系统 挤出成型的UPVC排水管	m	442.435	442.332	0.103	0.023%		
10		排水系统 挤压成型的UPVC螺旋管	m	261.25	261.25	0	0%		
11		给水系统 PPR	m	532.134	532.198	-0.064	-0.012%		
12		给水系统 钢塑复合管	m	33.527	33.527	0	0%		
13	阀门法兰	截止阀	个	43	43	0	0%		
14		截止阀-1	个	2	2	0	0%		
15		止回阀	个	7	7	0	0%		
16		水表	个	43	43	0	0%		
17		闸阀	个	7	7	0	0%		
18	刷油	〈空〉	m^2	284.532	278.31	6.222	2.236%		
19	保护层	〈空〉	m^2	317.232	311.009	6.223	2.001%		
20	通头	90° 弯头	个	445	445	0	0%		
21		三通	个	19	17	2	11.765%		
22		四通	个	2	0	2	*		
23		大小头	个	64	64	0	0%		
24		异径三通	个	165	163	2	1.227%		
25		异径弯头	个	79	83	-4	-4.819%		
26		弯头	个	52	51	1	1.961%		
27		接头	个	72	72	0	0%		
28		正三通	个	99	99	0	0%		
29	套管	一般填料套管	个	173	173	0	0%		

图 11-22

量，即会出现“反差图元”功能，如图 11-23 所示。

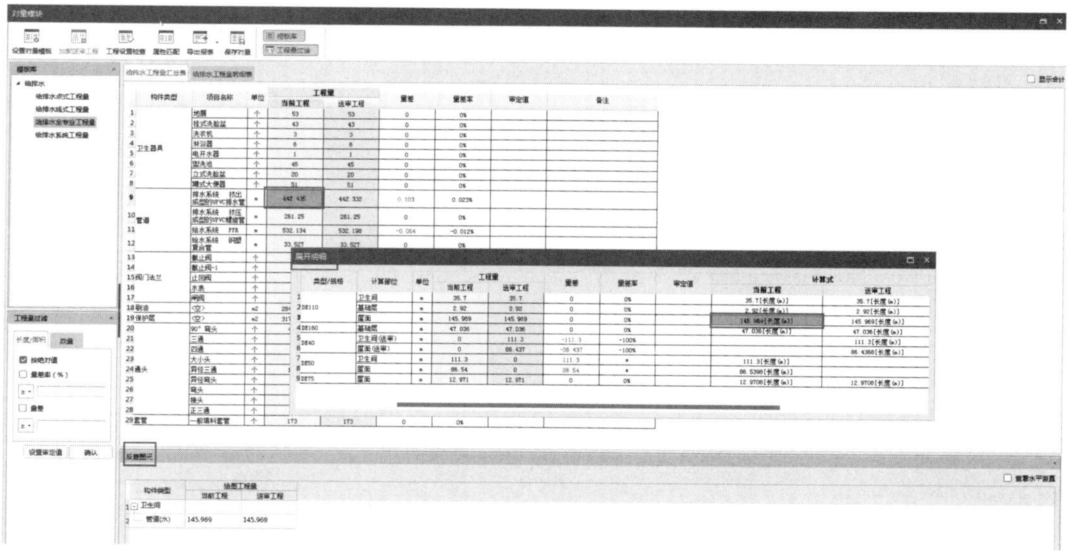

图 11-23

第八步，点击反差图元中的某一工程量，软件自动跳转至绘图界面，根据误差查找工程量问题，点击“量差分析”，双击“分析”，审核工程和送审工程的差异会直接呈现到每个构件上，单机某一构件处，绘图区直接捕捉到此构件定位点，对其定位点进行修订，将送审工程文件修订后同审核工程文件一致，如图 11-24 所示，修订送审工程的所有错误点，并进行记录。

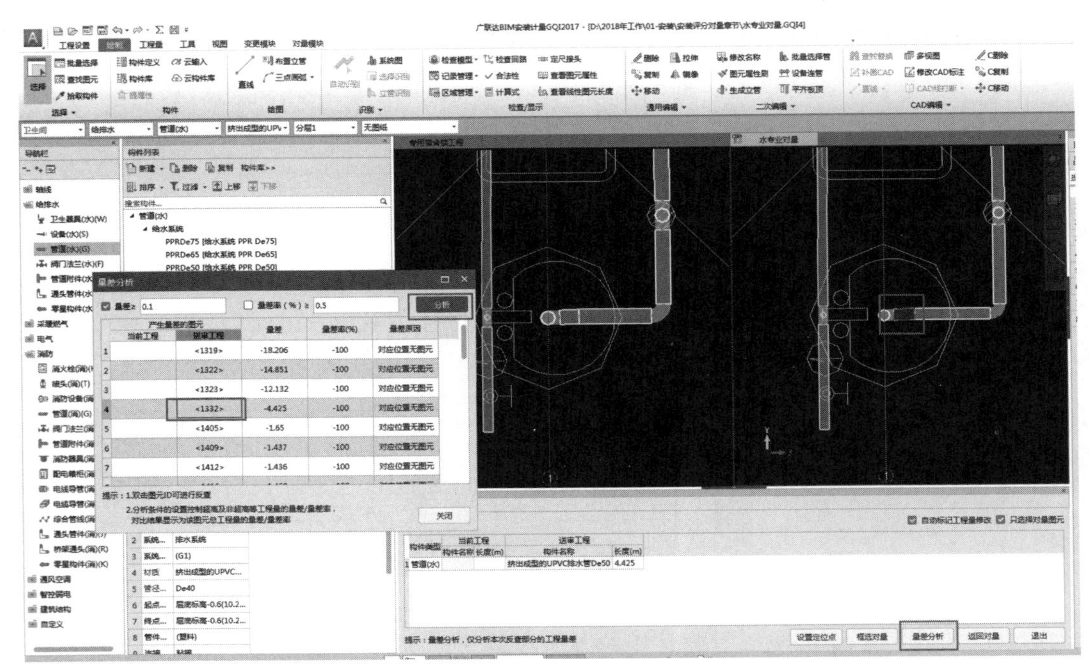

图 11-24

第十二章 安装工程BIM造价应用实例

学习目标

1. 了解设计阶段模型创建时的建模规则，掌握 GFC 插件模型转换操作。
2. 了解 Revit、GQI2017 与 BIM5D之间的关系及模型操作流程。
3. 能够掌握 Revit 模型导 GQI2017 及 BIM 5D 软件的方法。

学习要求

1. 利用 Revit 生成案例工程 GFC 模型文件。
2. 完成设计模型到算量模型的打通应用操作。

目前我国工程建设量大，建筑业发展快，但同时建筑业需要可持续发展，施工企业也面临更严峻的竞争。在这样的大背景下，施工企业纷纷采用 BIM 技术提高自身中标率，采用 BIM 技术用于后期施工以此来实现精细化管理，尤其在机电的深化设计以及管线综合中价值突出。

一、BIM 建模规则概述

（一）设计软件与广联达 BIM 计量软件的关系

Revit 设计软件与广联达计量软件间的相关联系如图 12-1 所示。

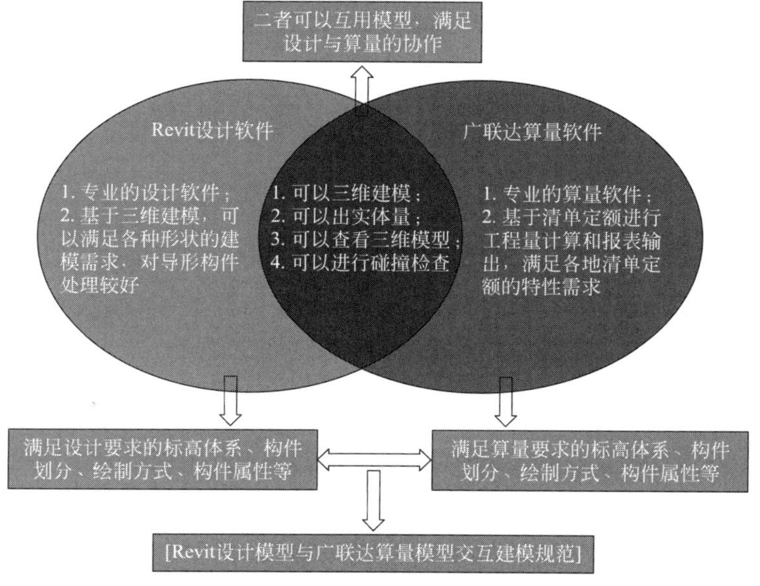

图 12-1

（二）建模规范

1. 术语介绍

（1）构件：构件是对建筑工程中某一具体构件所具有的属性的描述，是预先定义的某类建筑图元描述的集合体。

（2）构件图元：构件图元是建筑工程中实际的具体构件的应用，软件产品中表现为绘图界面的模型，每个图元都对应有自己的构件。

（3）线式构件：可以在长度方向上拉伸的构件图元称为线性构件，如管道、桥架、线管等。

（4）点式构件：本身断面不能被拉伸，高度可以被修改的构件图元称为点式构件，如设备、阀门等；在 GFC for Revit（GQI）中，这类构件仅转化位置和属性信息，实体将被图例代替。

2. 基本规定

（1）原点定位：为了更好地进行协同工作和碰撞检测工作以及实现模型向下游有效传递，各专业在建模前，应统一规定原点位置并应共同严格遵守。

（2）构件命名：应符合构件命名规范（具体的构件命名规范参考广联达建模规范即可）。

（3）按层绘制图元：尽量按照构件归属楼层，分层定义、绘制各楼层的构件图元。

（4）链接 Revit：外部连接的文件必须绑定到主文件后才能导出。

（5）楼层定义：按照实际项目的楼层，分别定义楼层及其所在标高或层高，所有参照标高使用统一的标高体系。

3. 构件命名规范

（1）Revit 族类型命名规则

GQI 与 Revit 构件对应命名规范及样例表见表 12-1。

表 12-1　GQI 与 Revit 构件对应命名规范及样例表

专业	GQI 构件	对应 Revit 族名称	Revit 族类型命名规范	样例
给排水	卫生器具(水)	卫生器具	系统-类型-材质	排水系统-台式洗脸盆-不锈钢
	设备(水)	泵、热交换器、开水器	系统-类型	给水系统-离心水泵
	管道(水)	管道、管道类型	系统-材质-连接方式	家用冷水-衬塑热镀锌钢管-螺纹连接
	管道附件(水)	给排水附件、附件、水过滤器	类型-连接方式	压力表-螺纹连接
	阀门法兰(水)	管道附件、管道附件、阀门	类型-材质-连接方式	止回阀-碳钢-螺纹连接
	零星构件(水)	常规模型	类型-材质	柔性防水套管-焊接钢管
通风空调	通风管道(通)	风管	系统-材质-规格	排风系统-薄钢板风管-矩形-1500-250
	通风设备(通)	风机盘管、风机、空气调节、分集水器、空气干燥机、空气压塑机	设备类型-规格	分集水器-混合型-3 循环
	风管部件(通)	风口、风阀、散流器、风管附件、过滤器	类型-规格	方形散流器-200×200
	空调水管(通)	管道、管道类型	系统-材质-规格	空调供水系统-镀锌钢管-20
	空调水管(通)-冷凝管	管道	系统-材质-规格	空调供水系统-镀锌钢管-20
	水管部件(通)	管道附件、管路附件、阀门	类型-连接方式	压力表-螺纹连接
	零星构件(通)	常规模型	类型-材质	柔性防水套管-焊接钢管

续表

专业	GQI 构件	对应 Revit 族名称	Revit 族类型命名规范	样例
采暖燃气	供暖器具(暖)	采暖/散热器、空气幕、加热器、集气罐	类型-材质-回水方式	散热器-铜铝复合-上进上出
	燃气器具(暖)	电器/加热设备/热水器	类型-规格	燃气热水器-24kW
	设备(暖)	锅炉、换热机组	系统-类型	供水系统-锅炉
	管道(暖)	管道、管道类型	系统-材质-连接方式	供水系统-焊接钢管-螺纹连接
	阀门法兰(暖)	管道附件-分歧管、闸阀	类型-材质-连接方式	止回阀-碳钢-螺纹连接
	管道附件(暖)	给排水附件、水过滤器	类型-连接方式	压力表-螺纹连接
	零星构件(暖)	常规模型	类型-材质	柔性防水套管-焊接钢管
电气	照明灯具(电)	照明-室内灯、室外灯、特殊灯	系统-类型	照明系统-应急灯
	开关插座(电)	供配电/终端(插座、开关)	系统-规格型号	照明系统-单联双控按开关
	配电箱柜(电)	供配电/配电设备/箱柜	系统-类型-铺设方式	照明系统-配电箱-暗装
	电气设备(电)	供配电/发电机、变压器	系统-类型	动力系统-柴油发电机
	电线导管(电)	线管	系统-材质-管径-铺设方式-导线规格	照明系统-金属软管-16-暗敷-BV-3×4
	电缆导管(电)	电缆桥架	系统-材质-管径-铺设方式-电缆规格	照明系统-金属软管-16-暗敷-YJV-3×50+1×16
	零星构件(电)	接线盒	系统类型-类型	照明系统-接线盒
消防	消火栓(消)	消火栓	类型-规格	室内消火栓箱-单栓
	喷头(消)	喷头	类型-规格	有吊顶喷头-[ELO-231-74℃ 2]
	消防设备(消)	水泵接合器、消防炮	类型-规格	消防水泵接合器-A式-地上式-100mm
	管道(消)	管道、管道类型	系统-材质-连接方式	灭火系统-衬塑热镀锌钢管-螺纹连接
	阀门法兰(消)	管道附件、管路附件、阀门	类型-材质-连接方式	止回阀-碳钢-螺纹连接
	管道附件(消)	给排水附件、附件、水过滤器	类型-连接方式	压力表-螺纹连接
	消防器具(消)	火灾警铃系统	系统-类型	火灾自动报警系统-火灾光报警器
	配电箱柜(消)	供配电/配电设备/箱柜	系统-类型-铺设方式	火灾自动报警系统-配电箱-暗装
	电线导管(消)	线管	系统-材质-管径-铺设方式-导线规格	火灾自动报警系统-金属软管-16-暗敷-BV-3×4
	电缆导管(消)	电缆桥架	系统-材质-管径-铺设方式-电缆规格	火灾自动报警系统-金属软管-16-暗敷-YJV-3×50+1×16
	零星构件(消)	接线盒、常规模型	类型-材质	柔性防水套管-焊接钢管
智控弱电	弱电器具(弱)	综合布线	系统-类型	综合布线系统-网络插座
	弱电设备(弱)	安防、通信	系统-类型	综合布线系统-录像机
	配电箱柜(弱)	通信/住户配线箱	系统-类型-铺设方式	综合布线系统-广播接线箱-暗装

续表

专业	GQI 构件	对应 Revit 族名称	Revit 族类型命名规范	样例
智控弱电	电线导管(弱)	线管	系统-材质-管径-铺设方式-导线规格	综合布线系统-SC-15-暗敷-BV-2×1.5
	电缆导管(弱)	电缆桥架	系统-材质-管径-铺设方式-电缆规格	综合布线系统-PVC-15-暗敷-RVS-2×1.5
	零星构件(弱)	接线盒	系统-类型	综合布线系统-接线盒

当族类型名称没有按照命名规范命名时，可以通过批量修改族名称，对族名称批量进行修改。

（2）Revit 构件材质

1）点式构件（设备、器具）材质定义

① 在类型属性中有“材质和装饰”的属性，编辑对应的材质即可，如图 12-2 所示。

图 12-2

② 某些构件没有材质属性，则可以通过“管理”→“项目参数”自行添加“材质”属性项（即增加一个字段，字段名称为“材质”），并填写上相应的属性值（是什么材质写什么材质名称）。

2）线式构件（管道、管线）材质定义

① 卫浴和管道下的“管道”通过“类型属性”→“管段和管件”→“布管系统配置”→“编辑”→“管段”进行修改，材质属性会跟随变化，如图 12-3 所示。

② 风管材质定义：通过编辑“风管系统”的“类型属性”中材质，如图 12-4 所示。

③ 桥架、线管材质定义：通过族类型名称命名，具体命名原则见表 12-1。

4. 专业归属

通过“族类型名称”的关键字自动进行所属专业匹配，也可以通过软件中“构件转化规则设置”对专业关键字进行添加、修改来满足系统类型与专业归属的匹配关系。

5. 图元绘制规范

图元绘制规范总说明：同一种类构件不应重叠，管线与管线不应轴线平行重叠，设备与设备不应插入点重叠。

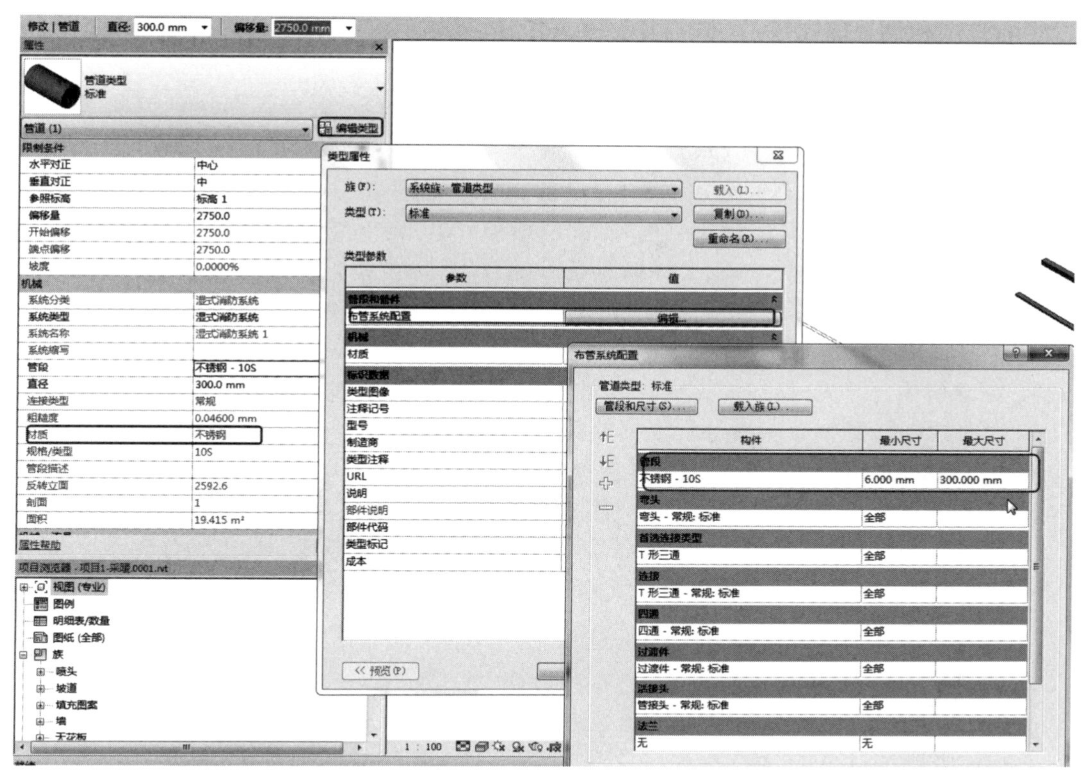
修改 | 管道
直径: 300.0 mm
偏移量: 2750.0 mm
属性
管道类型
标准
管道 (1)
编辑类型
限制条件
水平对正
中心
垂直对正
中
参照标高
标高 1
偏移量
2750.0
开始偏移
2750.0
端点偏移
2750.0
坡度
0.0000%
机械
系统分类
湿式消防系统
系统类型
湿式消防系统
系统名称
湿式消防系统 1
系统缩写
管段
不锈钢 - 10S
直径
300.0 mm
连接类型
常规
粗糙度
0.04600 mm
材质
不锈钢
规格/类型
10S
管段描述
反转立面
2592.6
剖面
1
面积
19.415 m²
属性帮助
项目浏览器 - 项目1-采暖.0001.rvt
视图 (专业)
图例
明细表/数量
图纸 (全部)
族
喷头
坡道
填充图案
墙
天花板
类型属性
族 (F):
系统族: 管道类型
载入 (L)...
类型 (T):
标准
复制 (D)...
重命名 (R)...
类型参数
参数
值
管段和管件
布管系统配置
编辑...
机械
材质
标识数据
类型图像
注释记号
型号
制造商
类型注释
URL
说明
部件说明
部件代码
类型标记
成本
<< 预览 (P)
1 : 100
布管系统配置
管道类型: 标准
管段和尺寸 (S)...
载入族 (L)...
构件
最小尺寸
最大尺寸
管段
不锈钢 - 10S
6.000 mm
300.000 mm
弯头
弯头 - 常规: 标准
全部
首选连接类型
T 形三通
全部
连接
T 形三通 - 常规: 标准
全部
四通
四通 - 常规: 标准
全部
过渡件
过渡件 - 常规: 标准
全部
活接头
管接头 - 常规: 标准
全部
法兰
无
无

图 12-3

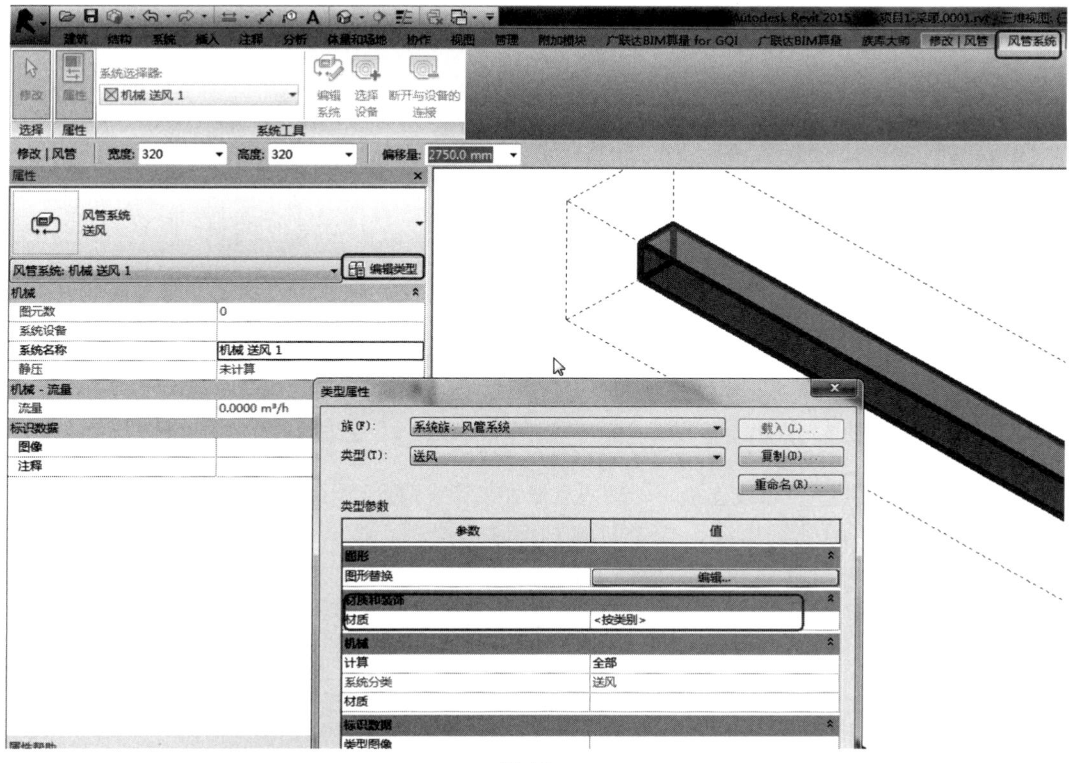
Autodesk Revit 2015
项目1-采暖.0001.rvt
建筑
结构
系统
插入
注释
分析
体量和场地
协作
视图
管理
附加模块
广联达BIM算量 for GQI
广联达BIM算量
族库大师
修改 | 风管
风管系统
修改
属性
系统选择器:
机械 送风 1
编辑系统
选择设备
断开与设备的连接
选择
属性
系统工具
修改 | 风管
宽度: 320
高度: 320
偏移量: 2750.0 mm
属性
风管系统
送风
风管系统: 机械 送风 1
编辑类型
机械
图元数
0
系统设备
系统名称
机械 送风 1
静压
未计算
机械 - 流量
流量
0.0000 m³/h
标识数据
图像
注释
属性帮助
类型属性
族 (F):
系统族: 风管系统
载入 (L)...
类型 (T):
送风
复制 (D)...
重命名 (R)...
类型参数
参数
值
图形
图形替换
编辑...
材质和装饰
材质
<按类别>
机械
计算
全部
系统分类
送风
材质
标识数据
类型图像

图 12-4

（1） 点式构件绘制规范

1） 独立点式图元绘制规范

① 涵盖的范围

a. 卫生器具（水）、设备（水）；

b. 供暖器具（暖）、燃气器具（暖）、设备（暖）；

c. 照明灯具（电）、开关插座（电）、配电箱柜（电）、电气设备（电）；

d. 消火栓（消）、喷头（消）、消防设备（消）、消防器具（消）、配电箱柜（消）；

e. 通风设备（通）；

f. 弱电器具（弱）、弱电设备（弱）、配电箱柜（弱）。

② 注意事项

a. 因在构件映射中专业映射是根据族类型名称进行映射，故尽量不用一个族类型绘制多个专业设备，按专业按规格分别定义族类型。

b. 设备的插入点应设置在设备内，且其位置尽量遵循下列原则：

ⅰ. 当设备与一根水平管线连接时，插入点设置在管线同标高的线上，如图 12-5 所示。

ⅱ. 当设备与两根水平管线连接时，插入点设置在管线平均标高线上，如图 12-6 所示。

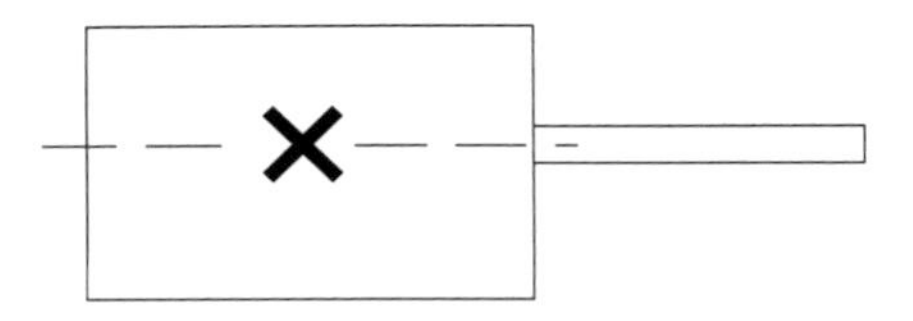

图 12-5 设备与一根水平管线连接

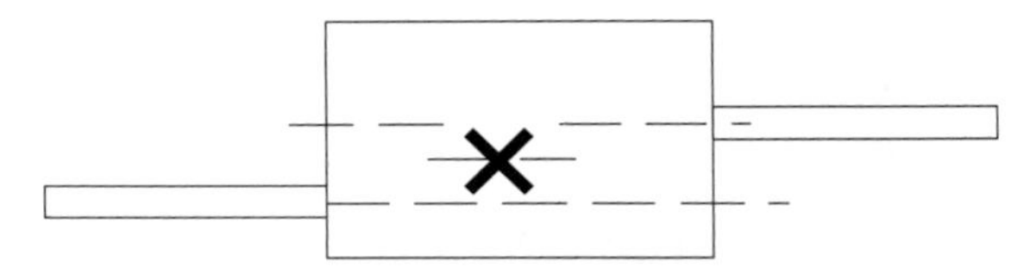

图 12-6 设备与两根水平管线连接

ⅲ. 当设备与一根垂直管线连接时，插入点设置在管线垂直投影线上，如图 12-7 和图 12-8所示。

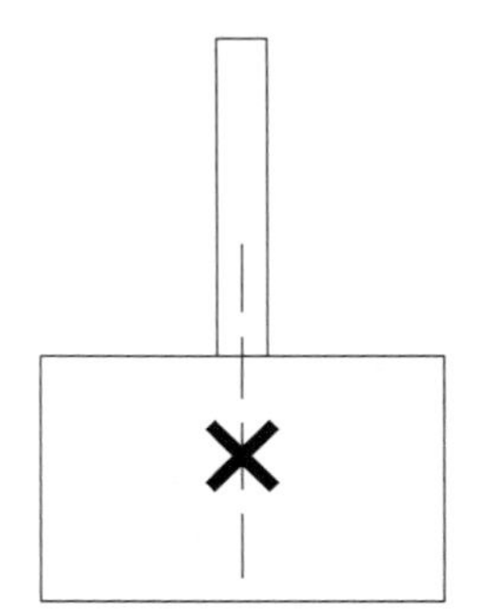

图 12-7 设备与一根垂直管线连接

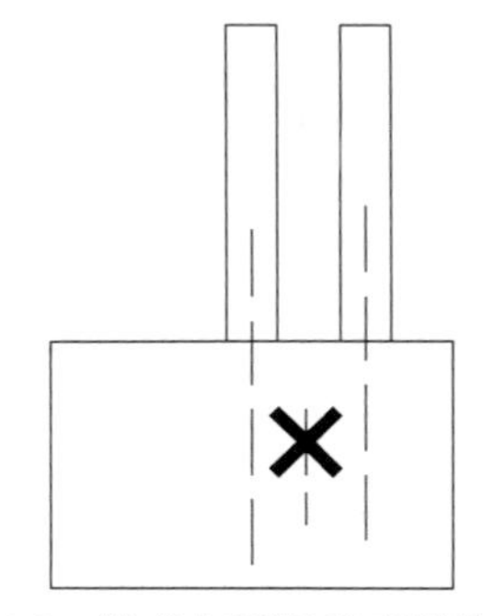

图 12-8 设备与两根垂直管线连接

ⅳ. 当设备与两根垂直管线连接时，插入点设置在管线垂直投影线中心线上，如图 12-8 所示。

ⅴ. 当设备与多根管线连接，或者与倾斜管线连接时，插入点设置在设备体中心上。

c. 设备尽量与管线直接相连，尽量不通过管件再与管道相连。

d. 避免多构件绘制在一个族里面，如：避免洗脸盆＋隔板绘制在同一个族里等。

2） 附属和依附点式图元绘制规范

① 涵盖的范围

a. 阀门法兰（水）、管道附件（水）、零星构件（水）；

b. 阀门法兰（暖）、管道附件（暖）、零星构件（暖）；

c. 阀门法兰（消）、管道附件（消）、零星构件（消）（套管）；

d. 水管部件（通）、零星构件（通）。

② 注意事项

a. 管道附件必须依附在管道上，否则会因为找不到附图元而无法计算工程量（如阀门法兰必须依附在管道上；风口必须依附在风管上，依附在墙上无法导入 GQI）。

b. 管道附件尽量与管线直接相连，尽量不通过管件再与管道相连。

3）自动生成点式图元

① 涵盖的范围：通头管件（水）、通头管件（暖）、通头管件（消）、水管通头（通）。

② 注意事项

a. 通头为 GQI 中线管相交时自动生成。

b. 在 GQI 中无法自动生成通头的几种情况：

ⅰ. 对于 Revit 中平行的管线，如图 12-9 所示，因为线管平行，没有相交，故 GQI 无法生成通头，如图 12-10 所示。

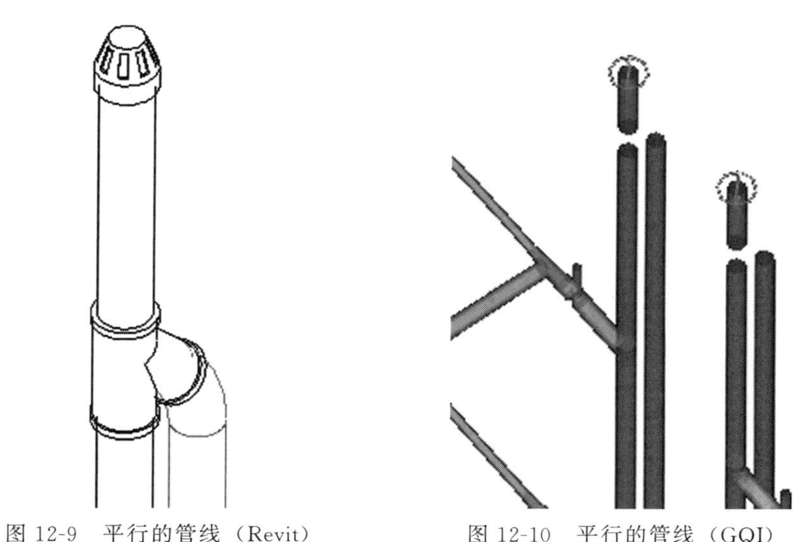

图 12-9　平行的管线（Revit）　　图 12-10　平行的管线（GQI）

ⅱ. 对于 Revit 中异面的管线，如图 12-11 所示，因为线管异面，没有相交，故 GQI 无法生成通头，如图 12-12 所示。

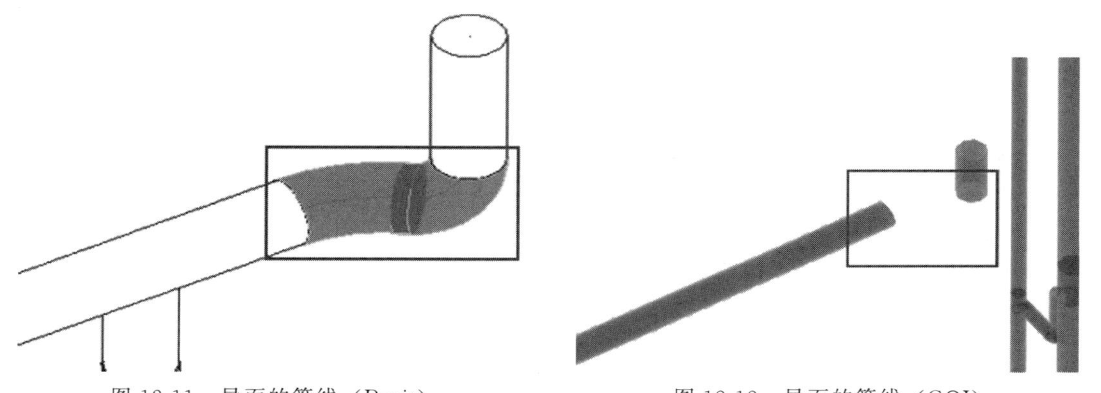

图 12-11　异面的管线（Revit）　　图 12-12　异面的管线（GQI）

ⅲ. 桥架之间均无通头生成。

ⅳ. 管线与点式构件之间无通头生成。

（2）线式构件绘制规范

① 涵盖的范围

a. 管道（水）；

b. 管道（暖）；

c. 电线导管（电）、电缆导管（电）、母线（电）；

d. 管道（消）、电线导管（消）、电缆导管（消）；

e. 通风管道（通）、空调水管（通）；

f. 电线导管（弱）、电缆导管（弱）。

② 注意事项

a. 因在构件映射中专业映射是根据族类型名称进行映射，故尽量不用一个族类型绘制多个专业管道，按专业按规格分别定义族类型，如下：

ⅰ. Revit 管道族类型应区分【水】、【暖】、【消】、【通】四个专业；

ⅱ. Revit 电缆桥架及线管族类型应区分【电】、【弱】、【消】三个专业；

ⅲ. Revit 风管族类型应区分【风】一个专业。

b. 同专业不用系统的管道，建议在相应专业族类型下建立不同系统族类型，如在 Revit 水专业管道族类型下可对应一个或多个水专业管道系统族类型，如家用冷水、卫生设备、一区给水、二区排水等。

c. 软风管在 GQI 中自动生成。

二、Revit MEP 模型与 BIM 安装计量模型转化操作实例

（一）Revit 模型导出 GFC 文件操作流程

1. Revit 导出 GFC 主流程

双击打开 Revit2014（2015/2016）项目文件，出现如图 12-13 所示选项卡“广联达 BIM 算量”。

图 12-13

整体操作流程为：修改族名称使其符合规范→导出 GFC。

2. 操作步骤

（1）批量修改族名称：目的是使族类型名称符合“规范”中构件命名的要求，方便建立 Revit 与 GQI 构件之间的转化关系及调整转化规则，如图 12-14 所示。

（2）导出 GFC：为实现由 Revit 模型到 GQI 模型的转化，需要针对 Revit 与 GQI 在楼层概念及构件图元归属上的差别，在导出过程时设置楼层归属，以及设置构件转化关系和规则，如图 12-15～图 12-18 所示。综上形成一个中间转化模型 GFC，从 Revit 导出，后续可导入 GQI。

图 12-14

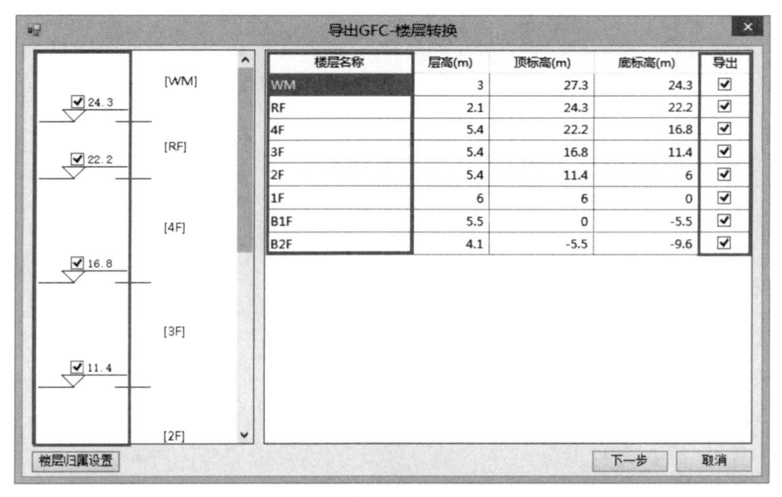

楼层名称	层高(m)	顶标高(m)	底标高(m)	导出
WM	3	27.3	24.3	☑
RF	2.1	24.3	22.2	☑
4F	5.4	22.2	16.8	☑
3F	5.4	16.8	11.4	☑
2F	5.4	11.4	6	☑
1F	6	6	0	☑
B1F	5.5	0	-5.5	☑
B2F	4.1	-5.5	-9.6	☑

图 12-15

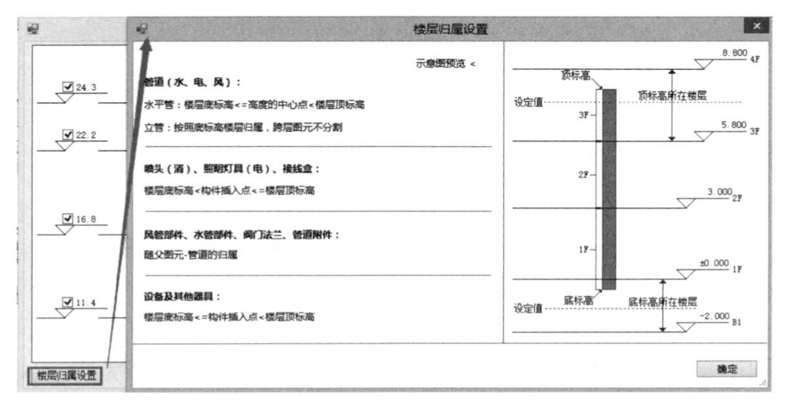

图 12-16

图 12-17

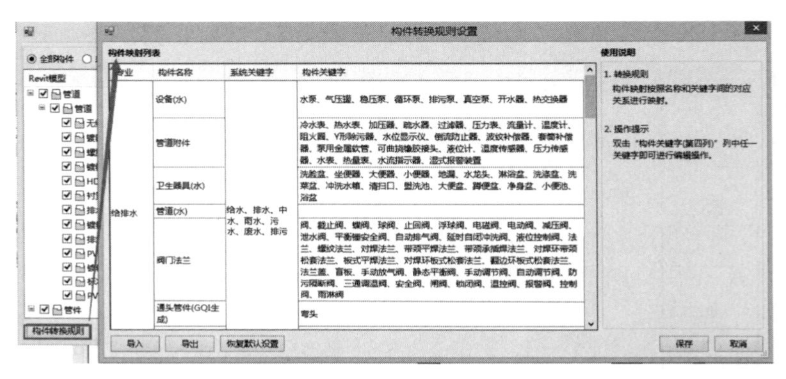

图 12-18

（二）GFC 文件导入到 GQI 安装计量软件操作流程

1. GFC 导入到 GQI 主流程

新建 GQI 工程，选项卡“工程设置”→“模型管理”→“导入 BIM”→“导入 Revit 三维实体”，如图 12-19 所示。

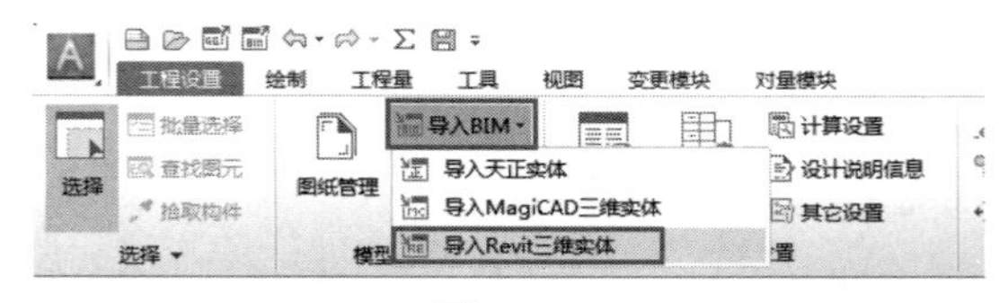

图 12-19

整体操作流程：新建 GQI 工程→导入 Revit 三维实体→工程算量。

2. 操作步骤

（1）新建 GQI 工程。

（2）导入 Revit 三维实体。为实现由 GFC 模型到 GQI 模型的导入，需选择导入范围及规则，如图 12-20 所示。设置完毕后，点击确定进行模型导入，如图 12-21 所示。

（3）工程算量

① 模型调整：通过三维可更形象地对比 GQI 模型与 Revit 模型的差别；通过显示

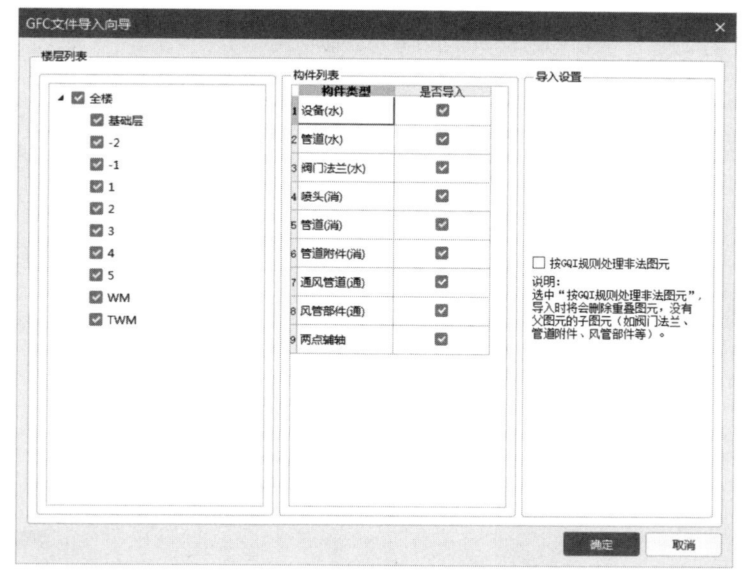

图 12-20

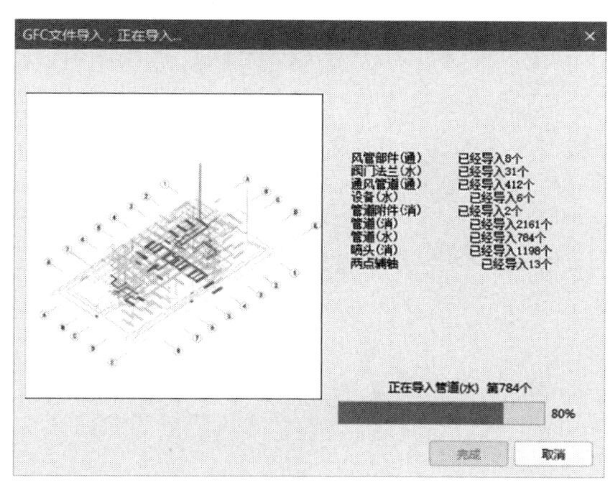

图 12-21

RevitID可以针对性查找问题构件图元，如图 12-22 所示；通过查看构件列表及属性列表，可清楚构件转化情况及属性后续的可编辑性等。

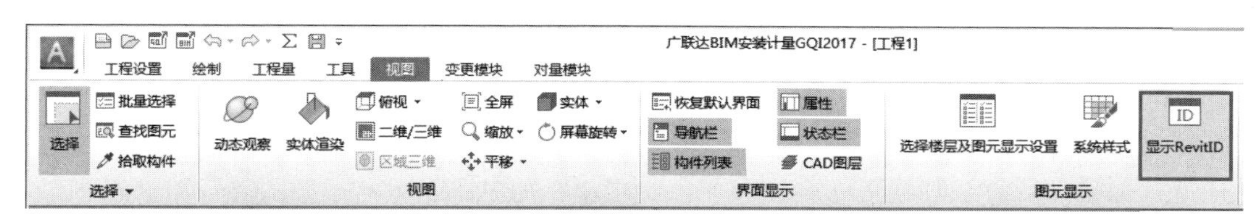

图 12-22

② 汇总计算：计算构件图元工程量。

③ 查看报表：即查看所需工程量。

参 考 文 献

[1] GB 50856—2013 通用安装工程工程量计算规范. 北京：中国计划出版社，2013.
[2] GB 50500—2013 建设工程工程量清单计价规范. 北京：中国计划出版社，2013.
[3] 朱溢镕，吕春兰，樊磊. BIM 算量一图一练 安装工程. 北京：化学工业出版社，2017.